中国中西部前陆盆地油气勘探系列丛书

中国中西部前陆冲断带地球物理勘探技术与实践

张 玮 康南昌 李建雄 李明杰 胡少华 等著

石油工业出版社

内 容 提 要

本书从资料采集、处理、解释与综合地质研究等方面系统总结了中国中西部前陆盆地及前陆冲断带的地球物理勘探技术进展情况、应用情况与勘探成效。内容涉及塔里木盆地库车、柴达木盆地英雄岭和四川盆地龙门山等前陆冲断带的勘探理论、方法的最新进展及勘探成果。本书所提及的二维宽线大组合采集处理技术、宽方位高密度三维地震采集处理技术、各向异性深度域地震成像处理技术、多理论多信息综合构造建模技术、复杂构造三维体建模技术、基于多维数据的裂缝检测技术、三维重磁电技术和时频电磁技术等均是目前针对前陆冲断带等复杂地区应用较为前沿的地球物理勘探技术，对于中国乃至世界上前陆冲断带的勘探实践具有重要的借鉴和指导意义。

本书图文并茂，可读性强，是高等院校油气勘探开发专业师生和从事油气勘探开发的专业人员了解地震勘探技术的作用并予以有效应用而值得一读的参考书。

图书在版编目（CIP）数据

中国中西部前陆冲断带地球物理勘探技术与实践／张玮等著．— 北京：石油工业出版社，2018.12
（中国中西部前陆盆地油气勘探系列丛书）
ISBN 978-7-5183-2988-5

Ⅰ.①中… Ⅱ.①张… Ⅲ.①前陆盆地-冲断层-地球物理勘探-研究-中国 Ⅳ.①P618.130.8

中国版本图书馆 CIP 数据核字（2018）第 242476 号

出版发行：石油工业出版社
　　　　　（北京安定门外安华里 2 区 1 号　100011）
　　　　　网　　址：www.petropub.com
　　　　　编辑部：（010）64523708
　　　　　图书营销中心：（010）64523633
经　　销：全国新华书店
印　　刷：北京中石油彩色印刷有限责任公司

2019 年 2 月第 1 版　2019 年 2 月第 1 次印刷
787×1092 毫米　开本：1/16　印张：16.25
字数：380 千字

定价：160.00 元
（如出现印装质量问题，我社图书营销中心负责调换）
版权所有，翻印必究

《中国中西部前陆冲断带地球物理勘探技术与实践》

主要编写人员

张 玮　康南昌　李建雄　李明杰　胡少华

王云波　王志勇　谷永兴　沈 亚　姚政道

前　　言

前陆盆地及前陆冲断带是当前油气勘探的重要领域，其油气成藏条件优越、油气资源丰富，具有较大的勘探潜力，在国外的扎格罗斯盆地、马拉开波盆地等和中国西部的库车、塔西南、四川前陆盆地等都取得了油气勘探的重要发现。然而，由于前陆冲断带地表及地下地震地质条件极为复杂，地表以复杂山地为主，地下断裂发育、构造高陡，很难取得有效的地震勘探资料，曾一度制约了前陆冲断带的油气勘探。要想实现前陆冲断带油气勘探的不断突破，必须要加强地球物理勘探技术的持续攻关，只有获取到高品质的地震勘探资料，才能推动前陆冲断带的油气勘探和油气发现。

中国前陆冲断带地球物理勘探是随着玉门油田和克拉玛依油田的发现开始的，非地震勘探经历了从原始的重力、磁力、电法勘探到三维重磁电、时频电磁技术等先进物探方法的应用，地震勘探经历了从常规二维到宽线大组合二维、从常规三维到宽方位高密度三维的发展历程，目前已经基本形成了基于宽方位高密度三维地震的采集、处理、解释配套技术系列，在中国中西部库车前陆冲断带、英雄岭构造带得到大力的推广应用，并且取得了显著的勘探效果。

库车前陆冲断带，在断层相关褶皱理论和盐构造理论的基础上引入双滑脱层构造变形理论，建立了克深区带典型的双滑脱构造模式；利用连片三维地震资料，深化断裂及构造特征研究；通过持续攻关，有效解决了构造成像和圈闭准确落实的问题，圈闭钻探成功率逐年提高。在英雄岭前陆冲断带，通过基于断层相关褶皱、盐构造理论的复杂构造建模技术应用，明确了英雄岭西段的构造样式；通过咸化湖盆复杂岩性识别与储层、裂缝预测技术系列的应用，预测灰云岩有利储层分布范围，为英西地区勘探、开发提供了部署依据；钻探成功率大幅提升，为落实英东、英西两个亿吨级油气藏提供了技术支撑。在龙门山前陆冲断带，通过解释性目标处理技术、多信息综合解释技术的应用，重新认识了广元—大邑断裂及山前带"三带、三层"的结构特征；通过盆地模拟技术、储层预测技术的应用，对二叠系、三叠系主要目的层的沉积环境进行分析，识别出台缘滩、台内滩等有利沉积相带。

本书主要编写人员有张玮、康南昌、李建雄、李明杰、胡少华、王云波、王志勇、谷永兴、沈亚、姚政道。参与本书编写工作的还包括马培领、徐宝亮、臧殿光、覃素华、管俊亚、刘乐、田兵、纪学武、张会芹、陈林、李德春、刘军、王乃建、宁宏晓、尹吴海、温铁民、戴海涛、方勇、李成武、赵志、李洪革、王刚、彭忻、庞雪燕、王廷、吕继、朱晓曦、刘平、刘革莉、何丽红、陈超等同志。全书最后由张玮、康南昌、李建雄、李明杰、胡少华、王云波进行统稿审定。

在本书编写过程中，还得到中国石油大学（北京）漆家福教授的指导和帮助，在此深表谢意。

参加本书编写工作的都是来自生产一线的技术人员。囿于理论水平和文字水平，难免出现谬误之处，请广大读者给予谅解和指正。

目 录

第一章 前陆盆地与前陆冲断带概述 (1)
- 第一节 前陆盆地及其分类 (1)
- 第二节 前陆冲断带及其地质结构特征 (9)
- 第三节 前陆冲断带油气聚集特征 (18)
- 第四节 前陆冲断带地球物理勘探的关键问题 (21)

第二章 前陆冲断带地球物理采集处理关键技术 (34)
- 第一节 二维宽线大组合采集处理配套技术 (34)
- 第二节 前陆冲断带宽方位高密度采集技术 (44)
- 第三节 前陆冲断带深度域地震成像处理技术 (50)
- 第四节 前陆冲断带勘探综合物化探技术 (70)
- 第五节 英雄岭高陡构造地震采集处理技术 (74)

第三章 库车前陆冲断带解释技术应用及效果 (88)
- 第一节 库车前陆冲断带地球物理解释关键技术 (88)
- 第二节 库车前陆冲断带结构特征 (112)
- 第三节 库车前陆冲断带构造样式 (125)
- 第四节 克拉苏构造带整体解剖及勘探效果 (136)
- 第五节 库车前陆冲断带勘探成果 (154)

第四章 柴达木盆地英雄岭解释技术应用及成效 (157)
- 第一节 英雄岭冲断带地震解释技术 (158)
- 第二节 英西咸化湖盆复杂岩性识别与储层、裂缝预测技术 (166)
- 第三节 英雄岭冲断带构造解析 (177)
- 第四节 英雄岭构造带油气成藏与勘探成果 (186)

第五章 龙门山前陆冲断带解释技术应用及成效 (190)
- 第一节 区域地质背景及勘探概况 (190)
- 第二节 龙门山前陆冲断带处理解释技术 (192)
- 第三节 龙门山冲断带北段地球物理技术应用成效 (203)
- 第四节 龙门山冲断带南段地球物理技术应用成效 (218)

第六章 前陆冲断带地球物理勘探技术发展展望 (233)
- 第一节 采集技术发展方向 (233)
- 第二节 处理技术发展方向 (236)
- 第三节 解释技术发展方向 (239)

参考文献 (241)

第一章 前陆盆地与前陆冲断带概述

第一节 前陆盆地及其分类

一、前陆盆地概念

前陆盆地是稳定克拉通地台与造山带之间的长条形或弧形不对称盆地,其成因是外加地壳载荷(包括造山带逆冲席载荷、沉积物和水体载荷、板内应力以及可能的下地壳载荷)引起岩石圈挠曲沉降(区域均衡沉降),形成盆地可容空间,盆地基底为早期被动大陆边缘沉积建造和逆冲推覆体,靠近造山带一侧深陡,靠近稳定大陆一侧浅缓,一般都经历从复理石到磨拉石的沉积演化过程。Dickinson(1974)在论述板块构造与沉积作用时,首次提出前陆盆地(foreland basin)一词,并通过对欧洲阿尔卑斯山前陆盆地和美洲科迪勒拉山前陆盆地的研究,根据盆地的成因和位置,提出了周缘前陆盆地和弧后前陆盆地的分类,指出两类前陆盆地的形成均与大陆岩石圈的部分俯冲有关。中国地质学家对中国中西部的前陆盆地进行了深入研究,提出了再生前陆盆地和陆内前陆盆地等概念,进一步丰富了前陆盆地的定义,被大多数学者及油气地质勘探工作者认可。

二、前陆盆地系统

Decelles 和 Giles(1996)在研究了前陆盆地的几何形态后,指出将前陆盆地仅局限于造山带前缘和克拉通之间的范围是有缺陷的,前陆盆地的范围应当扩展到造山带和克拉通内部。他们新定义的前陆盆地范围远比 Dickinson 定义的要大,他们将前陆盆地不同形式的复杂结构单元作为一个整体,提出了前陆盆地系统的概念。前陆盆地系统总体呈不对称的楔形,具有明显的分带性,由4个沉积带组成,即楔顶沉积带、前渊沉积带、前隆沉积带和隆后沉积带(图1-1)。

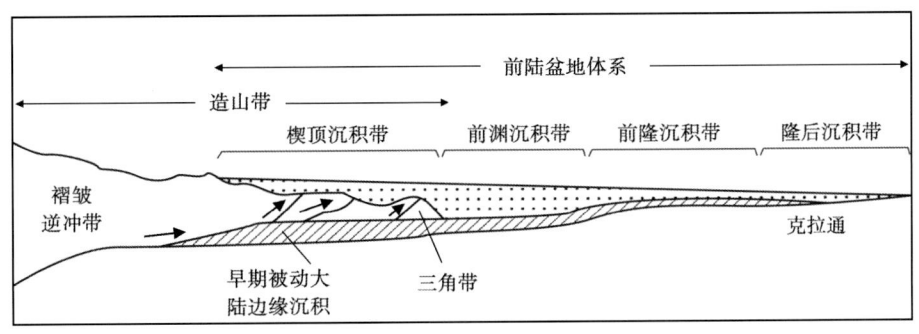

图 1-1 前陆盆地系统示意图(据 Decelles 和 Giles,1996)

楔顶沉积带是由沉积在造山楔前缘顶上的沉积物构成的沉积体。它朝向前陆的边界，为下伏造山楔前端。它包括来自褶皱逆冲带顶部的峡谷充填物、与逆冲断层有关的沉积物以及来自前陆的区域性展布的水系沉积物，沿克拉通边缘分布，向克拉通方向尖灭，长达数十千米。

前渊沉积带是沉积在造山楔前缘边部与前隆之间的沉积体，由向克拉通边缘变薄的楔状沉积体组成，通常是大多数前陆盆地研究的重点。典型的前渊沉积带宽 10~300km，厚 2~8km，从山前往盆地方向，沉积厚度逐渐减薄，表现为楔状结构。陆上前渊沉积带接受来自纵、横向分布的河流和冲积扇沉积体系内的沉积物，而水下前渊沉积带由三角洲、浅海陆棚到浊积扇的浅湖、浅海相沉积物体系构成。前渊沉积物主要来源于前陆冲断—褶皱带，少量来自前隆和克拉通。前渊沉积带存在由早期的深海沉积（复理石相）到晚期的粗粒、非海相和浅海沉积（磨拉石相）的演化过程。

前隆沉积带为开阔的抬升隆起区，该区发育较薄的沉积物或长期为剥蚀区。前隆为正向地形且具有易迁移的特征，迁移时可能遭受区域剥蚀而只在沉积层序中记录下一个不整合面，该不整合面常常被用来追溯其地史时期的位置。由于造山带向克拉通方向的持续推进，一般情况下前隆沉积带会逐渐向克拉通方向迁移，前渊沉积带的沉积物逐渐超覆在由于前隆沉积带迁移形成的不整合面上（Allen，1991）。

隆后沉积带位于前隆沉积带向克拉通方向一侧，是一个宽而浅的沉降带，沉积体系以浅海相（水深小于 200m）和非海相为主。尽管大量沉积物来源于造山带，但克拉通和碳酸盐岩台地的沉积物对隆后沉积体系也有重要贡献。隆后沉积带的沉降速率相对较低，所以地层单元比前渊沉积带要薄得多。

这些沉积带的位置取决于盆地演化的各个沉积阶段，而不是最终构造变形后的位置。在某些前陆盆地中，前渊沉积带和隆后沉积带有可能发展缓慢甚至消失。

三、前陆盆地分类及特征

（一）前陆盆地分类

根据 Dickinson 的分类，周缘前陆盆地是在靠近地壳缝合线的俯冲板块上发展起来的一种前陆盆地，周缘前陆盆地形成前，一般为高度减薄的被动大陆边缘；弧后前陆盆地位于仰冲板块上，分布在岩浆岛弧的后面，弧后前陆盆地形成前，一般为边缘海盆地或弧间盆地，后来岛弧和大陆碰撞挤压迫使边缘海沉积物受挤压形成褶皱—冲断带，在褶皱—冲断带的前缘形成弧后前陆盆地。这两类前陆盆地为前陆盆地的基本类型，一直沿用至今。

中国中西部中—新生代压扭性盆地与国外前陆盆地相比既具有共性又具有个性，Bally 和 Snelson（1980）称之为"中国型盆地"，并将其作为一种类型归入与挤压巨型缝合带有关的刚性岩石圈上的缝合带周缘盆地，认为它们与挤压或巨型缝合带相关的远端应力作用有关，而缺乏相关的 A 型俯冲边缘。陈发景等（1992，2003）提出类前陆盆地或挠曲类前陆盆地的概念，并将前陆盆地分为 4 类：周缘前陆盆地、弧后前陆盆地、类前陆盆地和再生前陆盆地。周缘前陆盆地和弧后前陆盆地也采用了 Dickinson 的相应概念，类前陆盆地和再生前陆盆地是结合中国地质特征提出的新类型。孙肇才等（1998，2007）从整体和动态的视角研究挤压山链和前陆盆地的形成演化时发现，与聚敛板块活动有关的造山带可分为 3 种类型，分别是俯冲山链、碰撞山链和陆内山链，相应地在造山带前缘发育弧后前陆盆地、周缘前陆盆地和陆内前陆盆地（图 1-2），因此弧后、周缘和陆内前陆盆地实质上是板块聚敛活动不同演化阶段和不同部位的产物。

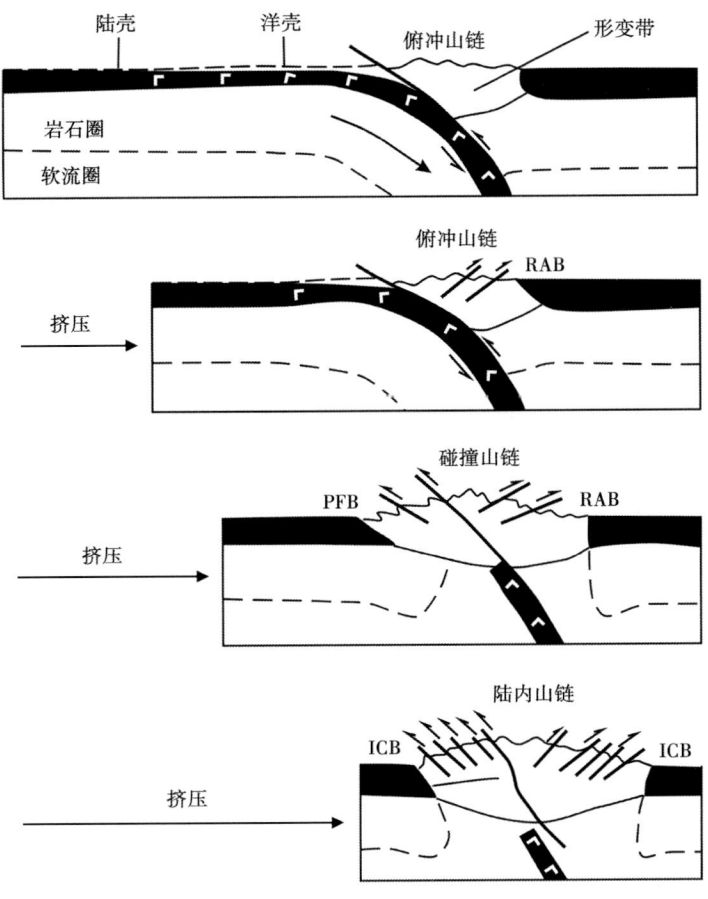

图 1-2 板块聚合过程中形成的 3 大类山链及其相关的前陆盆地
（据 Mattauer，1984；孙肇才，2007，有修改）
RAB—弧后前陆盆地；PFB—周缘前陆盆地；ICB—陆内前陆盆地

（二）前陆盆地基本类型及其特征

1. 周缘前陆盆地

周缘前陆盆地位于造山带外侧的褶皱—冲断带与克拉通之间，与陆—陆碰撞有关。在洋壳消减后，大陆边缘随之俯冲，周缘前陆盆地就形成于俯冲的大陆壳与碰撞造山缝合线带相接之处，是在缝合带的俯冲板块上发展起来的，在其两侧通常为残留洋盆地（图 1-3）。随着板块间的碰撞缝合，下伏冒地槽棱柱体被拖入消减带，当陆壳插入俯冲带时，俯冲板块在岛弧外侧受冲断带构造载荷作用而挠曲下弯形成周缘前陆盆地［图 1-3（b）］；同时，缝合之前形成的残余洋盆复理石在后续缝合过程中遭受变形，其上为缝合后的磨拉石所覆盖［图 1-3（a）］。周缘前陆盆地的板块构造位置离蛇绿岩带较近而距岩浆弧带较远。从周缘前陆盆地的发展历史和沉积充填序列来看，一般具有双含油气系统。周缘前陆盆地的挠曲沉降机制可能有 3 种原因：（1）叠瓦冲断带的构造负荷使俯冲板块向下挠曲（刘和甫，1995），但是根据模拟计算，这种构造负荷的力不足以产生这么巨大的沉降量；（2）板块碰撞所引起的挠曲驱动力（刘和甫，1995）；（3）俯冲载荷效应。

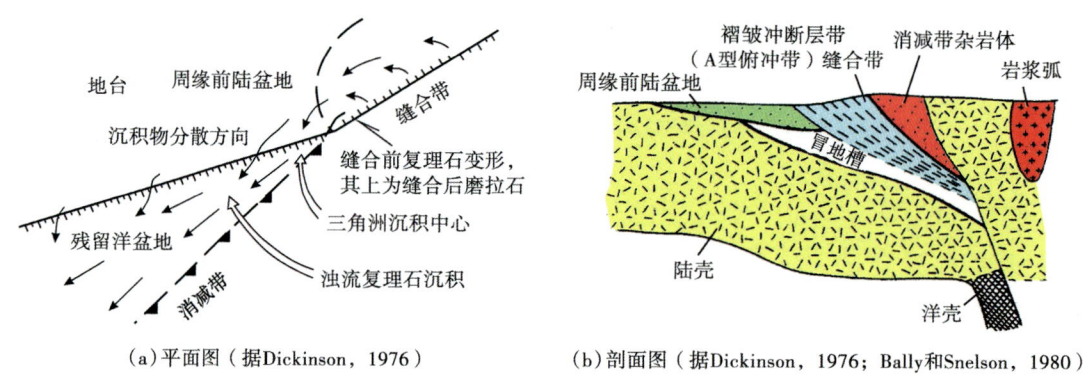

(a）平面图（据Dickinson，1976） （b）剖面图（据Dickinson，1976；Bally和Snelson，1980）

图1-3 周缘前陆盆地构造位置示意图

典型的周缘前陆盆地是在位于弧前背景的高度减薄的俯冲岩石圈基础上发展起来的。随着板块俯冲作用的开始和继续，被动大陆边缘由先前的伸展状态转化为挤压收缩状态，缝合带（碰撞带）轮廓主要受锯齿状大陆边缘控制，部分已转化为早期前陆盆地（或复理石前陆盆地），而部分海湾地带仍为残留洋盆地，并有大型海底浊积扇发育。随着剪切缝合的进一步发展，大洋最终封闭，在碰撞造山带前缘伴生晚期前陆盆地（磨拉石前陆盆地），并充填向上变浅的沉积层序和粗碎屑沉积，呈现由浅海浊流沉积变为三角洲相、河流相及冲积相沉积。造山带隆升与盆地沉降的耦合作用使沉积作用呈现为双幕地层模式：当冲断作用推进时为造山带附近的楔状沉积体，而冲断作用静止时为远端的席状沉积体（刘和甫，1995）。

2. 弧后前陆盆地

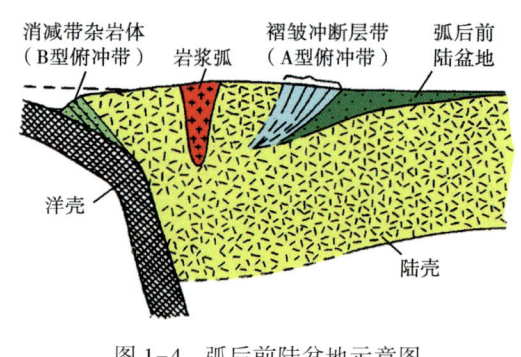

图1-4 弧后前陆盆地示意图
（据Dickinson，1976；Bally和Snelson，1980）

弧后前陆盆地位于大陆基底之上，岩浆弧之后，与大洋岩石圈的部分俯冲（B型俯冲，Bally等，1980）有关，与沟—弧系保持大致平行的关系，从而构成沟—弧—盆体系。弧后前陆盆地的板块构造位置离蛇绿混杂岩带远，离岩浆弧带较近（图1-4）。如油气丰富的北美落基山弧后前陆盆地是位于太平洋板块向北美大陆板块俯冲所产生的内华达岩浆弧之后（Dickinson，1976），再如加拿大的艾伯塔盆地、安第斯山东侧的新生代盆地和中国台湾西部的上新世—更新世前陆盆地等。

弧后前陆盆地的挠曲沉降机制主要与弧后褶皱—冲断带的构造负荷和沿岩浆弧展布的岩石圈热软化（刘和甫，1995）以及动板载荷（Decelles和Giles，1996）有关。弧后前陆盆地和弧后褶皱—冲断带的变形特征与周缘前陆盆地类似，主要以挤压变形为主，而不同于以伸展变形为主的弧间盆地和弧后裂谷盆地。因此，弧后前陆盆地的发育可能与陆—弧碰撞有关，即克拉通与岩浆弧叠接，使早期大陆边缘冒地槽沉积楔形成滑离的叠瓦冲断层。

区别古代的周缘前陆盆地与弧后前陆盆地是比较困难的，但可以从以下几个方面加以判断：（1）岩浆弧的极性；（2）是否有与周缘前陆盆地早期阶段有关的大洋俯冲杂岩体存在；（3）周缘前陆盆地在前渊发展阶段水体较深；（4）缝合带的不对称性（更靠近周缘前陆盆地）；（5）与单个周缘前陆盆地的发展相比，弧后前陆盆地的演化历史较长；（6）弧后前陆盆地的整个历史都有火山碎屑输入的可能，周缘前陆盆地中较少见火山碎屑沉积。

3. 陆内再生前陆盆地

国内学者多年的研究发现，中国中西部中—新生代广泛发育一种与经典前陆盆地不同的前陆盆地类型，即陆内再生前陆盆地，是位于陆内造山带与稳定克拉通之间的盆地，它的形成主要与板块碰撞远端效应所产生的地壳缩短和加厚有关。地壳缩短和加厚的方式主要是沿冲断层发生的壳内拆离和逆冲片叠覆以及壳内岩浆贯入，这些冲断层可以是新生成的、由早期伸展断层反转而成的或古老造山带内部复活的断层。其特点是：（1）盆地远离同期的蛇绿混杂岩带或岛弧带，如川西（龙门山）前陆盆地；（2）盆地周边虽发育同期的蛇绿混杂岩带或岛弧带，但盆地的形成与演化不受它们的直接控制，更多是受控于陆内造山活动，如川东北（大巴山）前陆盆地；（3）发育在大陆拼接后的大陆内部，缺乏同期的岩浆弧和蛇绿岩套；（4）与古特提斯构造阶段发育的造山带在新特提斯构造阶段的重新活动有关，受晚期喜马拉雅构造运动影响明显，晚期挤压变形、沉积沉降作用强烈，多数被改造和破坏；（5）基底结构相对复杂，具有多成因、多演化阶段的特点；（6）盆地规模一般较小，褶皱带稳定性相对较差；（7）在演化阶段上，一般无早期的复理石（深水相）阶段；（8）以陆相沉积为主，缺乏海相沉积；（9）以陆相烃源岩为主，以产天然气为主。综合上述分析，笔者建议将目前的"再生前陆盆地"和"陆内前陆盆地"两者综合起来，命名为"陆内再生前陆盆地"。

陆内再生前陆盆地可由早期的克拉通边缘盆地直接转化而来，如川西前陆盆地；也可以是古老造山带在板块碰撞远程传递的挤压应力下复活而在其前缘形成，如天山两侧的库车和准南前陆盆地。对于前者，其形成过程与周缘前陆盆地和弧后前陆盆地类似，也经历了早期的伸展、构造反转、挤压造山、区域均衡沉降等阶段，所不同的是再生前陆盆地形成前，其周边无大规模的强烈的洋壳扩张活动，只是大陆地壳的有限伸展，这取决于中国大陆形成演化的特殊性。

陆内再生前陆盆地的形成机制主要与古老造山带的复活所产生的地壳缩短和构造加载有关。天山地区中、新生代地壳缩短量可达 300~500km，一系列叠瓦冲断层向南北两侧迁移形成构造负荷，使地壳挠曲沉降形成塔里木北缘和准噶尔南缘前陆盆地及吐哈盆地（刘和甫等，1994）、祁连山前的酒泉盆地等（陈发景等，1992）。其沉积中心由造山带向克拉通方向迁移，沉降曲线具有明显的上凸特征，构造样式由造山带的基底卷入厚皮构造过渡为褶皱—冲断的薄皮构造。

中国中西部中—新生代前陆盆地形成于已拼合的古造山带和古板块接壤部位，并沿其边缘（或内部）某一断裂向原始陆块（或新生陆内盆地）一侧逆冲，在其前缘产生挠曲载荷作用，形成巨厚的沉积，所以中国中—新生代前陆盆地在成因上有以下特征：（1）形成于古板块拼接后的大陆内部，与印度板块碰撞的远距离效应引起的板内造山作用有关，与传统的板块边缘的前陆盆地成因不同；（2）因为微陆块间的挤压和陆内俯冲作用，在前陆盆地的冲断带未见同造山期的岩浆弧，更无同期蛇绿岩套；（3）因为大陆基底为小板块拼合，由板内造山作用形成的前陆盆地规模小，边界条件复杂多变，活动性大；（4）古板块进一步向古造山带之下俯冲或抬升剥蚀，早期前陆盆地又重新卷入新前陆冲断变形中；（5）根据前陆盆地的构造演化和不同时期前陆盆地的改造关系，中国主要发育叠加型前陆盆地、改造型前陆盆地、早衰型前陆盆地和新生型前陆盆地 4 种形式的前陆盆地。

四、前陆盆地叠合演化特征

前陆褶皱—冲断带作为前陆盆地体系最重要的一部分，其构造演化与前陆盆地的发育演化密切相关，前陆盆地的演化受控于冲断负荷、挠曲沉降、沉积充填等因素的相互作用，实际上是受控于盆地和周缘造山带的统一地球动力学环境，盆地与周缘造山带之间的有机联系在不同程度上制约了盆地的发育。如特提斯带主要俯冲作用期在晚古生代和晚白垩世—古近纪，主要的碰撞期和陆内聚敛期在中侏罗世—早白垩世和新近纪（Sengor 等，1993）。

综合世界上诸多典型前陆盆地的特点，何登发等（1996）把前陆盆地的演化简略地划分为 4 个阶段：被动大陆边缘阶段、早期聚敛发育阶段、过渡阶段和晚期聚敛阶段。

前陆盆地演化的最大特点是不同性质、不同时期的沉积盆地在构造演化过程中以不同方式叠合复合。周缘前陆盆地早期为被动大陆边缘沉积的海相盆地，晚期为叠加残余海相到陆相磨拉石盆地；弧后前陆盆地早期为弧后海相盆地，晚期为残余弧后盆地到陆相盆地；再生前陆盆地在板块缝合的背景下，首先发育断陷或凹陷盆地，晚期造山带复活形成前陆盆地。前陆盆地的多期叠合复合形成优越的石油地质条件，为大规模油气藏发育奠定了基础。

刘和甫（1995）分别建立了周缘前陆盆地和弧后前陆盆地的演化模式，认为从被动大陆边缘至周缘前陆盆地可划分为 4 个阶段，即大陆裂解、被动大陆边缘与洋盆、残留洋盆地与复理石前陆盆地和磨拉石前陆盆地；从弧后洋盆到弧后前陆盆地也可划分为 4 个阶段，即弧后裂陷、弧后洋盆、复理石前陆盆地和磨拉石前陆盆地。

（一）从被动大陆边缘至周缘前陆盆地

周缘前陆盆地演化常常与被动大陆发育特征有关。对前造山期构造地层分析有助于了解造山带与前陆盆地发育的共轭关系，主要可以划分为 4 个阶段（图 1-5）。

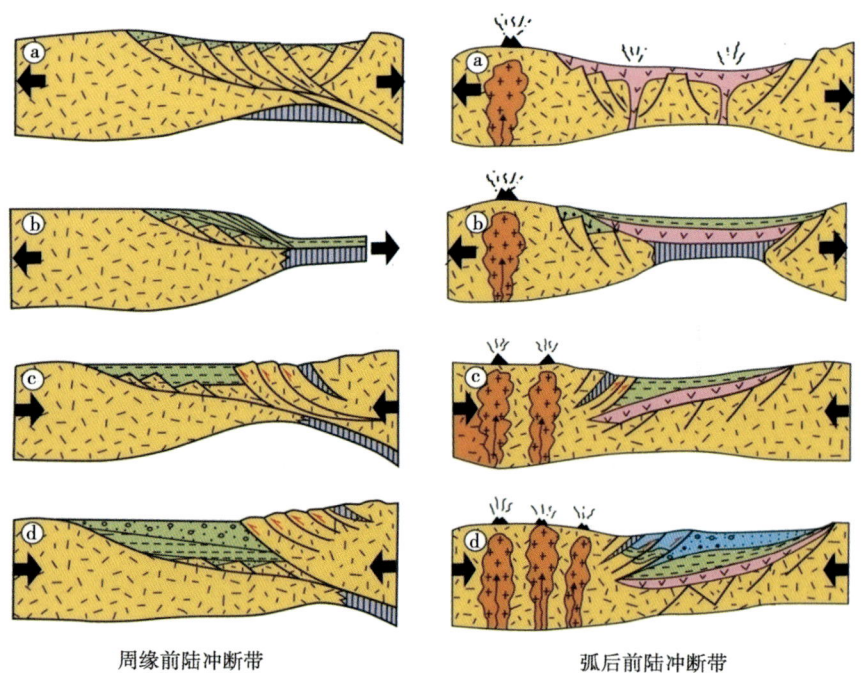

图 1-5 周缘和弧后前陆型冲断带构造演化模式图

（1）大陆裂解。大陆裂解常以三叉裂谷系开始，因此被动大陆边缘常呈锯齿状，形成海湾和海岬。如中国秦祁洋的古大陆边缘，对于大陆裂解过去常采用两侧对称的纯剪伸展模式，现在看来大陆裂解常呈不对称的单剪伸展模式。这一阶段以构造沉降为主。

（2）被动大陆边缘与洋盆。随着大陆漂移，洋壳侵位和洋盆形成，这时以热沉降为主，浊流和等深流沉积大量出现。被动大陆边缘沉积相分布主要受控于陆架折点，折点以上主要为浅海碳酸盐台地沉积及硅质碎屑岩沉积；折点以下主要为斜坡—盆地相，以海底浊积扇沉积为主。陆架折点受控于大陆裂解时的断裂带，构成克拉通的不稳定边缘，发育滑塌沉积。

（3）残留洋盆地与复理石前陆盆地。随着板块俯冲作用开始，被动大陆边缘伸展状态开始转化为压缩构造环境，缝合带（碰撞带）轮廓主要受锯齿状大陆边缘控制，部分已转化为早期复理石前陆盆地，而部分海湾地带仍为残留洋盆地，并有大型海底浊积扇发育。因此残留盆地与复理石前陆盆地几乎同时发育。此外在俯冲海沟一侧可以发育弧前盆地，由火山弧供给的大量沉积物注入盆地。

（4）磨拉石前陆盆地。随着剪刀式缝合的进展，可以进一步形成与造山带共轭的磨拉石前陆盆地，并充填向上变浅的沉积层序和粗碎屑沉积，呈现由浅海浊流沉积转化为三角洲相、河流相及冲积相沉积。造山带隆升与磨拉石盆地沉降的耦合作用使沉积作用呈现双幕地层模式；当冲断作用推进时呈现为造山带附近的楔状沉积体，而冲断作用静止时呈现为远端的席状沉积体。

在周缘前陆盆地演化过程中，从复理石向磨拉石的转变一直是个引人关注的问题。一种观点是大陆碰撞和周缘前陆盆地的开始分别由前陆板块继承性被动边缘的变形和弯曲引起。在板块逐渐聚敛期间，周缘前陆盆地从欠充填复理石阶段发育至充填或过充填磨拉石阶段。一般而言，这一复理石向磨拉石的转变被解释成冲断楔形体和前陆盆地越过继承性被动边缘枢纽线的迁移。研究表明，在北阿尔卑斯前陆盆地发育期间，继承性的古深水区和俯冲的欧洲被动边缘岩石圈强度的变化在复理石向磨拉石的转变中都不起主要作用。复理石向磨拉石沉积转变时期，由阿尔卑斯提供的沉积物至少增加30%。同时（中渐新世），造山带内部经历了加速的剥露作用、高压变质岩的隆升、下部岩石圈的熔融和主要反冲断作用的开始。

（二）从弧后洋盆到弧后前陆盆地

弧后前陆盆地与周缘前陆盆地的演化类似，在动力学上也是从伸展环境转化为挤压环境。

（1）弧后裂陷。随着岩浆弧后陆壳伸展变薄，开始发育深水裂陷槽及火山作用，常出现火山浊积岩、水下火山碎屑流及凝灰岩等，并呈现为差异沉降作用。

（2）弧后洋盆。随着基性火山作用发育，弧后进一步扩张，出现蛇绿岩侵位，显示从早期火山盆地扩展成弧后洋盆，在火山裂陷槽之上为区域热沉降所覆盖，形成不对称的"牛头"轮廓。弧后盆地一侧形成深海陆坡，发育深水海底扇沉积，另一侧可以发育浅海陆架沉积。

（3）复理石前陆盆地。弧后盆地开始闭合和反转，洋底蛇绿岩部分仰冲，这时早期弧后盆地、陆坡、台地的格局转变为原始造山带和前渊格局，标志着弧后前陆盆地开始发育，浊流沉积与泥质沉积互层，碎屑物主要来自岩浆弧。

（4）磨拉石前陆盆地。随着造山带隆升，大量粗碎屑泻入，前陆盆地中沉积物充填，盆地沉积中心也向克拉通边缘一侧迁移，在盆地中发育浅海、三角洲和河流沉积体系。

（三）从断陷、坳陷盆地到再生前陆盆地

以中国中西部为代表的陆内再生前陆冲断带与周缘、弧后前陆冲断带在演化特征和构造背景等方面均有一定差异，特别是前陆冲断之前的地质历史漫长、盆地类型复杂多样，表现出多个发育阶段，不同构造类型的冲断带叠合特征。

雷振宇等（2004）曾总结中国中西部再生前陆盆地在构造沉积演化方面的特征为：石炭纪以前均为构造性质各异的海相盆地，二叠纪为海相盆地向陆相盆地的转换过渡时期，三叠纪以后基本为陆相盆地（仅塔里木盆地西南坳陷和库车坳陷晚白垩世—古近纪有短暂海侵），侏罗纪—白垩纪西部为断陷—坳陷盆地，古近纪—新近纪以后西部逐渐开始发育陆内再生前陆盆地。例如鄂尔多斯盆地西缘和川西前陆盆地均是形成于古生代—中生代早期克拉通边缘盆地之上的中生代前陆盆地；而准噶尔盆地西北缘、酒泉西盆地、库车盆地及塔里木西南盆地在侏罗纪以前经历了数次构造运动，盆地类型复杂，但在新生代则均表现出前陆盆地的特征。此外，一些再生前陆盆地显示出多期前陆盆地叠加，即同一盆地发育两期以上前陆盆地，如准噶尔盆地西北缘在晚二叠世—三叠纪为前陆盆地，侏罗纪—白垩纪为断陷—坳陷盆地，古近纪—新近纪以后又演化为前陆盆地即再生前陆盆地。对应的再生前陆冲断带的构造沉积演化特征也与之类似。

由此可见，再生前陆盆地的演化特点为不同时期的断陷盆地、坳陷盆地等与晚期的前陆盆地的叠合。库车前陆冲断带比较复杂，晚海西期可能为南天山洋闭合形成的周缘前陆盆地，中生代至早新生代断陷到坳陷的盆地演化特点，晚新生代受喜马拉雅运动影响，应力远程传递导致天山造山带复活，形成现今的再生前陆盆地，因此经历了周缘前陆盆地—断陷盆地—坳陷盆地—再生前陆盆地的演化过程（图1-6）。四川盆地西北缘冲断带、柴达木盆地西缘、鄂尔多斯盆地西缘和准噶尔盆地南缘等冲断带也都具有盆地叠合的特点。

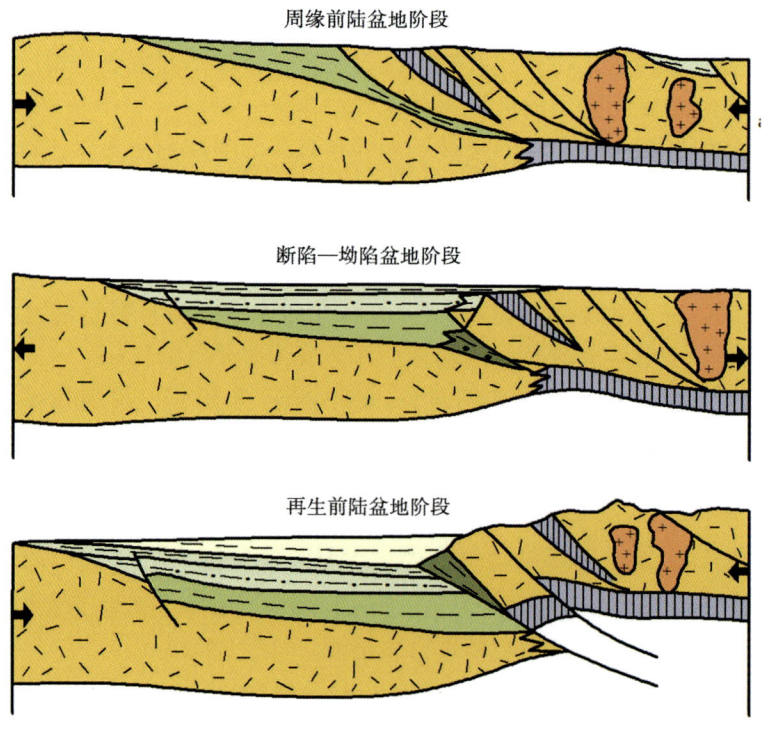

图1-6 周缘和弧后前陆型冲断带构造演化模式图

五、前陆盆地总体特征

国内外许多学者从不同角度都曾对前陆盆地的基本特点进行过总结，从中可对前陆盆地的总体特征获得一般性的认识。

（1）前陆盆地是一类重要的挠曲盆地，具有简单型、复杂型和背驮式盆地等结构特征，形成演化与邻近造山带密切相关，地壳厚度一般比山脉地区薄，比克拉通地区厚；

（2）前陆盆地的沉降曲线具有缓、陡、缓的特征，早期一般较缓，晚期较陡，沉降速率比裂谷和克拉通盆地大，沉降中心和沉积中心不一致，沉降中心向克拉通方向迁移，为陆源碎屑充填的海盆或内陆盆地，缺乏海相碳酸盐岩沉积；

（3）前陆盆地为冷盆，热流值小于1.0HFU，缺乏区域性火山活动；

（4）前陆盆地发育的构造背景可以是被动大陆边缘、克拉通周边盆地和拗拉槽，甚至可以是大陆内裂谷—热沉降坳陷，构造样式主要为薄皮逆冲断层带、被动双重构造，往克拉通方向发育背冲和对冲的基底卷入型逆冲断层，挤压变形后期可能发育伸展构造，断裂与褶皱带平行造山带成排展布；

（5）前陆盆地内有机质丰富，由于碰撞挤压作用，使区域性温度升高，有利于油气生成或形成二次生烃的条件，油气运移和保存条件好；

（6）在横剖面上，前陆盆地沉积呈楔形充填，其最厚部分直接毗邻于相连接的逆冲带，部分甚至在逆冲带之下，沉积物主要来源于毗邻的逆冲带，仅有少量来源于盆地的克拉通一侧。沿盆地走向前陆盆地并入残留洋盆或消失在弧后伸展带；

（7）多具有3层构造结构，典型的前陆盆地具有从伸展到挤压的演化过程，发育裂谷、被动陆缘和"本体"前陆盆地3个阶段，被动陆缘一般沉积深水页岩和浅水碳酸盐岩，其中的烃源岩沉积是前陆盆地油气的主要来源。3层沉积结构中，早期的深水复理石沉积发育良好的烃源岩；中期为海相磨拉石沉积，可形成良好的储层和盖层；晚期为非海相磨拉石沉积，主要发育冲积和湖泊沉积；

（8）前陆盆地演化具有叠合性质。周缘前陆盆地早期为被动大陆边缘，沉积海相碳酸盐岩等，晚期板块聚敛形成前陆盆地，发育从海相到陆相的沉积建造。中国中西部的再生前陆盆地早期为断陷或坳陷盆地，晚期为前陆盆地，这一特征也是油气资源丰富的重要原因之一。

第二节 前陆冲断带及其地质结构特征

前陆冲断带（foreland fold-thrust belt）和前陆盆地的发育息息相关，处于造山带与盆地之间的过渡部位，是造山带向盆地方向大规模掩冲推覆所形成的冲断系统。在板块构造演化中，大洋消减、大陆碰撞和陆内汇聚（缩短）3种不同性质的汇聚方式，都发育对应的前陆盆地和冲断带类型，即俯冲造山带与弧后前陆盆地和前陆冲断带、碰撞造山带与周缘前陆盆地和前陆冲断带以及陆内再生造山带与陆内再生前陆盆地和冲断带。因此，依据前陆盆地的分类，可将前陆冲断带划分为：（1）弧后前陆盆地前陆冲断带，广泛分布于美洲西部，如艾伯塔前陆冲断带；（2）周缘前陆盆地前陆冲断带，主要分布于阿尔卑斯—喜马拉雅一带，如扎格罗斯前陆冲断带；（3）陆内再生前陆盆地前陆冲断带，主要分布在中国中西部，如库车前陆冲断带。

各种类型前陆盆地和相应的前陆冲断带无论在地质结构、构造演化上还是构造样式和油气成藏规律上，都有与其他类型盆地不同之处。

一、滑脱层与构造纵向分层特征

在前陆褶皱—冲断带中，滑脱层的存在是非常普遍的现象，世界上多数褶皱—冲断带都发育蒸发岩滑脱层，构造运动过程中滑脱层极易发生流动，使其上下两套地层表现出不同的构造变形特征，形成明显的纵向分层的特征。根据变形特征及应力状态，滑脱构造可以分为3类：以拆离断层及变质核杂岩为代表的伸展型滑脱构造、以侏罗山式褶皱及前陆褶皱—冲断带为代表的挤压型滑脱构造和以重力滑动为主的盐、泥底辟构造。区域性的岩石圈伸展减薄、岩浆活动、地壳剪切作用、岩石圈密度及重力势能差等是上述滑脱构造形成的重要条件。

国内外前陆区构造变形几何学的研究表明，在山前冲断构造中，通常都有大型的基底滑脱断层，但在挤压作用力大致相当的情况下，变形的复杂程度取决于沉积盖层中滑脱面（层）的数量和厚度。在同一褶皱—冲断带内，由于滑脱层分布不均一，构造变形和构造样式可能表现出显著的差异性，表现为构造变形的分层性，滑脱层的数量直接决定了构造分层的数量。未发育滑脱层的冲断带内构造变形往往不具有分层性；发育单一滑脱层的冲断带内构造样式可以分为上下两层，上层主要表现为薄皮的断层相关褶皱，下层可能是薄皮构造，也有可能是基底卷入的厚皮构造；如果发育两个区域性滑脱层，则可能出现3层构造。

在中国中西部前陆冲断带内，构造分层现象普遍发育。例如，库车前陆冲断带主体发育塑性极强的古近系—新近系膏盐岩、膏泥岩和塑性相对较弱的侏罗系—三叠系煤系地层、泥岩这两套滑脱层，以古近系—新近系膏泥岩或膏盐岩滑脱层对坳陷内部构造特征影响最大。其中古近系是库车前陆盆地中西部的主要区域性滑脱层，厚度巨大（现今最厚超过4000m），具有区域分布特点，这套膏盐岩层是协调与控制库车前陆冲断带构造变形的关键层，由于它的存在，在地震剖面上至少可以识别出盐上、盐岩段、盐下3套构造层，盐上多发育挤压性质的紧闭或倒转的断层相关褶皱，主要包括逆冲断层及相关褶皱、逆冲推覆构造、背冲断块构造、三角带和盐成凹陷等；盐下多发育挤压断层及其相关褶皱组合，中生代地层发生强烈变形，形成背冲断块或断褶构造、叠瓦冲断带和双重构造等（图1-7）。

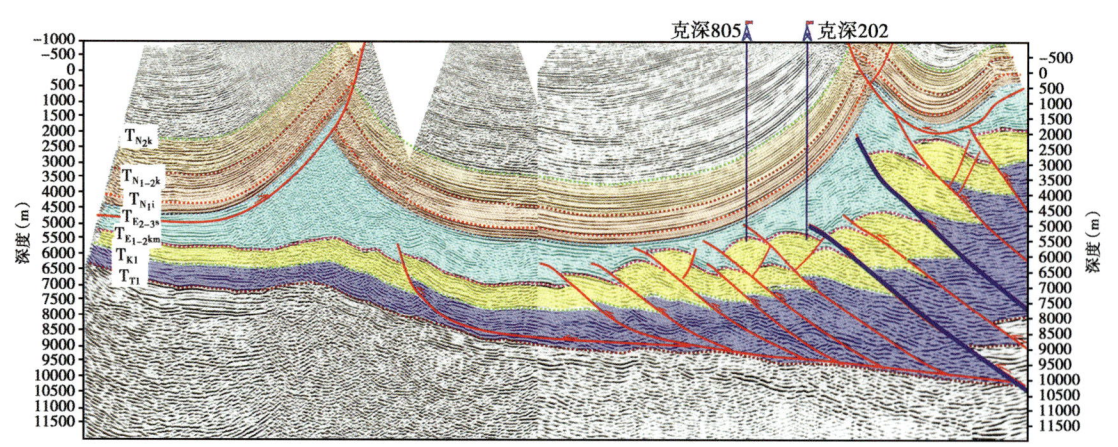

图1-7 库车前陆冲断带南北向地震地质结构剖面

准噶尔盆地南缘前陆冲断带的滑脱层主要有侏罗系煤系地层和泥岩、白垩系吐谷鲁群泥岩和古近系安集海河组泥岩，泥岩塑性层以挤压揉皱变形为主，塑性流动弱，侏罗系煤系地层和泥岩分布广泛，为一套区域性滑脱层。3套塑性层的厚度及分布范围是影响准南冲断带构造变形特征的主要因素。在早更新世末晚喜马拉雅运动挤压作用下，逆冲断层沿着这3套塑性层滑脱，形成前陆冲断带浅、中、深不同的构造样式叠加分布。在褶皱—冲断带南段形成南安集海滑脱型断展背斜和下伏构造冲断楔状体；在中段霍尔果斯背斜上层为沿第1套塑性层滑脱的断层传播褶皱，中层为沿第2套塑性层滑脱的断层转折褶皱，下层为沿第3套塑性层滑脱的断层转折褶皱；在北段安集海构造发育上层沿第2套塑性层滑脱的冲起构造和下层沿第3套塑性层滑脱的叠瓦状冲断块。

国外典型的前陆冲断带基本都发育滑脱层，构造变形具有明显的上下分层的特征，如扎格罗斯前陆冲断带、落基山前陆冲断带、艾伯塔冲断带、马拉开波前陆冲断带等。扎格罗斯前陆冲断带的寒武系—古近系厚6000~7000m，以被动陆缘稳定陆架沉积为主，浅水碳酸盐岩发育，岩性坚硬致密，Colman-Sadd称其为坚硬群，其顶、底分别被加奇萨兰组膏盐层和霍尔木兹盐层所限。坚硬群中背斜和向斜褶曲十分发育，构成了褶皱构造的主体。霍尔木兹盐层在褶皱形成过程中起着滑脱面作用，极大地缓解了阿拉伯板块与伊朗板块碰撞造山的强大水平应力，使其强度向阿拉伯板块陆架区不断减小。加奇萨兰组也是一套构造滑脱层，同时也是良好的区域盖层。由于滑脱层发育的深度、厚度、位置的差异以及基底变形的影响，在北东—南西剖面上表现出不同的构造样式，总体为叠瓦状构造及断层相关褶皱，具有明显的纵向分层特征（图1-8）。

二、前陆冲断带构造分带特征

国内外学者对不同盆地及冲断带构造特征的研究表明，分带性变形是前陆冲断带构造变形的典型特征之一（DeCelles等，1996；卢华复等，2001），不同带的构造变形特征具有明显的差异。决定分带特征的往往是控制冲断带的区域性主干大断裂。

造山带—前陆褶皱—冲断带一般可分为根带、中带和锋带以及相关的后缘带和外缘带，其中，后缘带位于根带的后侧，外缘带位于锋带前列（陈发景，2008）。根带一般位于造山带轴部或靠山脉一侧的前陆盆地边缘，是逆冲作用起始发育部位，以强烈挤压作用为主，发育高角度逆冲断层，甚至发育有轴面劈理的挤压褶皱，显示基底卷入的逆冲构造样式特点；变形形状上塑性增强，有时出现韧性剪切带；结构上常出现陡峻菱形块体与挤压面构成的网结式构造。自根带进入中带，以薄皮逆冲构造样式为特点，逆冲楔及背驮式盆地中的逆冲楔状体一般属于中带，该带断层常常分叉构成叠瓦状构造、双重逆冲构造及断层转折褶皱，并显示出近水平的剪切作用；次级断层和褶皱产状相对稳定，倾向根带；在整个中带内，近根带变形强，中部变形减弱，趋向锋带变形再度增强；其中，中带的断坡处变形较断坪处变形复杂。锋带一般位于前渊凹陷或前缘隆起内侧斜坡上，以弱挤压作用为特点，大部分逆冲断层的位移量较小；影响锋带变形的因素很多，可出现多种锋带变形形式，如逆冲岩席隔挡式褶皱、双重构造、断层滑脱褶皱、叠瓦构造与断层相关褶皱、单斜式以及显露型与隐伏型等。自锋带向外缘带，挤压强度逐渐降低，变形减弱，产状变缓。

从造山带到前陆盆地，逆冲构造系统各部位的挤压强度逐渐减小，挤压收缩应变由大变小。如从阿尔卑斯山大规模逆冲推覆构造到侏罗山的滑脱褶皱。逆冲断层系统前锋向前陆方向（前缘隆起及内侧）还可能发育一些具小位移量的正断层，它们是地壳挠曲变形的表现。

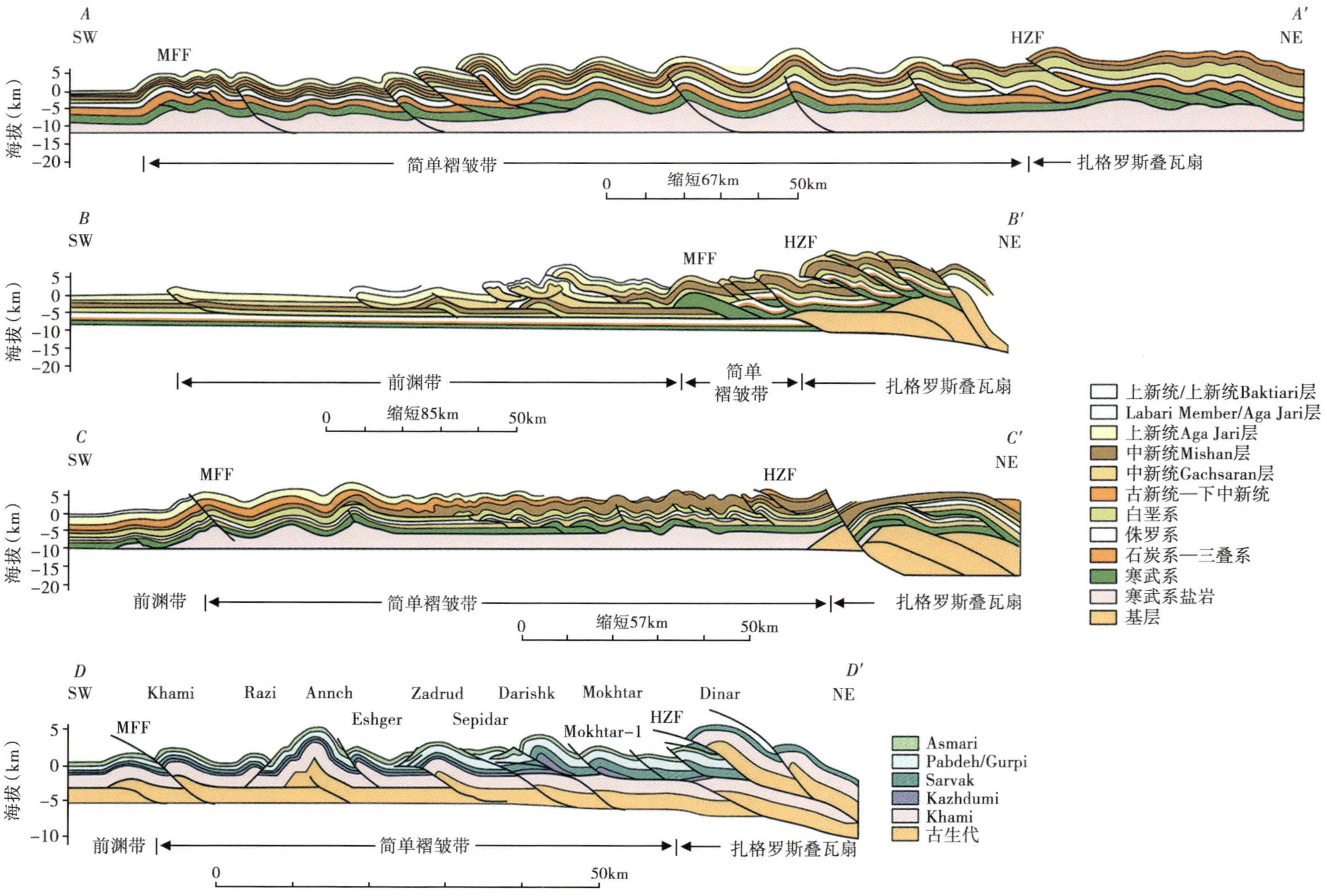

图 1-8 扎格罗斯前陆冲断带典型剖面图

在逆冲断层系统的根带和中带较浅层的地层中，也可能出现一些正断层，它们多半是与逆冲剪切作用引起的逆冲楔顶部的重力滑动伸展有关。

由于分带原则不同，加上各地区所受到的挤压应力强弱、岩性软弱程度、基底性质和稳定程度不同，构造样式有很大差异，即使同一个地区不同段的构造变形也有差异。因此，很难用一个模式概括不同地区前陆褶皱—冲断带的分带。但仍能从这种复杂的情况中总结出分带的规律性，主要是：（1）从造山带至前陆，变形减弱，强烈发育的叠瓦式冲断层向前陆逐渐减少，与断层相关的褶皱向前陆逐渐变得简单和平缓直至消失；（2）随着挤压作用力的逐步释放，由造山带前缘基底卷入型逆冲断层带逐步过渡到盖层滑脱型冲断层带，至前陆滑脱层消失，变形减弱；（3）在很多地区可以见到造山带与前陆—褶皱—冲断带之间和前陆—褶皱—冲断带内部分布的被动双重构造以及褶皱—冲断层与前陆之间分布的三角带；（4）每个带内可能又发育多排构造，总体形成构造成排成带展布的特征。

中国中西部前陆冲断带普遍具有明显的构造分带性，最典型的是天山南北两侧的盆山过渡带。根据基底卷入主干断裂的结构及两盘断块体的变形特征，准噶尔南缘—北天山盆山过渡带由南向北分为基岩冲断隆起带、山前冲断挠曲带、分层变形叠置带3个变形特征差异显著的构造带（图1-9）。库车坳陷—南天山盆山过渡带也具有与准噶尔—北天山盆山过渡带相似的构造分带特征，自北往南也可以划分为基岩冲断隆起带、山前冲断挠曲带和分层变形叠置带（漆家福等，2009）。与前面提及的根带、中带和锋带基本对应，其中分层变形叠置带（锋带）是油气勘探的重点带。

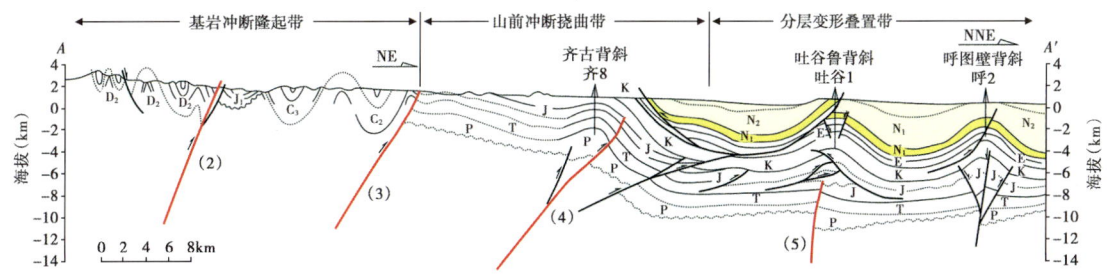

图1-9 准噶尔—北天山盆山过渡带构造剖面图（据漆家福等，2008）

龙门山前陆褶皱—冲断带位于四川盆地与松潘—阿坝褶皱带之间，西以青山—茂汶冲断带为界，东以广元—大邑冲断带为界。须三段沉积末期印支晚期运动形成早期褶皱—冲断带，燕山—喜马拉雅运动使早先褶皱—冲断带定型或被改造。该冲断带也具有明显的构造分带性，但不同时期不同学者的划分方案有所差异。根据龙门山地区地层出露及变形变质程度，可划分出3个构造带（梁慧社、刘和甫，1992），由北西向南东依次为相似褶皱—韧性变形带（也称后山带）、同心褶皱—叠瓦断层带（前山带）和宽缓褶皱带（前渊带）。根据龙门山褶皱—冲断带构造变形特征及卷入地壳深度，自西向东可将龙门山构造带划分为5个带（刘和甫等，1994；贾承造等，2000），分别为复理石褶皱—冲断带、基底冲断带、薄皮叠瓦冲断带和双层冲断带、反向冲断层带以及前缘向斜带。通过近几年对龙门山—米仓山冲断带整体研究，结合油气勘探实践，笔者将该区由北西向南东依次划分为逆冲推覆带、构造三角带和背冲背斜带3个带（图1-10）。

国外典型前陆冲断带大多具有明显的分带性，如扎格罗斯褶皱区由北东至南西可划分为3条平行走向的北西—南东向构造带，依次为破碎带、推覆带和简单褶皱带（图1-8、图1-

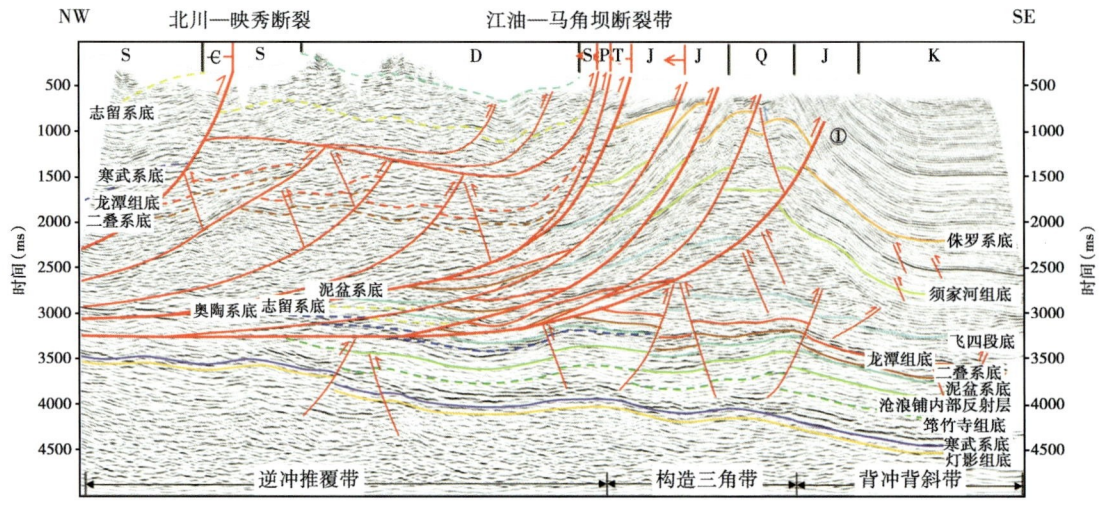

图 1-10 龙门山前陆褶皱—冲断带地震地质结构剖面

11)。扎格罗斯前陆盆地包括推覆带和简单褶皱带两部分。推覆带位于破碎带的西南侧,地层特征与其西南的简单褶皱带相似,但变形强烈,逆冲断层发育,形成叠瓦构造。逆冲推覆始于晚白垩世,中新世后仍在继续,东北缘破碎带的含放射虫燧石、石灰岩、蛇绿岩和变质岩推覆在陆架沉积之上。新近纪,推覆带开始褶皱并发生底辟作用,同时发育逆断层。简单褶皱带位于推覆带西南侧,是扎格罗斯造山带的主体部分,褶皱极为发育且形态完整,背斜

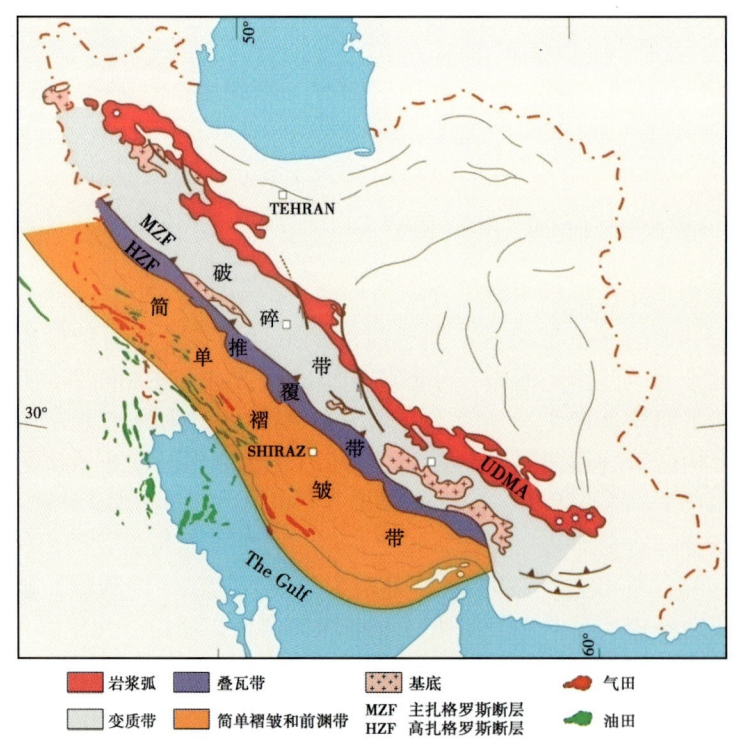

图 1-11 扎格罗斯前陆冲断带构造纲要图

成山，向斜成谷，表明褶皱形成时间较晚，断层（尤其是大断层）不发育。由北东至南西，褶皱由紧闭、倒转的不对称形态逐渐转变为宽缓的对称形态，西南与阿拉伯地台陆架内大单斜构造相连。

三、前陆冲断带走滑分段特征

自造山带向前陆方向，构造变形强度往往逐渐减弱，滑脱面逐渐变浅，由基底卷入的厚皮构造变形往往过渡为滑脱面之上的薄皮构造变形，构造样式也随之出现有规律的变化。由于沿着前陆冲断带的走向方向，卷入变形的地层组成发生变化，边界与应力条件的不同，变形时间上的差异，以及变形强度与速率的不同，构造样式与地质结构也相应出现较大的变化，前陆冲断带的这种构造现象可称为构造分段性。目前对前陆冲断带的分段特征及成因机制的认识还很肤浅。

前陆盆地及前陆冲断带沿走向的构造分段性是一个普遍存在的事实，并已引起广泛关注。这种构造分段性特征主要源于前陆盆地边界动力学条件、盆内不同区域地层沉积的差异、盆地基底结构的差异、不同构造变形期次与构造的叠加改造等。

（一）盆地构造动力学背景或边界动力学条件

由于各个前陆盆地所处的大地构造位置不同，控制前陆盆地形成的动力学背景也存在差异。塔里木盆地库车前陆冲断带主要发育逆冲推覆构造，而柴达木盆地英雄岭地区、川西前陆冲断带则受逆冲和走滑作用的共同控制，构造动力学背景在一定程度上控制着前陆冲断带的构造分段性特征。盆地边界动力学条件的不同，往往会导致前缘变形和位移量的不同，即沿着造山带的走向应力与应变的分布是不均匀的，进而会导致前陆冲断带变形速率和隆升幅度的不同，这样沿造山带走向就会形成前陆冲断带的分段性特征。

以塔里木盆地为例，该盆地周缘分布着天山、西昆仑山和阿尔金山等边界山系，在盆地周缘山前相应分布着库车、塔西南和塔东南等前陆冲断带。盆地构造动力学背景或边界动力学条件控制了库车、塔西南、塔东南等前陆冲断带的分段特征。库车前陆冲断带与天山构造带走向一致，在局部应力调节处表现出一定的构造分段性差异，由于南北向变形的非均质性，致使局部产生差异挤压应力场，形成南北向走滑作用等调节构造，所以该区也表现出一定的构造分段性差异。受帕米尔突刺强力挤入的影响，西昆仑山在塔西南坳陷的构造应力存在东西向差异：沿走向自西向东，塔西南各构造段与西昆仑山的挤压应力分别呈垂直、平行、斜交等夹角关系，派生不同性质应力场，剖面上表现为逆冲—走滑—挤压—逆冲—逆冲推覆的变形差异。塔东南前陆冲断带受阿尔金左行走滑作用影响明显，新生代以来，阿尔金断裂发生大规模左行走滑，呈北东向线性展布，其北侧塔东南地区具有一定的走滑特征和构造分段特征（汤良杰等，2015）。

（二）差异性推挤—走滑调节断层的作用

中国中西部前陆冲断带沿走向通常具有明显的分段特征，分段边界常为横断层、侧断坡、斜断坡等。具构造分段意义的往往是横断层，这是走向与所在地层走向或区域总构造线方向相垂直的断层，也可能是交切主断层的次级断层；或横推断层，即断层走向与区域总构造方向相垂直或斜交的平移断层。它们与主逆冲断层常同期形成，起构造协调或转换作用（何登发等，2004）。

构造的分段性与不同尺度的走滑断层或挤压走滑断层的发育密不可分，南天山山前带发育多条大型走滑断裂，这些大型的横向走滑断层一般与前陆褶皱—冲断带走向高角度斜交，发育规模大、切割深、基底卷入型走滑断裂，大多具有右行走滑特征。受区域扭动及不均衡推进作用，除了大型走滑断裂外，区域发育多条调节走滑断裂，控制了区域构造的发育，例如克拉苏区带由西向东发育6条走滑断裂，受走滑断裂控制，侧翼发育一系列扭动型背斜及断背斜构造，控制了区域的构造发育及展布（图1-12）。

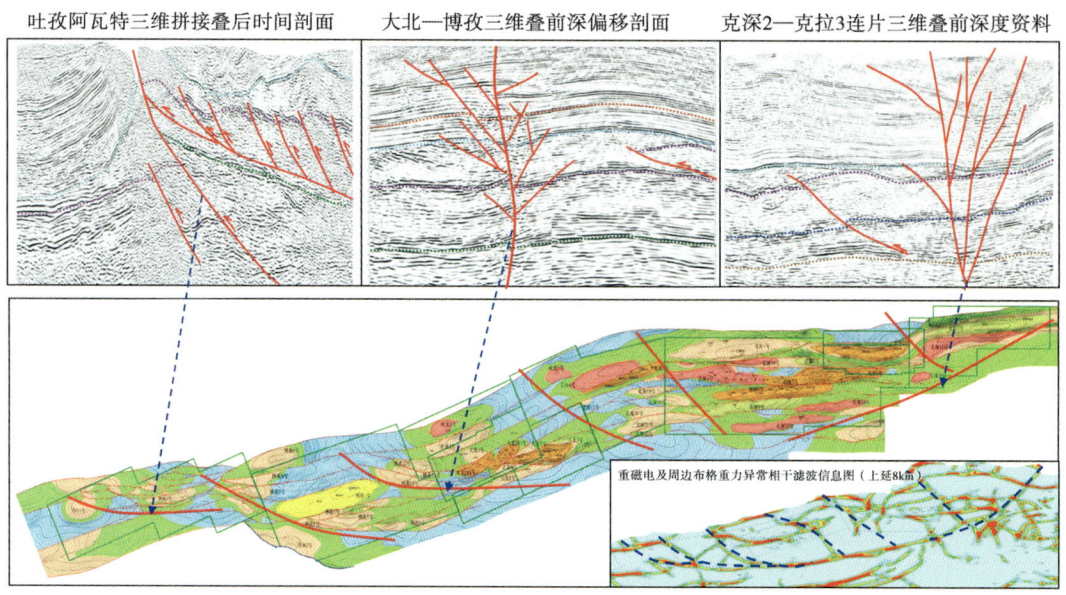

图1-12 库车前陆冲断带克拉苏构造带走滑分段平面和剖面图

在库车东西部之间发育的南北向走滑断裂带为东西分块的边界，沿走滑断裂带是构造圈闭比较发育的地区。走滑断裂的成因还可能是边界应力条件不同引起的，在库车北部的南天山造山带，从东向西地层分布、岩浆活动、变质作用均存在较大的差异性，南天山洋闭合是从东向西剪刀式闭合的，因此东部的变质作用和岩浆作用比西部强，东部造山带刚性强，造成库车坳陷东部窄西部宽的平面展布特征，同时也造成东西分块的构造面貌。东西分块的走滑断裂带是油气聚集的有利地区，由于直立的走滑断裂和扭动应力作用，构造变形较浅，且走滑断裂也是油气运移的主要通道，因此走滑断裂带是重要的勘探领域。

（三）不同区域地层沉积的差异所导致的分段性

以塔里木盆地库车前陆冲断带为例，东部地区广泛发育中生界煤系地层，阳霞组和克孜勒努尔组以煤系地层为主；而西部的克拉苏到大碗齐地区，发育古近系苏维依组膏盐岩。因此在天山造山带受喜马拉雅造山作用应力远程传递引起的向塔里木克拉通挤压过程中，东部与西部形成的构造样式完全不同。东部形成依奇克里克以煤系地层为滑脱层的双重构造以及基底卷入为主的断层相关褶皱构造样式；而西部的滑脱层比东部的滑脱层浅，为较新的古近系膏盐岩，因此形成以膏盐岩层为滑脱层的双层构造，膏盐岩上为断层相关褶皱，膏盐岩下为双重构造。

（四）基底结构对分段性的影响

盆地的基底性质也是决定前陆冲断带分段性的重要因素，南天山山前冲断带东西向基底具有明显的分段性，自东向西可分为3段，东部为库车坳陷、中部为柯坪断隆、西部为喀什北缘（温声明等，2006）。中段柯坪块体根据基底背景和地层分布状况可分为柯坪主体、东倾末端（温宿凸起）、西倾末端（八盘—西克尔地区）。磁力勘探表明，东段的库车坳陷为弱磁异常稳定变化区，说明基底相对稳定，深大断裂和基性火成岩不甚发育，推测为元古宇变质岩基底；西段的喀什北带地区为高磁异常变化区，反映该区具有强磁性和基性岩石成分的基底岩性，推测为元古宇、太古宇洋壳型基性变质岩基底；中部坷坪地区磁异常特征介于上述二者之间，具有过渡性质。

（五）不同构造变形期次与构造叠加改造

受不同构造变形期次与构造叠加改造差异的影响，前陆冲断带不同构造分段的变形强度、变形特点和构造样式也会存在较大的差异。以四川龙门山前陆冲断带为例，川西北与川西南前陆冲断带的构造特点具有明显的不同。川西北前陆冲断带结构特征：推覆带主体为基底卷入的推覆和褶皱冲断构造；向盆内逐渐变为以寒武系底为滑脱层的逆冲叠瓦构造到双滑脱层夹持的背冲背斜构造，背冲背斜带主要形成于印支期—燕山期，喜马拉雅期构造运动对其影响较小（图1-13）。

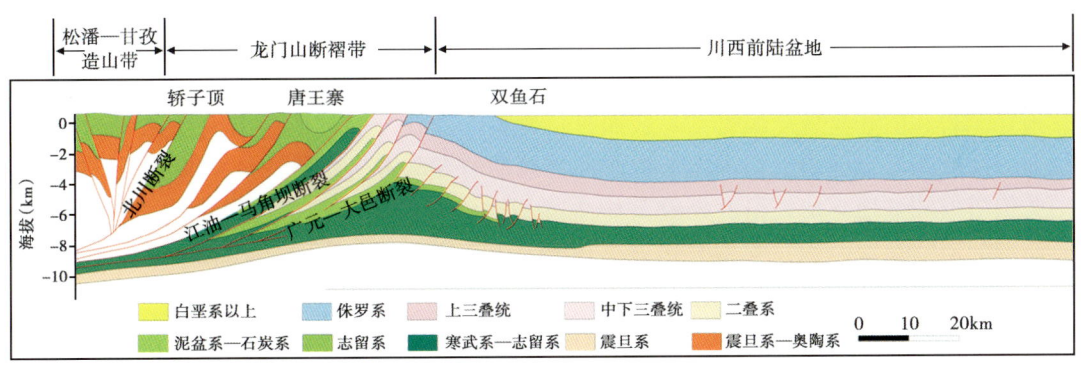

图1-13 川西北地质结构剖面

川西南前陆冲断带结构特征：推覆带主体为基底卷入的推覆和褶皱冲断构造，与川西北基本一致，只是变形程度、推覆距离和规模有所差别；向盆内则具有典型的双重构造特征，浅层为盖层滑脱构造，深层为冲断构造。川西南喜马拉雅期构造变形总体强于川西北，出露地层更老，断裂推覆距离更大（图1-14）。

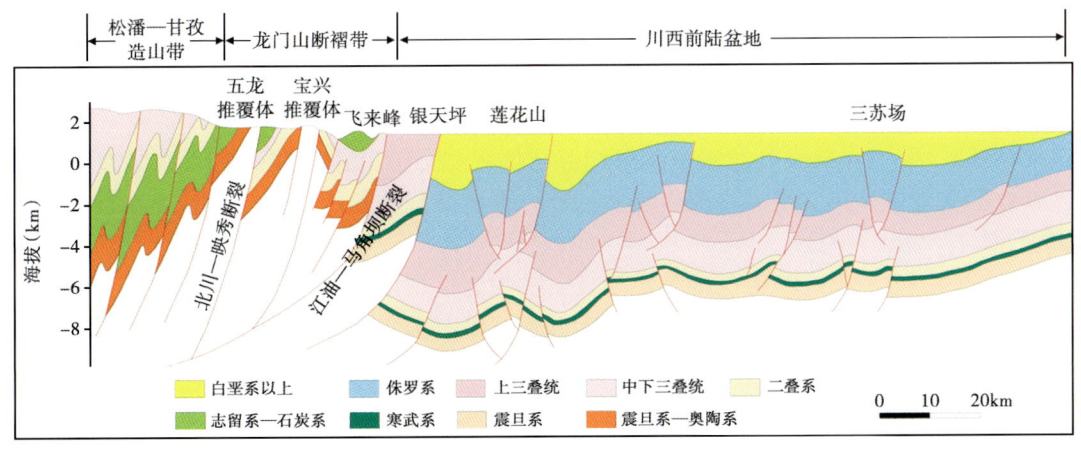

图1-14 川西南地质结构剖面

前陆冲断带的走滑分段特征对油气成藏及分布起到重要的控制作用。走滑断裂多为直立卷入基底的断裂，从深到浅地层均卷入变形，因此往往形成埋藏较浅的构造，便于勘探和开发；走滑断裂体系多为花状构造，易形成完整的背斜构造，是前陆冲断带油气成藏最有利的圈闭类型；走滑断裂切穿油源层，为最好的油气运移通道，对油气成藏有利。克拉苏地区的勘探也证明了这一点，其他前陆冲断带油气勘探时也应注意。

第三节　前陆冲断带油气聚集特征

前陆盆地具有优越的石油地质条件，油气勘探已经取得很多重要发现，如国外的扎格罗斯盆地、马拉开波盆地等和中国西部的库车盆地、塔西南盆地、川西北盆地等。通过对含油气盆地的资源量评价，前陆冲断带油气勘探程度仍然较低，还具有较大的油气勘探潜力，是下一步油气勘探的重点领域。

一、生油条件

从前陆盆地和前陆冲断带整体演化角度来看，前陆地区的烃源岩可分为两大套，即前前陆盆地烃源岩和前陆盆地烃源岩。一般而言，典型前陆盆地和冲断带发育于被动大陆边缘、克拉通边缘或弧后盆地之上，因而一般都存在该期的烃源岩，如前扎格罗斯盆地、加拿大西部的艾伯塔前陆盆地，前扎格罗斯盆地中生界被动陆缘烃源岩有机质丰度为2%～11%、艾伯塔盆地前前陆盆地海相烃源岩有机质丰度在2.0%～24.3%。从目前国外油气勘探的情况来看，前前陆盆地阶段富集了主要的烃源岩，而前陆盆地阶段也有一定的烃源岩形成。统计全球主要前陆冲断带烃源岩可以发现，烃源岩的形成时间主要集中在中、新生代（超过80%）而烃源岩巨层序有一半发育于被动边缘，其他主要发育在前渊和主动边缘。

二、储盖条件

从统计资料来看，前陆盆地及冲断带形成大油气田的概率要比其他类型的盆地多。这说明前陆盆地及冲断带不但具有雄厚的油气形成物质基础，而且具备优越的油气储集能力。前已述及，前陆盆地油（气）源岩发育是因为其包括了前陆盆地期和前前陆盆地期形成的两大套若干层烃源岩，但从储集条件来看，具有较好储集能力的储集岩往往形成于前陆盆地发育阶段，这充分说明前陆盆地的构造和沉积环境有利于储集岩的形成。这是由于前陆盆地前缘逆冲带的抬升作用给盆地内储集体的形成提供了丰富的碎屑物质。一般来说，近源带发育河流相及三角洲相储集体，而远源带则发育斜坡扇、海底扇和深切谷充填储层（河道砂体或滨线砂体），特别是低水位盆底扇和深切谷充填沉积已被勘探实践证明是最优秀的储层之一，其物性极佳，砂体常被深水泥质岩所包围，具有良好的圈闭条件，而且在地震剖面中较易识别。

统计全球主要前陆冲断带的油气藏发现，储集岩巨层序主要发育在被动边缘和前渊，储层岩性或类型主要是碳酸盐岩裂缝、砂岩和砂岩裂缝。盖层的岩性主要是蒸发岩和页岩，美洲西部的前陆冲断带的盖层主要是蒸发岩。

三、生储盖组合

前陆盆地之所以具有丰富的油气资源，主要在于前陆盆地沉积层序是叠置在前前陆盆地层序之上，并且有优越的生储盖组合。

前前陆盆地—前陆盆地海相生储盖组合：该套组合主要发育于周缘和弧后前陆盆地及冲断带，生储盖层均由海相沉积构成，烃源岩主要为盆地相或陆棚相富有机质的泥页岩、碳酸盐岩，如艾伯塔盆地、落基山盆地、扎格罗斯盆地等重要的含油气前陆盆地均有此类烃源岩产出，储层有海底扇、深切谷充填沉积、滨岸砂体及台地相碳酸盐岩（艾伯塔盆地）等，盖层往往为海相泥页岩和石膏。在某些盆地的油气田中主要发育的生储盖层均产于前前陆盆地海相层序，如艾伯塔盆地中—上泥盆统克拉通礁灰岩储集了盆地内55%的油气。

前前陆盆地—前陆盆地陆相生储盖组合：该组合类型在典型前陆盆地及冲断带中十分少见，一般烃源岩为前前陆盆地下伏湖沼相含煤岩系，储盖层为覆于其上的前陆盆地期的沉积序列，中国中西部前陆盆地及冲断带以发育该套陆相组合为特色，如准噶尔盆地南缘、库车、塔里木西南、柴达木北缘和酒泉西等类前陆盆地的侏罗系—新近系广泛发育此类组合。

前前陆盆地陆相生储盖组合：该套组合主要发育于中国西部再生前陆盆地及冲断带，在中国西部油气远景中具有举足轻重的地位，特别是侏罗系—白垩系组合。该套组合的烃源岩和盖层分别为侏罗系或白垩系湖泊相泥岩或湖（河）沼相煤系地层，而储层多是夹于其中的河流相、三角洲相、冲（洪）积扇相砂砾岩。如吐哈盆地侏罗系八道湾组油气系统和西山窑组油气系统（吴涛等，1997），前者烃源岩为八道湾组煤岩和暗色泥岩，储层为八道湾组和三工河组三角洲砂体，盖层为七克台组、齐古组泥质岩。

前陆盆地陆相生储盖组合：该套组合生储盖层均产于前陆盆地及冲断带陆相层序中，烃源岩一般为前陆盆地深湖—半深湖相泥页岩，储盖层分别为河湖相和三角洲相砂岩和泥岩。该类型组合比较少见。

四、圈闭类型及分布规律

对全球冲断带246个典型圈闭的分析发现，81%是构造圈闭，12%是地层圈闭，7%是地层与构造相互组合的圈闭。数据显示冲断带形成的大部分构造圈闭属于逆冲相关构造（85%），主要是逆冲断层上盘形成的背斜构造，包括断层传播褶皱、断层转折褶皱、滑脱褶皱及其相关的组合形式。在走滑构造发育的冲断带内，可见较多走滑相关的圈闭。此外，前陆冲断带内发育较多的与基底构造、底辟、差异压实、差异沉降等相关的背斜。在前缘隆起地区，由于伸展构造较为发育，也能识别出一系列与正断层相关的圈闭类型（图1-15）。整体来看，前陆冲断带的圈闭主要集中在外缘地区，所占比例接近一半（48%）。

前陆冲断带及前陆盆地靠近造山带一侧受构造活动影响，是构造扰动带；而前陆盆地靠近克拉通一侧平缓上倾，逐层向克拉通斜坡上超覆；盆地下部被覆盖的早期被动陆缘沉积，未受构造影响的部分仍保持原来的区域分布特征，这种构造格局决定了盆地油气藏具有多种类型的特点。一般来说，邻近构造活动带一侧多发育与冲断作用有关的构造圈闭，而另一侧（靠近克拉通或盆地中的"陆核"）则多发育岩性、地层圈闭（图1-16）。

五、油气聚集模式

前陆冲断带发育的圈闭类型以与挤压和冲断有关的背斜圈闭为主，但不同盆地在此带圈闭的发育特点不尽相同。如在扎格罗斯山前带以大型的挤压褶皱为特点；有的褶皱—冲断带则发育薄皮构造，形成与断层牵引褶皱、双冲构造及构造三角带有关的背斜构造，如布鲁克

机制	类型	样式	示意图
断层	正断层	倾斜断块	
		地垒	
		正断层上盘	
		犁式断层	
	逆断层		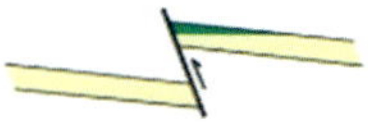
	走滑断层		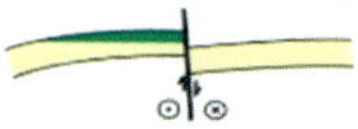
	正花状构造		
褶皱	挤压背斜	逆冲相关背斜	
		前陆背斜	
		三角洲前缘背斜	
	压扭背斜		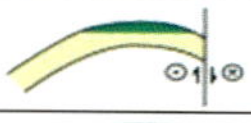
	反转背斜		
	基底挠曲背斜	基底抬升背斜	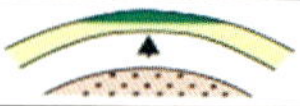
		基底披覆背斜	
	底辟相关构造	盐底辟背斜	
		页岩底辟背斜	
		底辟刺穿	
	差异压实/披覆背斜	断块压实背斜	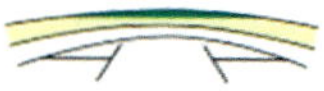
		埋藏古地形压实背斜	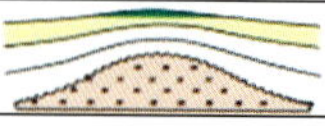
	差异沉降背斜	基底沉降背斜	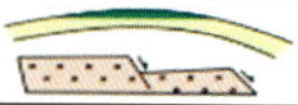
		盐撒背斜	
		盐溶背斜	
	正断层相关背斜	滚动背斜	
		正断层牵引背斜	

图1-15 前陆冲断带构造圈闭类型及其示意图

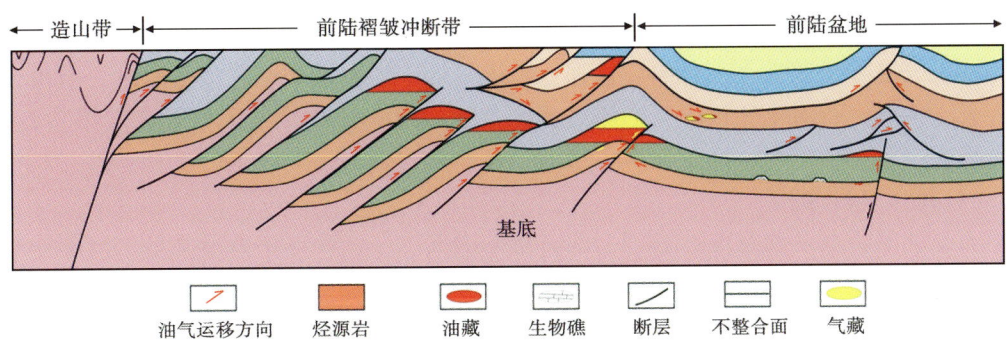

图 1-16 前陆冲断带典型油气藏剖面图

斯山前、西加盆地山前、阿巴拉契亚山前带、塔里木盆地南北的山前带等；而有的圈闭则发育于与结晶基底冲断有关的厚皮构造中，如在美国的落基山前陆盆地山前带。这些不同构造样式的形成主要与挤压应力的大小、被挤压地层的能干性及基底的刚性和活动性（是否有老断层活动）等因素有关。

在褶皱冲断带，与油气聚集有关的有利因素与不利因素并存。有利因素包括：

（1）由于上覆了褶皱冲断体，有利于下伏生油层的成熟；

（2）推覆构造形成时，岩层的动压力和静压力及热力增加，增强了油气的运移动力；

（3）由于挤压冲断作用，形成了为数众多的圈闭条件；

（4）由于挤压作用形成的断层和裂缝有利于油气的垂向运移，提高了排烃效率，同时也改善了储层的储油物性；

（5）有时大面积推移的逆掩岩体对下伏层起到的良好的封闭作用也不容忽视。

以上因素使得前陆盆地冲断带成为油气勘探的主要领域。自美国于 1974 年在逆冲带内首先发现较大油气聚集的盘维油田以来至 20 世纪 80 年代初期，在落基山怀俄明—犹他州交界处逆冲断层带相继发现了盘维油田、里克曼—克里克油田和派因维夫油田等 20 多个油气田。

前陆冲断带虽然有如上优点，并已在逆冲带发现了大量的油气，但也存在不利因素制约褶皱—冲断带的油气聚集及勘探，其中最为关键的是油气保存问题。前陆冲断带内油气以垂向运移为主，这提高了油气运移的效率，增多了油气分布的层位，但也意味着增大了油气散失的风险。所以在冲断带地区油气苗非常发育，即使是在褶皱强度比较弱、具有良好封闭性盐岩层的扎格罗斯山前褶皱带也没有逃脱油气沿薄弱带大量漏失的命运。另外，在褶皱—冲断带地区，褶皱断裂发育、构造复杂的性质给勘探工作带来了一定的困难，如中国西部前陆盆地上部往往有巨厚的磨拉石堆积，增加了勘探难度。

第四节　前陆冲断带地球物理勘探的关键问题

一、中西部前陆盆地勘探条件

中国中西部盆地的前陆冲断带按形成演化特点可分为受喜马拉雅期造山运动影响的塔西南、库车、准噶尔盆地南缘等冲断带，受阿尔金大型北东东向左旋走滑断裂控制的昆仑山北缘、祁连山南缘、玉门等冲断带，以及受印度洋板块和太平洋板块同时向欧亚大陆俯冲控制的四川和鄂尔多斯盆地周缘冲断带。这些冲断带具有共性：地表以复杂山地为主，地表一致性差；地下以高陡构造为主，各向异性强，地表及地下地震地质条件极其复杂。但由于区域构造背景、构造沉积演化的不同，中国中西部盆地的前陆冲断带之间也存在着诸多差异性，主要表现在以下几个方面。

（一）地面地理条件

地表条件的特点是确定地球物理勘探方法的因素之一。中国中西部盆地的前陆冲断带普遍具有地表条件复杂、地表结构复杂和自然环境恶劣的特点，是开展地震勘探工作的极难地区，但同时各个盆地的前陆冲断带也存在着差异。

1. 库车前陆冲断带

库车盆地是特提斯洋闭合的地应力远程传递使海西期南天山缝合带复活形成的前陆盆地中最典型的盆地。

地表条件：包括山地、山前冲积扇、戈壁砾石区、水网河道和农田村庄等多种地表类型。山地区地形起伏变化剧烈，山高坡陡，山势陡峭，断崖林立，沟壑纵横，地表相对高差大，最大可达4000m以上。山地区地表坡度大，局部可达70°~90°，出露的地层倾角最大也可达90°甚至反转，山前冲积扇、戈壁、农田村庄等地表虽然相对平坦，但被巨厚第四系沉积物所覆盖。

表层结构：山前冲积扇、戈壁区具有多层、巨厚的特征，分低速层、降速层和高速层，低降速带厚度可达200m以上，高速层速度在1700~2300m/s；山体区与出露岩性有关，风化程度低时低降速带不超过10m，风化程度高时低降速带可达50~150m，高速层速度变化较大，在2000~3000m/s。

自然环境：交通不便，气候干旱，降水量小，环境恶劣。大部分地区为荒无人烟地带，交通极不发达。塔里木盆地深入内陆，远离海洋，周围又被高山环抱，使得来自海洋的暖湿气流不易到达。天气变化无常，夏季炎热少雨，冬季气候又变得异常的寒冷，昼夜温差大，最低气温可达-30℃，最高气温可上50℃。春季多风，平均每月大风4~5次，狂风怒吼，飞沙走石。

库车前陆冲断带的地球物理施工条件恶劣，对技术、设备和管理水平要求高。

2. 英雄岭前陆冲断带

英雄岭冲断带是受阿尔金大型左旋走滑断裂控制的前陆冲断带之一，具有独特的地理、地层和构造等地球物理勘探条件。

地表条件：柴达木盆地是典型的内陆高原荒漠盆地，也是世界上海拔较高的盆地之一，而英雄岭地区又是柴达木盆地海拔最高的地区，因此高海拔是其显著特点。英雄岭地区地表海拔在2900~3600m。英雄岭地区地表类型复杂多变，以复杂山地为主，海拔3000m以上的起伏山地达77%，其中极复杂山地占23.5%。复杂山地的山前过渡带还包括戈壁、小丘陵、浮土等地表类型。英雄岭地区地形变化剧烈，主要表现为山高坡陡、断崖林立、沟壑纵横，地面相对高差100~400m不等。

表层结构：英雄岭地区地表出露地层以新近系为主，包括砂岩、泥岩、砾石和浮土等多种类型，构造主体部位地层倾角较大，地表岩层风化破碎严重，干燥、疏松、溶洞发育是其主要特点。表层结构极不稳定，低降速带的厚度和速度变化大。潜水面低，在构造主体部位约450m才能见到较为潮湿的地层。山地区最大低降速带厚度可能超过500m，低降速层速度变化大，在1700~3150m/s。

自然环境：柴达木盆地属高原大陆性气候，以干旱为主要特点。年降水量自东南部的200mm递减到西北部的15mm，年均相对湿度为30%~40%，最低可低于5%。盆地年均温在5℃以下，气温变化剧烈，绝对年温差可达60℃以上，日温差也常在30℃左右，夏季夜间可降至0℃以下。风力强盛，年8级以上大风可达25~75天，西部甚至可出现40m/s的强风。总之，柴达木盆地通行条件差，气候多变，高寒缺氧，环境恶劣。

3. 龙门山前陆冲断带

龙门山冲断带是中国中部典型前陆冲断带之一，它的形成和演化既受印度板块从西南向北东俯冲控制，又受太平洋板块从东南向北西俯冲控制，是两个方向挤压引发的扬子地台和华北地台周缘造山带复活形成的环四川盆地和环鄂尔多斯盆地的再生前陆盆地之一。

地表条件：四川盆地可划分为边缘山地和盆地底部两大部分，前陆冲断带属于高山地貌，海拔较高、山势雄伟、山坡陡峭、沟谷深切，多悬崖陡壁。盆地北缘米仓山、大巴山海拔在1500~2200m，相对高差可达500~1000m；西缘龙门山、邛崃山、峨眉山海拔基本在1500~3000m，甚至3000m以上，相对高差可达1000m以上，峨眉山与附近的平原相对高差达2660m。盆地底部多丘陵、低山和平原，海拔200~750m，地表相对平坦，相对高差一般不超过50~150m。

表层结构：龙门山冲断带山前广泛分布砾岩、砂岩及石灰岩，不同岩性交替出现，总体分布比较复杂。地表出露地层主要为白垩系—侏罗系砂砾岩、砂泥岩，占60%~70%；三叠系须家河组石英砂岩、雷口坡组—嘉陵江组石灰岩占20%~30%；局部有第四系河滩砾石；在龙门山冲断带主体地表甚至出露泥盆系、志留系、寒武系、震旦系、前震旦系等老地层。须家河组砂岩、嘉陵江组石灰岩以及更老地层出露区的石灰岩及砂砾岩坚硬，激发接收条件差，单炮资料信噪比低、干扰严重，想获得好资料非常困难。川西地区地表高程变化大，且风化层速度、厚度横向变化大，近地表速度变化大，局部低降速带变化剧烈。

自然环境：四川盆地地形闭塞，气温高于同纬度其他地区，最热月气温高达26~29℃，夏季湿度较大，闷热难忍。年降水量1000~1300mm，盆地边缘山地降水十分充沛，年降水量为1500~1800mm，为中国突出的多雨区，但冬干、春旱、夏涝、秋绵雨，年内分配不均，70%~75%的雨量集中于6月至10月。盆地区雾大湿重，云低阴天多，年相对湿度之高也为中国之冠。

中国中西部前陆冲断带的地球物理勘探条件极差，是野外施工设计必须重点考虑的因素之一，只有针对不同的地表、地理和自然环境，采取不同的施工方案，才能取得较好的第一手资料。

（二）地层岩性组合

油气形成并储存在地层里，因此地层是油气勘探的对象。地层的性质既影响构造变形的特征，又直接影响地震波的传播和地震反射特征，所以地层组合也是选择施工方案需要注意的因素之一。我国中西部不同盆地地层特征迥异，必须针对不同特征采用不同的采集处理解释技术。

1. 库车前陆冲断带

库车前陆冲断带现今赋存的沉积地层主要为中、新生代陆相地层，但是层序并不是连续的，普遍缺失晚白垩世地层，古生界及更老的地层在库车前陆冲断带缺失。受中、新生代区域构造演化和不同时期构造古地理影响，其岩性在纵向和横向上均有明显变化，记录了库车坳陷及周边地区的区域构造演化历史及中、新生代沉积盆地的基本特征。根据地面露头和钻井揭示的地层岩性资料，库车坳陷的中、新生代地层可以划分为如下图所示的地层系统（图1-17）。

库车前陆冲断带影响地球物理勘探的地层主要有侏罗系阳霞组煤系地层、古近系库姆格列木组膏盐岩地层、吉迪克组膏盐岩地层和第四系砾岩层。

库车前陆冲断带主体发育两套主要的滑脱层，即古近系—新近系膏盐岩、膏泥岩和侏罗系煤系地层。古近系底部的库姆格列木群在拜城凹陷发育巨厚的膏盐岩层或膏泥岩层，新近系底部的吉迪克组在阳霞凹陷也发育膏盐岩层或膏泥岩层，这些膏盐岩层的存在导致新生界与中生界在构造变形上存在差异，使新生界与中生界的变形不协调，构造变形具有分层性。库车坳陷发育的古近系膏盐岩主要分布在库车中部克拉苏—秋里塔格构造带，膏盐岩塑性变形强烈，厚度和岩性横向变化剧烈，最厚达4000m，最薄处只有100~200m。古近系—新近系膏盐岩段自下而上可分为膏泥岩段和盐岩段，盐岩段主要为较厚的纯盐层与泥岩互层，该段厚度变化大，塑性流动及挤压变形强烈，形态复杂多样；膏泥岩段则主要为泥岩与石膏及盐岩互层，与盐下目的层产状基本一致。

侏罗系主要为一套河流、沼泽—湖泊相沉积，发育含煤碎屑岩地层，总体为北厚南薄的楔状体，与下伏三叠系平行不整合接触，总厚度达到1400~2000m。其中阳霞组为灰白色砂岩、灰黑色碳质泥岩及煤线，主要发育在库车东部地区，北厚南薄呈楔形展布，北部沉积较厚区域没有钻井，南部钻井均位于构造相对高部位，揭示厚度在150m左右，在变形过程中为滑脱面，在成藏过程中既是烃源岩又是盖层。

第四系包括基本成岩的更新统西域组和尚未成岩的全新统，岩性横向变化剧烈。西域组主要为河流、冲积—洪积扇相沉积，发育灰色和褐色砾岩、砂岩及粉砂岩，广泛分布于背斜两翼和向斜处。地面露头和地震勘探资料可见西域组与下伏库车组普遍为超覆角度不整合接触。第四系砾岩层的分布对野外施工设计非常重要，近年来发展的识别砾岩层分布的非地震方法取得了较好的效果，为准确识别深层构造提供了条件，得到了广泛应用。

2. 英雄岭前陆冲断带

柴达木盆地是以中、新生代沉积为主的典型内陆湖相沉积盆地，中、新生代地层发育齐全，为一套陆相碎屑岩。中生界包括侏罗系和白垩系两套地层。其中侏罗系的厚度和分布面积较大，层位齐全，在纵向上互相叠置；白垩系遭剥蚀程度强，只在个别地区有少量出露，地下分布也较有限。

柴达木盆地新生代地层极为发育，分布广、厚度大、层位全，最大沉积厚度可达15000m以上，包括古近系—新近系和第四系。古近—新近系是盆地内最为发育的地层，自下而上分为路乐河组、下干柴沟组、上干柴沟组、下油砂山组、上油砂山组和狮子沟组共6套地层。第四系主要分布在东部地区，分为涩北组、察尔汗组和达布逊盐桥组3套地层（图1-18）。

现今中生界主要分布在柴北缘地区和阿尔金山前东段，柴西（东昆仑前陆冲断带）大部分地区以新生界沉积为主，根据地层岩性组合的不同，可大致将柴西地区的新生界划分为4大套：（1）古近系—新近系路乐河组—下干柴沟组下段，主要为一套洪泛—河流相红色粗碎屑岩系，岩性包括砾岩、砾状砂岩、含砾砂岩、砂岩、泥岩、砂质泥岩及泥质粉砂岩，是盆地最主要的一套区域储层；（2）古近系—新近系下干柴沟组上段—上干柴沟组下段，主要为一套湖泊相细粒碎屑岩系，岩性包括泥岩、钙质泥岩和碳酸盐岩，英西—英中地区发育

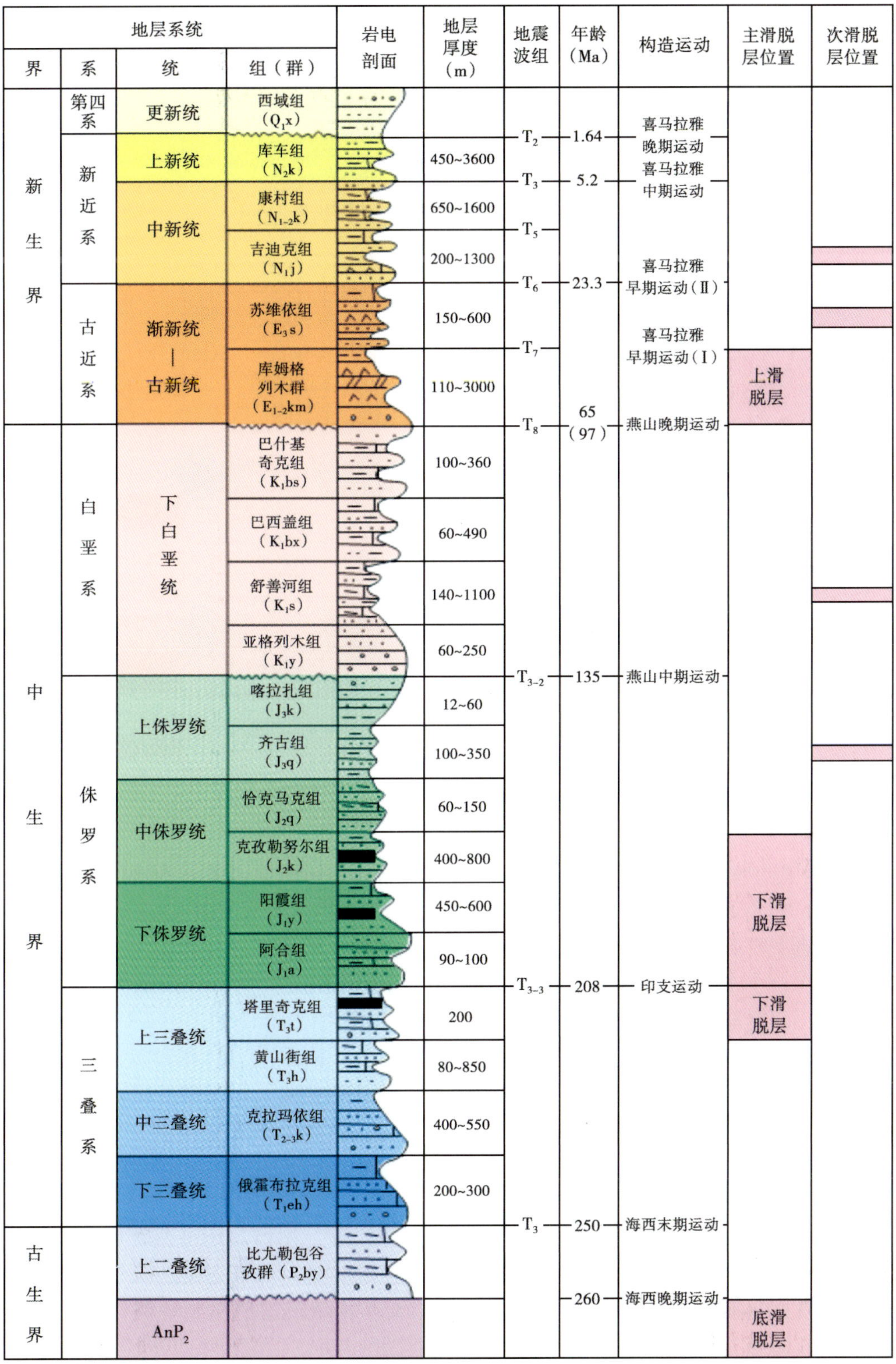

| 地层系统 ||| 岩电剖面 | 地层厚度(m) | 地震波组 | 年龄(Ma) | 构造运动 | 主滑脱层位置 | 次滑脱层位置 |
界	系	统	组（群）							
新生界	第四系	更新统	西域组(Q₁x)			T₂	1.64	喜马拉雅晚期运动		
	新近系	上新统	库车组(N₂k)		450~3600	T₃	5.2	喜马拉雅中期运动		
		中新统	康村组(N₁₋₂k)		650~1600	T₅				
			吉迪克组(N₁j)		200~1300	T₆	23.3	喜马拉雅早期运动(Ⅱ)		
	古近系	渐新统—古新统	苏维依组(E₃s)		150~600	T₇		喜马拉雅早期运动(Ⅰ)	上滑脱层	
			库姆格列木群(E₁₋₂km)		110~3000	T₈	65(97)	燕山晚期运动		
中生界	白垩系	下白垩统	巴什基奇克组(K₁bs)		100~360					
			巴西盖组(K₁bx)		60~490					
			舒善河组(K₁s)		140~1100					
			亚格列木组(K₁y)		60~250	T₃₋₂	135	燕山中期运动		
	侏罗系	上侏罗统	喀拉扎组(J₃k)		12~60					
			齐古组(J₃q)		100~350					
		中侏罗统	恰克马克组(J₂q)		60~150					
			克孜勒努尔组(J₂k)		400~800				下滑脱层	
		下侏罗统	阳霞组(J₁y)		450~600					
			阿合组(J₁a)		90~100	T₃₋₃	208	印支运动		
	三叠系	上三叠统	塔里奇克组(T₃t)		200				下滑脱层	
			黄山街组(T₃h)		80~850					
		中三叠统	克拉玛依组(T₂₋₃k)		400~550					
		下三叠统	俄霍布拉克组(T₁eh)		200~300	T₃	250	海西末期运动		
古生界		上二叠统	比尤勒包谷孜群(P₂by)				260	海西晚期运动	底滑脱层	
		AnP₂								

图 1-17 库车前陆冲断带地层综合柱状图

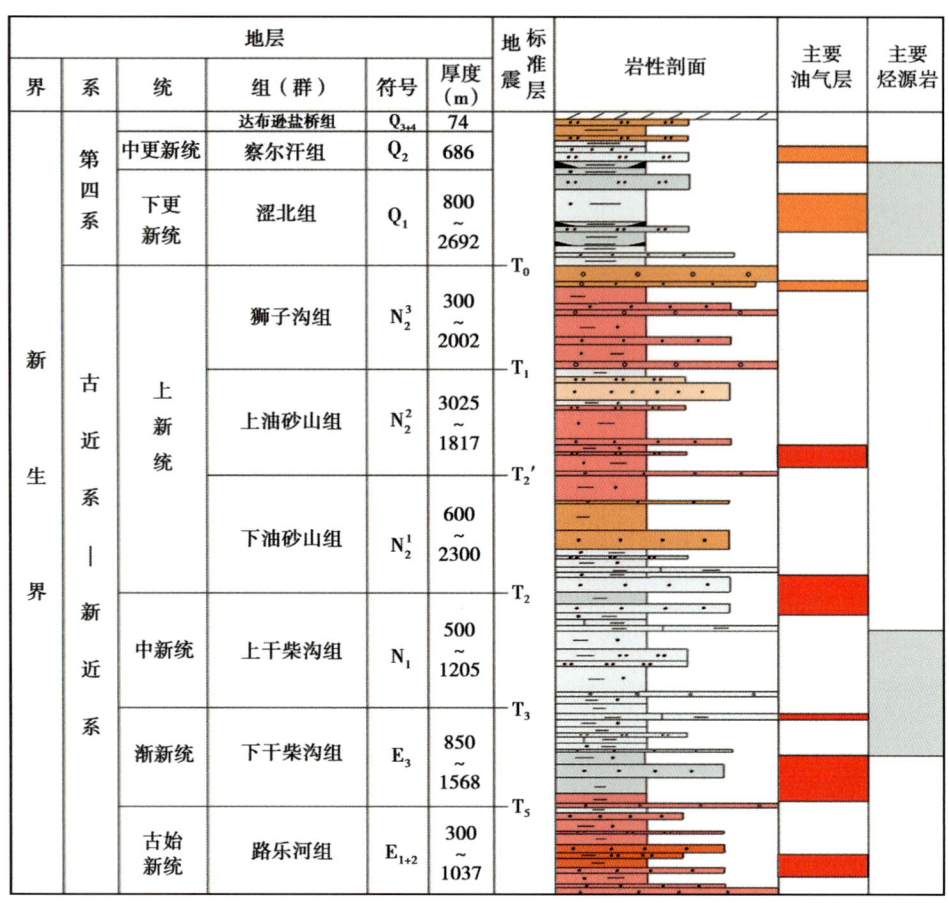

图 1-18　东昆仑冲断带地层综合柱状图

多层膏盐岩,是主要的滑脱层,该段灰色、深灰色泥岩和钙质泥岩是柴西地区最主要的一套烃源岩;(3)古近系—新近系上干柴沟组上段—狮子沟组,在盆地边缘以砾岩、砾状砂岩为主,是盆地主要的区域储层之一,在盆地中心以泥岩、钙质泥岩和砂质泥岩为主,并含有少量膏盐岩;(4)第四系受晚喜马拉雅运动和新构造运动的影响,柴西地区都不同程度地遭受了剥蚀,残留地层以砂砾岩为主。

东昆仑北冲断带的地层特点在于时代新,都为古近—新近系,且泥岩多,砂地比低,导致在应力作用下易变形,因此东昆仑冲断带构造复杂,产状陡。另一地层特点是发育多层膏盐岩,是主要的滑脱层,对地震波传播起到阻碍作用,使盐下构造落实难度大。这两个特点是地震勘探采集处理解释必须考虑的因素。

3. 龙门山前陆冲断带

川西前陆盆地的形成演化是一个漫长的地质历史过程。川西盆地是发育在前震旦系结晶基底之上的相对稳定的克拉通海相盆地与多期复杂陆相盆地的叠合盆地,其演化经历了稳定克拉通海盆发展时期(震旦纪—中三叠世)、海陆交互相断陷盆地发展时期(须家河组一段沉积期—须家河组三段沉积期)、陆相坳陷盆地发展时期(须家河组四段沉积期—中侏罗世)及前陆盆地发展时期(晚侏罗世—第四纪)。

川西地区经历了从海相沉积到陆相沉积的演化过程,沉积地层发育比较齐全,最老的地积厚度大，主要分布于龙门山及其东侧的前渊坳陷中。侏罗纪以来，川西前渊坳陷沉积了巨厚的陆缘碎屑岩，其中大部分是砾岩沉积。侏罗系至下白垩统分布在整个川西前陆盆地中，晚白垩世以来的沉积则主要分布在川西南，沉积厚度大。

嘉陵江组为石灰岩、白云岩和膏岩组合，下部为一套泥页岩、薄层泥质灰岩及石灰岩互层。纵向上可分为5段：嘉一段下部为灰色石灰岩，底部夹白云岩及膏岩；嘉一上部为紫红色泥页岩与紫灰色、灰白色泥质灰岩薄互层；嘉二、四段为大套石膏夹白云岩、灰质云岩；嘉三段为灰色粉晶灰岩夹膏岩、膏质云岩，顶部为白云岩；嘉五段为膏岩与深灰色白云岩、云质灰岩互层。这套地层具有塑性特征，在变形中为滑脱面。

（三）基本构造特征

中西部盆地的前陆冲断带具有一些共性特征，如倾向上的分带性、走向上的分段性和纵向上的分层性特征，但在构造细节上也存在很多差异性。

1. 库车前陆冲断带

1）具有双滑脱层，构造变形复杂，形成双滑脱构造模式

库车前陆冲断带主体发育塑性极强的古近系—新近系膏盐岩、泥岩和塑性相对较弱的侏罗系—三叠系煤系地层、泥岩这两套滑脱层，形成双滑脱构造模式，其构造发育的典型特点为叠瓦状构造，构造由南向北逐次抬高。该构造模式主要发育在克拉苏区带。

2）古近系—新近系发育巨厚的膏盐岩层，盐构造发育

古近系—新近系膏泥岩或膏盐岩厚度巨大，具有区域分布特点，对构造变形影响最大。这套膏盐岩层是协调与控制库车前陆冲断带构造变形的关键层，由于它的存在，在地震剖面上至少可以识别出盐上、盐岩段、盐下3套构造层，盐上多发育挤压性质的紧闭或倒转的断层相关褶皱；盐下多发育挤压断层及其相关褶皱组合，中生代地层发生强烈变形，形成背冲断块或断褶构造、叠瓦冲断带和双重构造等；盐体的构造样式主要包括盐枕、盐背斜、盐墙、盐脊、盐楔、盐推覆、盐底辟、盐焊接和盐蘑菇等。

3）普遍具有3层构造样式，构造变形存在差异

库车地区发育的膏盐岩层及区域不整合面导致新生界与中生界及盆地基底在构造变形组合上存在差异，膏盐岩层使新生界与中生界的变形不协调，构造变形具有分层性。

库车坳陷总体呈现出分层收缩构造变形特征，因此坳陷内部各次级构造单元的边界在不同层次可能相同，也可以不同，甚至边界位置也会有些差异。总体上是由断裂带和翼间角较小的紧闭背斜等构成的强变形带分隔断块、宽缓向斜等弱变形域，由盐岩层、煤系地层等软弱岩层发生顺层剪切滑脱形成的强变形层分隔基底构造层、能干岩层等弱变形层，变形强度从北向南、由深及浅、自中段向两侧渐弱，反映现今库车前陆盆地的构造格架总体上是在晚新生代南天山对库车前陆盆地的挤压作用体制下形成的，山体负荷、基底断裂和盐岩层等对盆地结构有重要影响。

4）分带特征明显，各个带构造变形存在差异

库车前陆冲断带从北部造山带到南部前陆区，构造变形分带特征：第一排为北部造山带和山前北部单斜带—依奇克里克构造带，是基底卷入型逆冲带；第二排为克拉苏构造带—东秋—迪那构造带，是盖层滑脱型褶皱—冲断带，克拉苏构造带与东秋构造带之间发育走滑断裂，形成斜列式展布的构造带；第三排为西段的却勒—西秋到东段的亚肯背斜带，由于古近系—新近系塑性层分布差异和挤压作用力强弱的不同，该带东段与西段的构造样式及变形特征差异较大，西段浅层古近—新近系变形强烈，东部浅层几乎没有变形，深层均以发育断

块构造为主。

2. 英雄岭前陆冲断带

1）具有压扭构造特征，但横断层不发育

英雄岭地区受东昆仑挤压作用和阿尔金走滑作用的双重影响，表现出明显的压扭构造特征，构造变形较为复杂。

前人研究认为前陆冲断带的分段特征通常表现为横断层或侧断坡、斜断坡等调节构造形式。英雄岭地区同样具有明显的"东西分段"特征，受阿尔金影响强烈的部分在断层和褶皱轴向上与东部有一定的差异，但英雄岭地区基本未见横断层或侧断坡、斜断坡。

2）英雄岭地区普遍具有双层构造样式

英雄岭地区下干柴沟组上段（E_3^2）泥岩、膏盐岩等塑性地层发育，易于滑脱断层的形成和发育，导致纵向上构造变形的分层性，使得英雄岭地区在纵向上的构造样式、断裂系统和变形特征存在明显的不同。浅层多为典型的断展褶皱，深层受基底卷入的逆冲断层控制，形成构造楔或叠瓦构造。

3）具有反转构造性质

英雄岭地区具有典型的反转构造特征，早期英雄岭地区处于走滑拉分的弱断陷背景，长期位于坳陷湖盆的沉积沉降中心位置，广泛发育咸化湖盆烃源岩。受晚喜马拉雅和新构造运动的影响，后期才发生构造反转，形成现今的构造样式。

3. 川西前陆冲断带—龙门山前陆冲断带

1）发育多套滑脱层，纵向构造分层特征明显

川西前陆冲断带发育2~3个区域性滑脱层，即下寒武统泥页岩、下三叠统嘉陵江组和中三叠统雷口坡组膏盐岩，同时也存在局部性的滑脱层，如志留系、上二叠统等。川西北前陆冲断带受嘉陵江组膏岩和寒武系下部泥岩两套塑性层控制，垂向上分上、中、下3大构造层。上构造层表现为被动变形特征，总体表现为滑脱背斜或单斜形态；中构造层为明显的滑脱—冲断特征，断裂发育，叠瓦构造和背冲背斜成排成带展布；下构造层断裂不发育，总体表现为弱变形特征。川西南前陆冲断带纵向上可分为两个构造层。浅层受雷口坡组膏盐岩滑脱层控制，发育典型的盖层滑脱构造，整体表现为隆凹相间的构造格局，构造整体为北东走向；深层整体表现为基底卷入构造，断裂发育，形成多排断裂构造带，构造格局东南高西北低，整体也为北东走向。

2）倾向分带特征明显，各个带构造变形存在差异

川西北、川西南前陆冲断带都具有明显的构造分带性，但不同时期不同学者的划分方案有所差异。通过近几年对龙门山—米仓山冲断带的整体研究，将川西北冲断带划分为逆冲推覆带、构造三角带和背冲背斜带3个构造带。

逆冲推覆带至少由两期构造叠置，主要发育基底卷入构造，断裂发育，地表出露三叠系甚至更老的地层，局部受滑脱层及逆冲推覆体影响，发育双层构造，在老地层之下存在原地系统。构造三角带变形较剧烈，以叠瓦构造为主，滑脱断层发育，部分出露地表。背冲背斜带夹持在两套滑脱层之间，发育与滑脱断层有关的背冲背斜构造，平面上呈帚状展布，向东北撒开变宽，向西南收敛变窄，背冲背斜带到构造三角带之间的挤压变形更加强烈，构造更加复杂，地层高陡甚至倒转。

二、前陆冲断带地震勘探的主要难点

中西部塔里木、准噶尔、吐哈、柴达木、四川、酒泉、鄂尔多斯7大含油气盆地广泛

发育前陆盆地冲断带，油气资源丰富，勘探潜力巨大。但复杂的地表条件、表层结构、恶劣的自然环境和复杂的地下地质构造，给前陆冲断带地震资料采集、处理和解释带来诸多难题。

（一）地震数据采集难度大

（1）地表类型复杂多变，野外施工难度大。前陆冲断带地形起伏变化剧烈，山势陡峭，断崖林立，沟壑纵横，地表相对高差大，如库车山地工区地表海拔最高在 3500m 以上，最大相对高差大于 1500m，滇黔桂探区相对高差可达 1800m。不同山前带的地表特征各异，西部山前过渡带常有戈壁、沙漠、丘陵、浮土、砾石等多种地表类型。恶劣的自然条件给地震野外施工带来极大困难，必须借助绳梯、大型推土机，甚至是直升机，才能将钻机、仪器设备等搬到悬崖峭壁上的工地。

（2）表层结构复杂，地表岩性变化大，激发和接收地震波困难。中国西部前陆冲断带地表植被稀少，地表一般为风化严重的浮土夹碎石，山间夹持地带均为巨厚的洪积戈壁砾石区。地表出露地层复杂多变，不同盆地的山体出露地层时代跨度大，从新生代到古生代均有；山体区地层倾角变化大，最大近乎直立。地表出露砾石、砂岩、泥岩、石灰岩、变质岩等或被沙漠、浮土等覆盖，风化剥蚀严重。极为疏松的地表风化黄土和砾石层使地震检波器与地表的耦合程度变差，巨厚砾石层也给炮井的钻孔带来极大困难。中国南方大片碳酸盐岩出露区更是地震野外采集的"禁区"，因此，前陆冲断带地表地震地质条件差，使地震波激发和接收极为困难，属于低信噪比高难度勘探区。

（3）地下构造特征复杂，多为逆掩断裂控制下的高陡构造，地层倾角大，甚至有地层倒转现象。地层褶皱严重，断裂极为发育，深浅层构造特征不一致，多重叠置现象明显，勘探目的层深度变化大，对地震采集观测系统的设计、激发、接收、表层调查和静校正等技术提出了非常高的要求。

（4）交通不便，气候多变，环境恶劣，安全隐患多，野外地震采集生产组织、质量控制和 HSE 管理难度大。中国西部山地探区大部分为荒无人烟地带，交通极不发达，天气变化无常，昼夜温差大，最低气温可达-30℃，最高气温可上 50℃；中国南方山地探区地表大多为森林覆盖，气候潮湿，常年多雨。这种地理条件给山地地震野外采集工作带来了严峻的挑战。

（二）地震数据处理难度大

前陆冲断带复杂的地质结构和原始地震勘探资料低信噪比、低分辨率的特点决定了其资料处理的难度大大高于盆地内常规资料的处理，其主要的技术难题有以下几方面：

（1）山地静校正问题。前陆冲断带地形高差大，表层结构极不稳定，地表岩性、低降速层速度、厚度及高速层速度横向变化剧烈，速度分层特征不明显，高速层界面不稳定。因此，山地静校正量大且不易求准，尤其是很多地方难以寻找一个稳定、平缓的高速层界面，表层模型难以准确建立。

（2）提高原始资料信噪比问题。山地地震勘探资料干扰波发育，原始资料信噪比低，表层调查和静校正问题突出，地下构造特征和地震波场复杂。

（3）高陡构造准确成像问题。地下构造复杂，断裂发育，地层倾角陡，目的层深度变化大，速度场变化大，各向异性特征突出，叠前深度偏移处理中准确速度建模存在较大困难，致使构造偏移归位和准确成像困难。

(三）地震勘探资料解释研究难度大

（1）地下构造复杂，多为逆掩断层控制的高陡构造，部分地区地层甚至直立和发生倒转，地层褶皱严重、产状变化大，断层极为发育。由于滑脱断层的发育，深浅层构造特征不一致，构造高点发生偏移，构造样式非常复杂。剖面资料信噪比低且波场复杂，特别是山体部位或构造逆掩叠置区地震勘探资料品质差，准确合理建模难度大。

（2）地层速度纵横向变化大，不同地层纵向速度变化大，逆掩距离较大的地区存在速度倒转现象，同一套地层由于埋深差异大，速度的横向变化也非常明显。准确速度建场及变速成图难度大，难以准确落实深度域构造形态、高点位置及埋深。

三、前陆冲断带地震勘探历程

前陆冲断带的地震勘探经历了从常规二维到宽线大组合二维、从常规三维到宽方位高密度三维的发展历程，大体可划分为4个阶段。

（一）常规二维攻关阶段（2005年以前）

该时期为复杂山地地震攻关探索阶段，从激发和接收入手，重点放在了提高单炮资料信噪比上。这一时期的方法特点是：单线接收，激发方法从单井激发、深井高速层激发到深井高速层组合激发等进行了全面尝试，特别是1998年在油泉子地区还尝试了检波器埋于2m井下接收等技术手段；覆盖次数相对较低，一般不超过60次；采用高程静校正方法。从获得的地震勘探资料看，山地资料品质很差，基本看不到有效反射信息，无法用于地质解释。

库车前陆冲断带20世纪90年代初期以沿沟弯线侦查勘探为主，初步认识库车前陆盆地构造地层基本格架。但是弯线测线间距大、不成网，施工方法主要采用小吨位可控震源结合坑炮组合激发，道距较大（50m），排列较短（2000~3000m），覆盖次数较低（24~60次），地震勘探资料品质不高，勘探效果较差。20世纪90年代后期及21世纪初期，库车前陆盆地开始了二维直线地震攻关，形成了二维地震的采集处理配套技术。采集上形成了长排列（12km）、小道距（10m）、高覆盖（600次）、单边排列、不对称排列、非纵观测等针对复杂地质目标的直测线地震观测方法，同时从表层结构调查、震源激发、装备改进等方面攻关，取得了较好的地震勘探资料，使库车前陆盆地勘探取得了巨大进展。在处理方面也形成了地表一致性处理、叠前联合去噪、偏移成像等技术，为资料品质改善奠定了基础。在解释方面研究开发了针对前陆冲断带的速度分析及变速成图技术，提高了解释精度，尤其是引进了断层相关褶皱理论，较好地解决了复杂构造建模问题，保证了构造建模的正确性。

采集处理解释技术的进步深化了人们对库车前陆冲断带的地质认识，勘探取得了重大突破。先是发现了克拉2国内最大砂岩整装气田，后来又发现了克拉3、依南2、迪那2、迪那1和吐孜1等气田，使库车前陆盆地油气勘探进入崭新的发现阶段。

（二）宽线大组合攻关（2005—2010年）

二维大组合攻关始于2002年，在柴达木盆地西缘冲断带采用检波器大面积组合压制噪声、提高资料信噪比的思路攻关，技术特点是小道距、大面积组合压制噪声、高覆盖提高成像能力、大药量提高深层反射信息能量。在大乌斯采用20m道距，7990m长排列，200次覆盖，组合激发（5口中深井组合），检波器大面积（76m×76m）组合接收，较好地压制了侧面干扰，在个别地段单炮分频记录上能够见到微弱的反射波，资料信噪比得到一定的提高。通过此轮攻关，认识到表层调查和静校正工作的重要性，模型静校正技术得到了较好的应用。在地质结构相对简单的大乌斯地区获得了能够用于构造解释的地震剖面，绝大多数地区地震资料仍无法用于地质解释。

2003年，高密度勘探理念开始进入中国，它是一种通过增加空间采样密度来实现信号和噪声有效分离的技术。油泉子地区的试验方法为：单点深井激发，小道距（10m）接收，800次覆盖的高密度采集。室内处理阶段采用初至静校正的基础上，应用道组合的方法进一步提高叠加剖面的信噪比。从处理剖面来看，地震资料信噪比有一定改善，山地区域可以见到明显的反射，但是断层位置、构造轮廓仍然不清晰，难以满足油气勘探开发的需要。高密度攻关使地震勘探工作者认识到：高密度采集的单点激发、线性组合接收对噪声压制不利，原始资料信噪比很低，资料品质提高的幅度有限，高覆盖次数对提高该区地震勘探资料品质有一定的效果。

2005年开始在库车前陆冲断带开展宽线大组合地震攻关，宽线技术从有效提高覆盖次数和尽量压制干扰波入手，改变激发和观测方式，达到突出有效信号的目的。2005年在克深1号构造实施宽线地震勘探，地震勘探资料得到大幅度改善。2006年在吐北1号至4号构造进行攻关试验，将横线最大组合距由40m增加到120m，发挥横向大组合压噪优势，有效提高了信噪比。2007年融合宽线、大组合优势，在克深5号构造实施了宽线大组合联合观测，得到了高品质地震勘探资料，逐步形成宽线大组合观测技术，并得到推广和应用。通过宽线大组合一体化攻关，资料品质显著提高，地震勘探资料一级品率由以往不足20%提高到60%以上，为构造落实打下了良好的资料基础。

在处理方面，基于共反射面元叠加理论的CRS处理技术、叠前时间和深度偏移处理技术得到快速发展和应用，叠前深度偏移技术也在库车前陆冲断带得到广泛应用，有效改善了前陆冲断带复杂高陡构造的成像效果，提高了成像精度。在解释方面，发展完善了盐构造建模技术、综合解释技术等，有效提高了盐下复杂构造解释的正确性和层位预测精度，取得了东西分段等一批地质认识，发现了大北3、克深2等气藏，贮备了一批勘探目标，拓展了油气勘探领域。

与此同时，基于对英雄岭地区历年的地震勘探攻关的总结认识到：组合激发、组合接收和高覆盖次数可能是取得较好地震勘探资料的可行手段。从2005年开始在英雄岭地区开展宽线试验，目的是通过增加横向接收线数，大幅增加有效覆盖次数，提高观测系统的噪声压制能力，改善由于大组合带来的道内静校正时差带来的不利影响。通过宽线试验，有效波随着覆盖次数的增加逐渐加强，剖面质量得到了明显改善，大部分地震剖面可以显示出大的构造轮廓，基本可用于地质构造解释。

（三）前陆冲断带常规三维地震技术攻关阶段

塔里木盆地前陆冲断带三维地震勘探始于1990年昆仑山前的柯克亚油田，1995年、1996年又在库车前陆冲断带先后实施大宛齐和克拉1三维地震勘探。由于使用20t以下的小吨位可控震源、深度小于10m的坑炮激发、接收道数比较少，造成面元大（25m×25m）、覆盖次数低（30~60次），三块三维地震都没有获得高品质地震勘探资料。2000年以后，先后实施克拉2、迪那2、却勒等多块三维地震，同时开展技术攻关，为进一步扩大发现规模奠定基础。前陆冲断带采集技术得到迅速发展，观测系统经历了接收线数由8根增加到14根，线道数从2000多道增加到5000道以上，覆盖次数由60次增加到100次以上，形成一套小面元、较高覆盖、适当方位、多线小线距、小滚动距离的三维观测系统优化设计技术。

库车前陆冲断带处理技术攻关也取得了较大进步，三维初至波静校正技术、叠前三维去噪技术、叠前深度偏移技术都得到推广和应用，搞清了迪那气田的构造形态，也解决了高点偏移等问题，为后续的冲断带三维处理及复杂油气藏的准确解释与评价提供了保障。

随着采集处理技术的进步，波形聚类、三维可视化等解释技术手段得到了应用，形成了处理解释一体化速度研究与建模方法；针对前陆冲断带高陡构造，开发形成了速度分析和变速成图软件系统和方法，油气藏描述更加可靠，三维地震勘探资料解释精度得到了提高。

克深2三维地震是在克拉2、迪那、大北三维勘探基础上，通过几年的理论研究与方法试验，进一步优化了观测系统设计，形成了基于弹性波正演的照明度分析技术、基于起伏地表和三维地质模型的共CRP面元分析技术、基于深层陡倾角地层叠前深度偏移处理要求的三维观测系统设计技术。处理上重点开展基于起伏地表的三维叠前深度偏移处理技术攻关，逐步提高了复杂构造地震成像质量和精度，克深2三维地震勘探资料能更精细地识别断裂及构造特征，中生界煤系滑脱层反射清晰，为双滑脱层构造建模奠定了基础，利用三维资料发现的克深8号、9号构造钻探均获得突破，发现两个千亿方大气田。解释上首次引入双滑脱层构造变形理论和数字地质露头指导建模，提高了建模的合理性，同时探索地震和非地震联合反演刻画高速砾岩等特殊岩性体的分布及速度变化规律，提高了速度场精度，准确落实构造。

（四）宽方位高密度三维攻关阶段（2010年以后）

柴达木盆地英雄岭冲断带勘探难度堪称"世界之最"，曾经"五上五下"，一直未获得突破。2011年，宽方位高密度技术首先在英东地区开展攻关实验，在资料品质最差的复杂山地区覆盖次数超过了450次，覆盖密度超过了100万道/km^2，是当时国内普通山地三维的5倍。考虑到该区域断裂系统特别发育，为保证断裂系统比较好的成像，设计了比较宽的三维观测方位，主要断层上盘目的层的横纵比超过0.7。同时，在激发和接收环节，采用了多井组合激发以提高目的层反射信息的能量强度，采用多检波器面积组合接收来压制噪声，提高原始资料的信噪比。这些技术措施的实施，一举攻克了极复杂山地三维地震勘探的世界级难题，原始地震资料品质大幅度提升，地震剖面成像效果得到明显改善。随后在英中、英西推广实施宽方位高密度三维地震采集，形成了复杂山地宽方位高密度采集处理解释配套技术，发现英东、英西两个亿吨级油气田，取得了良好的勘探效果。与此同时，在塔里木盆地库车前陆冲断带大北、博孜等地区也开展了宽方位高密度三维采集，并取得了好的效果。

总之，在中国中西部油气勘探过程中，针对不同的地表条件、地层组合特征、构造变形的复杂程度，开展针对性的地球物理勘探技术攻关，选取合适的勘探方法是成功的关键。针对南天山前陆冲断带，在库车地区进行宽线大组合二维和宽方位高密度三维地震勘探，同时进行叠前深度偏移处理等技术攻关，使资料品质得到较大改善，通过构造建模等解释方法攻关研究，准确刻画盐下构造形态，取得了一系列勘探突破。针对柴达木地区的构造高陡、变形复杂、地表条件差等特点开展宽方位高密度地震勘探技术攻关，资料品质得到大幅度提升，通过构造建模及储层预测等技术的攻关，准确描述构造，英西地区勘探取得了重大突破。综合物化探的三维重、磁、电反演技术和时频电磁技术在前陆冲断带得到了发展和应用，在库车前陆冲断带西段大北、吐孜阿瓦特和吐北等地区，准确预测第四系厚层砾岩层的分布，为叠前深度偏移处理和构造地质建模提供了可靠资料。四川盆地川西前陆冲断带与准噶尔南缘、塔西南、鄂尔多斯西缘等前陆冲断带的地球物理勘探技术攻关也不断取得进展，油气勘探必将取得新的突破。

第二章 前陆冲断带地球物理采集处理关键技术

中国前陆冲断带地球物理勘探是随着玉门油田和克拉玛依油田的发现和勘探开发开始的,地震勘探经历了从光点照相记录、模拟磁带记录、数字地震仪到现在的万道地震仪勘探,目前在前陆冲断带逐渐展开低频勘探及宽方位高密度地震勘探;非地震勘探经历了从原始的重力、电法到时频电磁等先进勘探方法的应用;资料处理技术也取得了长足进步。技术进步有效推动了中西部前陆冲断带油气勘探,库车前陆盆地已经明确油气成藏地质规律,建成万亿方资源基础的天然气基地,成为西气东输的主要供气区;柴达木盆地英雄岭构造带发现两个亿吨级油气田;川西北首次获得天然气勘探重大突破。随着地球物理勘探技术的不断进步,前陆冲断带已经变成国内油气勘探开发的重要领域,在地球物理勘探实践过程中逐步发展完善并形成了一系列采集处理配套技术。

第一节 二维宽线大组合采集处理配套技术

在"十一五"期间,前陆冲断带二维地震采集处理技术取得了重大进步。通过地震勘探试验和技术攻关已经形成了针对复杂山地等低信噪比地区的二维宽线大组合采集处理配套技术,关于这套技术的地震勘探试验和技术攻关前人已经做过比较系统的试验和总结(王招明、夏义平等,2012)。二维宽线大组合技术极大改善了地震勘探资料的成像质量,同时提高了地震勘探资料的信噪比,为勘探目标的发现和落实奠定了基础,在库车应用并取得了良好效果,在鄂尔多斯西缘、塔西南等前陆冲断带也得到了广泛应用。

二维宽线大组合联合观测技术主要解决了复杂前陆冲断带各种噪声发育和地质结构复杂所引起的原始单炮和地震剖面信噪比较低的难题。前陆冲断带的表层地质结构极其复杂,导致地震激发和接收条件非常差,同时剧烈起伏的山体形成次生干扰源,造成剖面上各种干扰波特别发育,信噪比极低。干扰波的主要类型有常见的面波和浅层的折射波,还有侧面次生的干扰波等(图2-1)。这些干扰波特征差异大,视速度、视频率、视波长变化范围大,室内处理难以有效压制。因此,采集上一方面必须从激发条件入手,通过改善激发条件,优化激发参数,增强有效信号能量,提高单炮信噪比;另一方面针对如此复杂的干扰波,必须采用比常规组合检波图形更大的组合基距进行检波,才能实现压制干扰波,提高信噪比的目的。

除地表条件外,前陆冲断带断裂发育,地层破碎,岩性复杂,倾角陡等复杂多变的地下地质结构也是造成地震剖面信噪比低的主要因素之一。

除了改善激发条件提高资料原始信噪比外,通过针对性观测系统设计,提高覆盖次数也是提高单炮和剖面信噪比的有效手段之一。二维宽线大组合联合观测系统为提高有效覆盖次数,尤其是大规模提高中浅层有效覆盖次数创造了有利条件。

基于上述设想,主要在库车地区针对二维宽线大组合技术可行性分析、表层结构的调查、干扰波的识别和野外反复攻关试验等展开了多方面技术攻关,并形成了一套完善的二维宽线大组合技术系列。

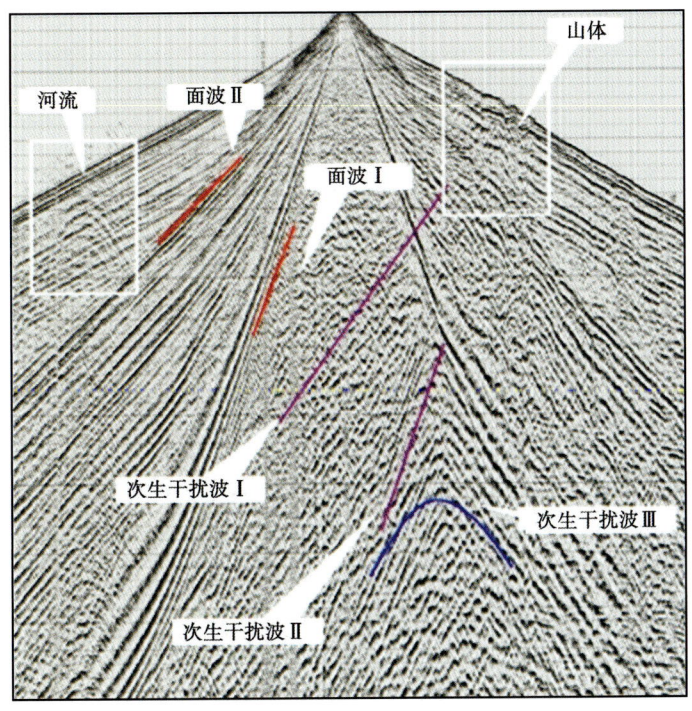

图 2-1 山地典型单炮

一、二维宽线大组合联合观测技术

宽线观测技术通过大规模提高覆盖次数，同时利用横向多次覆盖和道组合的压噪作用，提高处理剖面的信噪比和成像质量（图 2-2）。

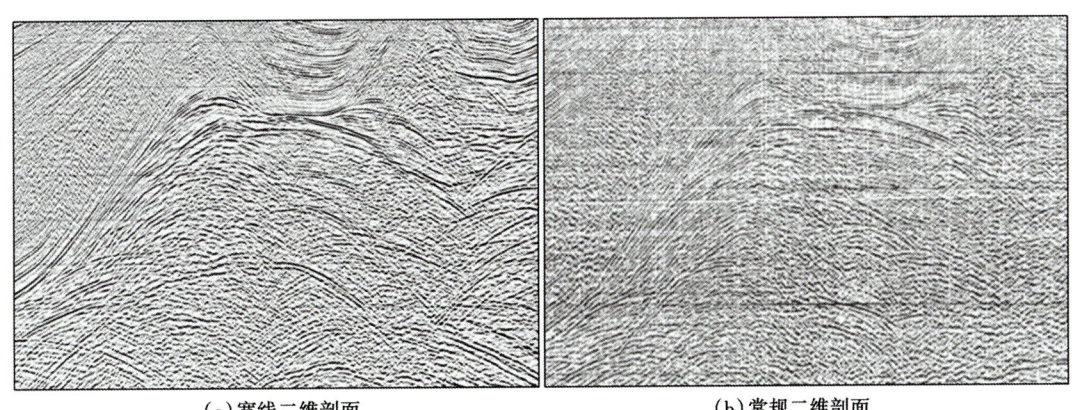

（a）宽线二维剖面　　　　　　　　　　　　（b）常规二维剖面

图 2-2 宽线二维剖面与常规二维剖面对比

横向大组合检波技术通过强化对侧面波等次生干扰波的压制，从而提高原始单炮资料的信噪比；通过宽线观测技术和横向大组合检波技术的联合应用，采用宽线大组合联合观测技术从叠加和组合两个方面提高地震勘探资料的信噪比和成像质量（图2-3、图2-4）。

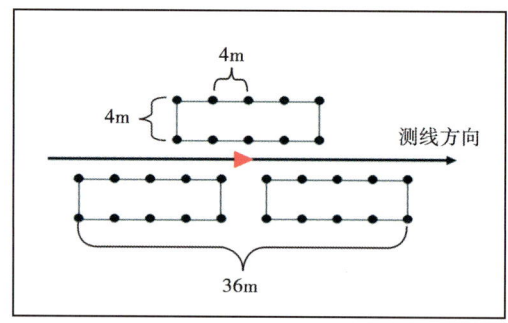 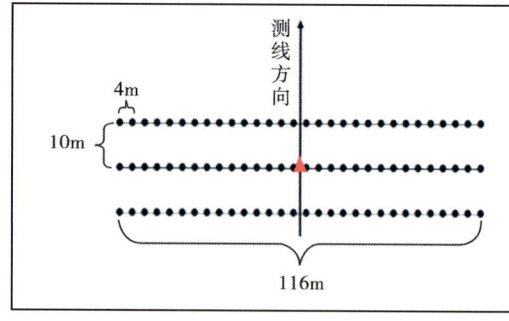

(a)常规检波器组合图形示意图　　　　　　　(b)横向大组合基距组合图形示意图

图2-3　常规检波器组合图形与横向大组合基距组合图形示意图

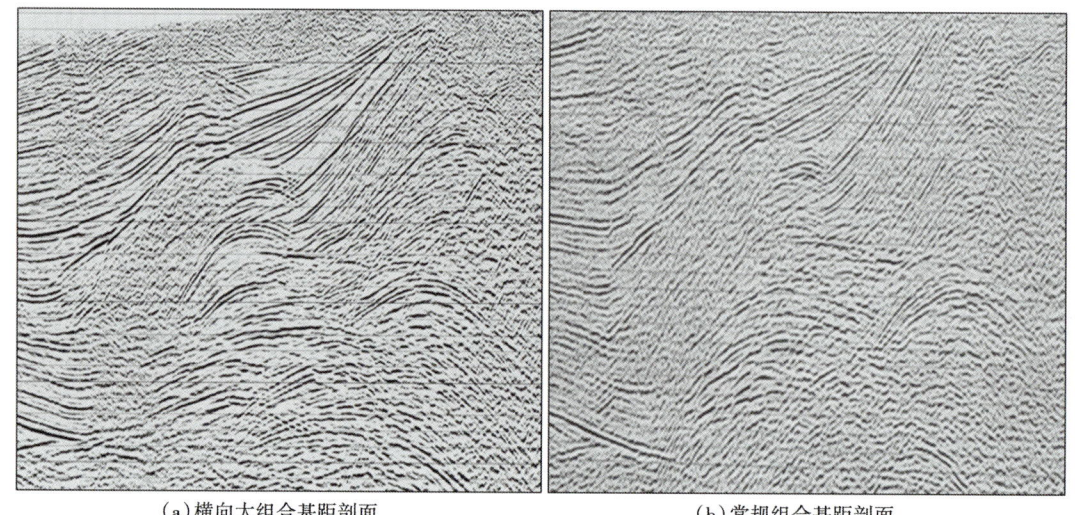

(a)横向大组合基距剖面　　　　　　　(b)常规组合基距剖面

图2-4　横向大组合基距与常规组合基距剖面对比

二维宽线大组合联合观测技术是宽线观测技术和横向大组合检波技术的集成创新（图2-5）。

宽线大组合联合观测技术充分发挥了宽线观测和横向大组合检波两项技术的各自优势，相互取长补短，达到全面提高地震勘探资料信噪比和成像质量的目的。宽线观测技术和横向大组合检波技术各自有其优势和不足，主要体现在以下5个方面：

（1）宽线观测技术主要是利用有效波与规则干扰波的剩余时差来压制干扰波，从而使有效波得到加强；而横向大组合是通过有效波与规则干扰波的传播方向的差异压制干扰，加强有效波。从这方面讲，宽线观测比组合压噪的范围要广，能力要强。

（2）宽线观测的叠加压噪需要较高信噪比的道集，以检测有效波与干扰波的剩余时差。如果单炮信噪比低，就难以取得好的效果。横向大组合检波可以直接提高原始单炮的信噪比，也就提高了道集的信噪比，进而提高宽线观测的成像效果。就此而言，横向大组合检波是宽线观测的基础。

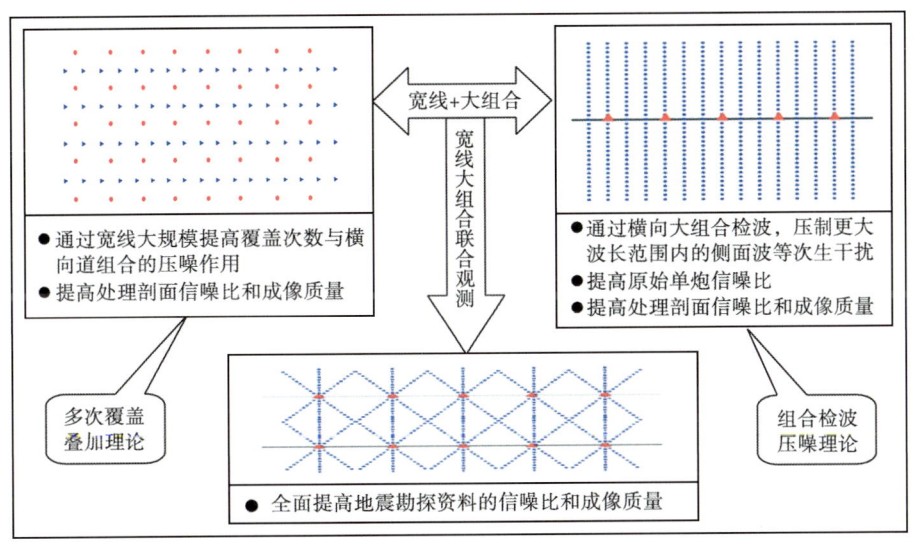

图 2-5 宽线大组合联合观测技术思路示意图

(3) 宽线观测在叠加道集中的随机干扰更符合"互不相关"要求，所以，宽线观测的统计效应比横向大组合检波的统计效应好，对随机干扰的压制效果比横向大组合好。

(4) 横向大组合对侧面次生干扰压制效果好，而宽线对侧面次生干扰的压制作用不明显，横向大组合检波可以弥补宽线在这一方面的不足。

(5) 横向大组合检波图形摆放和组合高差受地表条件限制，影响了横向大组合的实施。宽线观测可以经过室内静校正和动校正处理，受地形影响小，可以弥补组合检波在这方面的缺陷。但是，宽线观测对资料信噪比、动校正和静校正精度要求比较高。

(一) 宽线大组合联合观测技术设计要点

宽线大组合联合观测技术需要较大的设备和成本投入，因此，必须对宽线大组合联合观测技术进行优化设计，力求以优化的方法和最小的投入，达到最好的效果。充分认识和把握宽线大组合联合观测技术的特点，并充分了解地震勘探资料品质情况是宽线大组合联合观测技术优化设计的基础。其主要考虑以下 4 个方面：

(1) 如果单炮和剖面信噪比都很低，成像质量也很差，采用强化的宽线大组合联合观测系统，宽线观测系统和横向大组合检波都要强化，尤其是对于首次应用该技术的地区或勘探新区，便于为后续地震采集提供充分的分析对比资料。

(2) 如果单炮有一定信噪比，而剖面信噪比低、成像质量差，要弱化或不采用横向大组合检波，重点优化设计宽线观测系统。优化宽线观测系统设计要在保证覆盖次数的前提下，优化炮线数和接收线数，综合考虑接收和激发的成本，以及施工效率等方面因素，确定是多用炮还是多用道。

(3) 如果单炮信噪比低，剖面有一定信噪比，要弱化或不采用宽线观测系统，重点优化设计横向大组合检波。横向大组合检波优化设计主要是考虑组合基距，满足对主要干扰波的压制即可，然后综合考虑勘探成本与压噪效果，设计适当的检波器串数。

(4) 如果单炮和剖面都有一定信噪比，总体信噪比较低，需要进一步提高信噪比时，可以采用适当的宽线或大组合技术。

（二）宽线大组合联合观测技术应用

在塔里木盆地库车坳陷克拉苏构造带克深 5 号构造应用宽线大组合联合观测技术的地震采集中，采用 2 线 2 炮 400 道宽线观测系统，单条 CMP 最小覆盖次数 100 次，单线 CMP 最高覆盖次数 200 次，总覆盖次数 400 次，6 串"米"字形、76m 横向大组合基距检波（图 2-6），地震勘探资料信噪比得到进一步提高，采集的剖面品质明显好于相同位置的常规二维采集的老资料，新资料信噪比高，浅、中、深层反射齐全丰富，波组特征自然明显，构造特征清楚，构造形态清晰，构造落实可靠。

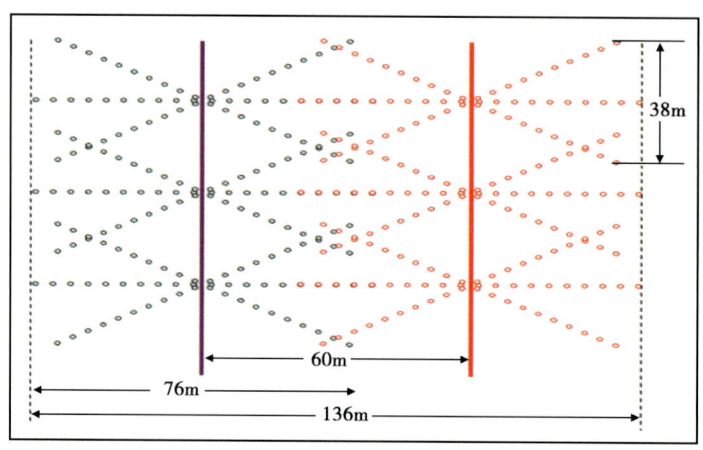

图 2-6　宽线大组合联合观测系统

（三）宽线大组合联合观测技术适用条件

（1）宽线大组合联合观测技术主要应用在资料信噪比低、以落实构造为勘探目标的地区。该技术主要是提高资料信噪比和改善成像质量，能够得到的地震勘探资料分辨率不高，一般主频在 20~30Hz。

（2）宽线大组合联合观测技术主要在油气勘探非常有利的重点构造使用，通过少量高品质的宽线大组合联合观测测线，能够对构造的基本格架有清楚的认识，初步判断构造的存在或落实情况，为三维地震勘探和预探井位提供有利目标，同时，也可为常规二维处理和解释提供有益的指导。该技术不能替代三维地震勘探，最终准确落实构造和油气藏评价要依靠三维地震勘探。

（3）横向大组合基距检波的应用与表层特点有关。在低降速层速度和厚度在一定范围内变化较小且比较稳定、检波器组内时差主要是由较高速度层造成或者是地表出露速度较高的岩性、低降速层很薄或没有低降速层等条件下，才能使用横向大组合基距检波。因此，组合高差的设计必须在精细表层调查的基础上，详细了解表层结构规律后，因地制宜逐点设计，不能一概而论，否则不但起不到好的压制效果，还会对有效信号起到破坏作用。

（4）宽线观测在复杂山地没有太大的限制，最好沿构造倾向布设，可以增加宽线 CMP 线的分布宽度，有利于宽线的选点选线。但是在野外采集中，必须把宽线范围内的表层结构调查清楚，建立准确的表层结构模型，提供准确的静校正量，保证宽线道集的同相叠加。如果一个地区的表层结构不清，不能提供准确的静校正量，可能就会影响宽线的采集效果。

（四）宽线大组合联合观测技术创新点

（1）提出了新的组合检波高差设计论证思路，改变了以往采用低降速层速度论证组合高差的思路，采用高速层速度论证组合高差，大大地拓宽了组合高差的限制范围，为横向大组合基距检波奠定了基础。

（2）提出了全新的检波组合设计思路和方法，不同于以往沿测线组合，小组合基距，主要压制来自测线方向干扰波的设计思路，而是采用横向大组合基距检波，重点压制横向次生干扰波，充分发挥了野外组合检波的压噪优势作用。

（3）完善了宽线观测系统的设计论证方法，根据地层倾角与干扰波特征论证宽线CMP线分布宽度等关键参数。

（4）集成了宽线观测技术和横向大组合检波技术，发展了二维观测技术，为复杂山地低信噪比区地震采集观测和接收提供了新方法。

（五）宽线大组合联合观测技术野外实施

山地地形复杂，起伏剧烈，在野外实施宽线大组合联合观测技术面临许多难点，如果不能制定切实有效的宽线大组合野外实施质量保证措施，就不能充分发挥技术的优势。结合宽线大组合联合观测系统的野外施工经验，将野外实施中的重点工序质量控制措施加以简要说明。

（1）利用高精度遥感数据对施工测线的地表起伏情况和高差变化情况进行分析，分析宽线大组合实施的地表条件、组合图形和组合高差能否达到设计要求，以及实施的困难地段，确定野外质量控制的关键地段，在高精度遥感数据上提前进行宽线大组合观测系统预设计，为后续表层调查、测量和放线等工序提供参考依据。

（2）宽线大组合联合观测系统接收线和炮线较多，而且检波组合横向基距大，测量工序应该通过多条测量控制线的实测，确保控制宽线大组合联合观测分布条带内的地形起伏情况，为表层调查控制点的布设和组合高差设计提供准确的测量成果，同时也为放线工序提供准确的参考标志。

图2-7为2线2炮观测系统，单道组合基距为116m，横向两道组合基距可达到176m。通过炮点和检波点以及组合图形两端控制点的测量成果，可以对宽线大组合观测系统范围内的地形变化情况有非常准确的认识，为表层调查点的布设，尤其是为组合高差的设计提供准确的测量成果。从图2-7中可以看出，对于每一道的组合图形，其周围可以有8个实测数据，那么这一道范围内的地形起伏情况就会非常清楚。

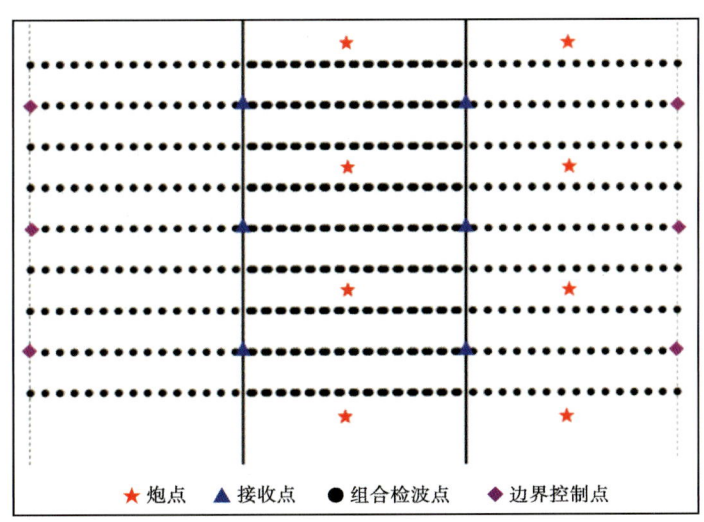

图2-7 宽线大组合野外测量控制线示意图

（3）查清表层结构变化规律是宽线大组合联合观测技术实施的基础。野外实施中要高度重视表层调查，以"精度、密度和力度"为原则，查清不同条件下的表层结构特征，建立准确的表层结构模型，为组合高差设计提供准确的表层资料，为宽线资料处理提供高精度的静校正量。采用综合的表层调查技术，按照三维方式进行表层控制点的布设，保证能够对宽线大组合观测系统分布的条带范围进行控制。不要将控制点集中在某一条接收线或炮线上，组合图形横向两端也应该有控制点，并且要按照一定的规律在面上均匀布设。采用分区分段模型法静校正技术，在戈壁滩、农田、村庄采用线性内插法建模，在砾石山区采用相似系数法建模，精细建立三维表层数据库，针对性地控制每道的组合高差，准确计算静校正量。

（4）在精细测量、表层调查以及表层建模的基础上，在室内利用相应的专业软件，结合高精度卫片和DEM数据，仔细分析整条测线地表起伏变化情况及表层结构变化情况，逐点逐段设计组合检波图形和组合高差。对于不能够达到设计要求的道，通过缩小组合基距或适当改变组合图形，确保组合高差不超限。对于一些非常特殊的地段，设计人员要亲自到野外现场，确定最终实施的组合图形和组合高差。在保证组合高差不超限的情况下，尽可能采用大的组合基距。

（5）野外放线工序需要制作专门的工具和标尺及相应的作业程序，确保每道的检波组合图形和组合高差符合设计要求。

（6）在应用宽线大组合联合观测技术提高资料信噪比的同时，也要重视和加强通过激发技术提高单炮信噪比，在地震采集观测、接收和激发3个技术环节全面保证地震勘探资料的信噪比。

多年来的地震勘探实践证实，在复杂山地优选激发技术是提高单炮信噪比的主要技术方法。根据复杂山地的地表类型特点，采用可控震源和井炮联合激发技术，可以确保不同地表类型的激发效果。在地表较为平坦的戈壁区，可采用可控震源进行激发；在地表剧烈起伏的山体区，可采用高速层下井炮激发；在山前带低降速层较薄的平坦地段，根据地震勘探资料和施工效率，可优选可控震源或井炮激发。

根据复杂山地表层地震地质条件，采用优选表层介质的激发技术，通过优选速度层、岩性和地形条件，使激发点处于最好的激发条件。如图2-8所示，在高速层激发的效果明显好于低降速层的激发效果，因此，要优选高速层激发。

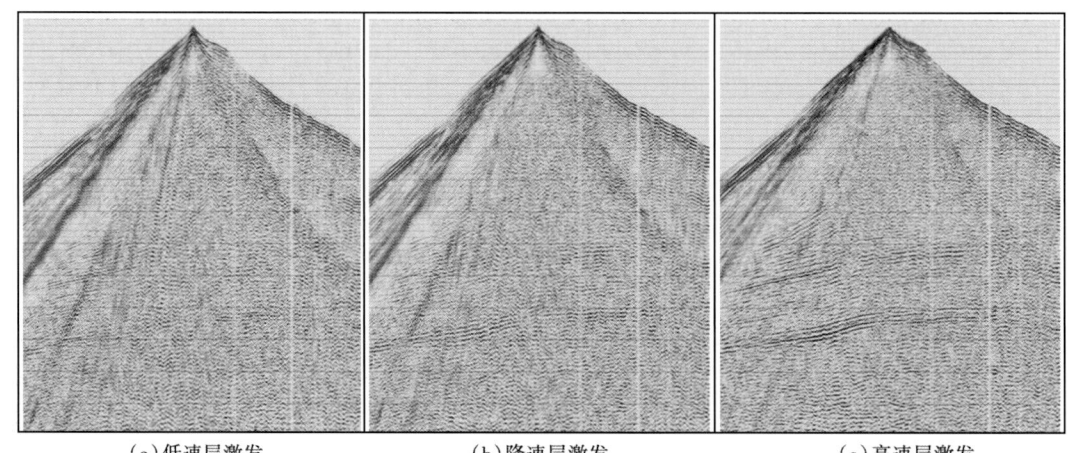

图2-8 复杂山地不同速度激发单炮效果对比

宽线大组合联合观测技术是宽线观测技术和横向大组合检波技术的集成，根据勘探工区表层结构变化规律、干扰波发育特征和地震勘探资料品质等情况，通过针对性的技术设计和应用，可以有效地提高单炮资料的信噪比，改善剖面的成像质量。该项技术在塔里木盆地库车坳陷得到广泛应用，成为库车山地发现和锁定构造的核心技术，取得了显著的地震勘探效果，并且在塔西南巨厚黄土山和塔东南大沙漠等低信噪比地区的推广应用中也见到了非常好的效果。同时，宽线大组合联合观测技术也在四川、准噶尔、吐哈等盆地进行了针对性应用，效果也非常明显。随着不断规模化生产应用，该技术一定会对油气勘探发挥更大的作用。

二、宽线资料拟三维处理技术

(一) 宽线资料的三维观测系统定义

一条宽线可以被看作三维的一束测线，按照三维资料进行宽线资料处理，有利于解决静校正的闭合问题、动校正的同相叠加问题，能充分发挥宽线的横向压噪作用。

三维处理的第一步就是观测系统和网格的定义。首先把一条宽线按照三维网格的方式分别定义地下网格和地面网格，使每一个检波点、炮点在地面的位置可以在一个网格内被精确描述。地下共中心点网格可以在处理的不同阶段，根据输出测线的不同需要（输出单条测线、多条测线相加等），分别定义不同的横向面元，在不同的面元内，进行同相轴对齐处理（动、静校正），从而使多条测线叠加的信噪比得到提高，展现出宽线勘探的优势。

由于山地地表条件复杂，宽线采集过程中为选择有利激发接收条件，测线有时发生了一定程度的弯曲，这些测线若仍按三维观测系统定义，则不能用一条三维测线完整描述这条宽线。针对弯曲宽线特点，在三维观测系统定义的基础上，进一步研究了弯曲宽线观测系统定义的方法（图2-9）。通过弯曲宽线观测系统定义的方法得到的面元与真实面元吻合较好，很好地解决了弯曲宽线的面元偏差问题。

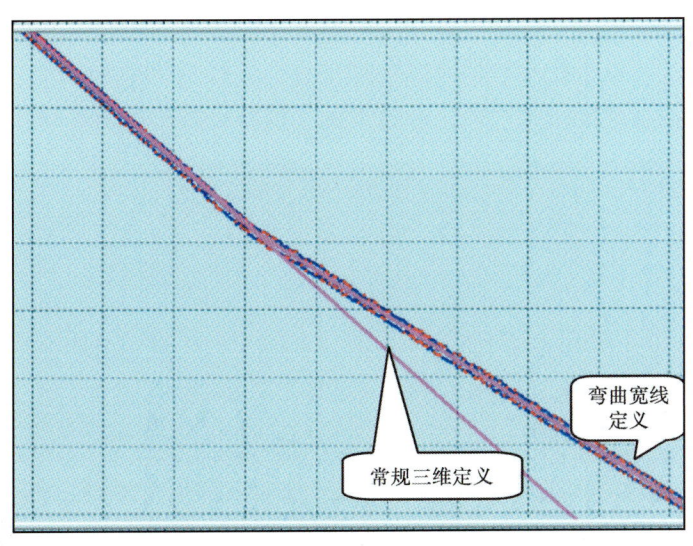

图 2-9 弯曲宽线观测系统定义

(二) 宽线初至波剩余静校正技术

在应用野外静校正以后，山地区的资料通常都会残存一些较大的剩余时差，资料处理中通常采用初至波剩余静校正技术对其进行校正。在宽线处理中，分别对每条炮线对应的检波线拾取初至,然后进行初至波剩余静校正计算。在使用初至波剩余静校正后,叠加剖面的信噪比得到显著提高(图2-10)。

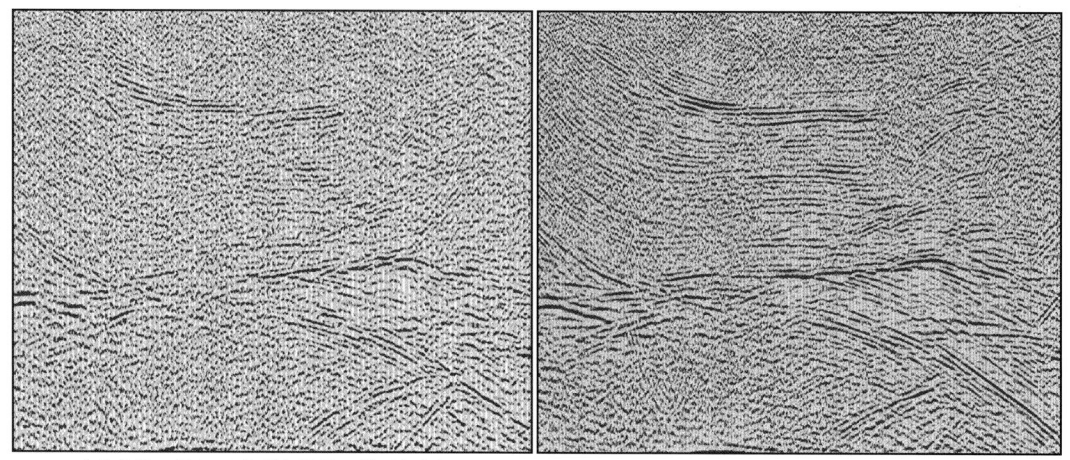

(a)宽线二维初至波剩余静校正前叠加剖面　　　　(b)宽线二维初至波剩余静校正后叠加剖面

图2-10　宽线二维初至波剩余静校正前后叠加剖面对比

(三)宽线叠前压噪处理技术

二维测线处理在叠前压制噪声上具有一定的优势,即一些特色的叠前去噪处理软件在二维上可以实现,但不能直接在宽线和三维处理中应用。通过分析研究,总结出了宽线的叠前压制噪声思路:分检波线多域叠前去噪技术。

宽线采集为分检波线进行精细的干扰波分析提供了可能。因此,可以根据不同排列噪声特征及变化规律,采用分检波线多域多系统叠前去噪,然后针对每条排列线按二维资料方式进行压噪,尽最大可能发挥一些特色软件的应用效果。

由于存在很强的线性干扰和可控震源谐振干扰,去噪前的叠加剖面(图2-11)上的有效反射信号完全淹没在强能量噪声中,通过炮域、检波点域的两步去噪,叠加剖面的面貌有

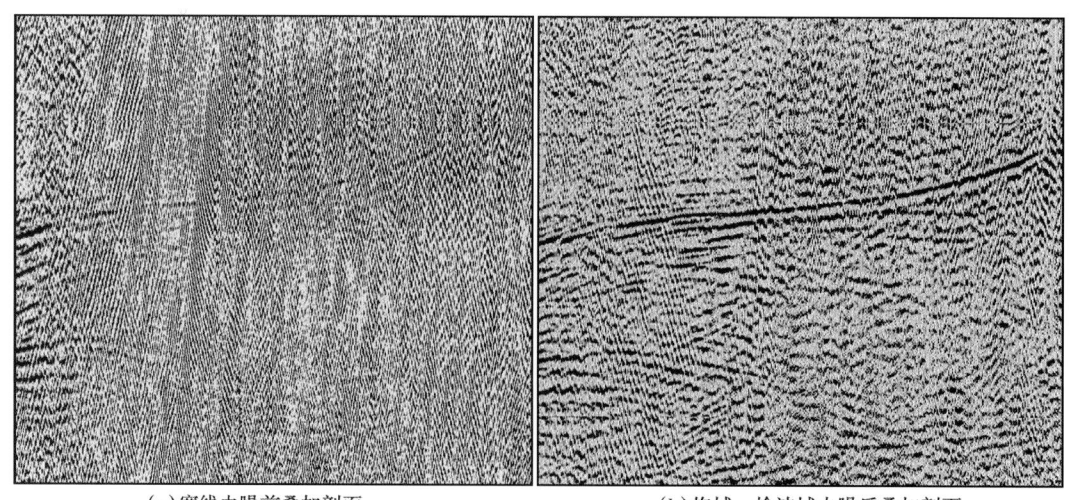

(a)宽线去噪前叠加剖面　　　　(b)炮域、检波域去噪后叠加剖面

图2-11　宽线去噪前叠加剖面与炮域、检波域去噪后叠加剖面对比

了很大的改善，噪声能量得到很好的压制，有效信号可以清楚识别。

（四）宽线叠加处理技术

宽线在叠加处理过程中，选择最佳参与横向叠加的测线条数对成像效果影响较大。横向单线选择过多，在构造复杂或陡倾角部位会出现层位错动现象，这跟倾斜反射界面上的反射点弥散现象是一样的。因此，宽线的叠加方式要通过充分的试验才能确定。宽线的叠加可以概括为以下3个步骤：

（1）设计不同横向面元尺度，在横向上把所有要叠加在一起的道定义成一个大面元，重新对静校正量进行高、低频分离，并在此基础上进行速度分析、剩余静校正的迭代处理，使共中心点内的道集能够做到同相叠加，这种方法可以较好地压制侧面干扰，提高资料信噪比。

（2）如果存在由于地层倾角陡、地质构造复杂，而影响多线叠加成像效果的情况，则可以根据不同单线成像的贡献不同，对影响成像效果的单线进行精细切除、横向单线加权叠加、相干倾角叠加等方法提高复杂构造和陡倾角的叠加成像效果。

宽线相干倾角叠加是在宽线的分线叠加数据基础上，以Crossline方向的数据作为计算单元，根据用户定义的倾角范围和时窗长度，经过倾角计算，得出最大相关值所对应的倾角，然后沿着这个倾角方向对Crossline方向的叠加道求和，从而增强该倾角范围内的相干信号，削弱随机噪声和倾角范围以外的能量，并把求和道放到以Crossline数据集中的中心道位置作为输出。再沿时间方向移动半个时窗，重复上步步骤，直到完成整道处理。

（3）在资料信噪比特别低的地段，即使通过宽线采集和上述处理方法后，地震资料信噪比仍然很低，在横向大面元网格的基础上进行共反射面（CRS）叠加处理，能够较大幅度地改善反射信号的信噪比和连续性。CRS是一种数据驱动型的地震叠加方法，是近年提出的新技术方法，通过实际运用，认识到共反射面叠加对低信噪比区地震勘探资料成像质量的提高起到了重要的作用。CRS方法的优点在于：

①CRS叠加不局限于某一CMP的数据，它将一个菲涅尔带内的信息汇集，因而覆盖次数得到增加，从而提高了资料的信噪比。

②CRS方法充分考虑到叠加面内的倾斜反射层，极大加强了叠加中倾斜反射层的能量。

③CRS算子的独特性使其不会发生远炮检距时间拉伸，不会降低地震勘探资料的分辨率。

通过CRS叠加技术在山地区资料处理中的应用，总结了两项CRS叠加技术的处理技巧，在宽线处理中发挥了重要作用：

①CRS叠加的加权应用。由于CRS叠加在改善地震勘探资料信噪比的同时，加强了陡倾角干扰波和绕射波的能量，加剧了波场的复杂性，造成偏移归位困难，针对这些难点，经过多次试验，在处理过程中采用CRS叠加的加权应用，在改善叠加剖面信噪比的同时，也改善了共反射面叠加剖面的波组特征，进而改善了叠后偏移的成像效果。

②将CRS叠加数据作为宽线剩余静校正处理的外部（或内部）模型道，求取反射波道间时差，获得更加准确的炮点、检波点剩余静校正量，使反射同相轴能够同相叠加，提高叠加剖面信噪比。

宽线采集、处理技术的联合应用，使新资料的信噪比有了明显的提高。与以往采集二维测线比较，宽线资料浅、中、深层的信噪比都有大幅度的提高（图2-12）。

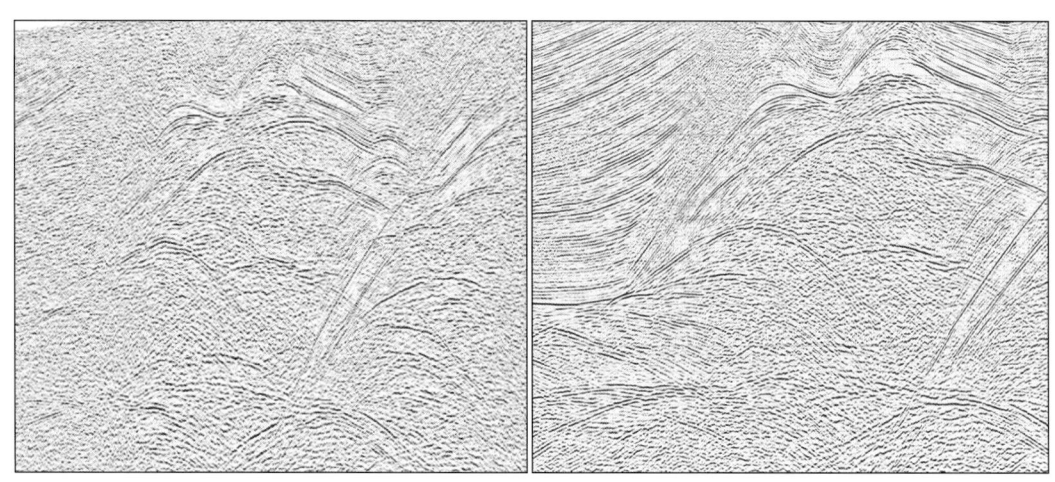

(a)克拉苏地区1998年二维测线叠加剖面　　　　(b)克拉苏地区2007年二维宽线叠加剖面

图 2-12　克拉苏地区 1998 年二维测线与 2007 年二维宽线叠加剖面对比

第二节　前陆冲断带宽方位高密度采集技术

近年来，在二维常规地震采集技术和三维常规采集技术的基础上，进一步发展和丰富了复杂山地地震勘探技术，深化应用了宽线大组合联合观测采集技术，创新应用了宽方位高密度三维勘探技术，进一步提高了原始单炮信噪比和剖面成像质量，在复杂山地地震勘探中发挥了关键作用。宽线大组合技术在库车前陆冲断带、塔西南前陆冲断带、鄂尔多斯西缘前陆冲断带、吐哈盆地等地区广泛应用，取得了较好的效果，为油气勘探发现起到重要作用。2012 年以来，随着低频可控震源的诞生和处理解释的技术创新，宽方位高密度地震勘探技术在前陆冲断带逐渐推广应用，先后在库车前陆冲断带的大北、吐孜阿瓦特地区和柴达木盆地的英雄岭冲断带实施了勘探，取得了良好效果。同时，通过采集地震技术攻关形成了一套适用于前陆冲断带地表复杂、海拔高、表层结构复杂、多套塑性地层、多个滑脱面、构造样式复杂、厚层盐下成像难和断裂发育等地质特点的采集配套技术。

一、面向叠前成像的观测系统优化设计技术

根据地震地质条件设计三维观测系统参数，通过属性充分性、均匀性、对称性及 DMO、PSTM 响应等分析，优化观测系统，满足叠前偏移成像的要求。

(一) 观测系统设计理念

高密度空间采样地震勘探的目的是得到高信噪比、高分辨率和高保真度的地震成像结果。针对高密度地震技术发展的目的和实现手段，提出高密度空间采样三维观测系统的设计理念，即充分采样、均匀采样和对称采样的理念。

1. 充分采样

充分采样是按照期望信号无假频的原则，把一个连续的三维波场采样转换为离散波场。满足充分采样的离散波场最大限度地包含了期望的地震信号频率成分。对于地震数据采样来说，应最大限度地保护期望地震信号的频率成分，增加地震波场的高波数成分，使采集波场

含有丰富的绕射信息，保持地震信息的原始性。对于高密度三维地震采集而言，应在空间域和时间域同时满足对有效信号和噪声的充分采样。要求对噪声波场充分采样是高密度地震采集的突出特点之一。Nyquist 频率 f_N 和 Nyquist 波数 k_N 分别决定了时间域和空间域采样率的大小，即时间域采样间隔满足 $\Delta t \leq 1/2f_N$，空间域采样间隔满足 $\Delta x \leq 1/2k_N$。

2. 均匀采样

均匀采样是为了确保叠前偏移波场均匀。工业界使用的偏移方法很多，无论哪种方法都有一些假设条件或要求，其中对于地震数据的要求就是采样的充分性和均匀性。受经济条件限制，三维地震数据采集不能做到全方位的充分采样，只能做到在 Inline 方向检波点的充分采样和 Crossline 方向上炮点的充分采样。这是一种折中的办法，必然会造成其他方向的数据采样稀疏，使得偏移算子所用到的地震道分布不均匀。比如用正交观测系统采集的三维地震数据，由于炮线距大于炮点距数倍以上，造成共炮点道集在 Crossline 方向空间采样不充分，接收线距大于接收点距数倍以上，造成共检波点道集在 Inline 方向空间采样不充分，致使共炮检距域剖面出现周期性的跳跃变化，这就是共炮检距波场的不均匀性。目前共炮检距域偏移是使用最广泛和可靠性最高的方法，在共炮检距域减小不均匀性的方法有两种：一是划分共炮检距剖面时用较大的炮检距间隔；二是通过插值使地震数据规则化。但是增大炮检距间隔就会减少偏移后 CRP 道集中的道数（偏移成像次数），带来一些不利影响，比如减弱对偏移噪声的压制作用，降低速度分析的准确性，不利于 CRP 道集上做 AVO 分析，降低优势频率等。后一种方法在近年来发展了许多具体的算法，基本可分为 3 类，即数据映射法、PEF 方法（预测误差滤波方法）和傅里叶变换法。虽然各种地震数据插值方法可以得到分辨率更高的模型空间和数据插值结果，但是数据采样过于稀疏，再好的插值方法也很难重建原始波场，因此通过合理观测系统设计，提高偏移波场均匀性才是最根本的方法。

3. 对称采样

对称采样的目的是达到各个域中地震波场特征分布的一致性。只要在无假频采样的共炮集数据的基础上做到对称采样，依据互逆原理，接收点道集和共炮点道集应有相同的地震数据特性，则地震数据共检波点域就不会出现假频。只要做到地震数据在各个域中无假频，则偏移时所用的地震波场就是一个连续的波场。

一般来说，对称采样理念要求炮点距=道距、炮点组合=检波点组合、中心点放炮、横纵比为 1。对基于 CMP 面元属性分析的常规设计原则来说，以上 3 个理念是充分条件，而不是必要条件，即在保证了充分、均匀和对称采样的前提下，能够满足面元的属性分布为最好，反之则不然。但在目前技术条件下，CMP 面元属性分布的均匀性仍是高密度地震技术设计的重要参考原则之一。

（二）对地震有效信号无污染的观测系统分析方法

对地震有效信号无污染的观测系统分析方法是从室内处理时能够有效地去除源生线性干扰波，观测系统设计时不仅要考虑对地震有效信号采样不出现空间假频，而且还要考虑对噪声的保真采样。有用波场无污染采样是对全部波场的无假频采样做出的折中，应该是首选的原则。这一原则容许产生一些空间假频，一般是针对能量极强的多组不同速度的低频面波，将此类假频成分的干扰控制在能够容忍的程度，通过采集阶段的检波器组合和资料处理手段进行压制。有用波场的无污染采样的设计方法为

$$\Delta s = \Delta r < \frac{v_{\min,\,N} v_{\min,\,S}}{f_{\max,\,N}(v_{\min,\,N} + v_{\min,\,S})}$$

其中，$f_{\max,N}$为噪声的最高频率；$v_{\min,S}$、$v_{\min,N}$分别为信号、噪声的最小视速度。

上式计算结果略放宽了道距的选取条件，但限制道距仍然很少，为此我们提出对地震有效信号折叠无污染的空间采样间距（道距）选取方法，此方法中心思想是线形干扰波的折叠噪声不污染地震波的有效信号，这时的道间距就是可以接受的。但即使有效信号最低视速度无穷大，有用波场无污染采样原则设计的道距不会超过全部波场的无假频采样原则设计的道距的两倍。

（三）面向叠前偏移的观测系统优化设计技术

地震资料的噪声并非全部来自采集，在资料处理过程中，如去噪、反褶积、偏移都会产生噪声，且这些噪声与所采用的观测系统有很大的关系。因此，在观测系统优选过程中，对各候选观测系统进行叠加响应、PSTM 叠加响应分析与评价是非常必要的。首先应该测试各候选观测系统对各种噪声的压制响应，如源生线性噪声、反向散射噪声、多次波等。其次计算目标体 PSTM 叠加响应，测试最佳成像效果（偏移响应）。最终选取的观测系统应当有最佳的噪声压制效果、对称和聚焦的 PSTM 叠加响应。因此，开展了叠加响应、DMO 叠加响应、PSTM 叠加响应等技术方法的研究与试验应用。

1. 叠加响应分析

叠加响应分析是通过分析观测系统在资料处理时对噪声的压制能力。其分析方法是利用每个面元所构建的数据进行叠加，结果作为该面元对应的一个输出地震道，从而形成三维的叠加输出数据体。由于每一个 CMP 叠加面元中包含着一定数量不同炮检距和方位角的记录道，对这些道经过预处理后进行叠加，叠加后相干信号得到加强而不相干噪声得到削弱，如多次波等。合理的炮检距分布应该是由近及远分布均匀，炮检距分布不均匀会造成震源噪声、倾斜信号甚至一次波发生混叠，严重时会使速度分析失败。不同观测系统参数会造成满覆盖区面元内炮检距分布也不相同。因为不同的炮检距数据道所携带的有效波能量不同，如果相邻面元炮检距数据道道数不同或具有相同炮检距数据道数但炮检距分布不一致，有效波叠加效果就会存在差异。此外，CMP 面元中不同的炮检距组合具有不同的组合特征，因此，如果相邻面元炮检距数或炮检距分布不同，压制噪声的能力也会不同。不同的三维观测系统具有不同的覆盖次数、不同的炮检距分布，也就具有不同的叠加响应，表现出对噪声压制的效果也不尽相同。根据 Gijs Vermeer 所著的《3D 地震观测系统设计》对三维叠加响应进行了分析，三维数据的叠加响应是一个二维函数：

$$S(k_0) = \sum_{j=1}^{N} w_j \exp(2\pi k_0 \cdot x_{oj}) / \sum_{j=1}^{N} w_j$$

其中，x_{oj} 和 k_0 分别是二维炮检距和炮检距波数。

从上式中可以看出，每个 CMP 道集形成的叠加道是从同一个参考炮检距道集数据合成的，该数据体不包含地质结构和其他地质信息，也就是说时间切片上出现的采集脚印与地下结构无关，只与观测系统属性有关。

2. DMO 叠加脉冲响应（DMOI）

利用 DMO 响应工具（DMORT）在通过实际观测系统得到的合成数据上进行 3DDMO 处理。输入到 DMORT 的是观测系统和由反射层面、点绕射组成的常数背景速度的目标模型。DMORT 有用性的关键是其运算速度和数据存储的高效率。它不计算合成的 DMO 前数据，而是根据观测系统和地下模型在特定目标上直接计算 DMO 叠加。当地层具有倾角时，CMP

叠加不能形成真正的零偏移距叠加，当具有不同叠加速度、不同倾角的地层存在时，叠后偏移处理不会得到较好的剖面成像效果。而 DMO 算法就是把一个非零偏移距的地震道转换为多个零偏移距的地震道，形成 DMO 算子，DMO 算子的形态取决于 DMO 叠加所选取的倾角参数和 DMO 速度场，另外还与地震波双程旅行时及地震道的偏移距有关。倾角越大，偏移距越大，波的反射时间越小，算子中的道数越多，反之亦然。此外算子的振幅随着椭圆面的倾角变陡而变小。在三维地震处理中，DMO 叠加的这种特性从 DMO 算子中可以看出来，DMO 算子沿着它的脉冲响应轨迹进行振幅映射。如 DMO 脉冲响应的几何形状顶部太宽，说明不能很好地处理陡倾角。DMO 覆盖次数分析则是针对每个炮点/接收对，从中心点沿着炮点/接收点轴到下一个邻近的面元计算覆盖长度，然后计算针对选择的目的层（时间、速度、主频–便于菲涅尔带计算）DMO 后的加权覆盖。采用 DMO 后的每个面元的加权覆盖次数，能够很好地反映 DMO 响应。

3. 偏移噪声分析（PSTM）

输入炮检距数据道上来自地下某点绕射的脉冲旅行时由炮点到绕射点、绕射点到接收点的传播路径所决定，在进行叠前时间偏移时，该能量脉冲被认为是可以来自通过该绕射点并聚焦于激发点和接收点的 PSTM 椭球上的任何一点，因此，叠前时间偏移形成的数据道就是对所有通过给定输出点的 PSTM 椭球求和的结果。所以三维观测系统炮检点的布设将直接影响 PSTM 的输出。理论上，一个理想的 PSTM 响应将是一个能量很强的对称子波，没有旁瓣。实际上，所有三维观测系统（除全三维观测以外）由于空间采样率、炮检距、方位角分布的限制，每个输出成像道（每个地面面元的偏移输出）是有限输入的和，这样"相长干涉"是不完全的，一些剩余噪声会在绕射点附近的面元上出现，且时间大致在绕射点的双程旅行时上，这时 PSTM 脉冲响应是一个带有旁瓣的不对称子波，不同观测系统 PSTM 脉冲响应旁瓣能量的大小和子波不对称的程度也不相同。因此，在观测系统面设时尽量保持面元内炮检距与方位角均匀，以减少偏移噪声。

二、可控震源高效采集技术

（一）可控震源高效采集方法

对于高密度勘探而言，采用常规井炮或可控震源勘探投入大、勘探周期长，导致勘探成本高，野外实施可行性难以保证。为确保高密度勘探技术的可行性，需要采用可控震源高效采集技术，为高密度勘探提供必要的技术支撑。目前，可控震源高效采集技术主要包括：

1. 滑动扫描激发

滑动扫描激发采用较短等待时间，实现了多组可控震源同步扫描激发，即一组震源在扫描尚未完全结束时，另外一组震源已经开始扫描。该方法在不增加投资的条件下，可以显著地提高生产效率，但存在激发源间的高次谐波干扰。该技术于 1996 年由阿曼石油开发公司提出，1998 年由荷兰皇家石油公司首次使用，并由阿曼石油开发公司发展完善。目前已在中东、北非等地广泛应用，日效率可达 2000~5000 炮。国内各探区尤其是新疆地区都有推广应用。

2. 距离分离的同步激发技术（DSSS）

距离分离的同步激发技术是指多组震源之间采用滑动扫描方式，组内的每套震源间分开一定距离并同步震动。滑动扫描采集技术是一种连续放炮的高效采集技术，大大缩短了相邻两次扫描的间隔时间，从而大幅度提高了生产效率；同步激发技术是通过同时激发和记录实现用采集一炮的时间采集多炮的目的,使施工效率成倍增加。二者有效结合便成为更高效的地震采集技术——滑动扫描同步激发技术,其效率是滑动扫描的两倍。该技术于2007年由阿曼石油开发公司首次使用,目前荷兰皇家石油公司、阿曼石油开发公司和沙特Aramco公司等已广泛应用,日效率可达8000炮以上,适用于单个项目采集面积大、通行条件好的区域。需要的配套技术包括地震队野外数字化高效作业管理、高效采集现场质量控制、海量地震数据质量控制和高效转储、滑动扫描谐波压制。

3. 独立同步扫描激发（ISS）

独立同步扫描激发由多组可控震源相互之间间隔一定距离同时工作。该方法是仪器、震源通过GPS授时同步,各震源依靠GPS授时独立随机工作,而仪器不控制震源工作。其特点是独立激发、利用相同的超级排列接收、仪器连续记录、室内通过放炮时间和对应排列分离记录。该技术适用条件、所需配套技术与距离分离的同步激发技术基本一致。

4. 动态滑扫

以上介绍的高效采集,实际上都是通过时间或者空间上的差异来拆分单炮,例如滑动扫描是通过滑动时间来拆分,DSSS是通过距离来拆分,动态滑扫同时考虑了两者。在起震距离满足条件的情况下,起震时间可以缩短;起震距离不满足条件时,起震时间就相应延长。如图2-13所示,在2km范围内,震源采用交替扫描,在2~12km之间,震源采用滑动扫描,滑动时间可以根据距离的增加相应缩短。在超过12km的情况下,采用DSSS施工。这样就成倍地提升了采集效率,当然相应的设备投入也要增加。

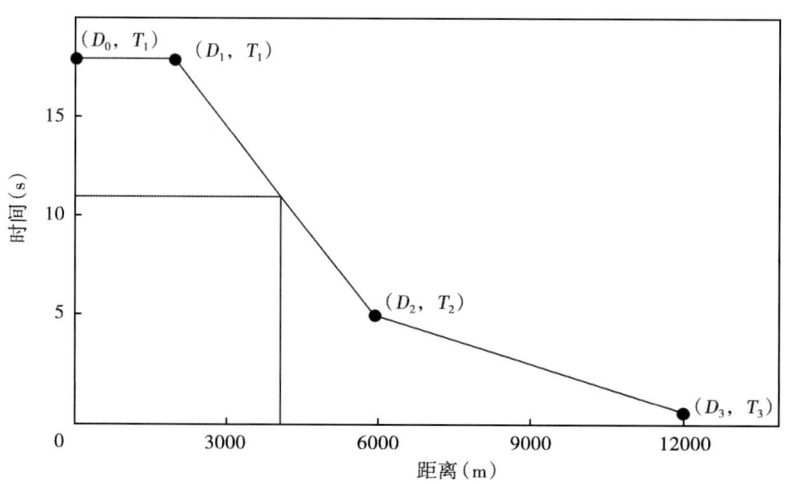

图2-13 动态滑扫相邻起震时间距离曲线

总之,相对于常规可控震源采集,随着高效采集方法的应用,采集效率迅速提高,在采集成本增幅不大的前提下,全方位高密度等地震采集新技术的广泛应用更加可行。

（二）可控震源高效采集配套技术

1. 实时质量监控技术

应用可控震源进行高效采集时,采集现场质量监控技术与手段更加重要。自主开发的可控震源与仪器质量监控系统可用于实时监控生产装备的工作状态、性能统计分析,野外采集质量实时监控可用于分析地震道能量、主频、辅助道、排列等多种属性,还可与Sercel428、G3i仪器进行联机监控。

国内在宽方位高密度三维地震采集中使用东方地球物理公司开发的 KL-RtQC 软件效果良好。特别是滴南 8 井项目首次通过局域网络实现软件与 G3i 仪器联机（16000 道接收排列数据大小，满足可控震源滑动、同步滑动高效采集技术，数据传输较稳定，平均耗时不超过 6s/炮），试行现场监控人员把实时监控、辅助仪器生产和生产调动管理三者相结合的模式。

2. 数字化地震队

数字化地震队，又称 DSS 系统，是一套独特的地震生产控制及采集系统，可以极大地提高生产效率，简化管理流程，并适合多种生产模式。数字化地震队有以下特点：

（1）智能生产流程。系统提供手动及自动放炮功能，在自动放炮模式下，可实现无人值守的生产模式。此外，系统还提供滑动扫描及交替扫描的生产模式配置功能，通过配置时间及距离的曲线，实现最佳的生产效率。

（2）实时质量控制。系统提供 TB、扫描状态及底板信号等仪器数据的实时回传，实现实时质量控制及数据互相关，从根源上避免废炮的产生。

（3）仪器远程控制。系统与多种震源仪器设备实现无缝对接，提供远程参数设置、数据存储及控制等功能。系统还对箱体提供时间一致性的检测功能，确保箱体工作正常，从而无须再进行箱体的月检、季检等操作。

（4）生产进度监控。系统提供生产进度的实时统计及分析功能，可以随时掌握项目进度及震源的工作状态，并提供丰富的图表及报表以便管理人员和生产人员进行回顾和分析。

（5）实时导航预警。系统中的车载终端提供实时导航及危险对象的预警功能。实时导航包括无桩号施工及特殊地点导航；危险对象预警提供 200ms 间隔的预警能力，并且可以根据优先级对多种危险对象同时进行预警，为车辆在复杂环境中的驾驶提供了可靠的保障。

（6）地震队作业平台。系统功能涵盖了地震队野外作业的各个环节，实现了完整的生产数据管理链条，从震源的生产数据采集，到小队生产管理数据的汇总，是一套完整的地震队作业平台。

三、高精度静校正技术

对于静校正精度问题，表层模型是做好静校正工作的基础，也是解决不同波长静校正问题的关键。静校正精度与反射波频率有关，频率越高，对静校正精度的要求越高。从这个意义上来讲，静校正精度与空间采样密度没有直接关系，不管道距大小，只要保证各道求取的静校正量满足叠加要求即可。但如何求取一个能够保证精度要求的静校正量是和空间采样密度有关系的，不同静校正方法能否提高精度或提高的程度可能差别很大。下面分别论述不同静校正方法的模型和精度情况。

（一）基于表层调查的模型内插方法

基于表层调查资料的模型内插法只与表层调查控制点密度有关，其本身与高密度空间采样没有关系，所以，它建立的模型精度不受地震反射勘探空间采样密度的影响，也就是高密度采集不会提高基于表层调查资料模型内插法的模型精度。因此，利用该方法建立表层模型，即使实施高密度采集也无益于提高静校正的精度。

（二）模型约束初至折射方法

对于利用初至折射静校正方法计算静校正量而言，它主要是根据初至时间差求取静校正量，而初至时间差恰恰能准确反映静校正量的变化；由于静校正量和初至时间都是时间域的问题，其高频静校正精度受表层模型精度的影响很小。也就是说，相邻道之间初至时间变化本身就可以近似看为静校正量的变化，而与道距没有直接关系（大道距采集时不需要高密度空间采样的静校正量，而高密度采集时必须要求得高密度的静校正量）。因此，理论上初至折射静校正方法的静校正精度不受空间采样密度的影响，而主要受实施过程中的初至拾取精度、折射分层准确性和延迟时计算方法等因素的影响。当然，采用高密度采集会大大增加同一层折射波的接收道数，有利于折射层速度和延迟时精度的提高。

（三）层析反演静校正方法

层析反演静校正技术的应用越来越广泛，但主要还是用于解决长波长静校正问题。近年来，通过网格尺寸的优化选取和初至拾取数量增加等措施，其解决短波长静校正问题的能力有了明显提高，但总体上还是有很大局限性。分析其原因固然有层析反演方法本身的因素，地震反射采集时道距较大无疑是重要的原因。

层析反演静校正方法是基于近地表速度模型反演的方法，这一点与折射静校正方法不同。层析反演静校正量精度完全取决于反演的速度模型精度，而高密度空间采样是提高模型精度的基础，可以说，道距越小，层析反演的模型精度越高，计算的静校正量精度也越高。因此，层析反演技术对高密度采集的依赖程度是最高的。

层析反演静校正方法有两种：

（1）多尺度层析静校正方法：多尺度层析是通过应用许多尺度不同且相互重叠的单尺度同步进行层析反演并叠加的方法，较好地克服了传统网格层析因网格覆盖次数不均匀，容易造成反演结果不稳定的缺点，进一步提高了层析反演精度。

（2）可形变层析静校正方法：可形变层析同步反演介质速度与层界面，克服了常规网格层析仅能反演介质速度而不能很好地描述速度界面形态的不足，可大幅度减少反演变量，提高反演收敛速度与稳定性，从而提高静校正精度。

四、地理信息系统综合应用技术

东方地球物理公司自主开发的无人机航拍影像系统，其航拍照片具有清晰度高、分辨率高、实时性好、自主性强的特点，平面分辨率达 0.05m，高程分辨率达 2m。结合数字高程模型和坡度数据等地理信息，可有效减少不合理的炮检点布设；通过对工区地貌精细划分，可为施工管理提供决策依据。无人机航拍影像能够满足复杂区地震勘探对精确地理信息的需要。

第三节　前陆冲断带深度域地震成像处理技术

中国中西部前陆冲断带复杂的地表条件和地下构造导致地震勘探资料干扰能量强、有效反射信号能量弱、波场复杂，给地震勘探资料处理带来了极大的困难。山地资料的处理重点在 3 个方面：一是校正近地表速度横向变化引起的静校正时差，静校正是山地资料处理的重要基础工作，解决得好坏直接影响最终资料的品质；二是压制起伏地表、地表障碍物及其他因素产生的各种规则和不规则干扰，提高资料的信噪比；三是偏移归位各种有效信号的反射能量，准确刻画地下构造的形态。对于复杂山地高陡构造的成像，叠前深度偏移处理是资料处理工作的核心。多年来，地震勘探资料处理工作在这 3 个方面进行了长期不断的探索和实践，进行了新技术的开发、成熟技术的配套应用和处理流程的优化组合，使山地地震勘探资料品质持续得到改善，为正确认识地下构造奠定了资料基础，同时发展完善了山地地震勘探资料处理技术系列。

一、常规叠前深度偏移成像处理技术

时间偏移技术以均匀介质假设为前提,可以不考虑波的折射效应。对于复杂地下构造地区,地下介质也非常复杂,地震波传播速度在空间上(即纵横向)变化非常剧烈,地震波在传播过程中存在很强的折射现象。因此时间域成像技术在这些地区应用存在先天不足。尤其对于陡倾角逆冲断层和复杂构造,往往成像不清或存在速度陷阱,以致造成成像错误。

叠前深度偏移技术不要求均匀介质假设及水平层状介质假设,时间域处理的4个假设条件中有3项对叠前深度偏移技术没有约束,因此是当前可行技术中假设条件最少、适用于复杂地区构造成像的有效成像技术。但与叠前时间偏移对数据体质量的要求相似,叠前深度偏移技术的应用同样受到资料低信噪比的制约。

目前叠前深度偏移技术已经在国内外大规模推广使用。国外叠前深度偏移技术的应用领域多为海相盐丘,构造较为简单,围岩速度及盐丘速度本身变化不大,速度模型的建立较为简单,由于盐丘存在回转波及射线的多路径问题,对偏移算法的精度要求较高。现在国内应用于工业化生产的主要叠前深度偏移方法是基于各向同性介质的 Kirchhoff 波动方程积分法,它正在向基于各向异性介质的波动方程微分法快速发展。目前国内叠前深度偏移技术主要应用于复杂山地构造及深层碳酸盐岩溶洞的落实,取得了较好的效果。

叠前深度偏移技术有两大技术优势:其一,先偏移后叠加,不受水平层状介质假设和叠加剖面是自激自收剖面这两个严格的假设条件限制,从而实现真正的共反射点(CRP)偏移归位;其二,通过叠前偏移速度分析得到的速度场能够更真实地反映地下速度变化,在速度的空间分布规律上比 DMO 速度更加可靠。这两大技术优势使叠前深度偏移技术成为解决构造复杂区及速度变化复杂区的有效技术方法。叠前深度偏移处理消除了上覆地层横向速度剧烈变化引起下伏目的层的构造假象,与叠后时间偏移相比,归位更加准确,能够真实地反映地下构造变化,叠前深度偏移剖面上反映出的构造倾角、高点位置都与实钻比较吻合。

叠前深度偏移实现的方法很多,目前从工业化的角度看主要分为两大类:克希霍夫叠前深度偏移和波动方程叠前深度偏移。

由于克希霍夫叠前深度偏移计算量较小,目前在工业化生产中克希霍夫叠前深度偏移已经得到了广泛的应用。克希霍夫叠前深度偏移存在的问题在于:首先,几乎所有的偏移算法都利用了只有 ωt 很大时才成立的近似假设,其中 ω 是角频率,t 是旅行时,这个有效范围意味着在激发点和接收点位置数个波长范围内的绕射不能准确成像,这种高频近似导致了对近地表成像精度的怀疑。其次,如何求好格林函数,保持振幅,消除假频也是一个需要改进的问题。

波动方程叠前深度偏移具有更好的成像精度,它要求均匀的空间采样和时间采样。波动方程叠前深度偏移计算量大,目前在国内工业化生产中还没有得到广泛的应用。波动方程叠前深度偏移可分为两大类:单平方根波动方程叠前深度偏移和双平方根波动方程叠前深度偏移。单平方根波动方程叠前深度偏移可在单个炮道集中进行,单个炮道集是野外采集观测道集,具有明确的物理意义。它具有最好的成像精度,但是,它的计算效率较低,而且其成像道集不太适合于偏移速度分析。双平方根波动方程叠前深度偏移可在多炮—多炮检距域中进行,如共炮检距道集、共方位角道集和全方位角道集等。双平方根波动方程叠前深度偏移方法计算效率很高,成像道集比较适用于后续的偏移速度分析,但其成像精度比单平方根波动方程叠前深度偏移稍差。

在国内复杂前陆冲断带的地震勘探资料处理中,克希霍夫叠前深度偏移处理技术发挥了很大的作用。该技术是一种实用高效的叠前深度偏移处理技术,具有高偏移角度、无频散、实现效率高和占用资源少的特点。该技术能够适应起伏的地表和变化的观测系统,由于改进的有限差分法和优化的射线追踪法能够在速度场变化的情况下,快速准确地计算绕射波旅行时,所以该技术方法能够满足复杂的构造成像。经过多年来的研究与发展,地震偏移成像问题已经基本解决了三维地震偏移、叠前深度偏移、多分量地震偏移等诸多问题。但是在地震偏移中还有许多问题尚待解决,比如各向异性介质中的地震偏移问题和真振幅偏移问题。由于积分法具有诸多优势,因此研究克希霍夫型保幅叠前深度偏移技术具有很高的实用价值和理论价值。

(一) 克希霍夫积分法叠前深度偏移

克希霍夫积分法叠前深度偏移是建立在波动方程克希霍夫积分解的基础上,把克希霍夫积分中的格林函数用它的高频近似解(即射线理论解)来代替。基本过程包括从震源和接收点同时向成像点进行射线追踪或波前计算,然后按照相应走时从地震记录中拾取子波并进行叠加,如果所有的路径计算得到的走时都正确,那么对应的所有记录数据的叠加结果会在某些部位产生极大值,这些极大值就给出了反射体的位置。

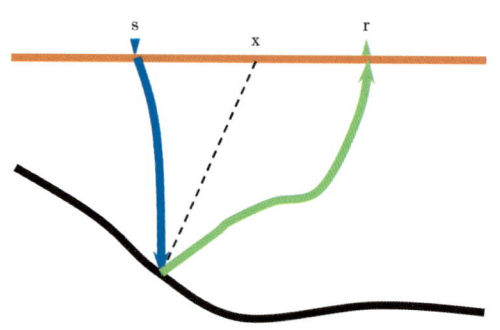

图 2-14 射线传播示意图

如图 2-14 所示,设 s 点为炮点、r 点为接收点、x 点为地下反射点。

令 $(\bar{x}_r, z=0)$、$(\bar{x}_s, z=0)$、$(\bar{x}, z)$ 分别代表检波点、炮点和反射点的坐标,那么令 $P(\bar{x}_s, \bar{x}_r, z=0)$ 为波场在地表观测得到的波场值,如下式所示:

$$P(s, r, t) = S(\omega)A(s, x)RA(x, r)e^{i\omega[T(s,x)+T(x,r)]+i} \qquad (2-1)$$

其中,$P(s, r, t)$ 为检波点记录到的结果;$S(\omega)$ 为震源激发信号。由此可推导出地下反射点 $(\bar{x}, z)$ 处在 t 时刻的波场值为

$$p(\bar{x}, z, t) = \int A\left(\frac{\partial}{\partial t}\right)^{\frac{1}{2}} P(\bar{x}_s, \bar{x}_r, z) = 0, \ t+\tau) d\bar{x}_s d\bar{x}_r \qquad (2-2)$$

其中,r_s 和 r_r 分别代表炮点到反射点和检波点到反射点的距离;v_d 和 v_u 分别代表下行波和上行波沿射线路径的层速度。

在克希霍夫偏移中,为了进行保幅处理引入了系数,在传播过程中,地震波能量沿传播路径吸收衰减损失,还有透反射损失,令

$$A = \frac{\cos(\theta_s)\cos(\theta_r)}{\sqrt{v_d v_u r_s r_r}} \qquad (2-3)$$

作为振幅比例因子,实现保幅处理。根据成像原理,地下 $o(\bar{x}, z)$ 点处的波场为

$$p(\bar{x}, z) = \int A\left(\frac{\partial}{\partial t}\right)^{\frac{1}{2}} P(\bar{x}_s, \bar{x}_r, z) = 0, \ t+\tau) d\bar{x}_s d\bar{x}_r \qquad (2-4)$$

令

$$\tau = \tau_s + \tau_r \qquad (2-5)$$

而 τ_s，τ_r 可在已知速度—深度模型的前提下，通过射线追踪和波前走时计算等各种旅行时计算方法求得。

在调整速度模型进行深度偏移过程中，往往使用较稀疏的网格进行偏移，但必须保证能做好剩余速度分析，保证剩余速度分析的精度，这样就能大大提高整个偏移迭代过程的速度和效率。

叠前深度偏移技术在陆上资料和海上资料处理中的应用有很大的不同。在起伏地表的山地勘探中，由于剧烈的构造运动，需要考虑静校正问题、偏移基准面问题、低信噪比资料的构造建模和速度建模问题等，这些问题中的任何一点重视不够都会导致处理的失败。

（二）深度偏移基准面与静校正统筹考虑

常规的旅行时追踪是假设所有激发和接收在同一水平面上，当地表起伏较小时，可将其校正到固定基准面上，然后在最终基准面上进行射线追踪，只要射线追踪时使用合适的填充速度，射线就可以垂直射出。但是当地表起伏较大，且地表速度较高时，这种固定基准面的射线追踪往往会由于射线射出不垂直，浮动面到固定基准面的校正量变化大，而出现较大的误差。

地表高差较大地区偏移基准面的选取问题一直是影响叠前深度偏移处理效果的重要因素之一。现有的偏移程序大都将偏移基准面建立在激发点与接收点处于同一个水平面的基础上，但由于复杂山地地表高程起伏大，基准面校正时差较大，引起波场畸变，不符合波场传播的规律。认识到这一点，处理技术人员首先想到对地表进行平滑，把基准面建立在圆滑地表面上，使波场的畸变问题在一定程度上得到较大缓解，但并未得到根本解决。另一种则是在偏移前采用波场延拓法把地表激发、接收的资料延拓到某一个近似水平的基准面上，然后再进行叠前深度偏移处理。该方法在理论上是正确的，但实现过程中存在许多困难，因此，实际应用还处于初级阶段。要真正解决地表起伏的波场畸变问题，需要实现从起伏观测面上直接进行叠前深度偏移处理。为近似实现这一目标，攻关研究了基准面与静校正统筹考虑的解决方案。应用层析静校正或射线追踪的方法反演出近地表

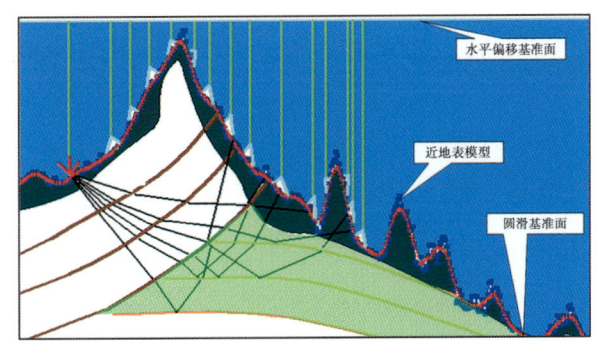

图 2-15 基于起伏基准面叠前深度偏移示意图

速度模型，将近地表速度模型合并到叠前深度偏移的速度模型中，从而实现从起伏观测面直接进行深度偏移处理（图 2-15）。

在常规叠加成像处理中是通过静校正消除低降速带厚度、速度、地形变化引起的波场畸变（非双曲线）的，静校正对叠加速度估算总的作用是得到一条更平滑、更接近双曲线和更具有地质意义的速度曲线和剖面，在地下构造不复杂的条件下，对常规处理叠加成像发挥了重要作用。但在前陆区存在以下问题：

（1）由于地表及其表层结构的复杂多变，使得低降速带速度、厚度变化比较大，在使用静校正技术时往往都存在"静校"不"静"的静校正问题；

（2）前陆区难以追踪稳定的高速顶界面，无论是低速层还是高速层速度变化都比较大，且非常复杂，难以用两层、三层静校正模型来描述和解决问题。尤其是浅层断裂带发育区，

一方面未很好压实成岩的老地层经风化后，速度从低到高连续变化，无法用层状模型描述，另一方面，速度很高、成岩性好的老地层出露地表，常规意义上的高速层速度一般在1600～2000m/s，而老地层出露区高速层速度可以达到3000～4000m/s，这种由于高速层速度变化带来的速度的空间变化同样不可忽视；

（3）当地形起伏变化大时，基准面校正的大静态时移会改变波场特征和远近炮检距的相对时差，损伤正确的速度信息。

静校正的垂直路径假设意味着可以通过对反射时间的调整来模拟在每个地面点正下方或正上方记录的地震数据。当低降速带速度与高速层速度比较接近时，根据斯奈尔定律，此时，地震反射波从地下传播到地表的路径不是垂直的，因而不满足地表一致性的假设，应用地表一致性假设计算的静校正不再准确。在前陆盆地勘探中，由于山前冲积扇、未压实地层出露风化区（黄土山）等，形成复杂的近地表区：低降速层厚度极大（从几十米到几百米）、地层速度从几百到几千连续变化，这种情况下低降速层造成的位移是明显的。因此，采用垂直路径假设的静校正对于山地资料来说是不适合的。地表一致性假设带来的问题使射线得出射角度越大、排列越长，时差越大，浅层比深层的影响更大；校正量越大（基准面、充填速度、降速厚度等），影响越大；高速层与低速层的速度比越大，影响越小。

由于静校正应用地表一致性的假设，在复杂的近地表结构条件下，较大静校正量的静态时移会造成远近道之间相对时差关系的变化，从而带来速度的不合理变化。另外，在地震勘探资料处理过程中，叠加与偏移基准面的校正也要通过静态时移来实现，同样会带来双程旅行时间 T_0 和地震速度的变化，这些变化都会影响最终构造形态的准确性。因此，需要在近地表结构复杂的前陆区研究静校正、偏移基准面对速度分析和叠前偏移成像的影响，建立偏移基准面选择与静校正应用的一体化解决方案和流程。

通过多年实践经验的总结，初步形成了一套静校正与偏移基准面合理选择的处理策略和流程，即静校正与基准面统筹考虑，地表一致性剩余静校正在 CMP 基准面上进行，叠前深度偏移在地表圆滑面进行（图2-16）。

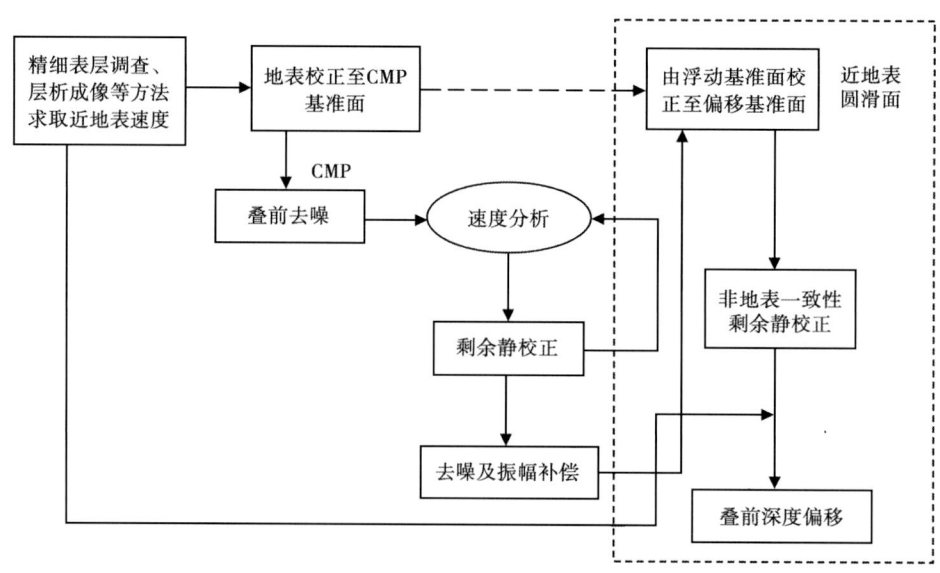

图2-16　静校正与偏移基准面的处理流程图

层为震旦系。震旦系至中三叠统为海相沉积，上三叠统及之后地层为陆相沉积。地层发育特点之一是上部为三叠纪须家河组以后的前陆盆地碎屑岩建造和震旦纪—三叠纪早期的被动大陆边缘碳酸盐岩建造叠置；特点之二是发育了三叠系嘉陵江组膏盐岩和寒武—志留系的泥岩这两套滑脱层，在构造变形过程中起到重要作用（图1-19）。

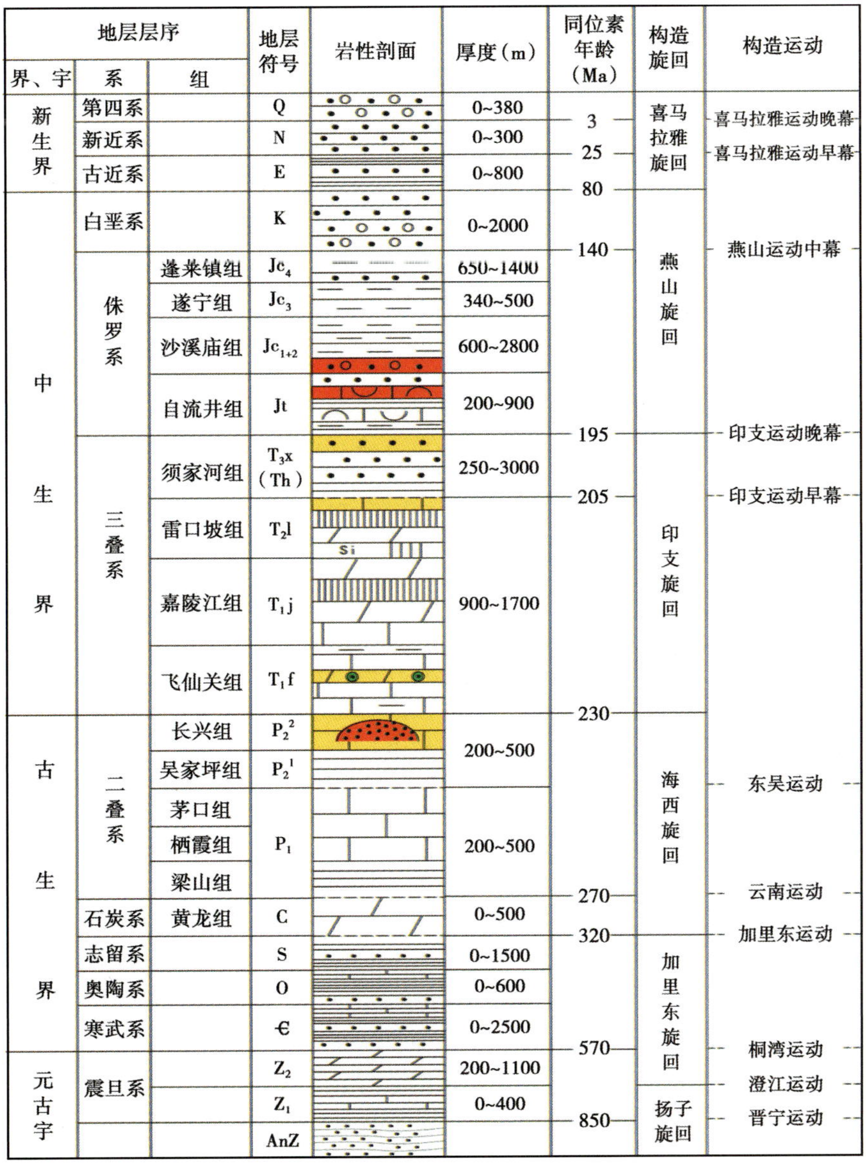

地层层序			地层符号	岩性剖面	厚度(m)	同位素年龄(Ma)	构造旋回	构造运动
界、宇	系	组						
新生界	第四系		Q		0~380	3	喜马拉雅旋回	喜马拉雅运动晚幕
	新近系		N		0~300	25		喜马拉雅运动早幕
	古近系		E		0~800	80		
中生界	白垩系		K		0~2000	140	燕山旋回	燕山运动中幕
	侏罗系	蓬莱镇组	Jc_4		650~1400			
		遂宁组	Jc_3		340~500			
		沙溪庙组	Jc_{1+2}		600~2800			
		自流井组	Jt		200~900	195		印支运动晚幕
	三叠系	须家河组	T_3x (Th)		250~3000	205	印支旋回	印支运动早幕
		雷口坡组	T_2l					
		嘉陵江组	T_1j		900~1700			
		飞仙关组	T_1f			230		
古生界	二叠系	长兴组	P_2^2		200~500		海西旋回	东吴运动
		吴家坪组	P_2^1					
		茅口组						
		栖霞组	P_1		200~500			
		梁山组				270		云南运动
	石炭系	黄龙组	C		0~500	320		加里东运动
	志留系		S		0~1500		加里东旋回	
	奥陶系		O		0~600			
	寒武系		Є		0~2500	570		桐湾运动
元古宇	震旦系		Z_2		200~1100	850	扬子旋回	澄江运动
			Z_1		0~400			晋宁运动
			AnZ					

图1-19 川西前陆冲断带地层综合柱状图

震旦系至中三叠统主要为被动大陆边缘沉积，发育海相碳酸盐岩台地。晚震旦纪主要为广海陆棚碳酸盐岩沉积，寒武纪—奥陶纪发育浅海碳酸盐岩和碎屑岩沉积，志留纪—石炭纪沉积了很厚的深水碎屑岩和碳酸盐岩（川西南二叠系直接与寒武系不整合接触，缺失奥陶系—石炭系），早中三叠世沉积以海相碳酸盐岩为主，并发育有膏盐岩。

上三叠统基本上以陆相沉积为主，发育碎屑岩沉积，包括砾岩以及煤系地层，川西北沉

图 2-17 为某山地三维工区的地表高程图与最终选定的偏移基准面图。相对于原始地表高程,最终选定的偏移基准面消除了原始地表的突变异常,更能够适应克希霍夫偏移算法的要求,同时又保留了原始地表的变化特征,不会产生大的静校正时移。

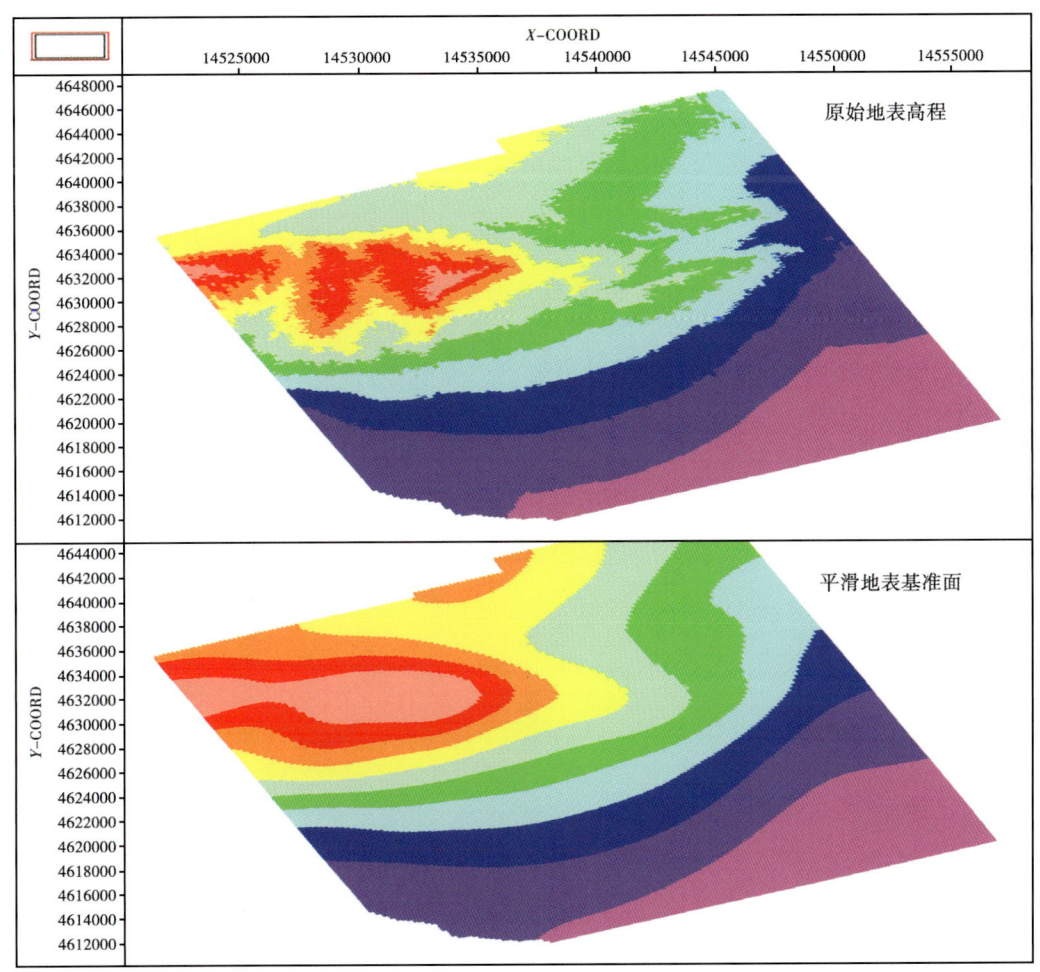

图 2-17　库车山地某三维工区地表高程与偏移

(三) 复杂构造初始模型建立技术

速度—深度建模是叠前深度偏移处理技术的核心,是一个相当复杂的反复迭代过程,包括初始模型的建立和模型优化迭代。对于山地区的叠前深度偏移,初始模型的正确性对最终的成像效果有着至关重要的影响。前陆冲断带大多数地区的资料信噪比都较低,特别是山地老地层出露区的浅层资料,共反射点道集内难以见到有效反射,叠前深度偏移失去了判别偏移成像速度是否准确的依据。因此,山地低信噪比资料区的初始速度建模需要处理解释的紧密结合,技术人员要对工区速度规律有更多的了解。

为得到尽可能合理的初始速度—深度模型,减少叠前深度偏移的迭代工作量,通过近年的攻关研究,初步摸索出了一套利用地质露头资料、井资料、解释模型和地震数据联合建立初始速度模型的多重约束建模方法,主要包括以下几个方面:

(1) 利用 DMO 速度作为初始模型,作叠前时间偏移,然后进行叠前时间偏移速度分析

（均方根速度分析）迭代，经过多次迭代，对均方根速度优化后进行叠前时间偏移，得到较合理的叠前时间偏移数据体和均方根速度体。

（2）在时间偏移剖面上按照一定的密度选取控制测线，利用钻测井资料划分并标定速度控制层，解释时间域大套构造模型。

（3）应用所解释的层位（构造模型）在均方根速度体上抽取和计算层速度，利用 VSP 测井、钻井速度信息，采用层速度充填法，考虑地层埋深与压实作用的影响，约束初步偏移速度场的变化趋势。进行时深转换，形成深度域初始速度—深度模型。

（4）将深度—速度模型速度场应用于目标线数据的深度偏移处理，分析 CRP 道集是否校平，进而对偏移的速度场进行进一步的修改。解释速度控制层位不同于解释地震层位，应以纵向上明显的速度界面为标准层，以控制研究区内纵横向速度变化规律为最终目的。对初始速度的分析和处理环节是一个非常重要而关键的环节，是处理解释一体化的核心步骤之一，要对初始速度的分布规律、数值的变化范围及影响因素做出合理的分析和解释，需充分利用工区的区域构造资料、钻井得到的速度资料、地质露头资料等地质、物理信息。

对于静校正与基准面统一考虑的技术方案，初始深度域的速度模型需要包含近地表的信息。近地表模型的正确性直接影响偏移的成像精度。通过野外的小折射、微测井调查资料（图 2-18）以及大炮初至信息（图 2-19）反演近地表模型，并将获得的近地表模型充填在偏移基准面到高速层顶界面之间。

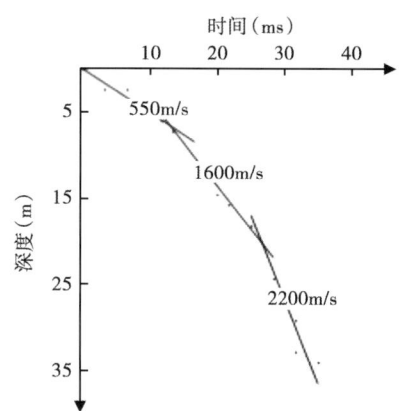 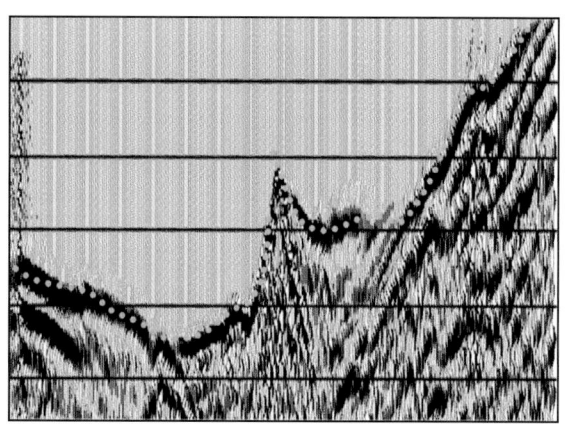

图 2-18　微测井调查获得的近地表速度　　　　图 2-19　大炮初至信息

图 2-20 展示了在偏移基准面到高速层顶界面之间充填近地表信息的深度偏移浅层速度模型。近地表的速度变化已经反映到深度偏移的速度模型中。分别用深度—速度建模从高速顶开始建立、深度—速度模型从地表开始建立两种技术方案进行叠前深度偏移处理。

得到了图 2-21 展示的结果。从图上可以比较清楚地看到，在深度偏移模型中充填近地表模型对改善浅层资料的成像有明显效果。

对于地下的反射异常体（如盐、火山岩、礁体等），在初始模型建立时要在解释技术人员的帮助下，利用地震、钻井资料，对其进行描述。在时间偏移的剖面上（特别是二维时间偏移剖面），可能对这些异常体的认识不够清楚，如图 2-22 所示，在时间域盐的异常反射边界难以确定。经过深度偏移处理后（图 2-23），地下盐体的边界变得清楚，并可见较大范围的分布，其正确性已被钻井资料证实。原先在时间偏移剖面上认为的地层反射并不存

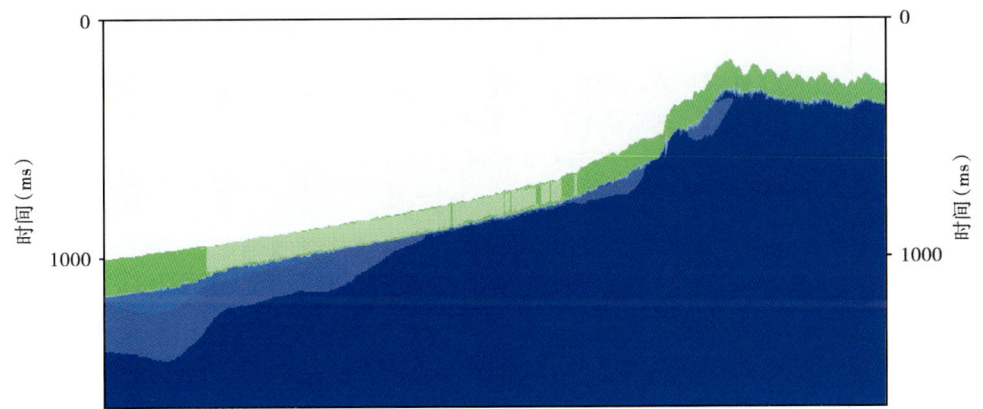

图 2-20　充填近地表信息的深度偏移浅层速度模型

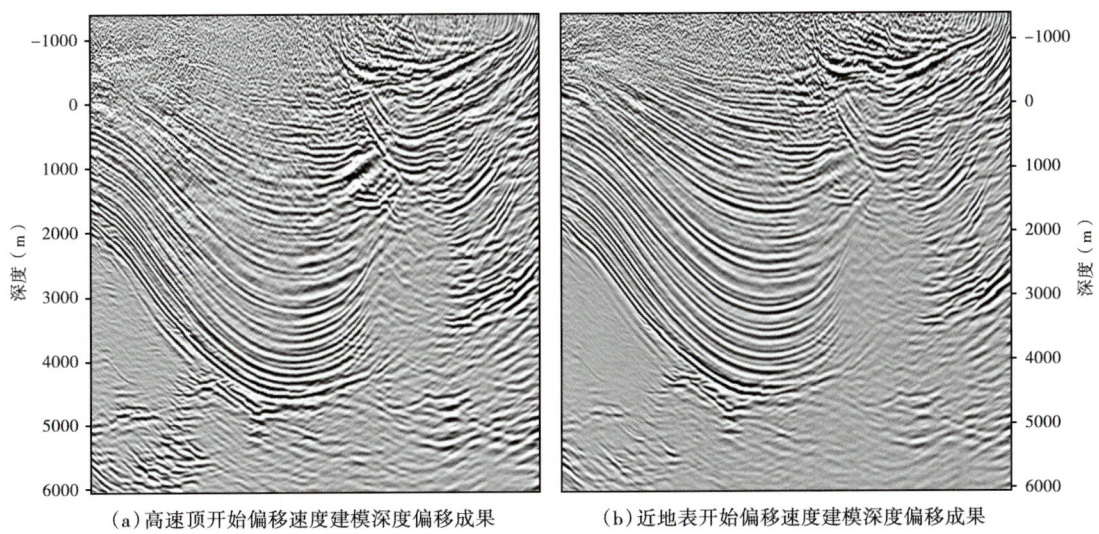

（a）高速顶开始偏移速度建模深度偏移成果　　　（b）近地表开始偏移速度建模深度偏移成果

图 2-21　深度—速度建模不同位置深度偏移效果对比

图 2-22　时间偏移剖面

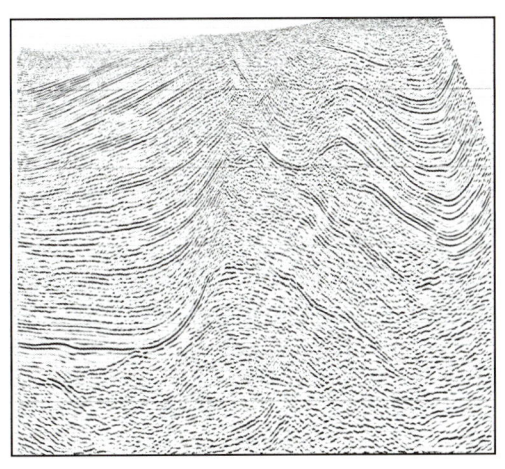

图 2-23　叠前深度偏移

在，进一步分析认为这些地层反射都是没有归位的侧面波和绕射波。因此，异常体分布范围的描述还需要在后续的速度—深度偏移模型迭代过程中不断修正。

（四）处理、解释一体化的速度模型优化迭代技术

速度—深度模型的优化是叠前深度偏移处理的关键环节。因此，在叠前深度偏移处理与模型优化迭代中，逐步修正速度模型和层位解释，并在迭代的过程中，对速度模型变化过程的合理性予以分析和解释。对于山地资料，由于构造样式的复杂、资料信噪比低，仅仅依靠处理人员根据道集和地震剖面的形态来判断速度场的正确性是不够的，在这一阶段，解释技术人员的帮助是不可缺少的。

首先利用初始层速度模型进行叠前深度偏移，然后沿层分析速度，并作剩余速度分析，通过层析成像修改速度，检查 CRP 道集是否校平是评价速度场是否准确的一个标准。但校平道集并不等于速度场就是准确的，即拉平 CRP 道集是必要条件而不是充分条件，仍然存在着多解性。因此，要在解释技术人员的指导下，再次利用钻井资料、地表露头资料，更加精细地解释断裂的展布、各种地质异常体，不断修改速度和构造模型。

在库车山前带存在特殊异常体（膏盐岩），利用钻测井资料建立连井地质对比剖面（图2-24）。连井地质对比剖面可以指导认识地层速度变化规律，得到特殊异常体的厚度、速度和分布范围等信息。从图上可以看到，$N_{1-2}k$、N_1j 在全区的速度变化相对比较稳定，而 $E_{2-3}s$、$E_{1-2}km$ 的速度出现了较大程度的反转，并且在空间上有一定的变化，盐的速度在 4200m/s 左右。根据连井地质剖面获得的认识，在速度迭代过程中进一步修改速度模型。

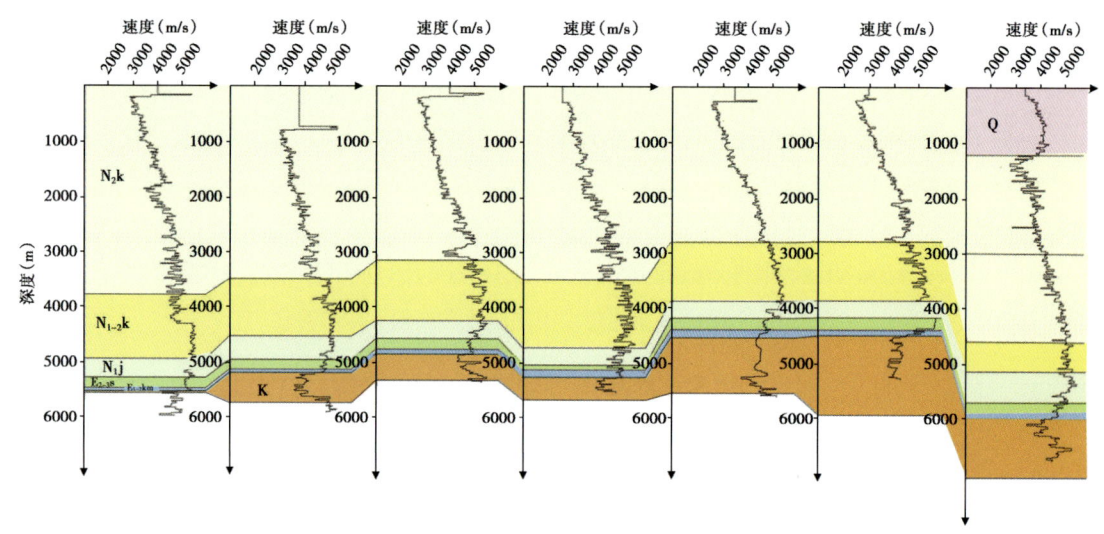

图 2-24　研究目标区内的连井地质剖面

修改模型的顺序依然是从浅层开始，层层剥离，减少浅层速度误差对深层资料成像精度的影响。形成新的层速度模型后，再进行叠前深度偏移迭代。在速度模型的优化迭代过程中，结合地质解释，不仅要研究和控制层速度的变化规律，更要研究每次迭代前后深度偏移成像结果和速度变化的趋势，从变化中判断速度的正确与否，通过处理解释一体化建立符合区域地质规律的速度场。在这种情况下，再保证 CRP 道集校平，才能有效地控制速度场的正确性，最终形成相对准确的叠前深度偏移速度—深度模型。

图 2-25 和图 2-26 展示了塔里木盆地库车地区某三维工区叠前深度偏移处理过程中，

初始速度模型经过多次优化迭代处理后获得最终偏移速度场的一条速度剖面。在偏移处理的初期，由于对目标区地质认识不足，很难精细合理地刻画速度场。所以在初始速度模型上，存在一些速度的突变点，并且在时间域进行的层位解释，转换到深度域，也存在许多不合理的现象。经过多次迭代处理，在井资料及道集校平等条件的约束下，反复认识和修正深度—速度模型，最终速度场变化规律合理。初始速度场中，断层上盘出露地表的高速，经过对露头资料和近地表调查资料进行进一步分析后，得到了修正，从而改善了该区域资料的成像效果。

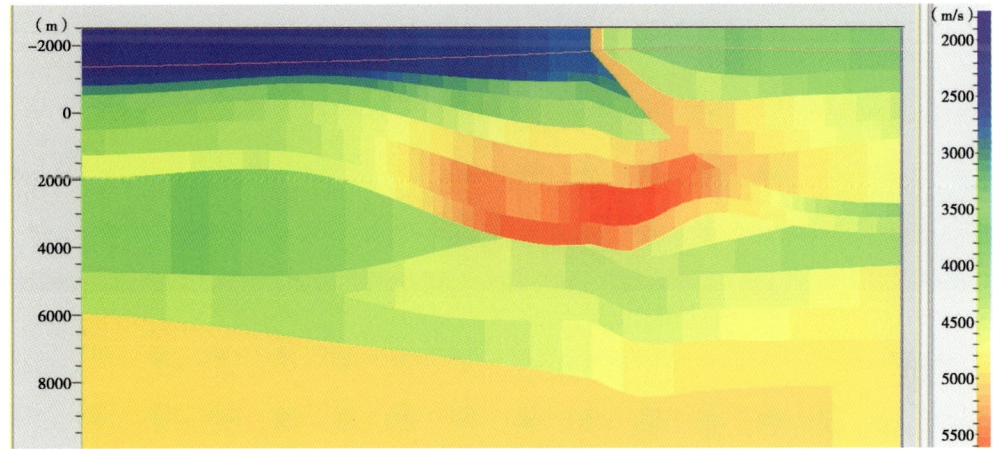

图 2-25　深度域初始偏移速度场

图 2-26　深度域最终偏移速度场

图 2-27 展示了速度迭代修正前后研究目标区北部逆掩断裂浅层资料品质的改善。在处理过程中，使用钻井深度资料和测井速度时应注意一个问题：用于旅行时计算的最终层速度和成像速度与测井速度有差别，成像速度侧重于应用传播速度的横向分量，而测井速度则侧重于测量速度的垂向分量，二者存在一定差异，而且一般 $v_H > v_V$。在建模阶段只用井速度做 3 件事，层位标识、初始速度估算和速度梯度估算。另外，由于地震波传播的介质是各向异性的，所以成像深度与钻井深度并不完全吻合。因此，地质解释人员使用深度偏移结果时，需要做必要的深度校正。

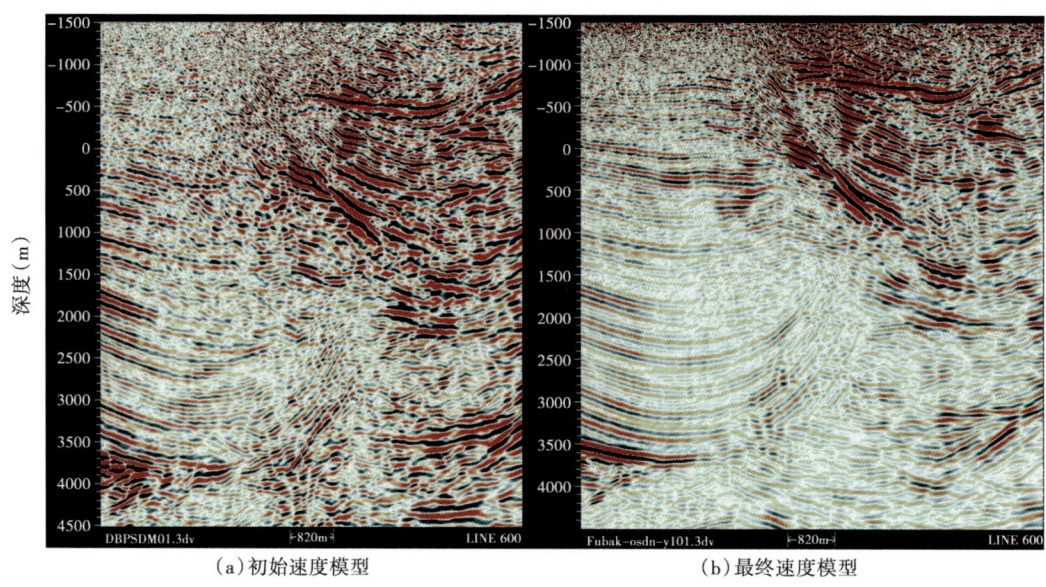

图 2-27 初始速度模型与最终速度模型北部断裂带位置的叠前偏移效果对比

(五) 应用效果

通过近两年的探索,形成了处理解释一体化的速度—深度模型建立和模型优化的思路和作业流程(图 2-28),流程图将叠前深度偏移处理分成 3 个大的步骤:初始速度模型建立、模型的优化及偏移与校正。正如前文所述,每一个步骤都包含丰富的内容,需要处理解释的紧密结合。

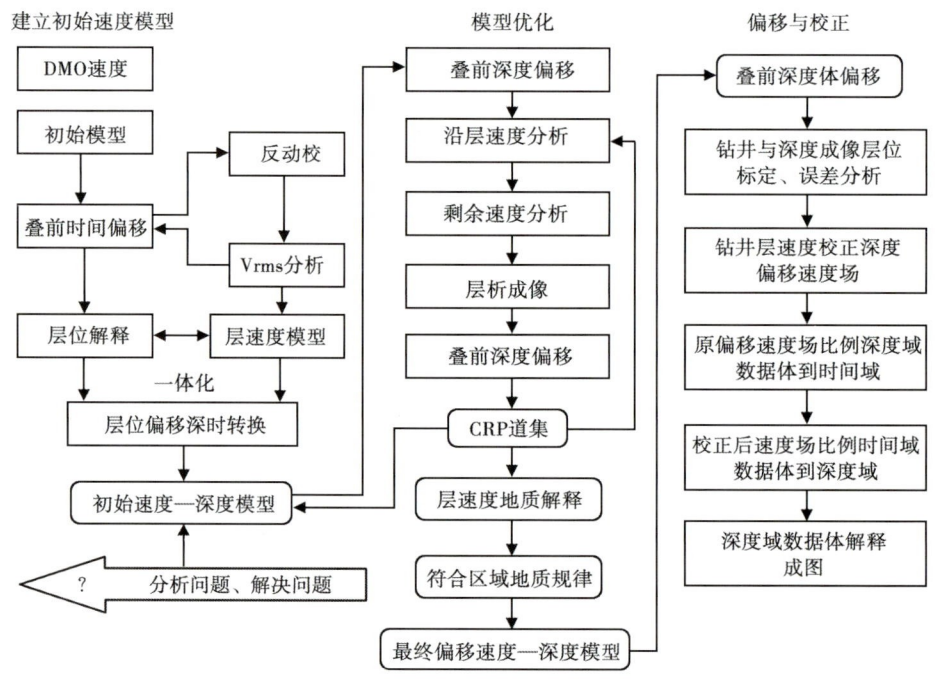

图 2-28 复杂区叠前深度偏移处理流程图

针对塔里木库车山前带的复杂勘探目标，应用叠前深度偏移技术在二维、三维资料处理中均取得了较好的效果。

从图2-29可以看出，过DN203井的叠前深度偏移剖面较叠后时间偏移剖面高点往北偏了2.7km，与实钻203井的地层倾角等钻井信息更相符，利用叠前深度偏移资料落实了迪那2构造形态，迪那2气田的储量规模有望达到$2000 \times 10^8 m^3$，这是继克拉2特大型气田发现和落实后，在库车坳陷发现和落实的又一个特大型气田。同时，这也是三维叠前深度偏移成像技术首次在塔里木乃至中国复杂山地地震勘探中应用，并且取得了巨大的成功。

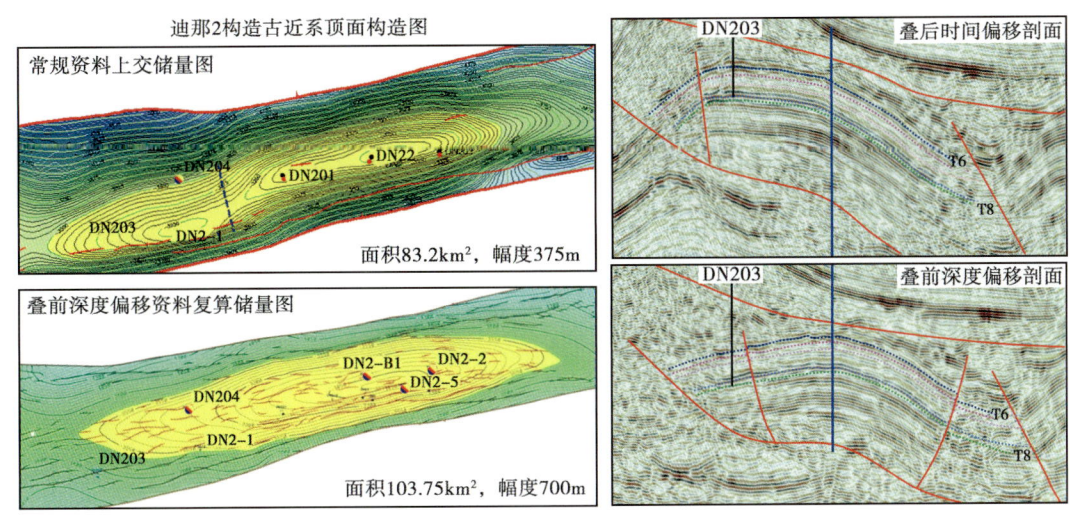

图2-29　迪那2地区时间与偏移剖面及相应构造对比图

三维叠前深度偏移资料在迪那2气田的落实、评价和开发等方面也发挥了巨大作用。利用该资料完成了迪那气田开发方案的编制，优化开发井井网布设，共设计开发测网井33口，各井实钻与设计的各储层顶面深度均比较吻合，各井测试均在古近系苏维依组或库姆格列木群获得高产工业油气流。特别是迪那2-B1井和迪那8井，分别又在白垩系中测试获得工业油气流，取得了迪那2气田白垩系勘探的新发现，为气田的增储上产提供了新的后备资源。

二、各向异性叠前深度偏移处理技术

在叠前深度偏移处理过程中最常见的各向异性引起的问题就是叠前深度偏移数据与钻井分层的差异，它是由各向异性介质中的垂向速度与叠前深度偏移成像速度之间的差造成的，对于水平地层或倾角较小的地层可以通过叠前深度偏移数据的标定来消除这种误差。对于大倾角的地层，由于各向异性的影响，会导致其下方地层成像的空间误差更严重。需要通过VTI或TTI介质的各向异性叠前深度偏移来解决这一问题。

随着叠前成像技术的进展，叠前深度偏移处理技术已经从各向同性向各向异性转变。各向异性介质是一种使弹性波的传播随方向而异的物性介质，并且越来越多的野外勘探实践都证实地下介质广泛存在各向异性。在沉积盆地中，由周期薄层形成了最普通的各向异性，通常被叫作横向各向同性（TI），此时垂直于对称轴的所有方向速度相等。当前研究较多的各向异性介质是VTI介质，其对称轴是垂直的，水平方向是各向同性的。

因此，VTI各向异性叠前深度偏移成像技术较常规各向同性的叠前深度偏移而言是对地下介质的进一步接近，可以提高成像的效果和精度。在克拉 2 气田的叠前深度偏移处理中，就是用的 VTI 各向异性叠前深度偏移技术。其基本思路与流程如下。

（一）基本思路

VTI 介质各向异性的假设可表述为：具有一个平行于 z 坐标轴的垂直对称轴和一个平行于 x—y 平面的各向同性面。

描述 VTI 介质的弹性参数有 5 个：C_{11}、C_{33}、C_{44}、C_{13}、C_{66}，但这 5 个参数的物理意义并不确定。为了进一步明确表述地下介质的各向异性，1986 年 Thomsen 引入了表征 VTI 介质弹性性质的 5 参数（公式 2-6）：

$$\begin{cases} \varepsilon = \dfrac{C_{11} - C_{33}}{2C_{33}} \\ \delta = \dfrac{(C_{13} + C_{44})^2 - (C_{33} - C_{44})^2}{2C_{33}(C_{33} - C_{44})} \\ \gamma = \dfrac{C_{66} - C_{44}}{2C_{44}} \\ v_{p0} = \sqrt{\dfrac{C_{33}}{\rho}} \quad V_{s0} = \sqrt{\dfrac{C_{44}}{\rho}} \end{cases} \quad (2-6)$$

其中，ρ 为介质密度，v_{p0}、v_{s0} 分别为 P 波和 S 波的垂直方向传播速度；ε、γ、δ 均为与介质各向异性有关的 Thomsen 系数，ε 为纵波各向异性，γ 为横波各向异性，δ 为变异系数。

从这些参数可以看出，描述 P 波的各向异性参数有 3 个：v_{p0}、ε、δ。有了这些参数，根据积分法的各向异性叠前深度偏移算法，就可以进行各向异性偏移。

（二）处理流程

从上面的分析可以看出，求取纵波的 VTI 各向异性参数是获得各向异性叠前深度偏移成功的关键。那么，如何求取 VTI 介质的各向异性参数呢？经过多次的试验，形成了如图 2-30 所示的处理流程。

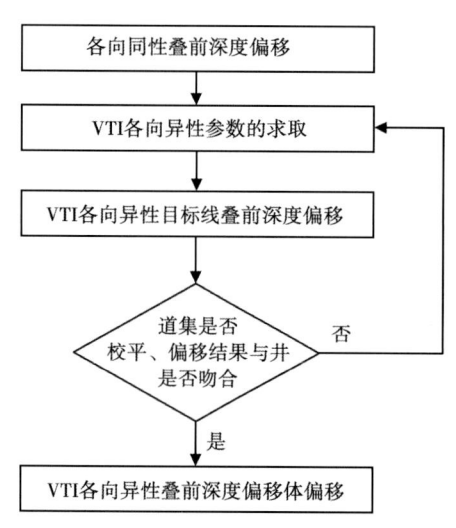

图 2-30 VTI 各向异性叠前深度偏移的流程

具体操作步骤如下：

第一步，利用小于地层深度的近炮检距信息，首先进行各向同性叠前深度偏移处理，得到各向同性的速度场 v_{p0} 及偏移剖面；

第二步，确定各向异性参数的初始值；

（1）利用井信息，根据以下公式计算 δ（图 2-31）：

$$\delta = \left(\dfrac{各向同性地层厚度}{实际地层厚度} \right) - 1$$

（2）利用下面的公式计算 VTI 介质各向异性层速度（图 2-32）：

$$v_{\text{int}} = \dfrac{v_0}{\sqrt{1 + 2\delta}}$$

通过图 2-31 的对比可以看到，各向异性叠前深度偏移的速度与各向同性叠前深度偏移的速度有了一定的变化。

（3）定义初始的 ε：

ε 的初始值可以是零也可以与 δ 相等（满足椭圆各向异性的假设），在这个工区中，令 $\varepsilon=\delta$。

第三步，进行 VTI 各向异性叠前深度偏移；

第四步，判断道集是否校平、井间误差是否消除。在该步骤中，分析道集远排列仍然未校平，仍需要对 ε 进行优化迭代；

图 2-31　利用井信息计算 δ 示意图

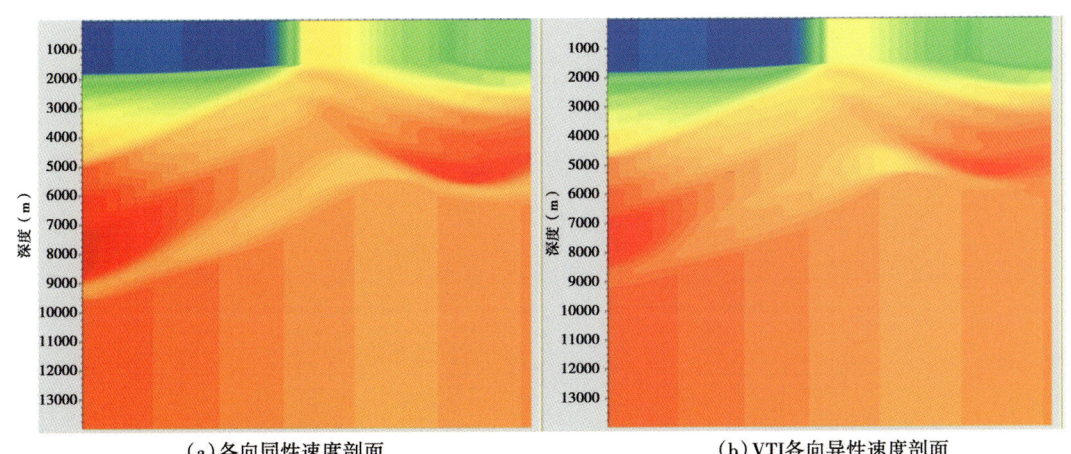

（a）各向同性速度剖面　　　　　　　　　　（b）VTI 各向异性速度剖面

图 2-32　各向同性与 VTI 各向异性速度剖面对比

第五步，利用 VTI 各向异性深度偏移的道集的远炮检距部分优化 ε，并进行下一轮的 VTI 各向异性叠前深度偏移；

第六步，判断道集校平、井间误差消除，进行 VTI 各向异性体偏。

（三）应用效果

VTI 各向异性叠前深度偏移技术在库车大北地区的应用与各向同性叠前深度偏移相比取得了较好的应用效果，表现在以下几个方面。

1. 成像深度与井的吻合度高

图 2-33 是各向同性与各向异性偏移结果与井的对比剖面，图中红水平线为井的深度标定。从对比结果看，各向同性偏移的结果与钻井存在着一定的垂向误差，而各向异性偏移的结果与钻井地层深度吻合性较好，即消除了垂向误差。

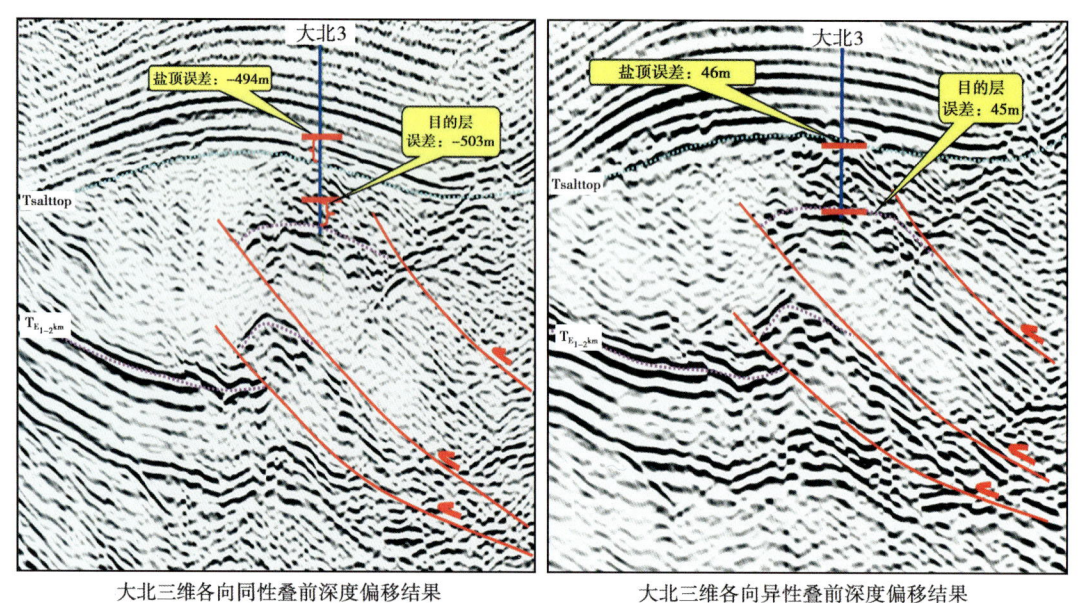

图 2-33　各向同性与各向异性叠前深度偏移结果与井的对比

2. 远炮检距道集校平，并消除了垂向误差

图 2-34 是各向同性（左）与各向异性（右）偏移的道集对比，通过对比可知：各向同

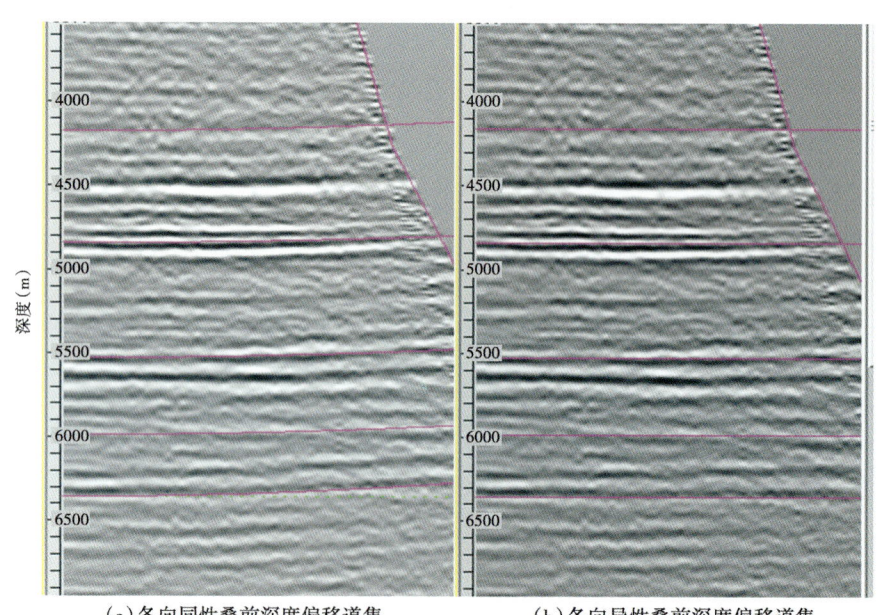

(a) 各向同性叠前深度偏移道集　　　　　(b) 各向异性叠前深度偏移道集

图 2-34　各向同性与各向异性叠前深度偏移的道集对比

性的道集远排列存在着校正不平的现象，各向异性偏移的道集不但消除了垂向的深度误差，并且在远炮检距的道集也得到了校平，提高了数据的有效利用率，为进一步的岩性解释提供了较有效的基础资料。

3. 成像效果得到明显改善

图 2-35 为各向同性与各向异性偏移结果的对比。从剖面上可看到，各向同性叠前深度偏移剖面的成像远不如各向异性叠前深度偏移的效果清晰；另外，浅层的成像效果也得到了较好的改善，表现在连续性得到了增强，地层的接触关系也更加清楚。

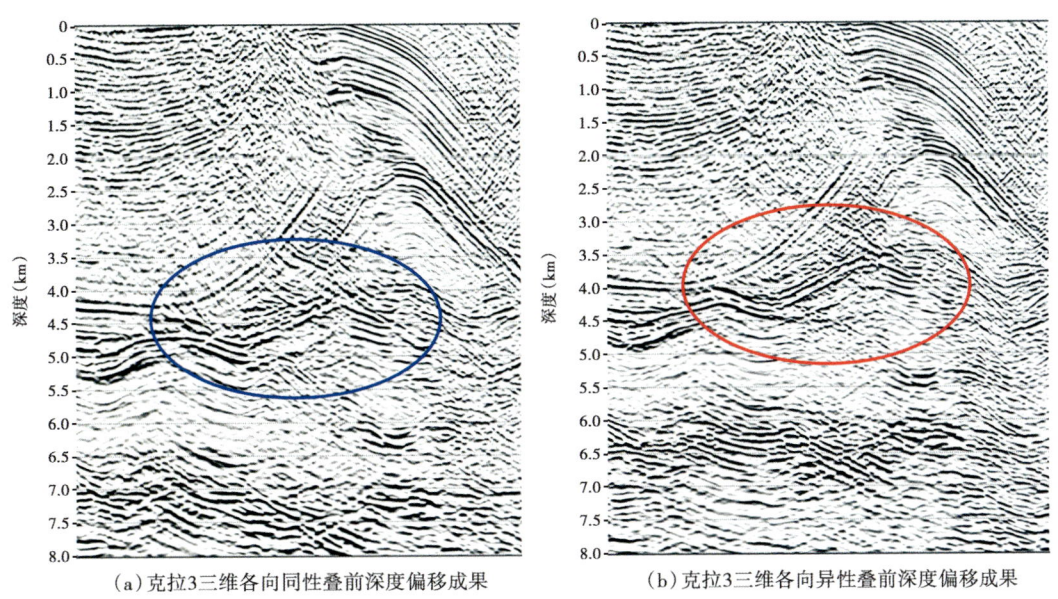

(a) 克拉3三维各向同性叠前深度偏移成果　　　(b) 克拉3三维各向异性叠前深度偏移成果

图 2-35　各向同性与 VTI 各向异性叠前深度偏移结果的对比

三、逆时偏移技术

逆时波动方程偏移是近年来国际地球物理界的研究热点，世界上各大地球物理公司纷纷把逆时波动方程偏移作为自己的核心技术。波动方程偏移能够弥补克希霍夫偏移技术的不足：炮域单程波偏移具有保幅性好、偏移速度较快的优点；炮域逆时偏移在三维复杂构造成像方面具有明显优势，能适用剧烈变化的速度模型，成像精度高。而计算机技术的飞速发展使得波动方程偏移技术的工业应用成为现实。

逆时偏移是最直接的波场延拓偏移方法，与其他波场延拓方法不同的是波场延拓是在时间轴上而不是深度轴上。炮点的波场由给定的速度模型得到，并保存起来；然后检波点波场从记录到的数据开始做逆时延拓，并和同一时间上的炮点波场做互相关；在零时间值上求取的相关值就是偏移的像。图 2-36 为逆时偏移波场延拓示意图。

首先讨论逆时偏移中常用的波动方程求解方法，分析其各自的优势。

（一）波场延拓算法

叠前逆时深度偏移包括 3 步：（1）正向沿时间方向延拓震源波场；（2）反向沿时间方向延拓检波点波场；（3）利用适当的成像条件产生偏移结果。当前，这种算法主要应用了常密度的全声波波动方程，其数学方程如下：

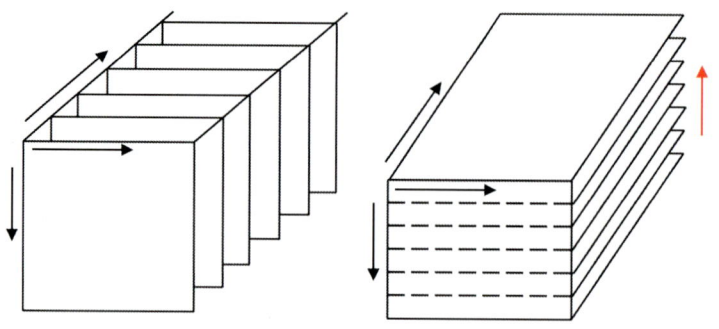

图 2-36　逆时偏移波场延拓示意图

$$\frac{1}{v^2(\vec{x})}\frac{\partial}{\partial t^2}p(t,\vec{x}) = \left(\frac{\partial^2}{\partial x^2}+\frac{\partial^2}{\partial y^2}+\frac{\partial}{\partial z^2}\right)p(t,\vec{x}) \qquad (2-7)$$

$p(t,\vec{x})$ 是所要求解的位于 $\vec{x}=(x,y,z)$ 的压力波场，$v(\vec{x})$ 是介质的声波传播速度，t 为传播时间。在实际应用中，方程（2-7）中的二阶导数通常运用高阶显式有限差分法来求解，其逼近方程可以表示如下：

$$\frac{\partial^2 f(k)}{\partial m^2} = \frac{1}{\Delta m^2}\sum_{l=1}^{N} a_l[f(k-l)-2f(k)+(k+l)] \qquad (2-8)$$

其中，$m\in\{t,x,y,z\}$。在时间方向的二阶导数一般只限于二阶或四阶，这样可以满足节省内存的需求。空间方向的二阶导数则通常需要六阶、八阶或更高阶，以达到用适当的计算费用取得有效的数值精度的目的。如果阶数少于要求，就会导致明显的频散噪声，成像质量下降。但增加阶数又会使计算费用迅速膨胀。

公式（2-8）中的系数 $a_{l(l=1,\cdots,N)}$ 能由泰勒展开获得，或者由求解一个优化问题计算出来。优化是通过使相速度和介质速度之间的差在给定的波数内达到最小来实现的。将函数 $f(k)=\mathrm{e}^{ikm}$ 代入公式（2-8），得到

$$k^2 = \frac{2}{\Delta m^2}\sum_{l=1}^{N} a_l[\cos(kl\Delta m)-1] \qquad (2-9)$$

上述方程中的系数 $a_{l(l=1,\cdots,N)}$ 将要通过下述反问题来确定：

$$E = \left\{\int_{k=K_{\min}}^{K_{\max}}\left|k^2-\frac{1}{\Delta m^2}A\right|^p\mathrm{d}k\right\}^{\frac{1}{p}} \qquad (2-10)$$

$$= \min\ imum$$

$$A = \sum_{l=1}^{N} a_l[\cos(kl\Delta m)-1]$$

其中，p 为一个正数。

有限差分方程在时间和空间方向要求计算网格大小满足 Courant-Fredr-Levin 稳定条件（CFL）。对于三维问题，CFL 稳定条件如下：

$$\Delta t < \frac{\min(\Delta x,\Delta y,\Delta z)}{\sqrt{3}\,v_{\max}} \qquad (2-11)$$

其中，Δt、Δx、Δy、Δz 分别是时间和三个空间方向的计算网格大小 $v_{\max}$ 是传播速度最大值。

对于给定的速度模型和空间计算网格，稳定性条件式（2-11）限制了在时间方向的延拓步长。这就限制了计算效率，特别是对于高速区域更加突出。

通过引入复数地震波场：

$$Q(t,\vec{x}) = P(t,\vec{x}) + iq(t,\vec{x})$$

其中，$q(t,\vec{x})$ 为 $p(t,\vec{x})$ 的希尔伯特变换，可以从全声波方程（2-7）导出在时间域只有一阶导数的偏微分方程（Zhang 和 Zhang，2009）：

$$\left(\frac{\partial}{\partial t} + i\frac{k_z}{|k_z|}\psi\right)Q(t,\vec{x}) = 0 \tag{2-12}$$

其中，

$$\varphi = v(\vec{x})\sqrt{-\left(\frac{\partial^2}{\partial^2 x} + \frac{\partial^2}{\partial^2 y} + \frac{\partial^2}{\partial^2 z}\right)}$$

是一个拟微分算子。在空间和波数域，该算子变为

$$\psi(\vec{x},\vec{k}) = v(\vec{x})\sqrt{-(k_x^2 + k_y^2 + k_z^2)}$$

方程（2-12）我们很熟悉，因为它有和单程波动方程偏移一样的形式：

$$Q(t+\Delta t, \vec{x}) = Q(t,\vec{x})\mathrm{e}^{i\varphi\Delta t} \tag{2-13}$$

但其波场延拓是沿时间 t 方向延拓的，而不是沿深度方向。因此，所有应用于单程波动方程偏移的算法都可以应用在这里的逆时偏移方法中。

Zhang 和 Zhang 采用优化分离逼近策略（OSA）来近似方程（2-13）中相移算子，近似方程如下：

$$\mathrm{e}^{i\varphi(\vec{x},\vec{k})\Delta t} = \sum_{l=1}^{M}\lambda_l\phi_l(\vec{x})\xi_l(\vec{k})$$

其中，$\phi_l(\vec{x})\xi_l(\vec{k})$，$l=1,\cdots,M$ 为仅仅分别依赖于空间和波数的函数 λ_l，$l=1,\cdots,M$，M 是常数。这样方程（2-13）就可以用伪谱方法求解。由 OSA 得到的级数能以指数方式迅速地逼近原函数，如果只取前二项或前三项就可以获得适当的精度，这样就可以取得非常高的计算效率。另外在计算一个网格点当前步的波场值时，常规有限差分法仅涉及前一步中几个邻近的点，而该伪谱方法取决于前一步中所有网格点。这就使稳定性容易得到满足，可以使用较大的时间步长，从而提高计算效率。从波动方程（2-13），得到

$$Q(t+\Delta t,\vec{x}) + Q(t-\Delta t,\vec{x}) = 2Q(t,\vec{x})\cos(\varphi\Delta t) \tag{2-14}$$

可以使用 Chebyschev 多项式快速逼近上式中的余弦函数。公式如下：

$$\cos(\varphi\Delta t) = \sum_{k=0}^{\infty}c_{2k}J_{2k}\phi_{2k}\left(\frac{i\varphi}{R}\right) \tag{2-15}$$

其中，J_{2k} 为 $2k$ 阶的贝塞尔函数；ϕ_{2k} 为修正后的 Chebyshev 多项式。这个方法可产生准确和无频散的结果。

(二) 成像条件

在叠前逆时深度偏移中，典型的成像条件是在成像点处震源波场和接收器波场互相关，并取零延迟振幅值，其公式如下：

$$I(\vec{x}) = \int_0^{T_{\max}} s(t, \vec{x}) r(t, \vec{x}) \mathrm{d}t \tag{2-16}$$

其中，$s(t, \vec{x})$和$r(t, \vec{x})$分别为在空间位置$\vec{x}$、时间t的正向时间外推的震源波场和反向时间外推的接收器波场；$T_{\max}$为最大外推时间。

该成像条件只要求震源波场和接收器波场同一时间步的波场值，因此易于实现并且计算效率非常高。震源波场和接收器波场在相反的时间方向外推，即把震源函数放在炮点位置，以起始瞬间开始在炮点位置正向时间外推震源波场；把记录到的波场放在接收点位置，以最大记录时间开始在接收点位置反向时间外推接收点源波场。然而，关键的问题在于怎样同时获取两个波场在同一时间步的波场值。通常有3种可行的方法通过处理震源波场来达到上述目的：第一种方法是先外推震源波场到所有的时间步，然后把所有的震源波场保存在文件上，当需要时从文件上读取；第二种方法是虽然外推震源波场到所有的时间步，但仅把某些离散时间步的震源波场保存在文件中，当需要时用保存的震源波场插值或推测到所有时间步的震源波场；第三种方法是仅保存所有时间步的震源波场在边界的值，当需要时，用保存的震源波场值当边界条件，重新计算所有内部网格点的震源波场值。实际应用中选择以上哪一种方法实现逆时偏移，取决于计算机系统的配置，每一种方法有它的好处和缺点。

(三) 基于起伏地表的逆时偏移

逆时偏移通常用单炮偏移算法实现。换句话说，它一次只偏移一个共炮点记录，然后叠加所有炮点的偏移结果，以取得最终成像结果。在偏移一个共炮点记录时，可以直接从炮点和接收点的空间位置和高程开始，不需进行高程校正，从而实现基于地形的叠前逆时深度偏移。为了更好地保持相应的振幅，采用下述改进的成像算法：

$$I(\vec{x}) = \frac{\sum_k s_k(t, \vec{x}) \otimes r_k(t, \vec{x}) \big|_{t=0}}{\sum_k s_k(t, \vec{x}) \otimes s_k(t, \vec{x}) \big|_{t=0} + \varepsilon} \tag{2-17}$$

其中，ε为稳定计算用的一个小常数。

由于叠前逆时深度偏移用全声波方程外推接收器和震源的波场，可以精确地模拟波场在各个方向的传播，包括透射和反射，所以该方法不受倾角限制，甚至能成像倒转地层和柱面波。在许多地区，叠前逆时深度偏移都取得了比克希霍夫积分偏移和单程波动方程偏移更为优越的成像效果。

有限差分是一个局部化的算法，波场的递推仅仅需要周围的信息。GPU的功能类似于一个乘法加法器，显格式差分算法可以抽象成为矩阵的数乘与矩阵求和的形式，非常适合GPU的运算特点。而且单炮外推的计算规模越大，GPU的加速比越高。

边界条件对逆时偏移的效率和效果有着重要的影响。吸收边界条件造成边界处和中心区域差分模式不同，会在编程中形成分支。这对于CPU算法来说不存在问题，但对于GPU上运行的核函数来说，过多的分支就会严重影响其计算效率。为此，Robert（2009）提出使用随机边界条件的方法进行逆时偏移。引入随机边界条件后，边界区域和中心区域差分格式完全相同，这给在CPU/GPU异构平台上实现有限差分运算带来了极大便利。

在随机边界条件下，波场传播是可逆的，可以通过多进行一次波场传播为代价来解决逆时偏移的I/O问题。即首先将震源波场正向传播到最大时间，然后从最大时间开始同时反向传播震源波场和检波器波场，每传播一步提取一次成像值。这样的做法虽然增加了计算量，但大大减少了数据对硬盘的访问，从而提高了逆时偏移的计算效率。

具体的CPU和GPU协同并行策略为：首先使用MPI把不同的炮数据分配到各个节点上，由CPU完成该炮地震数据、速度场的输入，并将这些数据和计算好的地震子波拷贝到GPU显存，在GPU上完成逆时偏移核心计算步骤。成像计算完成后，将该炮成像结果从显存拷贝回CPU内存，成像结果的叠加在CPU上完成。

通过对KL2工区部分数据进行波动方程叠前深度偏移攻关实验，取得了比较明显的效果（图2-37）。从成像效果来看：逆时波动方程偏移剖面目的层成像特征及构造细节都相对较好，特别是盐底反射，同相轴连续性得到一定改善，目的层段向南的划弧现象减弱。

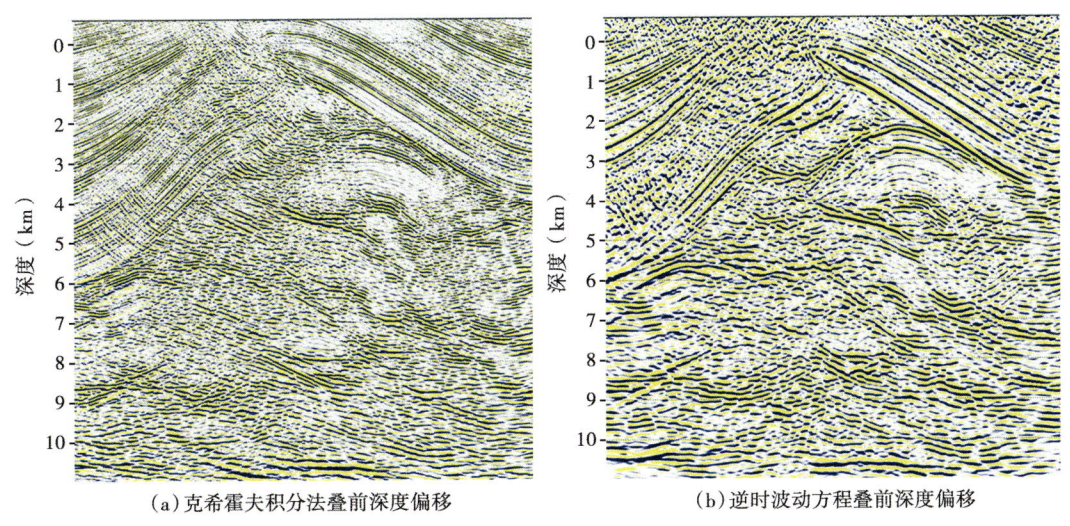

图2-37 克希霍夫积分法叠前深度偏移与逆时波动方程叠前深度偏移对比

目前针对复杂山地，应用较多的还是克希霍夫积分法叠前深度偏移，虽然其精度相对较低、保幅性稍差，但其速度分析方法快捷，运算效率高，为多次迭代建立合理的速度场提供了方便。所以，克希霍夫积分法叠前深度偏移目前仍是复杂构造成像处理的主要方法之一。波动方程叠前深度偏移精度高，保幅性好，但运算量极大，对计算机能力要求较高，工业化规模应用尚需时日。

前陆冲断带复杂的表层结构和地下构造造成了地震速度的畸变和时间偏移成果大部分的构造假象，影响了构造的准确落实。尽管目前叠前深度偏移成果资料的信噪比和保幅性还不尽如人意，与井资料也存在一定的误差，但从目前多个探区资料的应用效果看，叠前深度偏移技术有利于解决前陆盆地复杂构造落实问题，相信地震采集技术攻关、基于起伏地表的叠前深度偏移技术的不断完善以及各向异性叠前深度偏移技术和波动方程叠前深度偏移技术的不断深化研究，将会解决生产中更多的实际问题，提高处理成果的精度，降低勘探风险，提高勘探成功率。

第四节　前陆冲断带勘探综合物化探技术

重力、磁力、电法和化探等综合物化探勘探技术由于其方法技术特点在前陆冲断带勘探中发挥了重要作用。综合物化探技术与地震勘探的地球物理基础不同，不同物探方法在山前带勘探各有优势和欠缺，基于优势互补的多方法联合勘探可以快速有效地解决前陆冲断带复杂区的勘探难题。近年来，三维重磁电、时频电磁法的不断进步和 GeoEast 综合解释工作平台的建立和应用，有效降低了山前单一地球物理方法的多解性，形成了基于 GeoEast 的综合解释技术系列。

一、三维重磁电技术

地震勘探从二维到三维的发展，是地球物理勘探技术的一次重大飞跃，近年来重磁电技术从二维到三维的发展，最大限度地减小了重磁电方法的多解性，在前陆冲断带得到了广泛应用。三维重磁电技术主要用于辅助地震勘探开展速度及构造建模、区带目标优选、预测浅层高速砾岩体和黄土层的厚度及分布。

（一）三维重磁电采集技术

1. 小面元三维电磁采集

经过多年的研究与实践，提出并自主研发了小面元三维 CEMP 采集技术（图 2-38）。常规大地电磁采集方法获得的资料质量一般为 5% 的统计误差，比如单点的 MT、二维的 CEMP 采集方式等，测点之间要么相互独立，要么测线的排列太长，噪声不相关，因此难以采取有效方法消除背景噪声产生的干扰，而三维小面元采集方法则为消除或压制类似的干扰提供了手段。

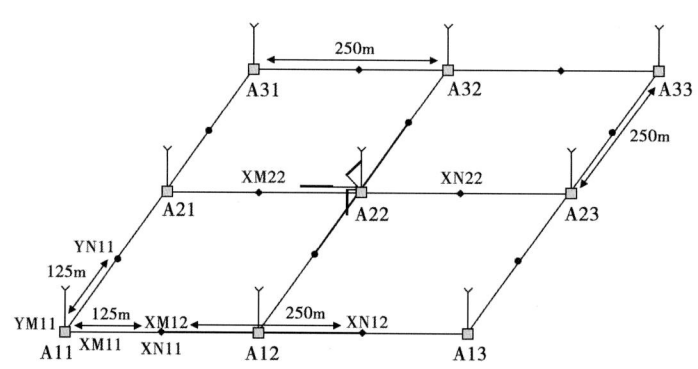

图 2-38　三维电法小面元采集示意图

三维小面元观测系统具体布设：电场的布极采用 2×2 和 3×3…5×5 等电极首尾相接的连续阵列展开，采集站之间以 GPS 实现同步，小面元的大小根据采集站数量和地形条件而定，当小面元逐步展开时，多个小面元又组成更大的观测网，图 2-38 是 3×3 网格的小面元采集方阵。实践表明三维采集技术对于提高观测精度、压制噪声和减小静态位移影响都具有独特的效果，与单点精度相比提高约两个百分点。

2. 三维重磁复式采集技术

三维重磁复式采集技术（图 2-39）：布设高密度基点网，提高重力基点精度，缩小普通测点闭合时间，减少误差传递；纵、横向重复观测，实施100%重复测量，减少了观测随机性影响因素、增加了叠加次数。实践表明，三维重磁复式采集方法有效地提高了重磁数据的采集精度，相同网格重磁采集观测精度分别由常规观测精度的重力60~80μGal、磁力2nT提高到三维观测精度的重力20~40μGal、磁力1nT。同时，也提高了发现异常的能力，比如，原来3km×3km×0.1km大小、深度3km的目标体与围岩密度差0.1km，在地面可以产生30μGal的异常，常规方法测量时该异常完全淹没在噪声中，不能获得可靠异常，但采用三维重磁复式采集技术则可以获得可靠异常。

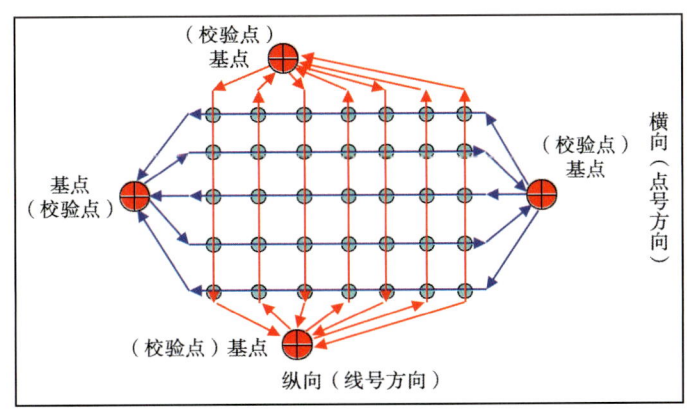

图2-39 三维重磁复式采集示意图

（二）三维重磁电反演技术

1. 三维重磁反演技术

三维重磁处理提出并实现了场级约束物性反演，适用于海量数据的井约束三维反演全面应用于生产，改变了传统重磁处理只有平面成果的局面，同时形成了相应的软件模块。如果某些参数的数值可以确定（例如有钻井资料），在反演过程中，这些参数尽可能接近确定值，同时使观测异常与反演异常保持吻合，这种约束就是参数具体值约束。平面控制约束就属于参数具体值约束的范畴。根据钻井等已知的先验信息，可以建立由这些平面控制点组成的平面控制约束，由控制点建立对应的物性参数约束数组，组成约束条件，实现对物性反演模型的约束建模和约束反演。

由重力异常进行三维反演只能获得相对三维密度差数据体，要反演获得绝对密度值，需要把重力三维反演的相对密度与钻井绝对密度结合，由钻井绝对密度值外推计算点的绝对密度值。井约束反演时，常见的问题是约束点反演值与周围反演值不匹配，造成约束点数据成为孤值，从而起不到约束作用。为了克服该问题，我们的方法是约束点采用约束密度值，计算点采用背景值加三维重力反演的相对密度差值，该差值为计算点相对密度与约束点相对密度的差值，它们的数值是同一轮次三维重力反演的相对密度值。由于该三维反演要获得的是经过井约束后的绝对密度，因而会引起约束后的绝对密度正演重力场与实测重力场特征方面存在差异，故需再对该结果进行正演拟合和反演迭代，直到获得满意的拟合反演结果。

2. 三维电磁反演技术

三维电磁处理实现了电磁海量数据拟三维反演处理，并全面应用于生产，进一步提高了纵向分层精度，改善了大地电磁勘探效果。其主要方法是用快速一维反演形成二维初始模型、用二维反演结果做三维初始模型，用一维方法求雅可比矩阵，双线性插值成三维雅可比矩阵，实践证明这样做对计算精度的影响不大，却可以大大减少计算量，最后，采用共轭梯度法实现电磁三维级联反演。其中，关键技术突破就是三维近似形成初始模型及雅可比矩阵快速计算和正则化共轭梯度法解线性方程。这样，反演方案把初始的非线性问题简化为线性反演问题。三维 MT 反演在获得岩层地电模型的过程中，参与反演控制的测点是区域性的。在迭代拟合的模型参数修正量的计算过程中，充分考虑了 MT 观测结果为体积效应的特点，区域性各测点处的电性模型都参与了各测点上场分量的计算。这大大提高了电性层成像精度，为地层解释提供了高精度数据，从根本上改变了大地电磁勘探的应用效果。

二、时频电磁技术

时频电磁勘探以储层含油段与非含油段的电性差异为基础，利用圈闭含油时的电阻率和极化率与不含油时差别一般较大的特征，通过大功率人工场源激发储层的电磁响应，直接探测油气藏引起的电阻率和极化率异常，达到检测和评价含油气有利目标的目的。时频电磁法与传统天然场源电法相比具有独特的优点：采用人工场源，信号较强、信噪比较高；探测深度主要与激发周期有关，激发周期越长，探测深度越大；由于测磁场静态位移小，对地下电性层的反应更清楚、真实；时间域和频率域数据同时采集和处理解释；能够直接探测油气田的激发极化效应，预测油气的存在及分布。

（一）油气预测机理

理论表明油气藏上方可以产生高极化、高阻异常，时频电磁勘探可以探测到油气藏上方的高极化、高阻异常。

已有实验证实岩石孔隙中不含流体时不会产生激发极化，含油水后才能够产生激发极化，含油饱和度越高则激发极化效应越强。将高温高压下油驱水形成的不同饱和度的岩心进行复频特性实验，将数据绘制振幅—频率曲线，对不同含油饱和度（0、11.95%、41.78%和48.81%）岩心的频散曲线进行对比。由图 2-40 可知，振幅与含油饱和度成正比，含油饱和度越高电阻率振幅曲线幅度越大。另一个特征就是含油饱和度越高，曲线的斜率越大，斜率与极化率相关，而且是正相关，因此，含油饱和度越高，极化率越大。

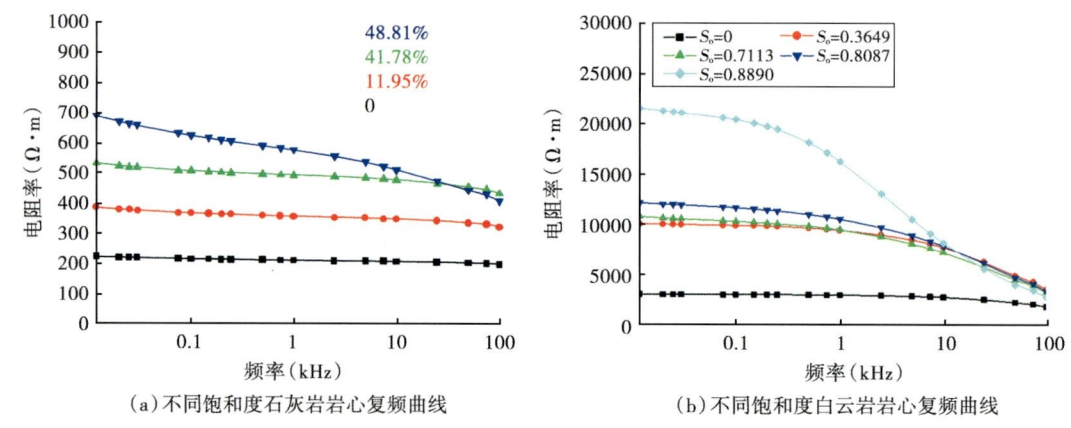

图 2-40 不同饱和度岩心复频曲线

另外，还测量了干样的电阻率复频特性，结果显示，其电阻率特别大，变化很小，无论是砂岩、石灰岩还是白云岩变化趋势基本相同，与前面含油气岩心测试结果完全不一样，显然，不含油气时干样不具有这种频散特性的特征。因此，采用电阻率和极化率来探测目标的含油气性具有坚实的物理基础。

（二）采集技术

时频电磁法采用轴向偶极装置，同时研究时间域和频率域参数，探测深度主要与激发周期有关，激发周期长，则探测深度大，而且分辨率更高，并且一般不受地形限制，通过降低激发频率可以较容易探测到大于 5km 的深度。时频电磁工作方式类似于地震勘探（图 2-41），分发射和接收两部分。发射端利用 250kW 发电机供电，类似于地震的震源；接收端用磁探头接收发射电流发生逆变时的二次磁场垂直分量随时间的变化（即线圈中的感应电动势），所记录的随时间衰减的曲线反映出测点处由浅至深的电性变化规律，类似于地震的检波；一次阶跃激发类似于地震的一次振动，其电流大小

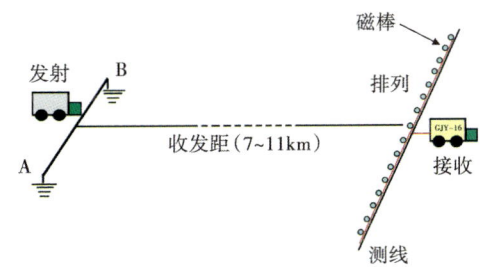

图 2-41　时频电磁工作方式

类似于地震勘探中炸药量的多少。时频电磁技术只研究与地下介质有关的二次电磁场的变化规律，不研究外电场供电时电场的变化规律，只研究外电场断开后，单纯由地下介质感应产生的次生电场，即二次场的变化规律。不同地区的地质条件、目的层埋深、干扰情况和地电条件不同，采用的施工参数也不同，开工前首先要进行施工参数室内模拟，根据室内模拟结果进行施工参数试验，目的是确定研究区最佳的施工参数，尤其是收发距参数、发射源的长度、激发周期，应严格认真地进行试验，同一地区，施工参数经试验确定后，在整个地区要基本保持不变。理论和实践表明，在塔里木探区收发距长度为 6~10km，发射源长度一般为 7~9km，最大激发周期为 40s，根据不同地区的条件，周期亦有所不同。

（三）针对冲断带的特色处理技术

针对冲断带的结构研究与油气预测难点开发了时频电磁井震建模约束反演方法。以往常规的时频电磁处理方法第一步是原始数据分析、质量评价、数据转换、建库、去噪滤波。第二步是进行常规反演：先进行电阻率反演，然后引入 Cole-Cole 模型，依据求得的二维反演电阻率断面进一步构建初始的几何电阻率模型，在二维反演时通过固定几何电阻率模型，反演出另外 3 个参数，极化率、时间常数和频率相关系数，一般以研究介质的极化率参数为主。现在，经第一步数据初步处理之后，电阻率、极化率都利用已知资料建立的地质模型进行约束反演，使纵向分辨率得以有效提高，异常得到有效归位。具体方法如下：

通过地震和测井资料建立模型，每个测点的模型层厚度约束，即不参与反演，电阻率则根据该地层的测井或岩性给定变化范围，初始电阻率取平均值。对于已知的储层也要根据电测井资料确定其分布范围，根据含水时电阻率的可能值、含油气时电阻率的可能值来确定最大、最小变化值。对极化率反演也是一样，首先需要了解和分析探区储层的分布和特征，对于不是储层的地层，根据不同岩心测试结果，赋予比较小的极化率初值和变化范围，储层则根据不同岩心测试结果给出极化率变化范围和初值，如果有激发极化测井资料则以此为依据。电阻率模型结果反映的是基本地质模型的电性特征，而极化率反演模型结果则是除了基本电性特征之外的剩余电磁异常，主要为油气田激发极化效应。极化效应也有可能为其他大型浸染状黄铁矿，不过沉积盆地一般少见。

在塔里木盆地主要应用时频电磁法进行已知圈闭的含油气性评价、新区未知圈闭的含油

性预测。塔里木盆地时频电磁工区范围内，在时频电磁施工后完钻井共计45口（在时频电磁测线1km范围内），有30口井与时频电磁预测结果吻合，有9口井与预测结果基本吻合（异常较弱、出油不稳定），有6口与预测结果不吻合。

综上，通过20世纪90年代以来近30年的前陆冲断带地球物理勘探技术攻关，在常规二维、三维、重磁电勘探技术的基础上，发展、完善、形成了宽线大组合二维地震采集处理配套技术、宽方位高密度三维采集处理配套技术、基于GeoEast非地震采集处理配套技术，积累沉淀了适合冲断带的成像、偏移、静校正、去噪等特色处理技术。地震、非地震勘探技术的进步，为油气勘探奠定了扎实的资料基础。

第五节　英雄岭高陡构造地震采集处理技术

一、地震地质条件、勘探难点与勘探历程

（一）地震地质条件

英雄岭地区地表以复杂山地为主，地表一致性差，地下以高陡构造为主，各向异性强，地表及地下地震地质条件极其复杂。

1. 地表地质条件

英雄岭地区地表类型复杂多变，主要表现为山高坡陡、断崖林立、沟壑纵横，地形变化剧烈，海拔2900~3600m，地面相对高差100~400m。受强烈的构造运动和风蚀、冰蚀、雨水淋滤作用，地表岩层风化破碎严重，干燥、疏松、溶洞发育是其主要特点。复杂山地的山前过渡带还有戈壁、小丘陵、浮土等地表类型。出露地层复杂多变，以新近系为主，包括砂岩、泥岩、页岩、砾石等多种类型，一些地区地层倾角较大。

表层结构复杂多变，主要表现在表层结构极不稳定，低降速带的厚度和速度变化大。英雄岭海拔3000m以上的起伏山地达77%，其中极复杂山地占23.5%；潜水面低，在构造主体部位约450m才能见到较为潮湿的地层。山地区低降速带厚度一般不小于100m，山体部位实施的多口深井微测井（150m）均未打穿低降速层。根据大炮初至反演和前人做的潜水面调查推断，最大低降速带厚度可能超过500m。低降速层速度变化大，在1700~3150m/s。

2. 地下地质条件

英雄岭地区地下构造复杂，受晚喜马拉雅期构造运动的影响强烈，多为逆掩断层控制的高陡构造，地层褶皱严重，断层极为发育。地层的产状变化大，构造北翼倾角较缓，南翼地层倾角大部分都在40°以上，有的地区甚至直立和发生倒转。由于滑脱断层的发育，深浅层构造特征不一致，构造高点发生偏移，构造样式非常复杂。

地层速度纵横向变化大。不同地层纵向速度变化大，逆掩距离较大的地区存在速度倒转现象；同一套地层由于埋深差异大，速度横向的变化也非常明显。

（二）地震勘探难点

上述复杂的地表及地下地震地质条件，给英雄岭地区的地震勘探带来了诸多难点，表现在以下3个方面：

（1）野外采集施工和项目运作难。山地地表条件复杂，通行条件差，气候多变，高寒缺氧，环境恶劣，安全隐患多，对地震采集装备要求高，野外地震采集施工、质量管理和HSE管理面临极大的挑战。

(2) 地震采集提高原始资料的信噪比难。表层受长期风化作用，干燥疏松，地震波吸收衰减严重，给地震激发、接收带来极大挑战。地表非均质体引起的散射干扰和线性、随机和次生等干扰波发育，地震勘探资料原始信噪比极低。

(3) 地震处理提高成像质量难。复杂山地干扰波发育，近地表建模困难导致静校正问题突出，地下构造和地震波场复杂，速度变化大，对地震勘探资料处理的静校正、去噪、成像等技术提出了非常高的要求，资料处理提高信噪比和提高成像效果难。

英雄岭地区地表及地下地质条件复杂，地震勘探难度大，以往的地震勘探资料品质极差，基本不能应用于解释研究，成为制约该区勘探进程的关键因素（图2-42）。

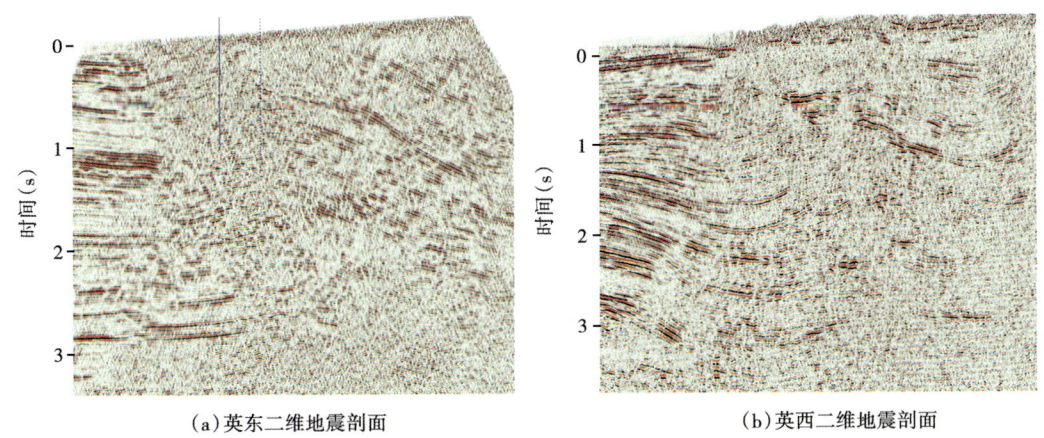

图2-42　英雄岭地区二维地震剖面

（三）地震勘探历程

英雄岭地区的地震勘探最早始于1985年，从1996年开始进行山地地震方法和技术攻关，在最近的20多年时间内一直没有中断。按照地震勘探技术进步和不同时期的攻关技术特点，将2010年开展高密度宽方位前的地震攻关大致分为4个阶段（宁红晓等，2012）：

1. 常规二维攻关阶段（1996—2001年）

该时期为复杂山地地震攻关探索阶段，从激发和接收入手，重点放在了提高单炮资料信噪比上。这一时期的方法特点是：单线接收，激发方法从单井激发、深井高速层激发到深井高速层组合激发等进行了全面尝试，特别是1998年在油泉子地区还尝试了检波器埋于2m井下接收等技术手段；覆盖次数相对较低，一般不超过60次；采用高程静校正方法。从获得的地震勘探资料看，山地资料品质很差，基本看不到有效反射信息，无法用于地质解释。

2. 二维大组合攻关阶段（2002年）

采用检波器大面积组合压制噪声、提高资料信噪比的思路攻关，技术特点是小道距、大面积组合压制噪声、高覆盖提高成像能力、大药量提高深层反射信息能量。在大乌斯采用20m道距，7990m长排列，200次覆盖，组合激发（5口中深井组合），检波器大面积（76m×76m）组合接收，较好地压制了侧面干扰，在个别地段单炮分频记录上能够见到微弱的反射波，资料信噪比得到一定的提高。通过此轮攻关，认识到表层调查和静校正工作的重要性，模型静校正技术得到了较好的应用。在地质结构相对简单的大乌斯地区获得了能够用于构造解释的地震剖面，绝大多数地区地震勘探资料仍无法用于地质解释。

3. 高密度二维攻关阶段（2003—2004 年）

高密度勘探思想开始进入中国，它是一种通过增加空间采样密度来实现信号和噪声有效分离的技术。油泉子地区的试验方法为：单点深井激发，小道距（10m）接收，800 次覆盖的高密度采集。室内处理阶段采用初至静校正的基础上，应用道组合的方法进一步提高叠加剖面的信噪比。从处理剖面看，地震勘探资料信噪比有一定改善，山地区域可以见到明显的反射，但是断层位置、构造轮廓仍然不清晰，难以满足油气勘探开发的需要。高密度攻关使地震勘探工作者认识到：高密度采集的单点激发、线性组合接收对噪声压制不利，原始资料信噪比很低，资料品质提高的幅度有限，高覆盖次数对提高该区地震勘探资料品质有一定的效果。

4. 宽线攻关阶段（2005—2010 年）

对英雄岭地区历年的地震勘探攻关进行总结认识到：组合激发、组合接收和高覆盖次数可能是取得较好地震勘探资料的可行手段。从 2005 年开始在英雄岭地区开展宽线试验，目的是通过增加横向接收线数，大幅增加有效覆盖次数，提高观测系统的噪声压制能力；改善由于大组合带来的道内静校正时差带来的不利影响。通过宽线试验，有效波随着覆盖次数的增加逐渐加强，剖面质量得到了明显改善，大部分地震剖面可以显示出大的构造轮廓，勉强能够用于地质构造解释。

尽管英雄岭以往 4 个阶段的地震攻关未能达到理想的效果，但是为 2010 年以后开展高密度宽方位新一轮攻关奠定了基础。近年来，通过开展英雄岭复杂山地地震采集、处理和解释一体化攻关，攻克了世界级的地震勘探难题，形成了英雄岭复杂山地高陡构造地震勘探技术系列。

二、英雄岭高陡构造宽方位高密度地震采集技术

（一）极低信噪比地区高密度宽方位三维观测系统优化设计技术

1. 设计原则

为了解决英雄岭复杂山地有效波能量较弱、原始地震勘探资料信噪比极低、地震勘探资料成像难度极大等技术难题，英雄岭高密度宽方位三维地震技术可概括为"一个理念，三个原则"。

一个理念："适度组合、联合压噪"，即野外组合与室内高覆盖联合压噪的技术理念。影响英雄岭地区地震勘探资料品质的主要问题是散射干扰发育，有效压制散射干扰的经济手段就是超百米的大组合，但是组合基距过大会损伤有效信号，靠叠加压噪成本又很高，因此提出了野外组合与室内叠加联合压噪的思路，通过适度组合，提高观测密度，最大限度地保证单炮信噪比和叠加压噪能力，为速度建模和偏移成像奠定良好基础。

三个原则：（1）从组合基距对静校正精度的影响出发，初至时间误差小于有效信号周期的四分之一，即 $\Delta t \leqslant T_{信}/4$ 原则，简称 $T/4$ 原则；（2）从叠加压制散射噪声的有效性出发，线距（炮线距或接收线距）满足无混叠假频的原则；（3）从绕射点波场满足叠前成像的要求出发，有效信号高截频衰减小于 3dB 原则，简称 3 分贝原则。依据以上 3 个原则，可以达到保护有效波、压制散射干扰的目的。

2. 接收线距优化分析

常规的炮检距空间分布特征定性分析是以方位角、炮检距和炮检对个数（中点个数）为参数变量，可以用柱状图、折线图和玫瑰图表示。本次攻关提出一种满覆盖区炮检距空间

分布特征的定量计算方法，其公式为

$$U(X_{ti}) = \frac{1}{m}\sum_{k=1}^{m} u_k(X_{ti})$$

其中，m 为选定满覆盖区域的面元个数；k 为选定满覆盖区域的面元号；X_{ti} 为对应第 i 个理论炮检距值；$u_k(X_{ti})$ 为第 k 面元号的第 i 个理论炮检距值 X_{ti} 出现的频次；$U(X_{ti})$ 为满覆盖区域的第 i 个理论炮检距值 X_{ti} 出现的平均频次，在理论情况下 $u(X_{ti})=U(X_{ti})=1$，在实际情况下，$U(X_{ti})$ 值越接近 1，说明炮检距空间分布特征均匀性越好。

研究表明（图 2-43），当覆盖次数相同时，固定炮线距改变接收线距，接收线距越小对应的小偏移距的炮检对越多；随着接收线距的增大，对应炮检距的炮检对个数出现的频次随着偏移距的变化幅度变化小，当接收线距与炮线距相等或相近时对应炮检距的炮检对个数出现的频次随着偏移距变化幅度最小，即炮检距空间分布相对均匀；当接收线距继续增大超过炮线距时，随着接收线距的增加，炮检距空间分布向远偏移距集中。接收线距比炮线距较大或比炮线距较小，使得炮检距空间分布向较小偏移距或大偏移距集中。值得注意的是，向小偏移距或大偏距集中的炮检对过多会破坏炮检距分布的均匀性。因此，针对地质目标的深浅，在优化炮线距时，同时要优化接收线距，既要确保地质目标的有效覆盖，又要不严重损害炮检属性，一般接收线距为炮线距的 0.5~1.5 倍。接收线距为 120m 时，炮检距 600~1200m 具有较高的有效覆盖次数，有利于浅层主要目的层速度分析精度，提高资料品质。英东三维的地质任务是重点查明浅层构造和断裂形态，为确保浅层的有效覆盖次数，接收线距确定为 120m。

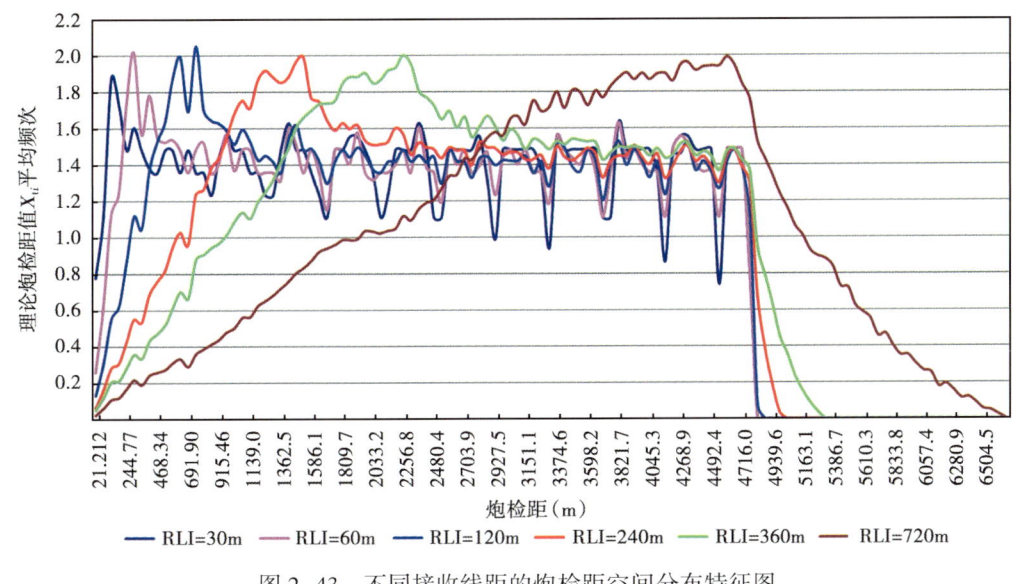

图 2-43　不同接收线距的炮检距空间分布特征图

3. 覆盖次数优化分析

高覆盖次数是提高叠加信噪比的有效手段，但研究区资料属极低信噪比，技术有效、经济可行的覆盖次数设计成为攻关的目标之一。

当激发产生的规则噪声得到压制，且激发噪声的假频可以看作随机噪声时，覆盖次数可以按照下式进行设计：

$$\sqrt{N} = \frac{\text{Expectsection}(S/N)}{\text{Shotrecord}(S/N)}$$

上述公式中 N 表示覆盖次数，分子表示剖面信噪比，分母表示单炮信噪比。

从二维宽线试验结果来看（图2-44），研究区剖面视觉信噪比达到1，浅部（1s以上）采集覆盖次数不得低于72次，断层上盘深部采集覆盖次数不得低于200次；扩大面元，大幅度增加叠加覆盖次数，提高信噪比，叠加剖面信噪比达到3以上，浅部叠加覆盖次数需要约600次，深部叠加覆盖次数需要约1800次。英雄岭英东三维区主要目的层（N_2^2、N_2^1）有效覆盖次数达200次以上可以满足速度分析和剩余静校正求取的基本需求，确保了地震勘探资料的基本成像信噪比。

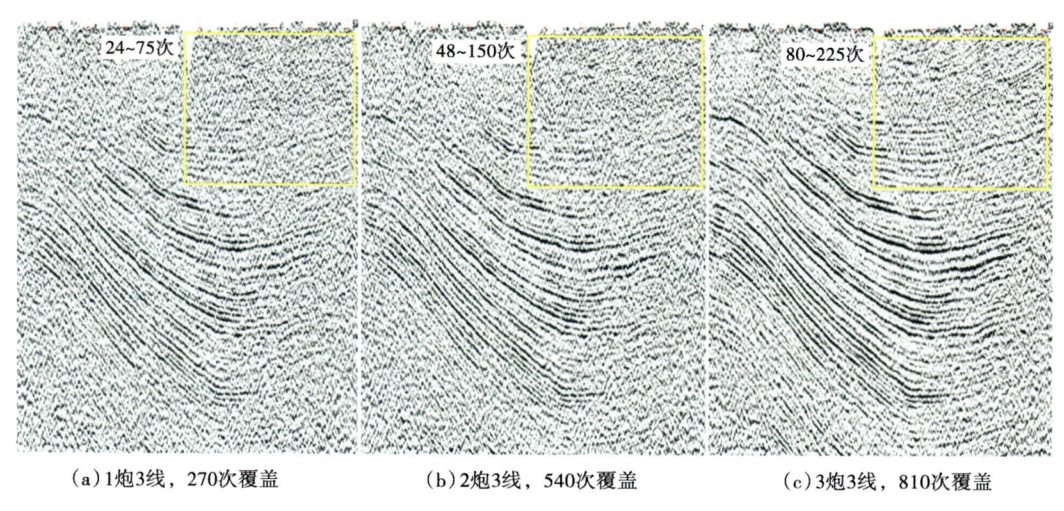

图2-44 英雄岭地区不同宽线观测系统初叠剖面

4. 覆盖密度优化分析

水平叠加意义上增加覆盖次数是提高地震勘探资料信噪比和改善地震勘探资料分辨率的重要手段。随着叠前偏移的普及，偏移已经成为提高地震勘探资料成像分辨率的重要方法，可以把研究水平叠加意义上的覆盖次数与信噪比和分辨率的关系转换为研究基于共反射点叠前偏移的覆盖密度与分辨率的关系。高密度空间采集是指大幅度提高单位采集面积的炮道密度（覆盖密度），是提高资料成像信噪比的有效方法，覆盖密度越高，地震勘探资料的信噪比越高（图2-45）。

英雄岭英东三维区南部戈壁及东部山地地震勘探资料信噪比相对较高，地质结构相对简单，一般原始记录上有一定的视觉信噪比，设计覆盖密度约69万道，使其信噪比提高到约2；西部复杂山地区及主体构造部位断层比较发育，激发引起散射干扰严重，一般原始记录上难以见到有效信号，覆盖密度提高到104万道，使其信噪比提高到2左右。

5. 横纵比（方位角）优化分析

近年来，随着宽方位角三维地震勘探的成功实施，经过多年的实践和探索，关于宽方位角地震采集基本上已达成共识：（1）宽方位角采集进行全方位观测，可增加采集照明度，获得较完整的地震波场，成像的空间连续性比较好；（2）宽方位角采集可研究振幅随炮检

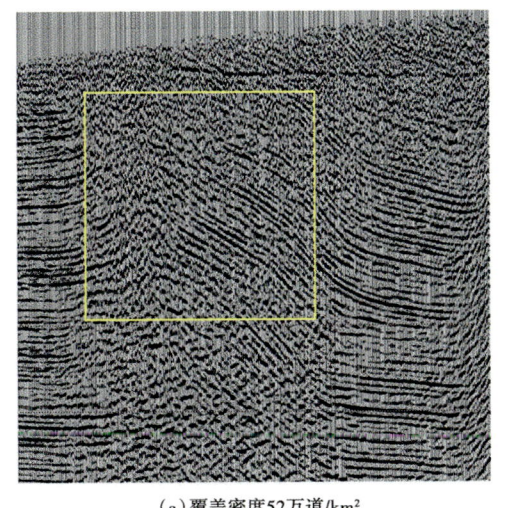 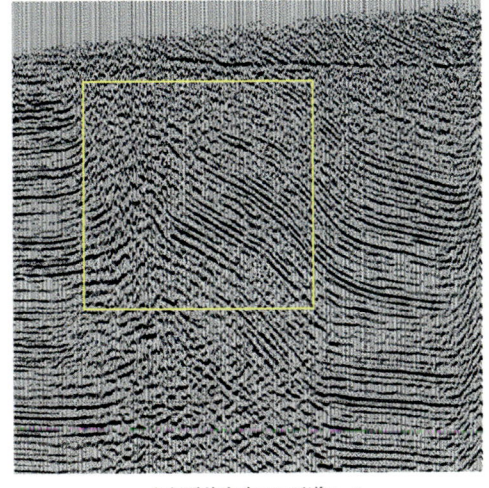

(a)覆盖密度52万道/km²   (b)覆盖密度104万道/km²

图 2-45 英雄岭英东三维区不同覆盖密度的剖面对比图

距和方位角的变化（AVOA）、地层速度随方位角的变化（VVA），增强了识别断层、裂隙和地层岩性变化的能力；（3）炮检对的三维叠前成像轨迹是椭球，宽方位角具有更高的陡倾角成像能力和较丰富的振幅成像信息；（4）方位角地震还有利于压制近地表散射干扰，提高地震勘探资料信噪比、分辨率和保真度。研究区资料信噪比低及断裂复杂构造比较发育，开展宽方位观测系统优化设计有利于压制噪声，改善目的层构造成像效果。通常宽、窄方位角观测系统的定义是：当横（排列宽度）、纵（排列长度）比大于 0.5 时，为宽方位角采集观测系统；当横（排列宽度）、纵（排列长度）比小于 0.5 时，为窄方位角采集观测系统。

观测系统的横纵比大小决定观测数据的有效孔径。观测数据孔径大小（有效照明次数及均匀性）是影响叠前偏移成像的重要因素之一。理论上，叠前偏移的偏移孔径范围可以取资料面积，实际上构造形态的不同使得资料面积内各接收点并非都接收到了目标绕射点的绕射信息，因此通过在资料面积范围内选择偏移孔径来增加地质体的有效照明只是一种理想情况，对复杂构造带成像往往没有实际意义。对复杂构造带必须在采集中就应考虑有效观测的问题。

研究区构造变形剧烈，构造高陡破碎，需要每炮都能从多个方向对复杂构造进行照明，才能确保对地质体照明的均匀性。考虑技术有效性和经济可行性，针对该区主要目的层 N_2^1（深度一般不超过 2100m）设计观测系统，采用 24 条检波线接收，设计横纵比约 0.7 的观测系统理论上可使叠前偏移剖面信噪比提高到 1 以上。图 2-46 为不同横纵比观测系统的玫瑰图，可见窄方位角设计在接收横测线方向上大炮检距的数据时是不成功的，而宽方位角设计在每一个方位角上都是均匀采集。

（二）震检组合提高信噪比的激发接收技术

1. 降速层、小药量、多井组合激发

研究区近地表岩性为古近—新近系砂泥岩互层，低速层速度低（300~600m/s），厚度薄（0~5m），风化剥蚀比较严重，属于典型的风化壳，横向变化快。降速层速度在 1000~1800m/s，厚度 8~230m，其浅部为比较稳定的细砂泥岩层。研究表明，风化壳对地震波的衰减强，占传播到主要目的层底（约 2800m）总衰减的 46%。近地表砂泥岩巨厚，但砂泥

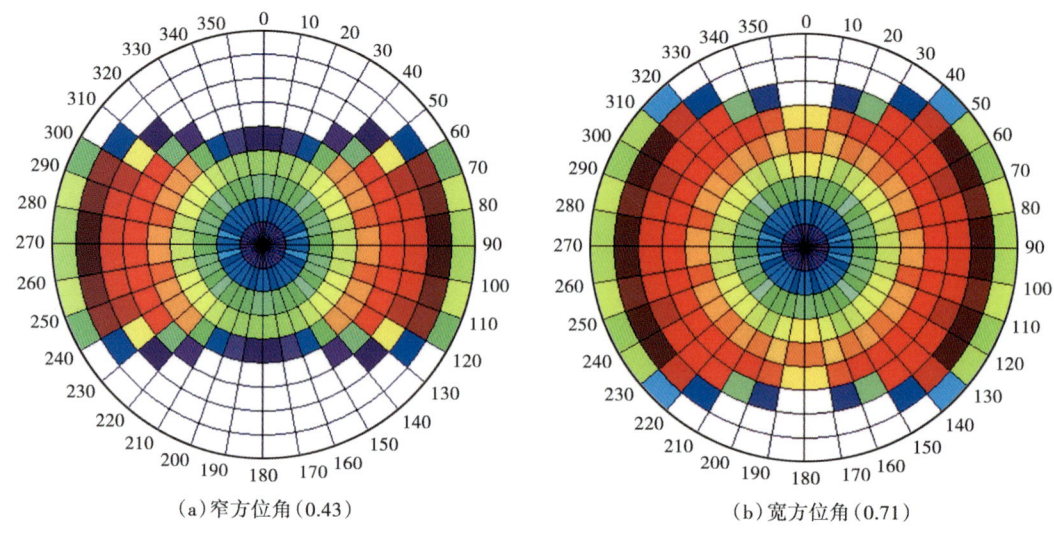

(a) 窄方位角（0.43） (b) 宽方位角（0.71）

图 2-46 方位角分布玫瑰图

岩风化壳比较薄，厚度稳定。针对该区近地表特点，开展了针对性的激发试验研究，形成了适用于英雄岭砂泥岩风化地形地貌、有效提高激发效果的多井组合技术。

（1）避开低速风化层，在降速层组合激发，可以在山地获得较好的激发效果。通过对避开低速风化壳，不同井深激发的子波特性分析，6~8m 激发子波波形较好，优势频带内的激发能量较强。

（2）小药量激发，可提高山地区激发效果。通过对优化井深后的不同药量激发的子波特性分析，随药量增加低频噪声能量迅速增强；信号主频随药量增大向低频方向移动，小药量有利于提高信号主频；单井药量应不大于 8kg。

（3）多井组合激发，增强下传能量，提高信噪比。从不同激发条件的单炮记录和叠加剖面的对比看，降速层组合激发效果优于中深井组合或单深井高速层激发；随着组合井数的增加，单炮信噪比得以提高，剖面成像效果变好，考虑到勘探效益，优选组合适中的 9 口井组合激发（图 2-47）。

2. 多检波器小面积组合接收

短波长噪声在叠前道集上多以假频形式混叠到有效信号中，很难通过室内资料处理将其消除，从而成为影响资料品质的主要因素，因此采集过程压制短波长噪声就成为检波器组合接收的一个重要目标，其他高速长波长噪声与有效波存在明显视速度差异，可以通过室内处理进行压制。对英东多种检波器图形的试验结果表明，3 串检波器大面积组图形（大"Y"）单炮记录信噪比明显最高。

（三）复杂山地高效施工辅助配套技术

1. 高精度航拍辅助不规则三维观测系统实施技术

研究区复杂山地沟壑纵横、悬崖峭壁等地貌给野外施工带来了极大挑战，炮点和检波点布设相当困难，设备到位困难，施工人员绕路困难，施工效率非常低。为此，充分利用高精度 DEM、DOM 数据指导复杂山地三维观测系统设计、炮点及检波点放样、施工路线精细设计等，以提高野外施工效率。

通过利用高精度卫片指导物理点放样，生产效率显著提高 60%。常规现场放样的效率

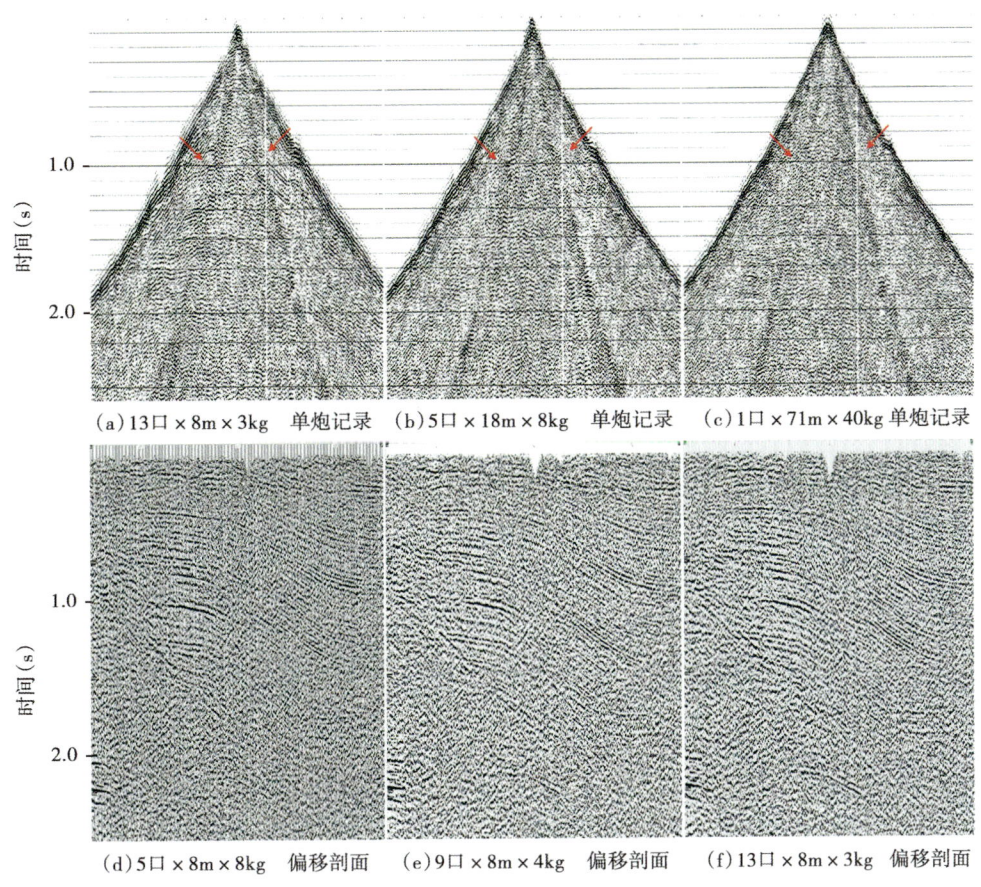

图 2-47 英东三维区不同激发条件的单炮记录和叠加剖面对比图

为 50 点/天/组，使用高精度预设计物理点后，现场放样的效率为 80 点/天/组，提高了现场放样效率。室内布点与现场放样误差小于 20m 的点占 89%，确保了物理点放样满足数据体规则采样的需要。采用遥感数据指导检波点放样后，地震单炮记录单线空道大幅度降低：使用前单线平均空道 17 道，最大 42 道，使用后单线平均空道 2 道，最大空道 5 道。利用遥感数据指导分片实施，降低了来回搬迁的强度，提高了有效生产时间，平均每天增加作业时间达 2 小时以上。

2. 自动化质量监控技术

宽方位高密度三维观测系统一方面致使采集地震记录数据量大，人工监控效率低；另一方面该区复杂山地地貌较为复杂，容易产生炮偏等施工质量问题。为此，采用 ESQCPRO 等适用性强的质量监控软件实时监控单炮记录数据，该软件使用效率高、功能齐全、人机交互便捷，可有效杜绝连续 2 炮出现质量问题的情况，同时避免因海量数据的纸记录回放降低采集效率，生产效率提高了 44%。

3. 高效钻井工艺改造技术

研究区地形复杂，钻井难度大，对资源配置要求高、物资消耗量大，山地钻机原配备的空压机不能满足当前打井要求，且投入大。因此，采用集中供气方式实现同时向多台山地钻机供气、打井，可提高打井效率，节约人力投入，降低生产成本。研究与改造山地钻机采用集中供气打井的过程分两部分：一是移动式气源站改造，用WTZ-100型车载钻机动力、平台和两台2W-12.5/10空压机进行改造，简称气源车；二是配气管网，由主管和支管组成，支管经节流阀后接入山地钻机操作台实现打井。通过改造后气源车投入英东项目打井试验，现场试验气源车连续工作3小时，气压达到7.5MPa，供4台山地钻机同时打井，气量充足，满足山地打井要求。集中供气方法的研究改造试验使得山地钻机原有的配置减少，减少了山地钻发动机和空压机数量，相应减少了山地钻机搬迁人员投入，大大减轻了机组重量，提高了钻井效率，降低了搬迁风险和生产成本。

4. 有限警戒采集方法

英东三维工区南部被315国道东西横穿，国道车流量非常大，若采用传统警戒方式，会造成日有效放炮时间减少，严重影响地震生产进度。对车辆干扰波的分析表明，其在炮集表现为明显的双曲线特征，但在CMP道集表现为随机噪声，是一种低频较强能量的干扰，频带在20Hz以下，能量主要集中在16Hz以下，大车干扰能量较大，小车干扰能量较小，但车辆干扰能量总体相对于地震记录能量较弱。因此根据车辆噪声特点，在英东三维地震采集期间采取了限速警戒的施工方式，国道车辆限速20km/h通行，不采用完全警戒方式，提高了生产效率。

英雄岭复杂山地区地震作业的新模式，大大提高了生产效率，是以往山地区工作效率的3倍，平均日效达到740炮，最高日效达到2140炮，创造了国内外复杂山地施工效率的最高纪录。

三、英雄岭高陡构造宽方位高密度地震处理技术

（一）基于潜水面标志层的综合静校正技术

静校正问题是复杂山地地震勘探的核心技术问题之一，静校正解决不好，就没有办法进行速度分析等后续的处理工作。低信噪比问题和静校正问题交织在一起构成了英雄岭地区地震勘探资料处理的一个世界级技术难题。

英雄岭地区地表起伏剧烈，表层结构疏松，表层岩性变化大，低降速带的速度、厚度变化剧烈，造成了地表结构严重的不一致性，使得地震反射资料不能准确成像、地下构造发生扭曲变形，导致静校正问题异常突出。常规的模型法、初至折射法、层析反演法等基准面静校正方法在以往的应用过程中能够解决一些问题，但是由于地表的影响，原始资料信噪比很低，基准面静校正应用效果不明显，因此必须探索出一种适合该区静校正的新思路、新方法。研究表明，英雄岭地区浅层有一个分布广泛的强波阻抗反射界面，可能是潜水面，以潜水面作为表层结构建模和静校正计算的底界面，大大简化了该区复杂的静校正难题，形成了特色的基于潜水面标志层的综合静校正技术。

1. 潜水面存在的证据

初至反演分析：利用英东和英中地区的大炮初至信息，可清晰地反演出一个稳定的速度界面，在炮检点正演射线图上也能明显地识别到，从形态、空间展布上以及与时深转换剖面上的深度对应关系上，可以确定层析反演出的稳定速度界面与剖面上浅层水平的强波阻抗界面是唯一对应的。将这一速度界面的深度提取出来绘成该地区浅层强波阻抗界面埋深图，山地区比尕斯湖面高40~60m。从厚度变化趋势可以看出，山下及山前带波阻抗界面海拔在2850~2900m，山上抬升到2900~3000m；地势较低的鞍部埋藏较浅，远离尕斯湖的山地埋藏较深（图2-48）。

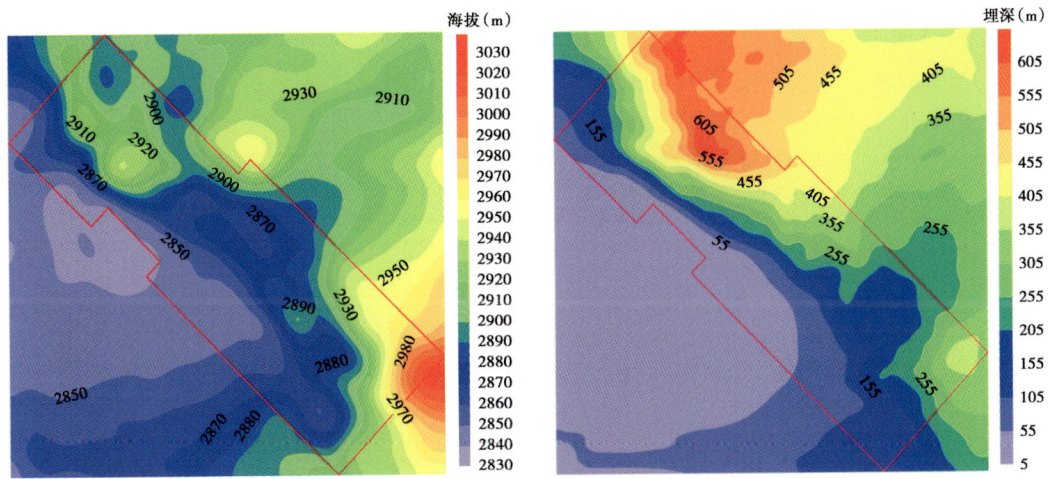

图 2-48 英雄岭地区初至反演波阻抗界面海拔图与埋深图

测井资料分析：由于潜水面以上没有储存流体，孔隙中充满空气，地层导电性差，电阻率曲线有较明显的台阶状增大；由于地层较疏松测井声波时差，有所增大，而且"周波跳跃"现象严重；密度、中子曲线表现出明显的镜像特征，潜水面上、下测井曲线普遍具有明显的台阶。根据油砂山油田多口测井资料统计，在预测潜水面深度，测井曲线存在明显异常，多口井在异常面以上无水产出，异常面以下出水。油砂山 6 个断块的潜水面之间略有差异，但对于同一个断块来说其潜水面海拔是一致的。油砂山油田潜水面的统计平均海拔为 2913.6m，比尕斯湖面高 50m，与初至反演预测深度相当。

地层压力分析：地层压力为零时的海拔即为潜水面的深度。根据油砂山油田 21 口钻井的地层压力资料建立了地层压力与海拔的关系，计算的静水柱压力为零时（潜水面）的埋深为 2896m，比尕斯湖面高 42m。

微测井验证：根据初至层析反演结果，在浅层波阻抗界面埋深相对比较浅的地方，布设两口超深微测井，采用风钻干吹的方法施工。点位一位于尕斯湖北岸，层析反演预测深度为 100m，微测井出水深度 80m。点位二位于砂 37 井附近，层析反演预测深度为 120m，微测井出水深度 140m。从两个微测井出水情况来看，两个点位均验证了英雄岭地区潜水面的存在，也和层析反演到的潜水面的预测埋深大致吻合，验证了强波阻抗界面即是潜水面。

2. 基于潜水面的静校正技术思路

首先基于潜水面建立近地表模型计算基准面静校正。应用初至层析反演出近地表速度场，标定潜水面在速度场上对应的界面，建立近地表模型进行静校正计算，消除由于近地表起伏和低、降速带引起的中、长波长静校正量，使校正后的地震记录中以中、短波长静校正量为主。

然后基于潜水面计算折射波剩余静校正量。经过上步校正后，潜水面在远偏移距有较稳定的折射波初至，且信噪比相对较高。利用远偏移折射初至进行统计，通过迭代计算各检波点和炮点的折射波剩余静校正量，消除一些中波长、大的短波长静校正量。

最后基于潜水面计算反射波剩余静校正量。通过上述两步静校正处理后，剖面上潜水面进一步聚焦，潜水面成像更加清楚可靠，浅、中、深层信噪比都得到了较大提高。对道集进行动校叠加后在叠加剖面上针对潜水面反射波信息选择时窗，计算炮点和检波点的剩余静校正量，消除残留的短波长静校正量。

3. 静校正效果

基于潜水面标志层的综合静校正技术的应用，使同向轴的连续性得到了加强，浅、中、深层的信噪比都有了很大的提高，成像质量得到了明显改善，静校正取得了显著的效果（图2-49）。潜水面既可作为表层结构建模和静校正计算的底界面，也可作为评价静校正质量的标准，潜水面的成像质量越好，表明静校正的效果越好。

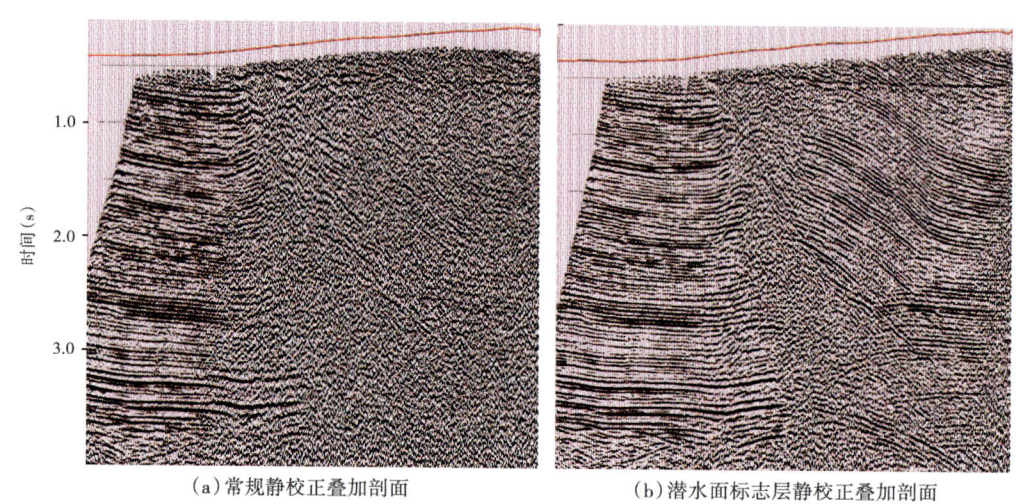

(a) 常规静校正叠加剖面　　　　　　(b) 潜水面标志层静校正叠加剖面

图2-49　英雄岭地区常规静校正与潜水面标志层静校正对比图

（二）叠前多域多步组合去噪技术

信噪比是地震勘探资料成像的基础，工区地表结构复杂，使得面波、折射波及散射波发育，随着地表变化，噪声特征差别很大，叠前去噪更困难。针对英东三维区的资料特点，处理过程中从不同地表的干扰波性质与特征入手，通过研究噪声发育规律，分析干扰波场的主要特征，充分认识噪声的规律，在资料处理的不同阶段，采取多域、多步、分阶段的去噪方法，压制各种类型的干扰，提高有效波能量，形成了适用于英雄岭极低信噪比区以提高信噪比为核心的叠前多域多步组合去噪技术，为后续叠前偏移打好坚实的基础。

通过去噪技术攻关研究，形成了"先强后弱、先相干后随机、先易后难"的多域多步分阶段的叠前去噪技术，剖面信噪比得到逐步提高（图2-50）。

（三）叠前时间偏移技术

叠前时间偏移关键步骤就是偏移参数试验和偏移速度场的建立。通过大量偏移参数试验选定的偏移孔径为10000m，偏移倾角为60°，采用了基于浮动面的弯曲射线叠前时间偏移方法。由于该区地质结构复杂，信噪比低，纵横向速度变化大，很难满足叠前时间偏移的假设条件，因此在强化处理解释一体化工作的同时，把偏移工作重点放在精细的偏移速度场建立和偏前道集信噪比的提高上。

1. 精细的偏移速度场建立

（1）井约束均方根速度分析：从初始速度分析开始，密切结合测井、钻井资料，了解整个工区的速度变化趋势，为了较好地控制速度趋势，初始速度控制线不仅过重点井位，而且要达到一定的密度，才能在整体上控制构造形态及速度变化。

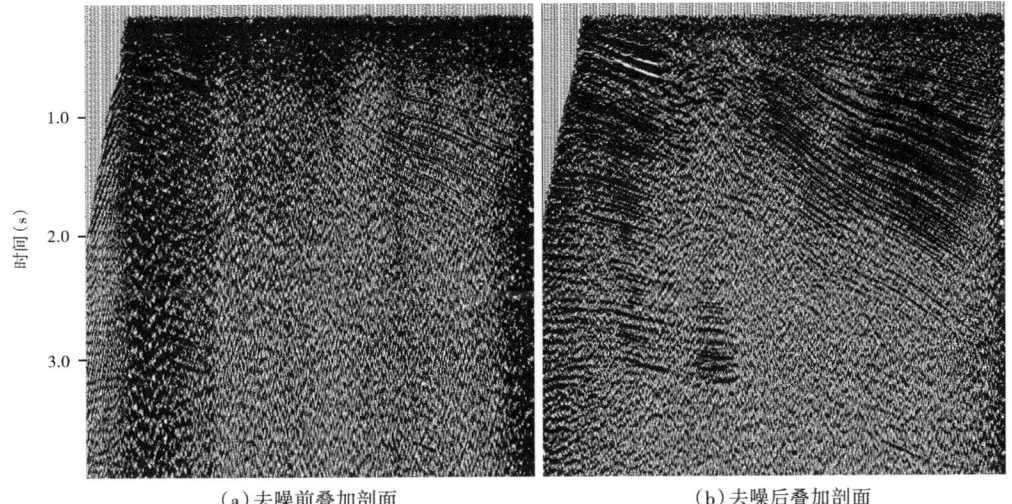

(a)去噪前叠加剖面　　　　　　　　(b)去噪后叠加剖面

图 2-50　英雄岭地区去噪前、后叠加剖面对比图

（2）叠前时间偏移速度扫描：以初始偏移速度场为基础，对偏移速度进行精细分析，然后采用不同的百分比速度，进行叠前偏移速度扫描，得到不同百分比速度的 CRP 道集和不同百分比速度的偏移叠加剖面，根据 CRP 道集上同相轴是否校平和偏移叠加剖面的归位情况，对速度场进行调整，然后用调整后的速度场再次进行偏移速度扫描，根据扫描情况再次对速度场进行调整，直至 CRP 道集校平，绕射和断面波归位。

（3）逐步加密速度控制点密度：在偏移速度分析过程中，先采用常规方法建立初始偏移速度场，根据偏移结果，逐步加密速度分析控制点。除了在空间方向加密速度控制点密度外，在时间方向上速度也适当加密，从而保证构造和断裂的准确归位。

（4）强化处理解释一体化工作：在每一步速度迭代过程中，和解释人员共同分析偏移速度场及偏移成果，重点针对构造主体成像效果和解释方案进行研讨，进而指导下一步的速度迭代，经多轮速度迭代后，偏移成像品质有了较大程度的提高。

2. 4DRNA 提高偏前道集信噪比

由于本区地震勘探资料信噪比低，叠前时间偏移速度分析困难，通过大量的试验对比分析，利用 GeoEast 处理系统的 4DRNA 技术进一步提高了偏前道集的信噪比，大大提高了 CRP 道集质量，提高了速度分析精度，同时也减少了迭代次数（图 2-51）。

叠前时间偏移资料较叠后资料又有了进一步改善，除断层归位更准确外，整个剖面浅、中、深层信噪比均有明显改善，尤其是断层下盘成像效果更加清楚（图 2-52）。

（四）TTI 各向异性叠前深度偏移技术

常规时间偏移技术是建立在水平层状或均匀介质理论基础上的，当地层速度存在横向变化、地下构造复杂时，不能满足 Snell 定律，因此不能保证准确的反射波偏移归位。而叠前深度偏移技术在一定程度上突破了水平层状、均匀介质的假设，弥补了时间偏移的不足，为正确认识地下复杂地质构造提供了可能。英雄岭地区叠前深度偏移重点做好 4 个方面的工作：（1）选用近真地表偏移基准面，减弱道集时差对偏移成像的影响；（2）利用回折波层析反演建立近地表模型，提高浅层速度建模的精度；（3）采用多信息约束网格层析成像逐步优化中、深层速度模型，提高中、深层速度建模的精度；（4）使用 TTI 各向异性叠前深

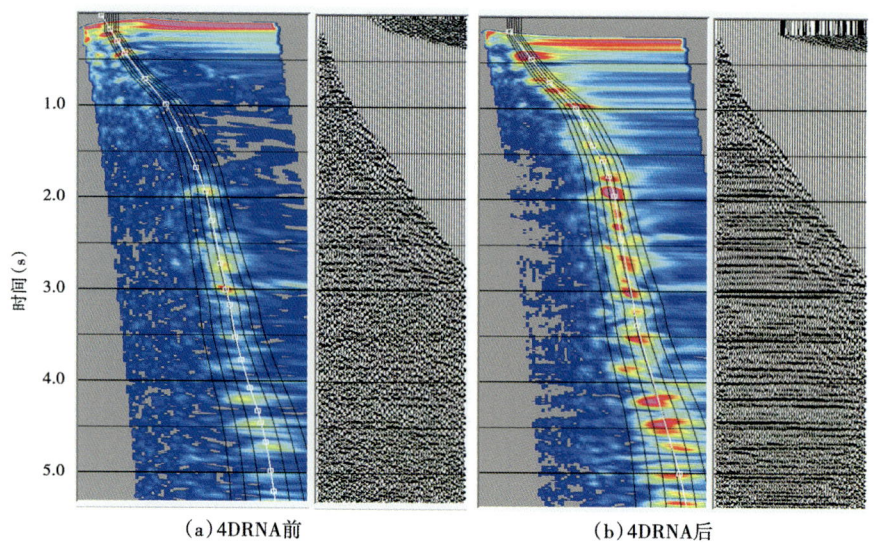

(a) 4DRNA前　　　　　　　　　　(b) 4DRNA后

图 2-51　英雄岭地区 4DRNA 前、后速度谱与道集对比图

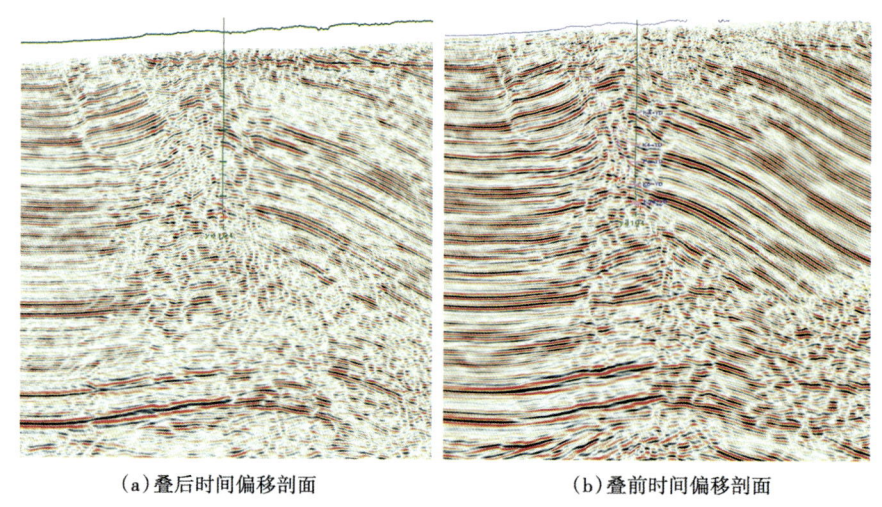

(a) 叠后时间偏移剖面　　　　　　　　(b) 叠前时间偏移剖面

图 2-52　英雄岭地区叠后、叠前时间偏移剖面对比图

度偏移技术提高构造成像精度。

1. 偏移基准面校正

英雄岭地区地表起伏大，低降速带巨厚，高速层和低速覆盖层分布不规律，入射射线的入射角和出射射线的出射角变化范围大，基于地表一致性走时的静校正方法会造成地震波射线在走时计算上的误差，从而影响不同处理阶段的成像质量。因此，选取合理的偏移基准面能减小偏前道集静校时差对偏移成像的影响，保持地震波动力学特征，有利于准确偏移成像。大量的试验对比研究表明，使用近地表的小尺度圆滑面作为偏移基准面较为合适，可以较好地解决英雄岭地区地表起伏数据的成像问题。

2. 浅层速度建模

由于该区地表及近地表结构复杂，浅层资料信噪比低、覆盖次数低，通过常规叠前深度偏移速度建模方法难以准确地反演近地表速度模型。回折波层析反演技术首先是把近地表介质划分为具有不同速度的单元网格，应用射线追踪技术来模拟射线路径，从而计算初至波旅行时间，该技术能够同时考虑透射波、直达波、折射波、回折波等初至波，可得到比较精确的近地表速度模型。在此基础上，将近地表模型与深度偏移速度模型进行有效拼接，并充分利用测井、微测井、地表露头等表层信息进一步约束浅层横向速度变化，准确刻画近地表速度场，为深度偏移速度场建模打下了良好的基础。

3. 中、深层速度建模

速度模型迭代优化是叠前深度偏移处理的关键，在中、深层叠前深度偏移速度模型优化过程中，充分利用了井资料对层速度模型进行约束，获得了井震吻合的较高精度速度模型，在此基础上通过网格层析速度建模技术进一步提高速度精度。网格层析速度建模技术是全局速度修改方案，利用深度域叠加数据体或构造模型提取的构造属性来约束层析成像射线追踪和层位自动拾取，进而生成三维层析成像方程，然后进行三维网格层析成像来修改层速度模型，通过多轮速度迭代，最终使深度偏移道集同相轴拉平。GeoEast 系统 tomogui 网格层析软件在输入时考虑地下的每个反射点，实现对每个反射点的速度更新，能得到高精度的速度模型，对大套地层间的速度变化描述得更加准确，在地震勘探资料具有一定信噪比的前提下，对层间的速度异常也能进行比较准确的描述，提高了偏移成像效果。

4. TTI 各向异性深度偏移

各向同性积分法叠前深度偏移方法是建立在无限均匀、完全弹性和各向同性 3 大基本假设的前提下进行求解的。然而英雄岭的地下介质非常复杂，用各向同性假设来解决复杂地下构造的成像势必会影响成像的精度和效果，采用 TTI 各向异性方法，假设地层为倾斜介质，其对称轴是倾斜的，较各向同性的叠前深度偏移及 VTI 各向异性叠前深度偏移是对地下介质的进一步接近，因而可以提高成像的效果和精度。

应用 TTI 叠前深度偏移处理技术在英西三维区取得了良好效果，狮子沟断层及断层下盘的成像得到了明显改善，②号断层位置准确，①断层上盘的背斜形态清楚（图 2-53），井震误差小，构造形态与地层倾角测井吻合好，能真实地反映地下复杂的构造面貌。

通过英雄岭三维区"两宽一高"地震勘探攻关，形成了针对前陆冲断带高陡构造的采集处理配套技术，地震勘探资料取得了明显改进，为英雄岭地区油气勘探奠定了坚实的基础。

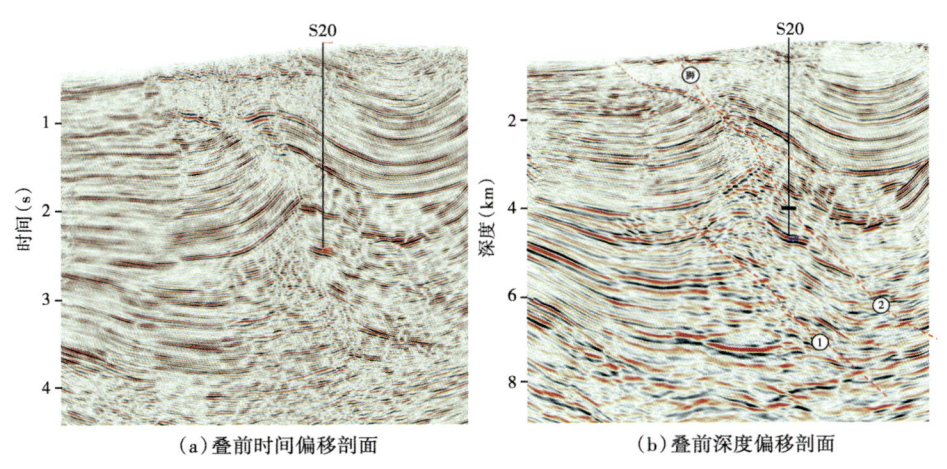

（a）叠前时间偏移剖面　　　　（b）叠前深度偏移剖面

图 2-53　英西三维区叠前时间与叠前深度偏移剖面对比图

第三章　库车前陆冲断带解释技术应用及效果

库车坳陷位于塔里木盆地北缘的南天山造山带与塔北隆起之间，总体呈北东东向展布。西起塔克拉，东至库尔勒，南北宽40~90km，东西长470km，面积约$2.8 \times 10^4 km^2$（图3-1）。库车前陆盆地受南天山挤压和隆升的影响发生了强烈的收缩构造变形，发育一系列的逆冲断层（或走滑逆冲断层）和线性褶皱构造，形成前陆冲断带。

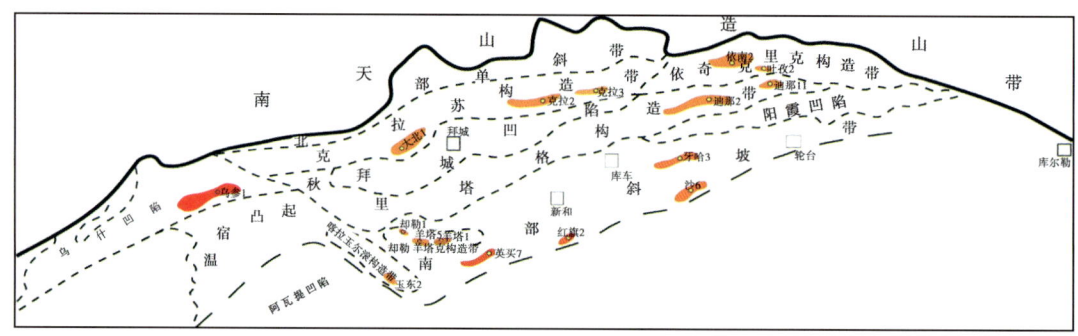

图3-1　库车坳陷区域位置及构造区划图

通过库车前陆冲断带的采集处理技术攻关，地震勘探资料品质得到大幅度提升，但目前地震勘探资料解释仍面临构造、速度模型的正确建立及圈闭的准确落实等问题。针对以上问题，以地质建模和速度问题为核心，展开多信息地震地质建模、双滑脱层构造运动模拟及非地震方法的技术攻关和应用，有效提高了地质认识的正确性和目标落实的准确性，对库车前陆盆地地质结构、构造演化、区带目标有了整体认识，并取得了丰富的油气勘探成果。基本落实克拉苏万亿方储量规模，新发现大北3、大北201、克深1-2、克深5、克深8、博孜1、阿瓦3、克深10等气藏，继克拉2之后新形成大北、克深1-2两个产能基地，成为国内西部最大的天然气产地。

第一节　库车前陆冲断带地球物理解释关键技术

近年来，随着前陆冲断带油气勘探的突破和地震勘探资料品质的显著提高，地震解释技术也不断深化和发展，特别是在库车前陆冲断带的油气勘探研究实践中，形成了以多理论指导下的多信息综合构造建模为核心的前陆冲断带地震解释关键技术，有效指导了冲断带的构造解释，为油气勘探奠定了基础。另外，非地震方法的应用也对准确落实勘探目标起到了较大作用。

一、多理论多信息综合构造建模技术

在塑性层较发育的前陆冲断带，构造建模必须同时应用断层相关褶皱理论和盐（滑脱）

构造理论，才能保证构造建模的合理性。近几年，为了提高库车复杂构造建模的精度，在断层相关褶皱理论基础上，引入并创新应用了盐构造和双滑脱构造理论，逐步形成了多理论指导下的多信息综合构造建模技术，使复杂构造建模更加合理，圈闭落实更加可靠。

前陆冲断带构造建模的基本思路是：在断层相关褶皱理论、盐构造理论、双滑脱构造理论和构造变形物理模拟结果的指导下，了解掌握区域构造背景和研究区基本构造特征，识别主要滑脱层、断裂、盐刺穿、不整合面和生长地层等主要地质现象；通过处理解释一体化和模型正演等进行复杂地震波场分析，识别目的层段的地震反射波组；在此基础上，重点加强地震、地质、钻井、测井和露头等多种资料的综合构造建模；利用模型正演和平衡剖面验证构造建模的合理性，进行反复迭代，不断完善，实现构造模型最优化。

（一）断层相关褶皱建模技术

1. 断层相关褶皱理论

根据构造地质学原理，刚体物质在不规则断层上盘的运动遵循连续力学运动定律。如果断层上盘物质沿平行断层上段的方向运动，会在两个断块之间拉出一个空间或缝隙；而如果断层上盘物质沿平行断层下段的方向运动，会在两个断块之间产生物质的重叠［图3-2（a）］。这两种情况在自然界都不存在，实际情况是：在断层下段，断层上、下盘紧密接触，上盘平行于该断面运动；在断层上段，断层上、下盘同样紧密接触，上盘平行于上部断层段运动；在断层发生转折的部位形成一个膝折带，调整二者的运动方向［图3-2（b）］。这样，上盘物质通过断层转折点后的位移以发育膝折带的方式形成断层转折褶皱（何登发等，2005）。

断层转折褶皱理论建立后，又逐渐建立与完善了断层传播褶皱理论、滑脱褶皱理论及一系列叠加构造（例如构造楔、双重构造和叠瓦构造等）理论，并逐渐建立了断层与褶皱的几何学关系和运动学模型，成为前陆褶皱—冲断带构造解释的重要基础。

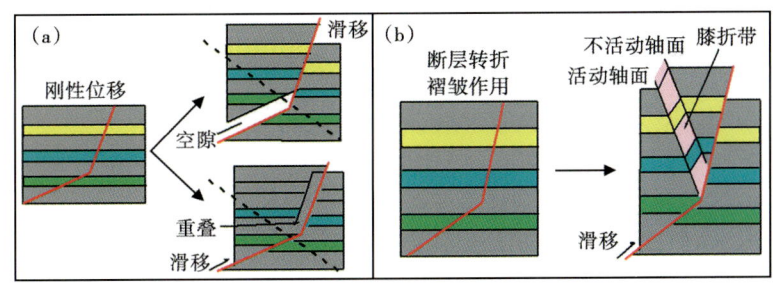

图3-2 刚性块体通过非板状断层时形成断层转折褶皱（据何登发等，2005）

大量地质露头、地震剖面与探井资料表明，大多数褶皱起源于下伏断层倾角的变化（如断层转折褶皱）或断层滑动量向褶皱位移的逐渐传递（如断层传播褶皱、滑脱褶皱）。

2. 构造建模主要步骤

前陆盆地构造建模主要分为4步：（1）区域构造背景分析。主要是从宏观上了解研究区及周边的构造特征、变形机制、地层分布、钻井及地震勘探资料现状等，为目标区的精细建模打下基础。（2）多信息综合构造建模解释。主要利用研究区的地质露头、遥感信息、钻井和测井等资料，通过地表和地下、浅部和深部构造建模相结合的方法，建立合理的全层位构造解释方案。（3）几何学和运动学分析。主要是通过生长地层分析、轴面平面图制作与构造趋势分析，确定构造的变形机制、变形时间和变形量，建立合理的构造模型。（4）构造模型检验与完善。

主要是通过平衡地质剖面、地震正演模拟等技术，检验构造建模解释的合理性，并不断修改完善。

3. 前陆冲断带典型构造模式

在断层相关褶皱理论指导下，通过对大量地震勘探资料的建模解释，在中西部前陆冲断带建立了10种主要构造模式（图3-3），其中断弯褶皱、断展褶皱和断弯—滑脱褶皱是3种最基本最普遍的构造模式。

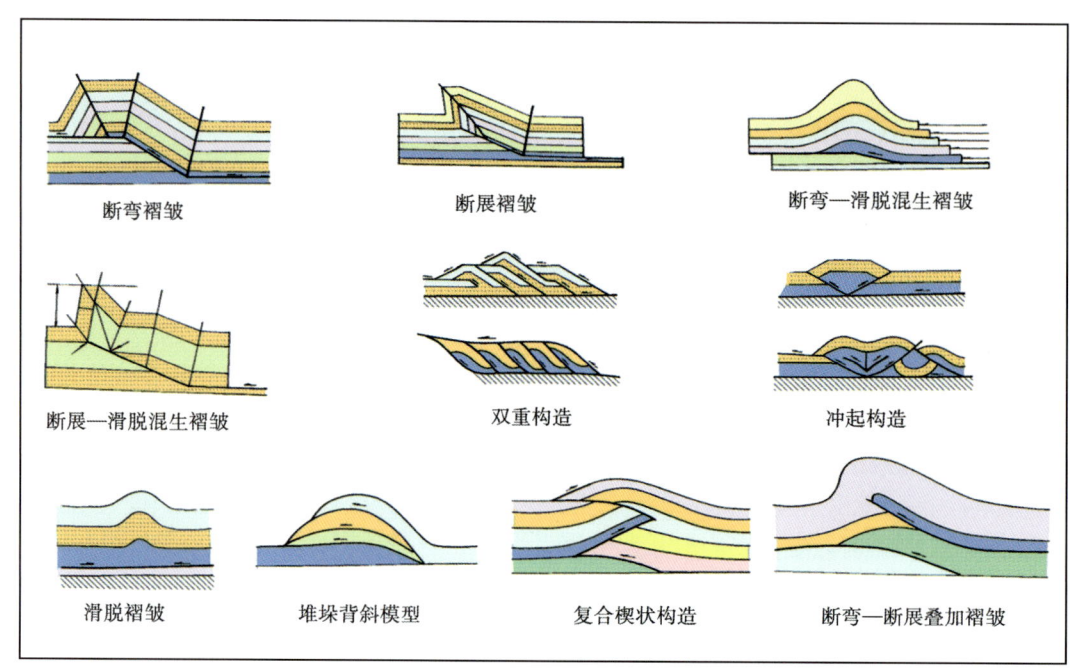

图3-3　中国中西部前陆冲断带10种主要构造模式（据贾承造等，2002）

（二）盐构造建模技术

随着勘探的深入，断层相关褶皱理论应用的局限性逐渐显现出来，特别是库车前陆盆地发育巨厚的膏盐岩塑性地层，盐岩的变形不完全遵循断层相关褶皱理论层厚守恒、层长不变的基本条件。克拉4井就是由于对巨厚盐岩区的构造变形规律和目的层认识不准确导致钻探失利，钻探前解释的高角度堆垛背斜不存在，而是发育盐下低角度叠瓦构造。近几年，在断层相关褶皱理论指导的基础上，通过引入和深化应用盐（滑脱）构造理论，在库车地震攻关大幅度提高资料品质的基础上，重新认识了库车坳陷不同地区的构造变形机理和主要构造模式。

1. 盐构造变形机理与研究方法

1）盐岩流变学特征

岩石力学研究表明，与砂岩、砾岩和石灰岩等沉积岩相比，盐岩具有特殊的力学性质，如密度较小、抗压强度较弱、弹性模量较小、容易流动，由于盐岩在应力作用下极易发生变形，从而影响和控制其上、下地层的构造变形。绝大多数盐构造都发育在地壳的浅部（<8km），而此深度范围内的沉积岩一般都表现为脆性变形。在较小的偏差应力作用下，岩石会发生可恢复的弹性形变，其剪应力和剪应变之间成线形关系。盐岩只有在离地表极浅

(几米到几十米)、应力差较大和应变速率较高时,才可能表现为脆性体,在其他情况下,盐岩都表现为强烈的塑性体。

2) 盐构造成因机理探讨

研究表明,盐构造的发育和演化受多种因素影响,不同盆地、不同环境下其形成机制不同,主要有差异负载、重力滑动和重力扩张、热对流、挤压和拉张作用等5种成因机制。差异负荷作用是指盐上地层的厚度、密度在侧向上发生变化而引起的盐岩流动变形。重力滑动和重力扩张作用造成的盐构造主要与陆坡环境或造山带前缘由于山系抬升形成的构造斜坡有关。热对流作用形成的盐底辟是由于底部较热的盐体发生膨胀上升,并使密度减小,盐层在热对流的作用下发生反转形成盐构造。区域拉张和挤压作用改变了盐底的形态,打破了原有的平衡,也能触发盐构造的发育。

3) 盐构造平衡剖面和构造复原

Petersen等提出了一种盐—沉积关系的自约束定量模型,即通过分析与盐有关的沉积层来获得盐本身随时间的形态变化。盐构造剖面复原的难点在于盐可能会"流出"或"流入"剖面,从而造成剖面不平衡。因此,对于盐构造平衡剖面来说,关键是如何进行剖面复原,进而分析盐构造的运动学特征。Hossack认为在盐岩区域流动方向上,盐体一般在二维空间发生变形,所以符合二维面积平衡原则,盐构造平衡剖面制作的基本思路是将盐上层、盐下层分别复原,然后将其合并,在复原过程中可先不考虑盐体的流动。目前还没有一种公认的盐构造剖面复原的可靠方法,主要采用弯滑法和斜向简单剪切法。弯滑法一般适用于挤压背景下的褶皱—冲断带盐构造复原,而斜向简单剪切法则适用于伸展变形区。

2. 库车坳陷膏盐岩发育特征

库车坳陷发育古近系—新近系膏盐岩和侏罗系煤系地层等多套滑脱层。膏盐岩主要分布在库车中部克拉苏—秋里塔格构造带,膏盐岩塑性变形强烈,厚度和岩性横向变化剧烈,最厚达4000m,最薄处只有100~200m(图3-4),具有明显的南北分带性。古近系膏盐岩段自下而上可分为膏泥岩段和盐岩段。盐岩段主要为较厚的纯盐岩层与泥岩互层,该段厚度变化大,塑性流动及挤压变形强烈,形态复杂多样,地震剖面上多为杂乱反射,对应地层速度相对较低。膏泥岩段则主要为泥岩与石膏及盐岩互层,多为平行或亚平行反射,与盐下目的层产状基本一致,对应地层速度比盐岩段高。大北3井较好地揭示出这两段的基本特征(图3-5)。

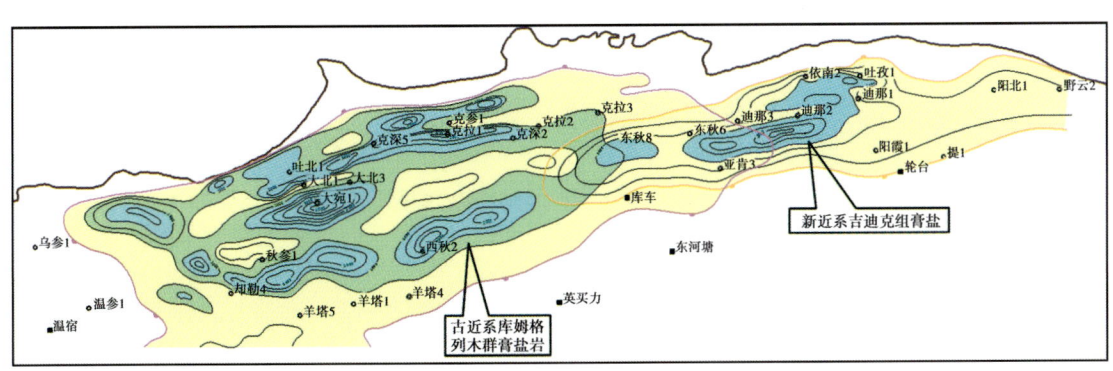

图3-4 库车坳陷古近系、新近系膏盐岩现今厚度图

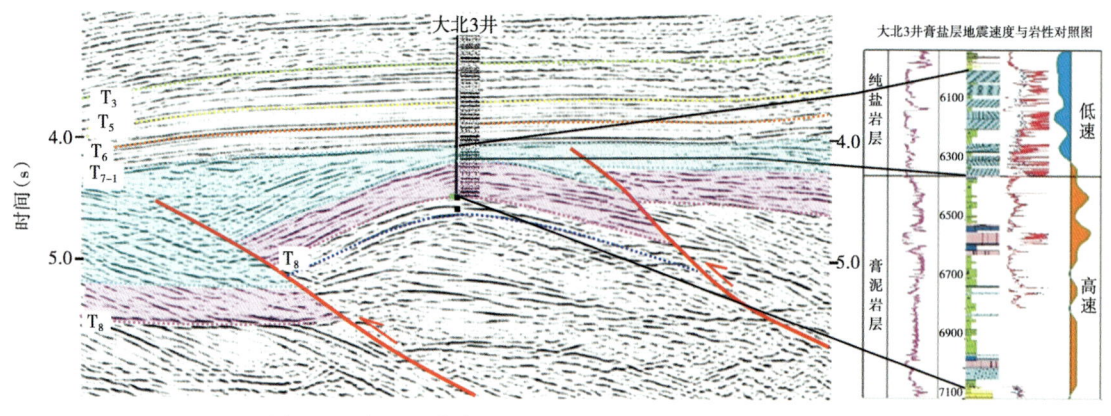

图 3-5　大北 3 井古近系盐岩及膏泥岩段地震反射特征

3. 盐构造建模研究

1）库车盐构造类型

膏盐岩本身具有流动性，在差异负载、构造挤压及断层诱导下，可形成形态各异的多种样式。根据盐体外部几何形态可分为盐枕、盐背斜、盐墙、盐脊、盐楔、盐株和盐席等各种盐构造。根据盐体与围岩的接触关系，可分为刺穿型、隐刺穿型和非刺穿型盐构造。依据盐岩流动聚集和变形的动力机制，可将库车盐构造分为盐收缩构造和盐底辟构造两类，主要受构造挤压作用形成的各类盐构造统称盐收缩构造，包括与断层相关的冲断盐席、盐楔、盐墙及与褶皱相关的盐背斜、盐向斜等；主要受差异负载作用形成的各类盐构造统称盐底辟构造，包括刺穿型和隐刺穿型（图 3-6）。

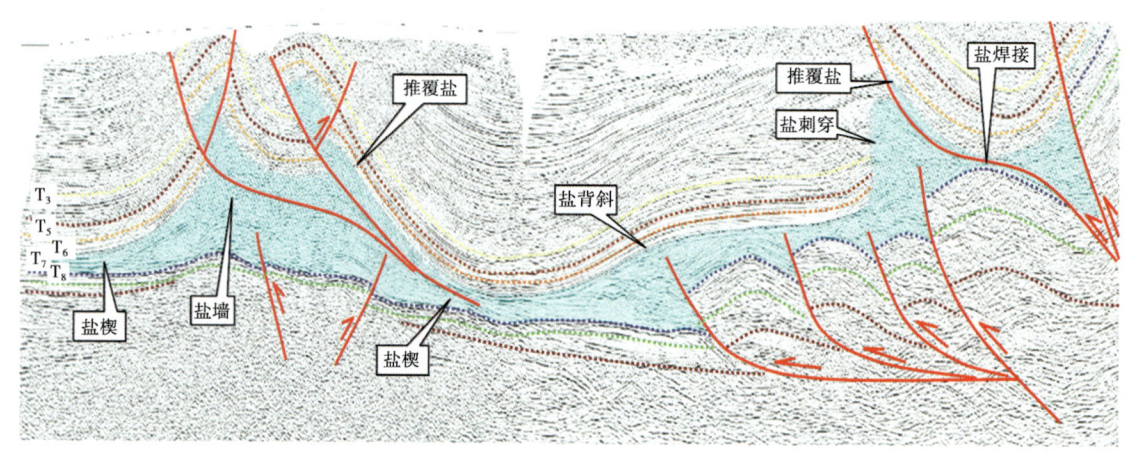

图 3-6　库车前陆褶皱—冲断带盐岩主要变形模式及盐构造样式

2）盐构造建模

盐构造建模主要是在了解盐岩发育特征、变形机理和主要构造样式的基础上，对地震剖面进行解释，建立完整的构造模式。通过对克拉苏构造带地震勘探资料建模解释，重新认识了克拉苏构造带的构造样式。克拉苏构造带盐构造变形特征为：西段主要发育盐背斜、盐刺穿构造，吐北 4 构造区发育典型的两翼较对称的盐刺穿构造，局部受断层影响盐体出露地表；东段克深 1-2 构造区为巨厚盐聚集，形成三角带盐体，浅层受断层影响，发育冲断盐席；克深 5 构造则处于两者的过渡带，具有盐刺穿和巨厚盐岩三角带的特征，盐刺穿特征有别于吐北 4 构造区，南翼发育盐刺穿，北翼受一系列北倾逆断层的作用，表现为盐体冲断特征和低幅度盐背斜，浅层发育冲断盐席（图 3-7）。

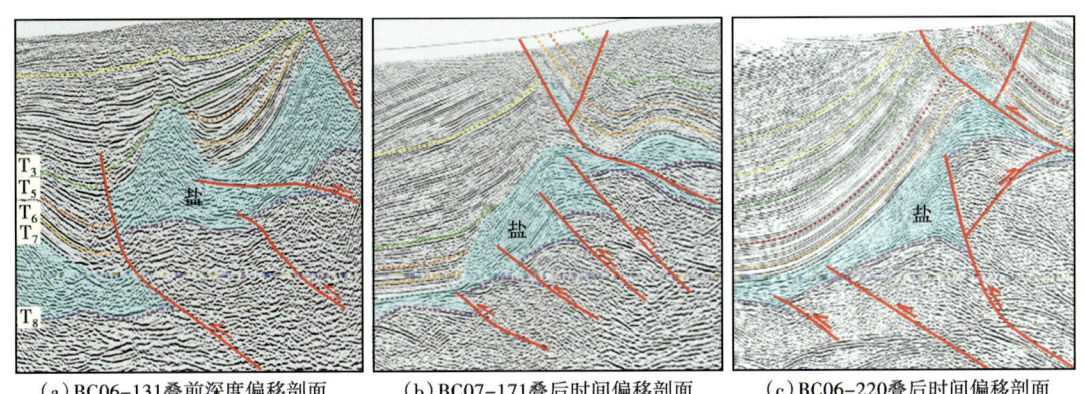

(a) BC06-131 叠前深度偏移剖面　　(b) BC07-171 叠后时间偏移剖面　　(c) BC06-220 叠后时间偏移剖面

图 3-7　克拉苏构造带东西不同段盐构造特征剖面图

通过盐构造建模技术的应用，结合部分高品质地震勘探资料，重新认识了却勒 3、吐北 4 和博孜 6 等多个盐构造。图 3-8 为克拉苏构造带西段博孜构造区老解释方案，主要是按照断层相关褶皱进行解释，没有考虑和认识到膏盐岩的塑性变形特征。图 3-9 为新解释方案，认为北部发育盐刺穿构造，地震剖面上也可以明显分辨出盐刺穿特征，而且持续活动时间较长，到第四纪晚期才停止活动。这一认识是否正确还有待于进一步验证。图 3-10 是过吐北 1、吐北 4 构造的老地震剖面及解释方案，没有考虑盐岩的不规则变形特征，按照地层正常发育来考虑，这种解释局部与地表地质情况不太符合。图 3-11 是过吐北 1、吐北 4 构造的新地震剖面及新解释方案，一方面新资料盐岩段的杂乱反射显示得更为清楚，盐刺穿边界较容易识别，另一方面，充分考虑了盐变形特征和断裂对盐刺穿构造的作用。由于盐岩段的速度远低于古近系—新近系围岩的速度，对于盐下构造来说，两种建模结果对深度域构造落实影响较大，因此，通过盐构造建模研究，既提高了构造建模合理性，又提高了圈闭落实的精度。

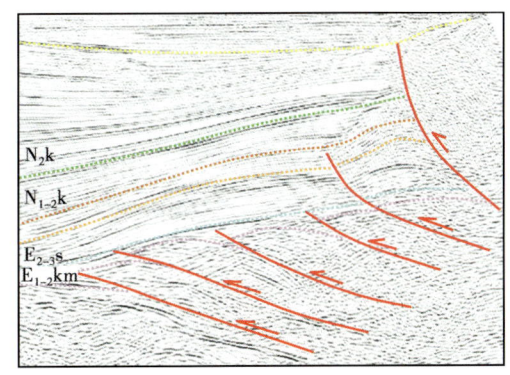

图 3-8　博孜构造断层相关褶皱解释方案

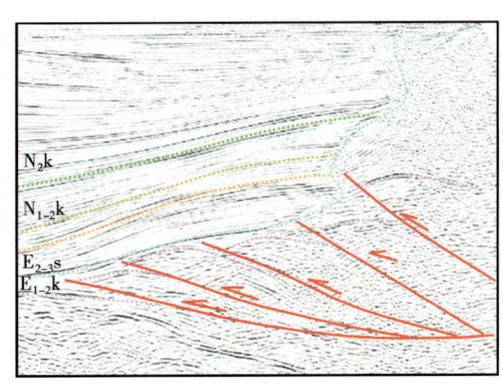

图 3-9　博孜构造盐刺穿解释方案

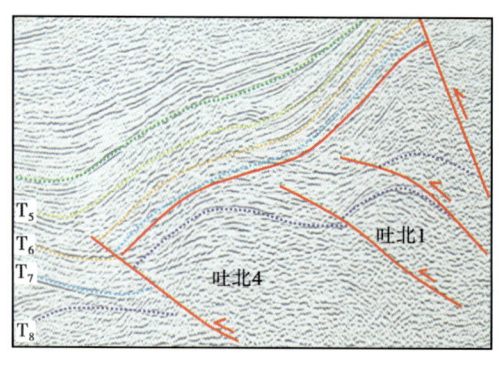 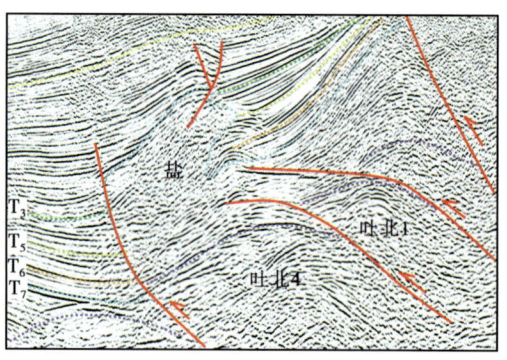

图 3-10 BC99-131N 剖面断层相关褶皱解释方案　　　图 3-11 BC06-131 剖面盐刺穿解释方案

(三) 多（双）滑脱构造建模

1. 多层滑脱构造变形机理

地球存在物质分层和能量分层，其内核是一个大晶体，它的旋转角速度比外层每年快1.1°，这必然会牵动外部不同层位发生不同的层间滑动，有可能成为构造分层的驱动力（Ruzhzentsev S V，1985）。具有分层结构的地层体在顺层（即水平）挤压下，能干层按库仑-莫尔破裂理论发生切层破裂，非能干层发生顺层滑动。沿层滑面依次发生顺层—切层—叠层滑动。在野外可依次观察到拆离构造、滑脱构造、不协调褶皱和脱顶构造4种现象，又称4D构造变形（孙岩等，1991）。

一般岩石的抗压强度比其抗张强度高20倍，比其抗剪强度高5倍以上（孙岩等，1992），故岩石在水平挤压下多发生层滑，而不易破裂。泥页岩、煤层及膏盐岩层抗剪强度低，在深部承受更高的静压力时，水又不易从黏土颗粒的空隙中游离出来，从而形成较高的孔隙液压。孔隙液压产生的气垫效应可使层间滑动变得更容易（孙岩等，1992）。在地壳浅层，蒸发岩（膏盐岩）、泥岩、页岩和煤系地层等非能干性岩层是良好的区域滑脱层，构造运动过程中滑脱层极易发生流动，使其上下两套地层表现出不同的构造变形特征。根据变形特征及应力状态，滑脱构造可以分为：以拆离断层及变质核杂岩为代表的伸展型滑脱构造，以侏罗山式褶皱及前陆冲褶皱带为代表的挤压型滑脱构造和以重力滑动为主的盐、泥底辟构造。

多滑脱层构造挤压变形物理模拟结果表明：滑脱层流变学性质影响上覆地层应变调节方向；水平累积性收缩滑脱层控制下的地层变形具有较大水平应变分量，使得应力快速、大范围传递，形成宽缓的褶皱—冲断带；高流变性滑脱层控制下的地层变形具有显著的垂向运动，形成的褶皱—冲断带狭窄且具有较大锥度；滑脱层深度影响上覆地层褶皱的波长，深层滑脱形成大波长褶皱，紧密排列组合成隔槽式褶皱；浅层滑脱易形成高陡背斜，稀疏分布组合成隔挡式褶皱；川东—雪峰构造带不同区域沉积盖层厚度、滑脱层数量、滑脱深度的差异及南东—北西向挤压应力是形成该区隔挡式、隔槽式褶皱的主控因素（刘重庆等，2013）。

2. 库车前陆冲断带双滑脱层构造模型的建立

在深化克拉苏构造带盐构造建模的基础上，充分考虑煤系滑脱层的作用，2009年初提出克深构造带受膏盐岩和煤系地层共同控制的双滑脱层构造解释模式，建立了典型剖面的地质解释模型（图3-12），改变了对中生界基底断层和构造样式的认识：由基底卷入构造转变为受侏罗系煤系地层控制的滑脱逆冲构造，并得到了克深2三维地震勘探资料的证实（图3-13）。双滑脱构造模型的建立使我们对构造模式及断裂系统的认识更加合理。

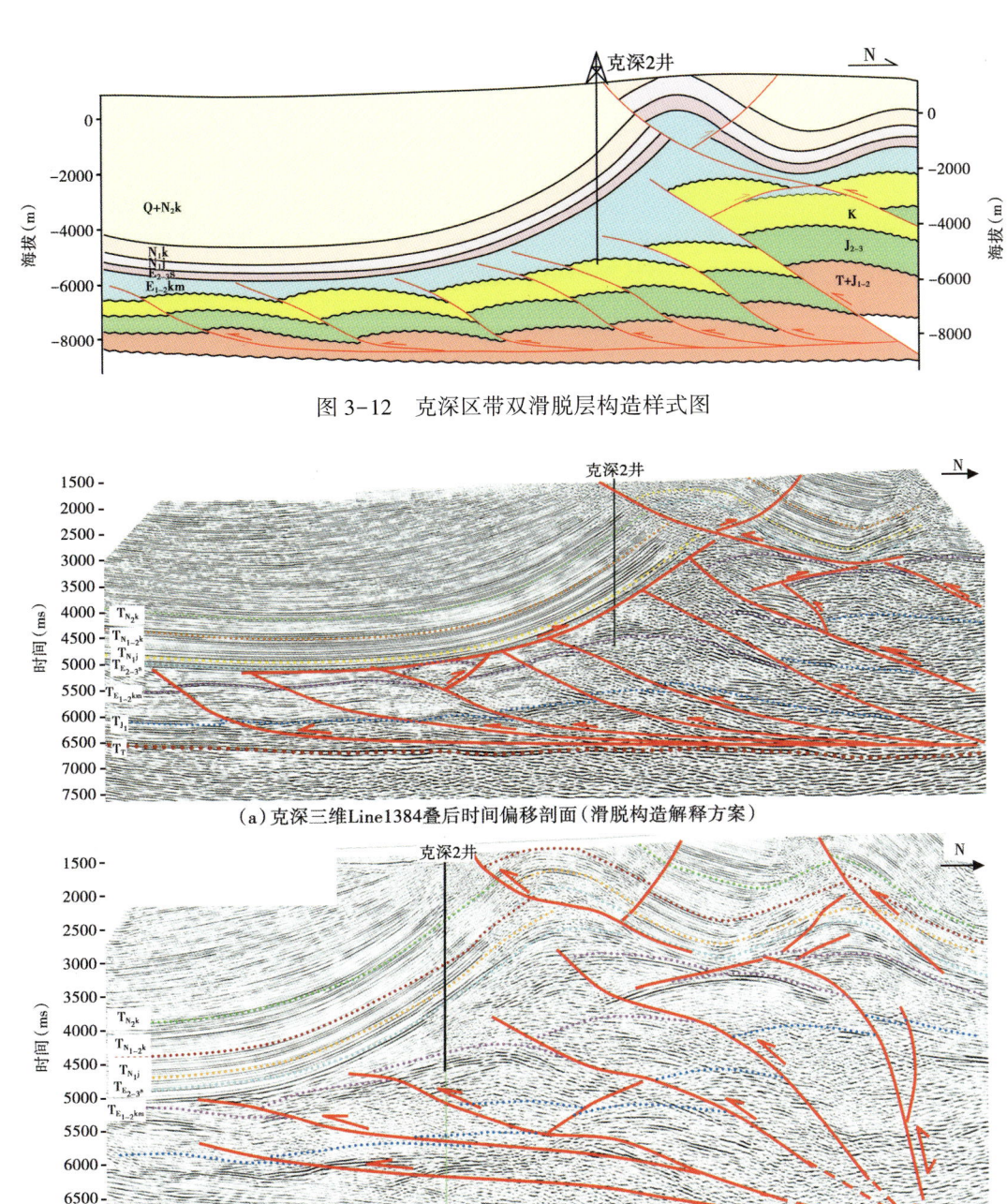

图 3-12 克深区带双滑脱层构造样式图

（a）克深三维Line1384叠后时间偏移剖面（滑脱构造解释方案）

（b）BC06-220偏移时间剖面（基底卷入构造解释方案）

图 3-13 克深区带构造典型剖面构造解释模式对比图

在此基础上，重新建立了库车中部克拉苏—秋里塔格构造带的构造模型。库车中部盐上构造层的变形样式受构造挤压和膏盐岩的厚度、塑性强弱等控制，主要发育冲断构造和滑脱构造；膏盐岩表现为挤压收缩和底辟刺穿构造变形特征，形成各种复杂的盐构造形态。盐下构造层的变形与煤系地层和构造挤压作用及上覆地层分布有密切关系，主要发育高陡冲断构造、叠瓦滑脱构造和低缓褶皱构造。3大构造层表现为不协调叠置发育特征。根据盐岩及盐下构造变形特征，克拉苏—秋里塔格构造带的主要构造样式组合可划分为4类（图3-14）。

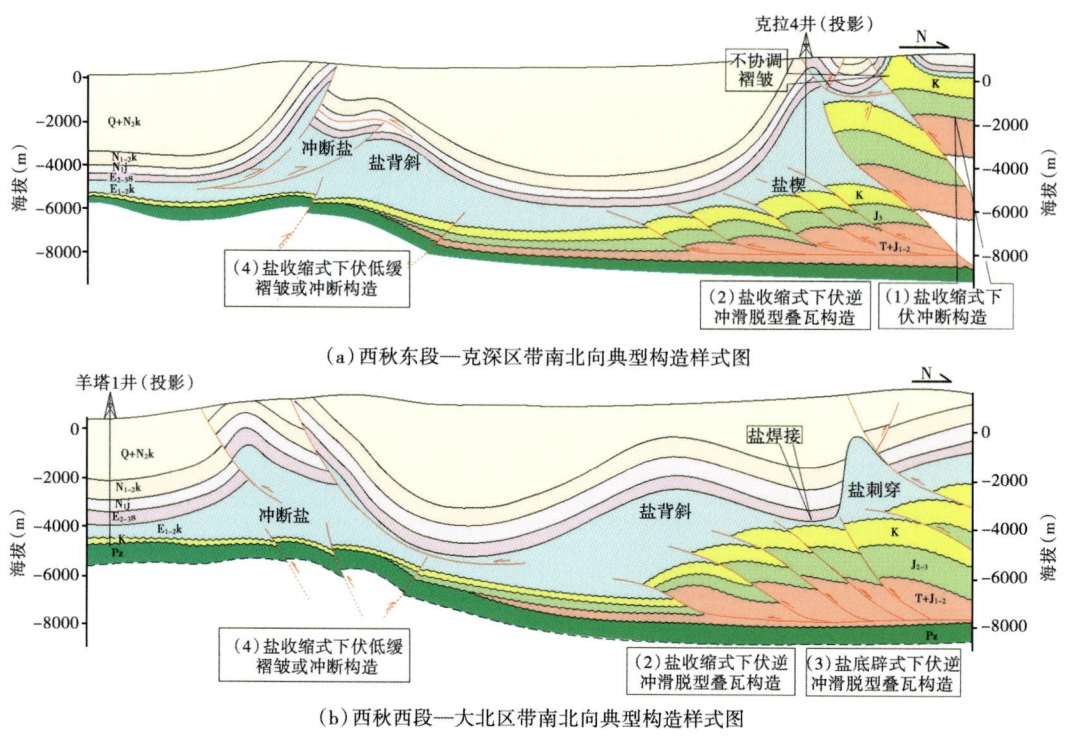

图 3-14 西秋东段—克深区带、西秋西段—大北区带南北向典型构造样式图

（1）盐收缩式下伏冲断构造：主要发育在克深断裂以北的克拉苏背斜带中东段，该区古近系膏盐岩发育较薄，塑性变形弱，浅层以发育冲断构造为主，形成多排地面构造，同时靠近山前的构造挤压作用非常强，中生界主要发育基底卷入断层和冲断构造。克拉2气田属于这类构造。

（2）盐收缩式下伏逆冲滑脱型叠瓦构造：主要发育在克深区带中东段（克深1以东）及东秋区带，该区古近系膏盐岩和侏罗系煤系地层都发育，厚度较大，受两套滑脱层控制，发育典型的双滑脱层构造样式，盐下发育逆冲滑脱型叠瓦构造，盐岩段以发育盐背斜、盐楔构造为主。如迪那气田、大北气田都属于这类构造。

（3）盐底辟式下伏逆冲滑脱型叠瓦构造：主要发育在克拉苏西段克深5以西，该区古近系膏盐岩和侏罗系煤系地层都发育，盐下发育逆冲滑脱型叠瓦构造，盐岩段以发育盐刺穿为特点。如克深5、吐北4等属于这类构造。

（4）盐收缩式下伏低缓褶皱或冲断构造：主要发育在西秋构造带，该区仅发育古近系膏盐岩塑性层，侏罗系煤系地层不发育，盐下不发育滑脱褶皱，以低幅度背斜或冲断构造为主，盐岩段主要形成盐墙、盐背斜和盐席等构造。却勒1和西秋2属于这类构造。

二、复杂构造三维体建模解释技术

库车前陆冲断带构造成排成带发育，构造的空间展布特征和结构关系非常复杂，传统的二维解释技术已经远不能完成对复杂构造的准确解释与描述。针对这些问题发展了复杂构造的三维立体解释技术。

三维地震立体解释技术主要是应用三维可视化技术实现对复杂构造空间形态的三维描

述。利用三维可视化技术,可以从三维数据体的任意方位,以椅状、折线、切片和多线对比等方式从三维空间分析、观察和解释复杂构造,在三维空间对复杂构造地震层位与断层进行建模与解释。同时,它可以实时地检查解释错误,及时修改,并能显示三维立体构造模型和带透明度的立体构造模型,大大提高了对复杂构造的解释精度及效率。

库车大面积连片三维地震的实施及大量新技术、新软件的出现为库车前陆冲断带复杂构造三维立体建模奠定了基础。

(一) 复杂构造三维立体建模

三维构造建模就是以地震解释得到的地质曲线(层位面和断层面)数据为基础,采用一定的地质曲面重建算法,在三维空间生成空间曲面,然后确定空间位置不同的地质曲线之间的空间拓扑关系,地质曲面的空间曲面表达和拓扑关系的集合,称为三维地层框架模型。根据地层框架模型的数据,以断层面为模型的内边界进行地层块体的划分,再依据地层沉积产状的定义,生成以三维地层网格为基本单元的地质模型,称为三维层状实体模型。三维模型的建立可以对解释的有效性和准确性进行分析和判断,并反过来指导精细解释和相关研究。其主要过程分为以下几个步骤。

1. 数据准备

应用三维地质建模工具进行地震解释与建模,和常规针对目的层解释成图的工作流程及对地震解释工作的要求截然不同。常规针对目的层的解释成图工作仅要求对当前目的层的层位和断点解释准确、组合关系合理,即可平面成图,上下不同层位之间影响不大。但对于三维建模工作来说,要求从刚开始解释就要考虑上下层位解释的空间统一协调、断层的断点和断面的空间闭合等,这必然提高了地震解释与成图的精度。因此,需要做大量的数据准备工作,并根据建模过程中发现的问题,多次对地震勘探资料解释方案进行修改完善,最终得到高质量的地震层位解释数据,应用于构造建模。

2. 建立断裂模型

建立合理的断裂模型是构造建模的基础,在断裂建模过程中,要利用断层解释数据搭建断层树,正确构建断层间的结构关系,建立复杂断裂系统模型。在建模过程中如果断层树定义不好,就会造成断裂交切的结构关系不合理、切割关系错误等问题,因此,需要对断裂模型进行细致分析和多次修改,最终才能得到合理的断裂模型。图3—15是通过断裂建模得到的库车前陆冲断带克深地区的断裂模型,从图中可以看出该区断裂多,断裂结构关系复杂。

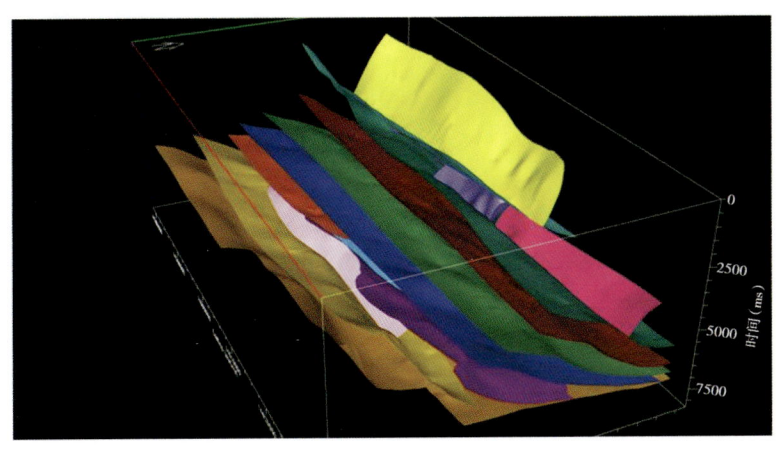

图3—15 库车前陆冲断带克深地区断裂模型

3. 建模参数试验

在建模过程中需要选取众多的建模参数,由于本区层位和断层多,构造复杂,建模数据量大,对建模参数的选取非常敏感,如果建模参数选择不当,会直接导致建模错误,甚至陷入死循环,从而不能得到正确的地质模型。通常需要对研究区地质建模参数进行大量系统的试验,根据试验结果获得合理的地质建模参数。

4. 建立深度域立体地质模型

在选取正确的地质建模参数的基础上,通过对层面数据和断层模型进行匹配计算,最终建立复杂区深度域三维构造的立体模型。图 3-16 为克深地区三维地质模型,它准确而直观地显示了该区的构造模式、构造结构关系和区带展布特征。图 3-17 为克深构造带盐下构造的地质模型,地质模型清楚地展示了克深三维区南向北发育的 11 排构造带以及构造带之间的结构关系。

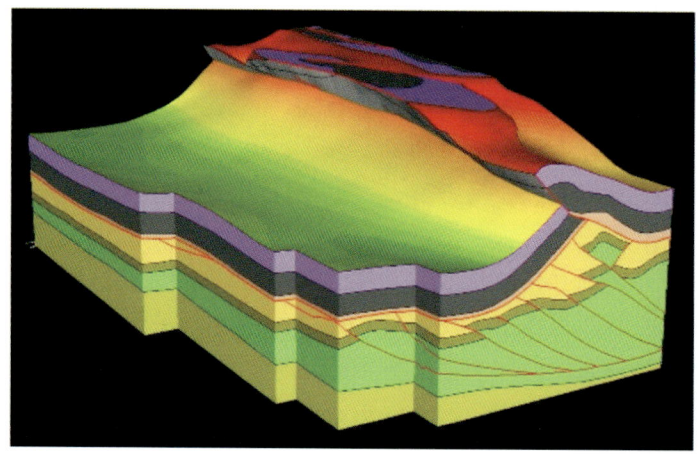

图 3-16　克深地区三维地质模型（整体）

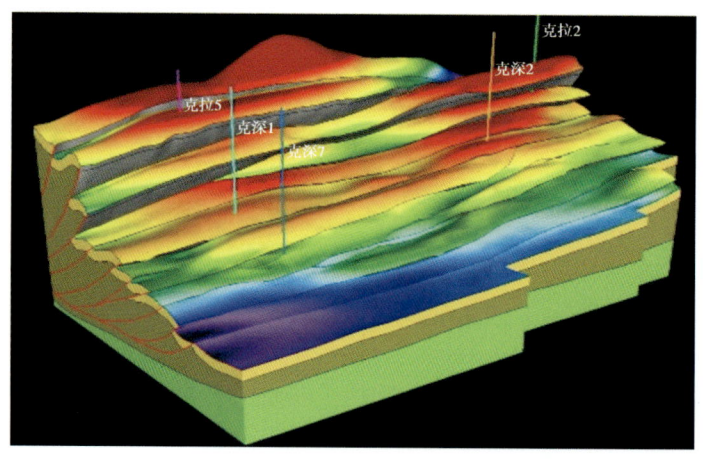

图 3-17　克深地区三维地质模型（盐下构造）

三维立体建模过程及成果可以对地震勘探资料构造解释成果进行质量监控,对区带结构和构造特征进行研究。如图 3-18 所示,可以通过模型很直观地发现解释中存在的问题,然后及时改正,提高解释质量。

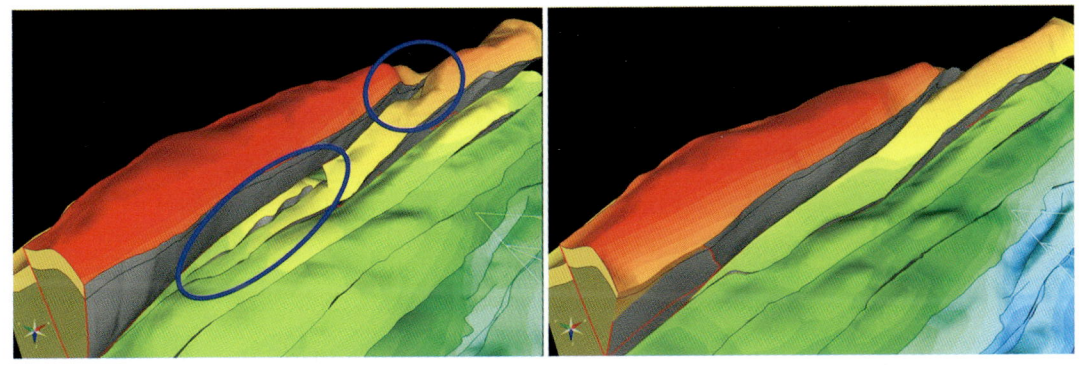

图 3-18　利用三维地质模型进行解释质量监控

另外，利用三维地质模型可以非常直观、方便地在三维空间上对区带和构造进行深入细致的研究。图 3-19 是克深三维北部复杂区带的三维立体构造模型，可以很清楚地看出各个断块之间的结构关系以及各个局部构造的特征，对研究和分析区带结构和构造特征非常有意义。

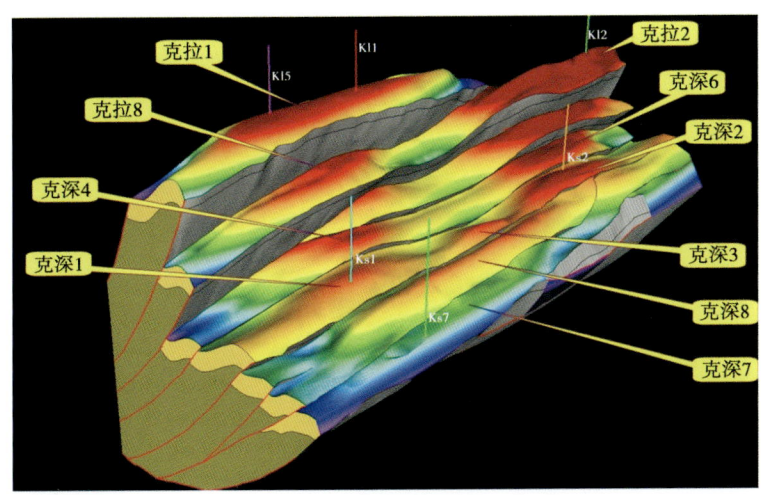

图 3-19　克深三维北部复杂区地质模型

同时，可以利用三维地质模型非常直观、方便地在三维空间上对地层和盐岩等特殊岩性体进行深入细致的研究。图 3-20 是克深三维区盐岩的空间模型，可以从模型上很直观地看

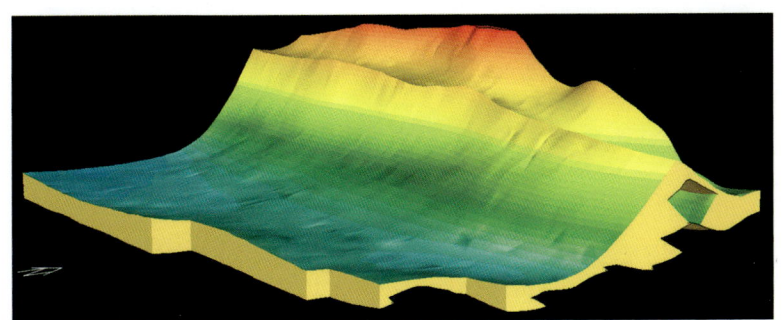

图 3-20　克深三维区盐岩段地质模型

出盐岩的空间发育特征。

(二) 复杂构造三维立体解释

由于复杂构造的空间形态和构造之间的结构关系复杂，在解释过程中要充分发挥三维可视化解释软件的优势，在解释之前要从三维空间对复杂构造进行深入细致的观察与分析，分析过程中要根据构造的特点充分运用切片、折线和透视等多种显示技术，对复杂构造多角度观察研究（图3-21），以求对复杂构造的空间形态和结构特征有比较明确的认识，然后再着手进行细致的空间解释。

图 3-21　复杂构造的三维可视化显示与分析

在解释过程中，要针对复杂构造的特点对断层和地质层位分别进行层位定义和空间解释追踪（图3-22、图3-23），并利用三维可视化手段确保其在三维空间解释的合理性。对于

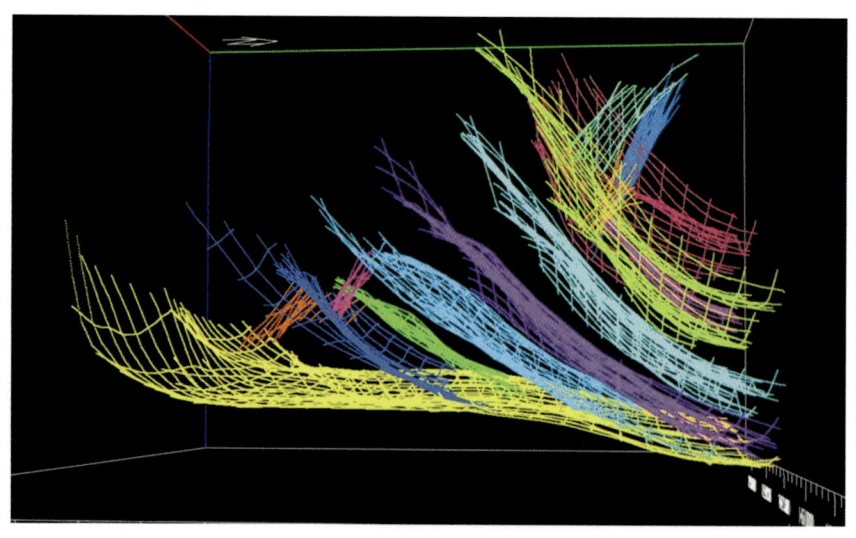

图 3-22　复杂断裂的三维可视化解释

多条断层和多个层位,要分别命名并用不同颜色显示,这样便于在三维空间直观显示和分析不同断层的相对位置和结构关系(图3-24),通过三维空间的可视化解释,极大地提高了解释的准确性和效率。

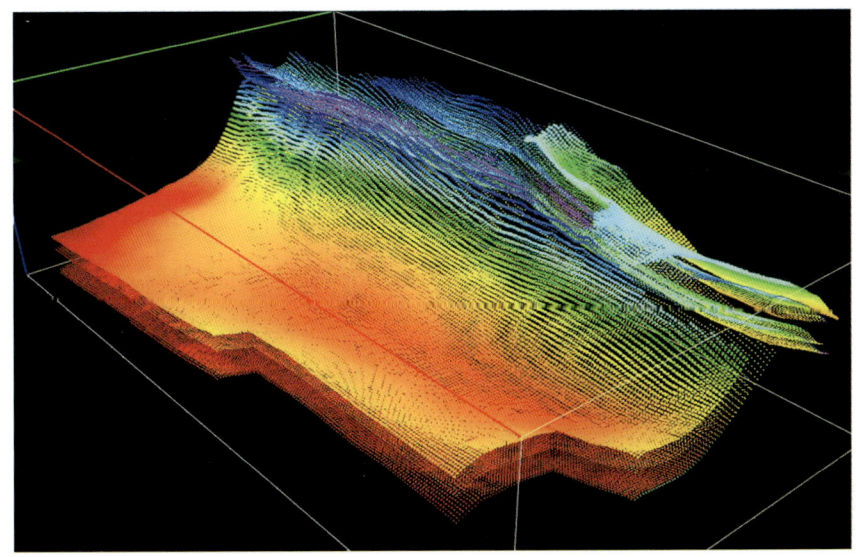

图 3-23　复杂构造的三维可视化解释

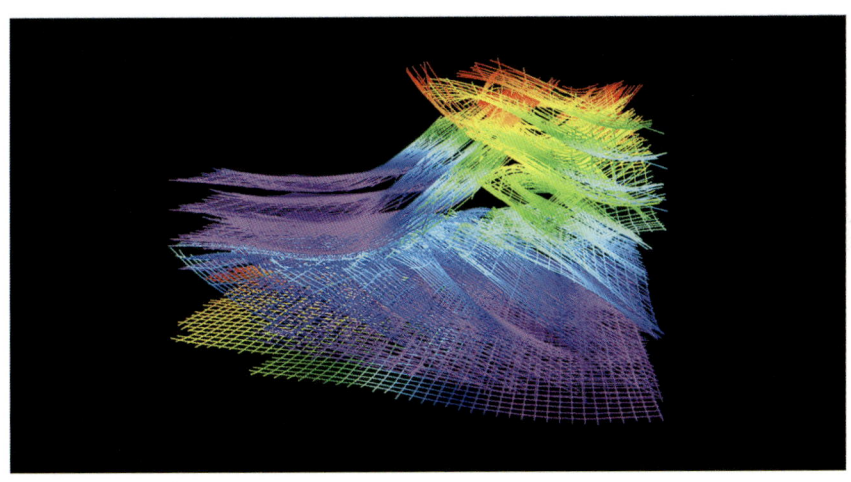

图 3-24　断层和层位的三维空间结构分析

三、油气藏地球物理建模技术

克拉苏构造带先后实施了大北、吐孜阿瓦特等宽方位高密度三维地震,地震勘探资料品质得到很大提高,通过对大北等气田的研究,实现了冲断带复杂构造气藏的精细建模,也逐渐发展完善了油气藏地球物理建模技术。

(一)地震勘探资料品质评价

库车地区地震勘探资料品质一直较差,为了得到相对信噪比高的地震勘探资料,2011年,大北地区首次部署了一片宽方位三维地震采集。本次采集满覆盖区覆盖次数255次,借用原大北1三维地震满覆盖90次,最终处理资料满覆盖次数为345次,纵横比达到了0.73。宽方位采集处理资料较常规资料品质提高明显（图3-25）,目的层同相轴连续性更好,微小断裂反映更清楚。

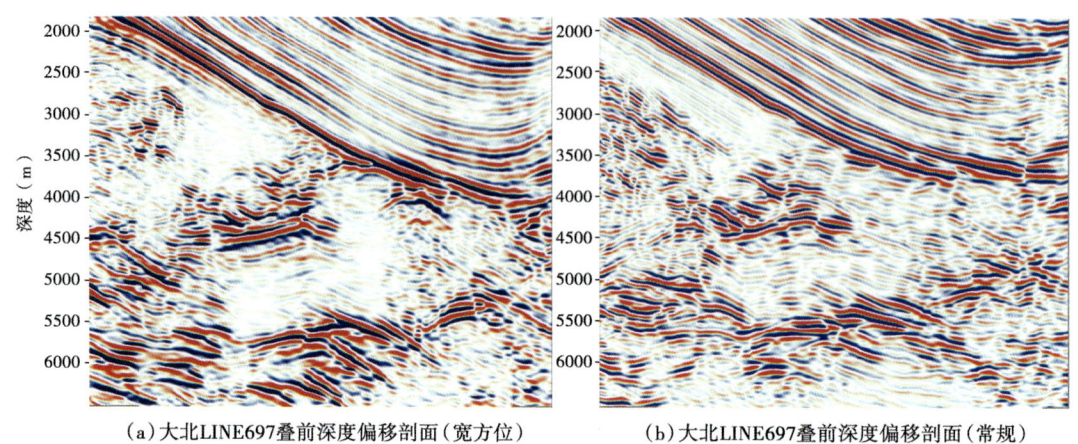

（a）大北LINE697叠前深度偏移剖面（宽方位）　　（b）大北LINE697叠前深度偏移剖面（常规）

图3-25　大北地区宽方位与常规地震勘探资料对比图

在地震勘探资料品质评价的基础上,除常规解释成图外,研究人员对大北201号构造的断裂做了精细解释。针对大北地区局部构造的断裂精细研究为区内首次,利用宽方位资料数据体计算相干体后,提取了目的层的相干平面属性图（图3-26）。根据平面相干属性,同时对应地震剖面,对平面断裂做了分析研究,认为大北201号构造平面上主要发育3类断裂:

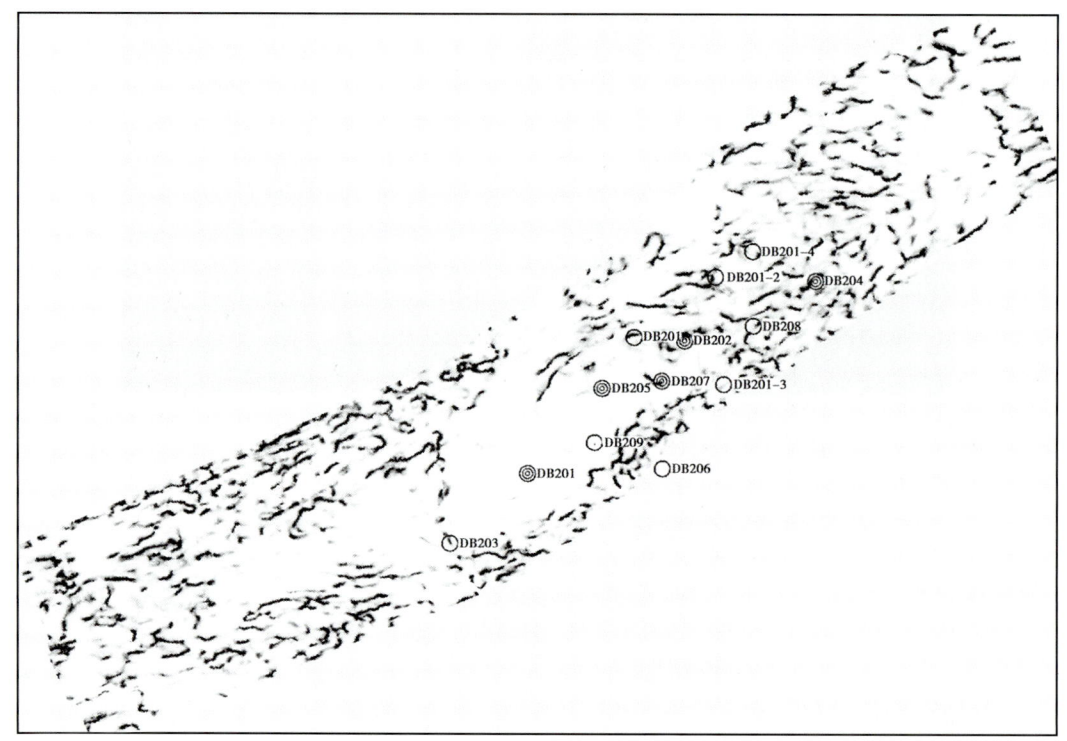

图3-26　大北201号构造白垩系顶面相干平面图

一类为垂直于构造走向的南北向断层；二类为受走滑牵引作用形成的近东西向的高角度逆冲断层；三类为构造核部近东西向断层。其中一类、二类断层以逆断层为主，断距较大，横向延伸较远；三类断层主要发育于构造核部，断距相对较小，横向延伸较短，由于其主要受拉张应力控制，因而对储层具有良好的改造作用（图3-27）。

图3-27　大北201号构造断裂体系图

（二）三维气藏精细建模

利用建模软件的三维可视化功能，可以直接在三维空间中进行各种数据的质量控制。所有工作流程都具有可重复性，利用新的现场数据，可以及时更新模型，为开发决策提供重要依据。建模流程如下：数据整理准备→建立工区→加载数据→建立几何模型→建立框架模型→建立沉积相模型→建立气藏模型。

1. 建立框架模型（构造模型）

框架模型（也可称构造模型）是气藏模型建立的基础和关键，由断层模型和层面模型所构成。在三维构造建模中，断层模型是基本的骨架，加上由精细地质分层数据等模拟建立的层面模型共同构成了研究区的基本构造模型。建立构造模型的目的是精细刻画断点、断层和地层这3大构造要素的空间组合和配置关系，建立起一个符合地下实际的三维地质体，为下一步的储层参数建模搭建准确的地层构造框架。

（1）断层模型。建立断层模型最基本的要求就是断层面与钻井断点位置完全吻合。首先加载断层数据并建立初始模型，然后参照研究区内断层发育史及地震解释成果，对最初的断层模型进行调整，因为软件不能自动识别断层接触关系，所以必须对生成的断层模型进行断层接触关系调整。调整时应遵循以下原则：①断裂系统发育史要明确，早期断层不能切割晚期断层；②主从断层要分清，主断层不能被从断层切割；③断层间的接触关系要清晰，断面可以相交但不可以互相切割。图 3-28 是大北 201 号构造加入的断层，本次建模共加入不同级别、不同性质的断层 201 条。

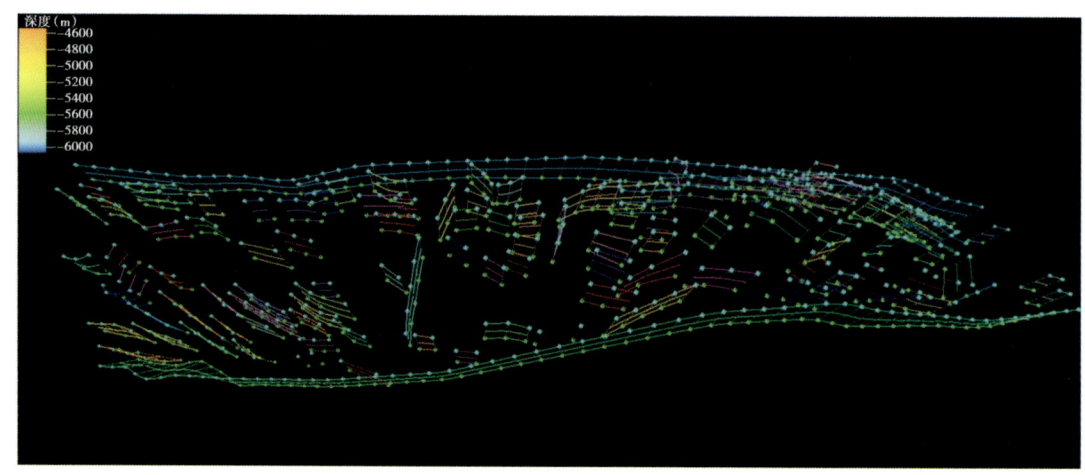

图 3-28　大北 201 号构造断层层面显示图

将导入工区的断层用相应算法网格化，赋予合适的参数使其在空间延伸，同时对异常值处进行编辑调整，即得到构造的断层模型（图 3-29）。

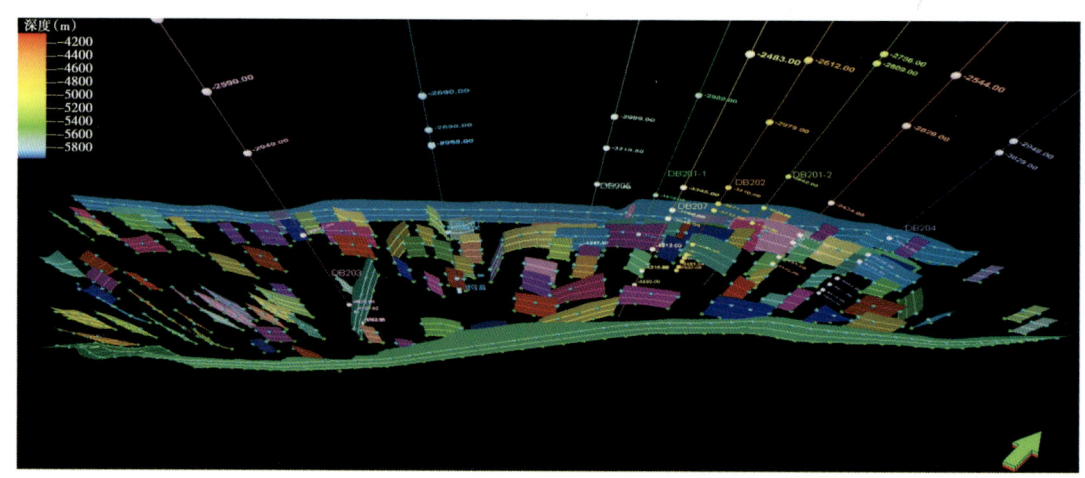

图 3-29　大北 201 号构造断层模型图

（2）层面模型。建立层面模型包括两个重要步骤。一是进行网格化，目标是生成一个三维框架，这个框架完全由标志网格角点表示出来，可以定义网格方向沿着断层或者边界线以控制网格化操作。二是进行垂向分割，当定义垂向分割的时候，细分层面就被插入到第一步和第二步所生成的网格里。每一个网格单元被每一个细分层面截断，这样一个节点就被定义到网格上。同时断层都沿着确切的位置对层面进行了分割。垂向分割的层面可以是线数据、点数据或者网格化以后的面数据。不论是利用哪一种数据，都要进行二维网格化操作，网格化数据结果作为三维网格的主要部分，可以从一个三维网格里提取输出一个常规的二维网格面数据。

以钻井分层数据结合地质认识，采用一定的数学插值方法，进行空间曲面的插值，生成各等时层的顶底面模型，将各个层面进行叠合，建立储层的空间格架。建模过程中的核心首先是建立油层组级别的层面，在此基础上内插，以均衡纵向网格的大小。图3-30是大北201号构造建模的模型，大北201号构造为一长轴状背斜构造，构造高点在中部偏东部位，构造上存在两个局部高点，东高点面积稍大，西高点面积略小。

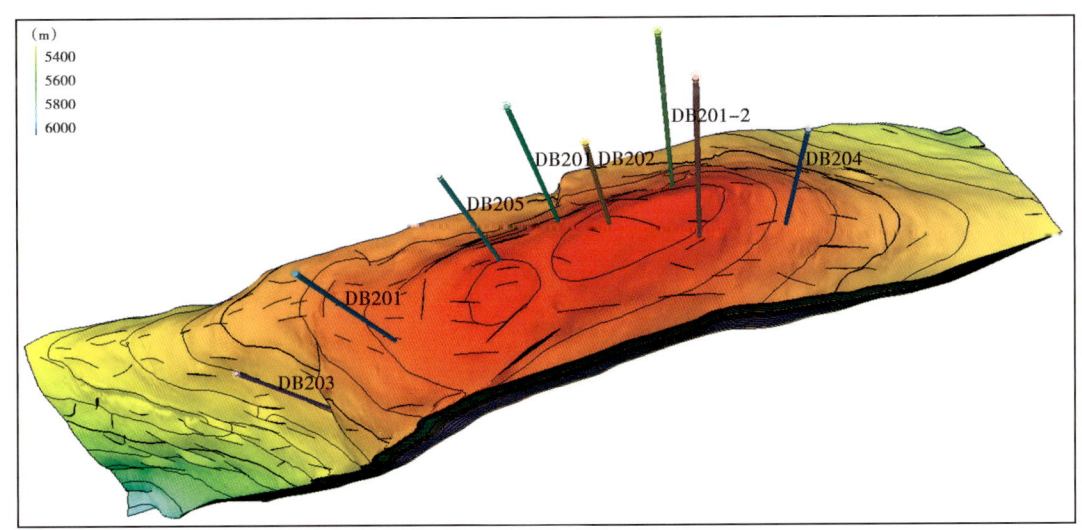

图3-30　大北201号构造巴二段构造模型

根据前面建立的构造模型，再结合单井钻遇的气水界面，给模型所在气藏赋予一个充注高度值，即可计算得到该构造的气水模型（图3-31）。

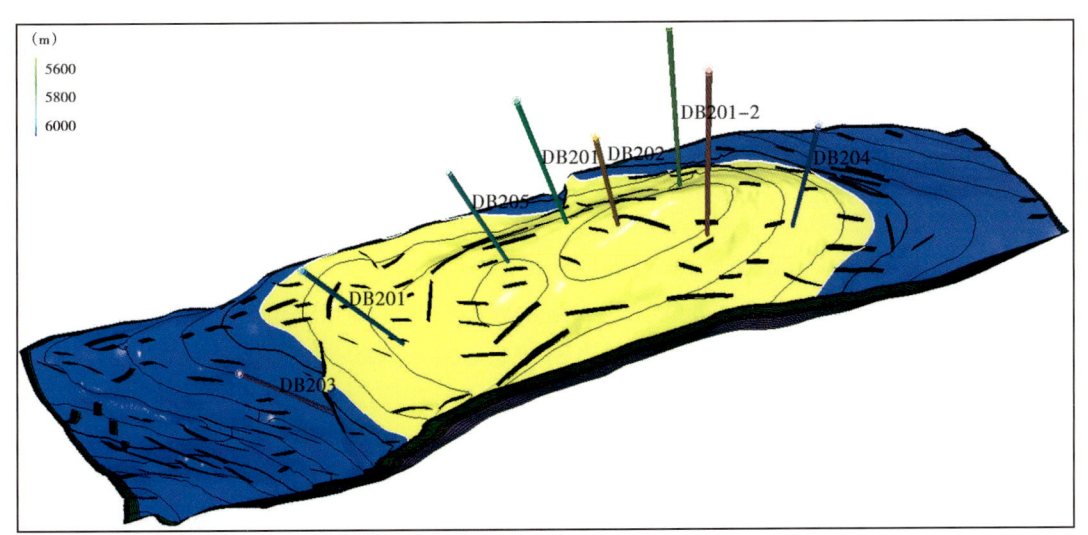

图3-31　大北201号构造巴二段气水模型

2. 建立沉积相模型

沉积相建模现有方法主要包括：多点地质统计学相模拟、基于目标的河流相模拟，基于像元的序贯指示模拟、截断高斯模拟，带趋势的截断高斯模拟，指示克里金模拟、神经网络方法，用于详细表征相带分布特征的确定性和随机性相建模技术，不仅可以交互使用，而且可以导入自己的算法和人工赋值。本次研究使用的是多点统计相模拟算法。

储层沉积相模型是储层内部不同相类型的三维空间展布，描述储层的宏观非均质性展布，定量地表征储集砂体的类型、大小、几何形态及其三维空间的分布情况。岩相模型是一种离散数据模型。图3-32是大北201、201-2、202等构造的井连井岩性曲线显示，软件提供了通过伽马曲线分析砂泥岩岩性的功能，根据各井伽马曲线得到岩性柱状图。

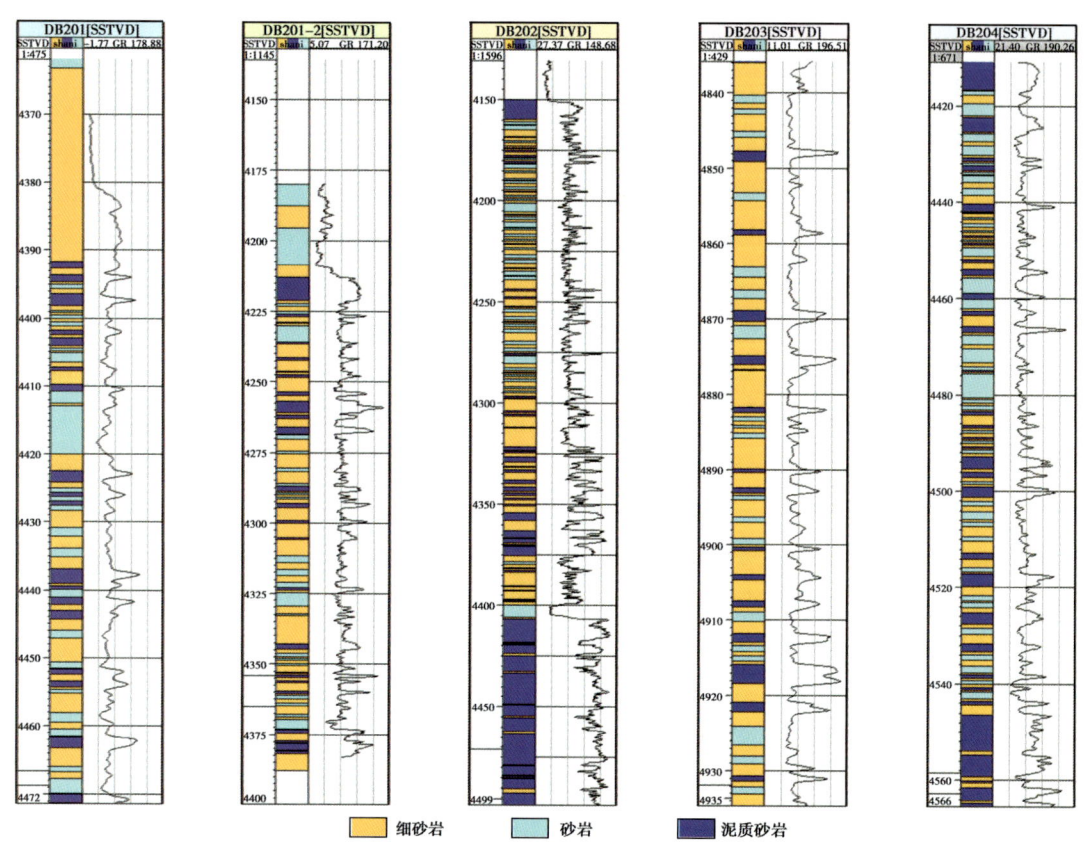

图3-32 大北201号构造伽马曲线连井显示图

建立沉积相模型，只有井点处的岩性数据远远不够，运用全方位变差分析，并结合地震勘探资料的横向变化，在一定程度上可以更精细地落实空间的岩性和岩相分布。

常用的相模型建立方法有手工绘制沉积相图、用岩相模型代替沉积相模型和用趋势面约束相建模3种方法。手工绘制沉积相图由于人为因素较大、制图相对繁琐并且要对研究区有较为熟悉的地质认识，才能构建出合适的相图，否则易出现较大的偏差，因此适用于对随机模拟出的相模型进行局部修改和微调。图3-33是大北201号构造岩相模型图，图中黄色表示砂岩，浅蓝色代表粉砂岩，深蓝色表示泥岩。从白垩系巴什基奇克组第二岩性段（本区第一段被剥蚀）岩相模型图中可以看出本段砂岩发育程度较高，与钻井认识相吻合。从钻井岩性储层分析看，进入巴三段后，储层泥质含量明显增加，这与本段岩相模型吻合度较高，图中深蓝色代表泥岩的面积相较巴二段岩相模型明显变大，说明进入巴三段后储层物性变差。

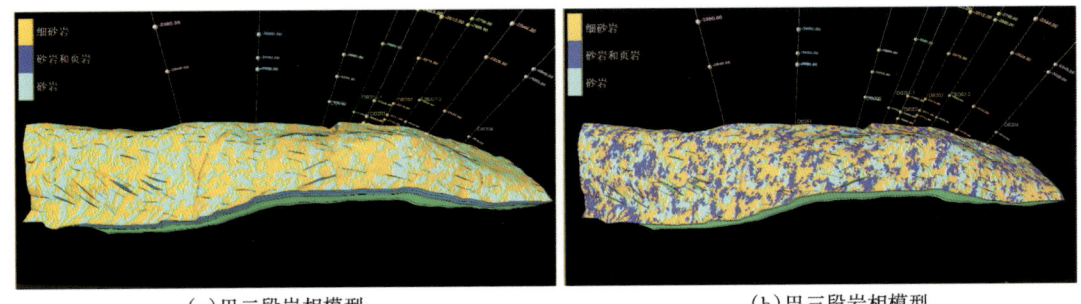

(a)巴二段岩相模型　　　　　　　　　(b)巴三段岩相模型

图 3-33　大北 201 号构造巴二段与巴三段岩相模型图

3. 建立属性模型

油藏属性建模是地质建模的重要目的。属性模型是在构造模型的基础上，采用插值法或随机模拟法预测井间属性参数分布，建立储层的孔隙度、渗透率和含油饱和度等参数的三维空间展布模型。这一过程体现了三维建模的核心——井间预测。孔隙度、渗透率和含油饱和度参数均属于连续性变量。

目前在建模中，序贯高斯模拟方法是处理连续变量较为成熟的方法，该方法是模拟孔隙度、渗透率较为理想的随机模拟方法，但是要求随机变量符合高斯分布。进行属性建模前，首先要进行数据分析，统计物性特征；其次分析确定变差函数类型及各项参数，选择合适的算法；最后进行参数的建模。具体包括以下 3 个步骤：

（1）测井曲线的粗化。属性建模主要是对测井解释成果中的孔隙度和渗透率进行粗化处理。将测井所得的孔隙度、渗透率数据赋予构造模型的网格单元，使模型中的每个网格都有岩石物理学意义，从而使模型更加接近地下的实际情况。粗化算法主要有算术平均法和几何平均法。算术平均法适用于数据变化不是很大的连续属性数据；几何平均法适用于数据变化范围较大的属性数据。因此，一般粗化孔隙度采用算术平均法，粗化渗透率和饱和度采用几何平均法。

（2）孔隙度模型。孔隙度模型反映储层的储集空间大小，对可采储量与剩余储量的计算、油藏的合理科学开发具有重要意义。一般可以采用序贯高斯模拟方法，通过协克里金函数，以沉积微相模型和构造模型做双重约束，结合测井参数构建孔隙度模型。

图 3-34 是大北 201 号构造巴二段和巴三段孔隙度模型，本区目的层储层孔隙度较低，

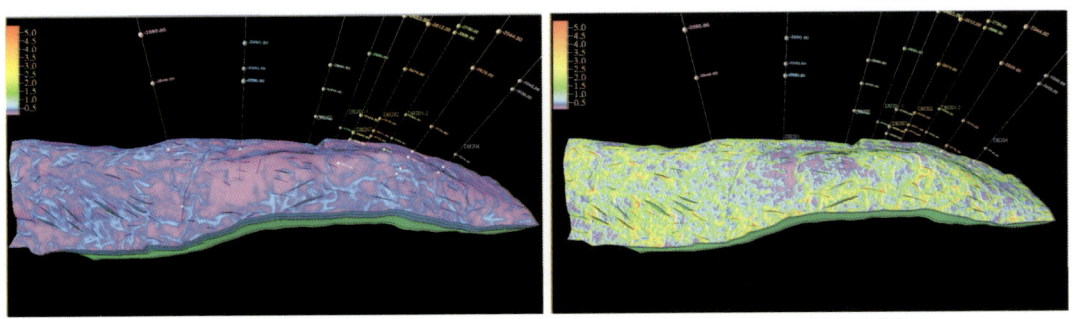

(a)巴二段孔隙度模型　　　　　　　　(b)巴三段孔隙度模型

图 3-34　大北 201 号构造巴二段与巴三段孔隙度模型图

孔隙度与断裂相关度较高，在断裂相对发育区，孔隙度较发育（图中红黄色区）；断裂欠发育区，孔隙度较低（图中紫色蓝色区）。对比巴二段和巴三段孔隙度模型，巴三段孔隙度相对较高，与地质认识基本一致。

（3）渗透率模型。渗透率建模一般采用序贯高斯模拟方法，通过协克里金函数，以沉积微相模型和孔隙度模型做双重约束，构建渗透率模型。图 3-35 为大北 201 号构造巴二段与巴三段渗透率模型，图中红黄色为渗透率高值区，蓝色—浅蓝色为渗透率低值区。对比孔隙度模型可以发现孔隙度与渗透率相关度较高。

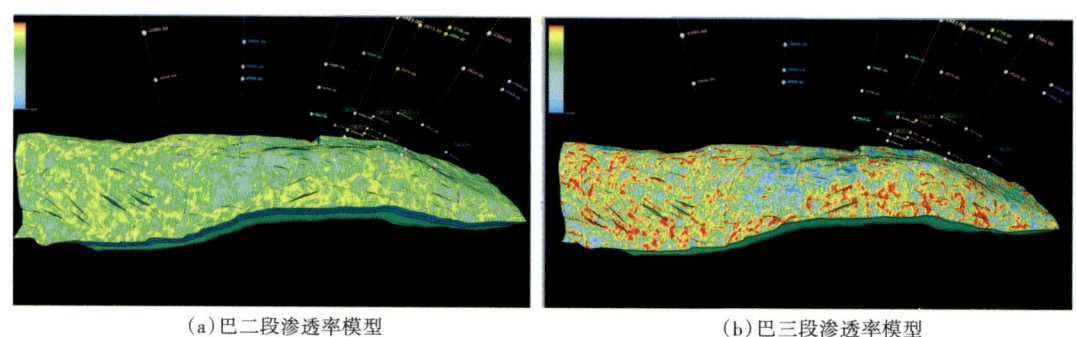

(a) 巴二段渗透率模型　　　　　　　　(b) 巴三段渗透率模型

图 3-35　大北 201 号构造巴二段与巴三段渗透率模型图

四、基于 GeoEast 的非地震—地震综合解释技术

前陆冲断带的油气勘探地质问题日益复杂，决定了任何单一方法都难以有效解决这些难题，因此多种勘探方法的综合解释是解决复杂油气勘探地质问题的技术发展方向。非地震综合解释技术就是以重磁电资料为主，结合地震、钻井、露头相关资料在地质理论的指导下对地下的地质情况做出合理的推断，重点开展非地震与地震综合构造建模与解释、岩性与岩相的综合解释、储层识别与流体预测。

勘探问题的复杂性需要借助定量的综合解释技术方能解决，GeoEast 平台提供了这样的技术。GeoEast 是东方地球物理公司研发的大型解释软件，具有数据、信息、软件共享，数据平台、显示平台和开发平台统一的优势，已经成为东方地球物理公司的基础解释平台。

近年，GeoEast 已集成了重磁电的模块 GeoGME，并形成了基于 GeoEast 系统平台的三维重磁电震多属性联合解释的总体思路。首先将平面数据、剖面数据做规范化处理，加载后形成统一的三维重磁电震工区，将同一个盆地的重磁电资料和二维、三维地震勘探资料放在同一个项目下协同工作，极大地方便了综合解释。在 GeoEast 平台上的应用初步形成了两个行之有效的技术系列：一是以 GeoEast 等解释系统为平台，借鉴地震三维可视化解释技术，研究开发三维重磁电—地震结合的特殊地质体刻画及联合建模技术，在库车、塔西南、准南缘、玉门老君庙以及渭河盆地等开展了有效的工作；二是在 GeoEast 平台上利用地震、钻井进行地质建模并进行约束反演，借鉴地震属性分析技术，形成时频电磁—地震联合的油气预测技术，针对不同类型的油气藏都有良好的应用成效。

在 GeoEast 平台上的三维重磁电—地震联合解释通过以下技术手段实现：（1）在 GeoEast 上加载非地震数据，首先获得三维重磁电处理得到的反演结果，其次对反演结果进行数据转换形成 SGY 格式，加载到 GeoEast 平台上，建立非地震、地震数据体统一平台；

(2)时间—深度域转换,如果地震有深度域结果,可直接进行联合解释,如果地震没有深度域结果,可通过时深转换将非地震深度域结果转换成时间域,以实现多资料的同尺度联合解释;(3)多资料的融合解释,可以选取任意方向的剖面或是切片,通过数据体转换与地震融合,实现联合解释。

(一)识别岩性岩相与速度建模

1. 电法—地震融合进行岩性岩相解释

以电法三维反演结果为例,任意方向的切片均可通过数据体转换与地震剖面融合[图3-36(a)],实现三维空间电法—地震勘探资料同平台、同尺度、实时的联合解释。

物性统计发现,电性变化与岩性关系密切。电阻率与岩性变化特别是与粒径大小之间存在的明显对应关系,使利用电阻率区分砾石、砂泥岩成为可能。因此,通过地震、电法和钻井资料的联合解释,能够在剖面上较为精细地刻画岩性、岩相的横向变化[图3-36(b)]。

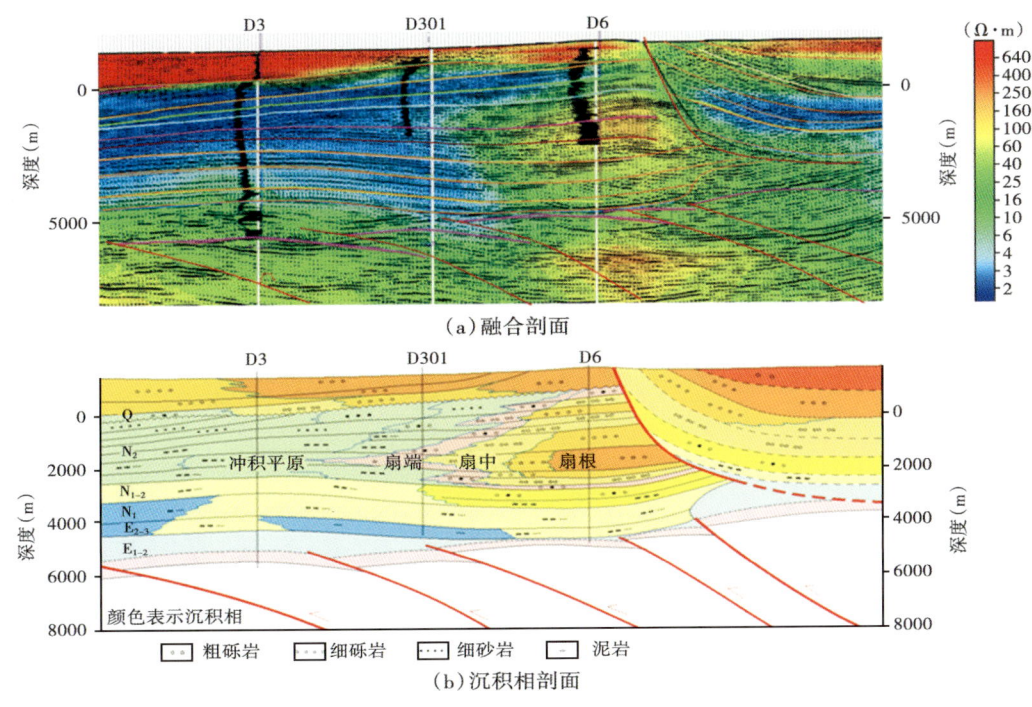

图3-36 电阻率反演与深度域地震融合剖面、沉积相剖面

利用三维地震的各种切片进行属性分析研究是地震解释的常规技术,但电法资料要实现类似的这种研究,必须满足以下条件:(1)电磁法勘探形成的结果数据体是三维的;(2)电磁法反演数据体沿深度变化是地下电性结构变化的真实反映;(3)切片所依据的界面是准确的。

根据地震层位解释结果获取目标层界面,利用三维反演数据体进行顺层切片,获得沿层界面的电性变化,沿界面求电阻率,结合井震资料开展岩性、岩相解释,编制全区砾石厚度变化趋势图、分层系厚度图和沉积相分布图。

2. 利用三维重磁电识别砾岩体,辅助速度建模

山前带发育的砾岩在地震勘探资料上易产生"速度陷阱",影响地震勘探精度。塔里木盆地库车中部地区钻井及露头资料显示普遍发育砾岩,但砾岩分布规律不清。高速砾岩的分

布影响了地震勘探深层的构造成像,导致对深层构造刻画不准,甚至对构造基本形态的认识产生偏差。

因此,准确预测砾石层的分布及其内部岩性、岩相的变化,进而得到更准确的速度模型,是山前带勘探亟待解决的问题。电法资料揭示中浅层的高阻、次高阻分别与第四系、新近系发育的砾岩有很好的对应关系,即电法实测资料能清楚地揭示砾石层。

通过对库车山前的物性统计发现砾石层具有高阻、高密度特征。对于地震解释而言,部分第四系砾岩呈杂乱反射,易于识别,但新近系砾岩与围岩地震反射特征无明显差别,难以识别。虽然电法勘探资料对砾石层有明显的反应,但由于体积效应的影响,高电阻的外轮廓并不是砾石层分布的准确反映,且不能识别砾石层内部的细层;地震解释能识别新近系砾石层细层并进行追踪对比,但难以识别砾石层的分布。电法与地震融合解释可以有效地解决砾石层分布和纵向分层对比问题。同时,密度与速度有较好的对应关系,借助重力勘探资料也可以定性解释砾石层的分布。

应用该技术在库车大北地区精细刻画砾石层的分布,辅助建立速度模型,有效地解决了复杂山前带因中浅层砾石复杂的速度变化导致的深层构造落实不准等问题。

1)刻画砾岩厚度及岩性、岩相分布特征

电法与地震融合解释精细刻画了大北地区砾石层的分布(图 3-36、图 3-37)。纵向上可识别出 3~4 个砾石层,平面上刻画出了每一个砾石层的扇缘、扇中、河道等的分布情况。预测结果与钻井实际吻合较好,3 口后验探井预测砾石总厚度与实钻总厚度对比误差小于 3%。

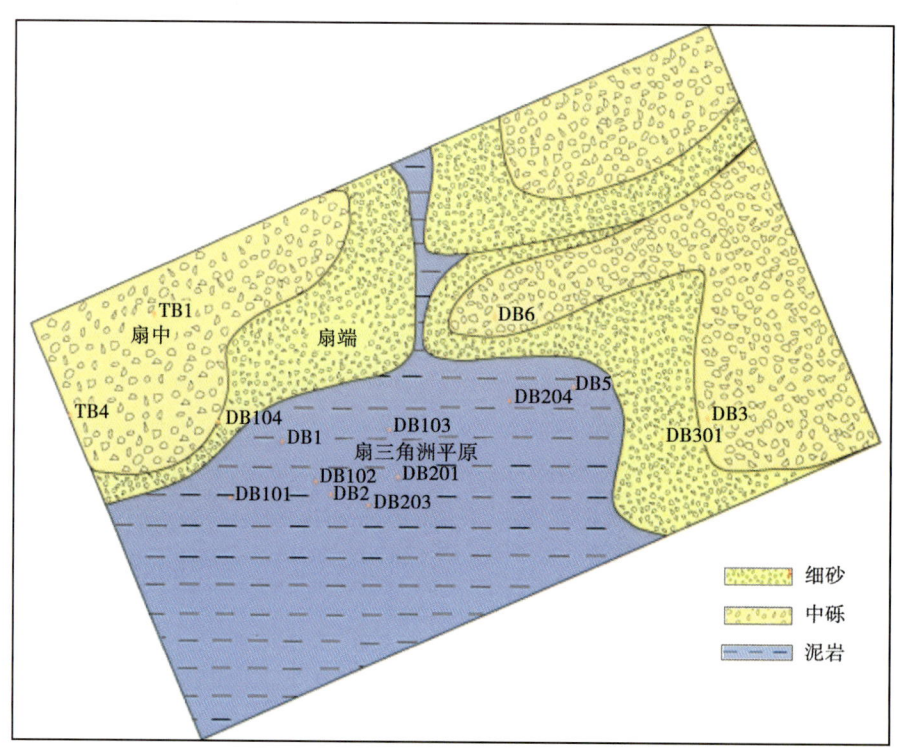

图 3-37 大北地区第四系砾岩段沉积相平面图

2）应用于地震叠前深度偏移处理

基于以上预测结果，重新构建速度模型，用于地震叠前深度偏移处理。对比应用砾石层研究前后的叠前深度偏移结果，应用后速度陷阱被消除，地震处理成像速度更准确，资料品质得以提高（图3-38）。

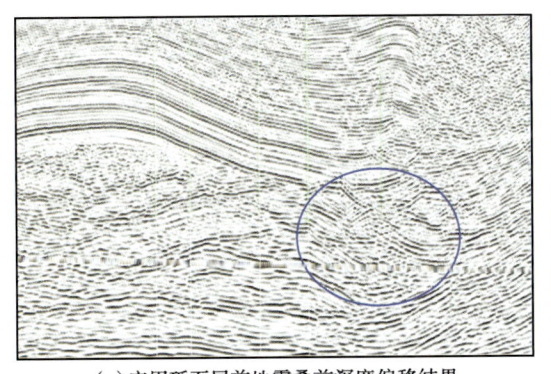

(a) 应用砾石层前地震叠前深度偏移结果　　　(b) 应用砾石层后地震叠前深度偏移结果

图3-38　应用砾石层研究前后地震叠前深度偏移资料对比

3）应用于地震解释的变速成图

图3-39展示了研究区使用砾石层研究结果前后的新老构造图对比，可以看出，利用综合资料新建立的速度场对该区变速成图以后，构造形态发生了较大变化，北部构造高点向北东发生了偏移，原高点位于斜坡上。

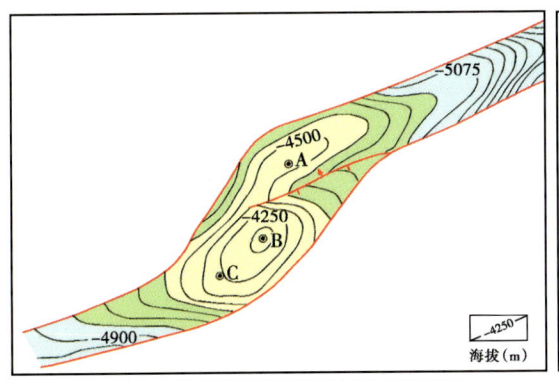

(a) 应用砾石层研究结果前的老构造图　　　(b) 应用砾石层研究结果后的新构造图

图3-39　应用砾石层研究结果前后的新老构造图对比

4）钻井结果

大北工区内3口钻井在应用砾石层研究结果前对盐顶的预测结果误差为280~380m，使用砾石层研究结果之后预测误差在30~120m。三维重磁电施工前开钻的D6井由于没有考虑到砾岩高速异常体，导致钻前目的层预测深度与钻后实际深度相差近1100m。

（二）时频电磁—地震联合的油气预测技术

1. 时频电磁多参数多属性的综合评价

时间域和频率域可以提取多种不同属性，主要包括时频电磁的IPR异常即激发极化异常（IP）与电性异常（R），综合多种属性可以提高可靠性。目前在GeoEast上所做的多种属性分析方法主要有神经网络、RGB、HLS及算术融合、交会分析法、相关分析法、模型回归分析、聚类分析法等。

IPR油气预测技术是预测油气的基本方法，地质体含有油气时其电阻率比围岩要高，因此在电磁资料中形成高阻异常，而激发极化异常则反映研究目标是否含有流体，只有既是高阻又是流体才能推断研究目标为油气藏。其中高阻异常又包括高振幅异常、双频振幅异常和电阻率异常等；极化类异常也包含双频相位、极化率和时间常数等，其中极化率是主要研究参数，只有这两类均为高异常时才能评价为含油气有利异常。

2. 时频电磁—地震联合预测

在时频电磁IPR油气预测的基础上，开展电磁—地震联合圈闭评价。理论和实践都表明：已知油气田储层电阻率和极化率异常具有明显的统计规律。在勘探目标评估时，采用AVO等地震属性和电磁属性（IPR）异常匹配新模式预测含油气性，可进一步提高勘探成功率。统计电磁—地震联合预测技术在国内50余个勘探目标以及在阿曼、乍得、尼日尔等30余个勘探目标的应用情况，钻探成功率可达70%以上。

非地震勘探是地球物理勘探的一种重要手段，在岩性与岩相识别、速度建模和油气检测方面有独特的优势，地震—非地震联合解释可以有效解决前陆冲断带等复杂地区的油气勘探问题。

第二节 库车前陆冲断带结构特征

库车坳陷包含由西向东的乌什凹陷、拜城凹陷和阳霞凹陷等主要构造单元，总体走向为北东东向，地面地质露头构造线方向也主要为北东向、北北东向和近东西向。卫星影像显示库车坳陷中部宽、东西两侧明显变窄，并且沿着构造走向呈"藕节式"分段。库车坳陷的中、新生界构造变形复杂，以逆冲断层和褶皱构造为主，不同区段构造样式、变形特征有明显差异。

一、库车前陆冲断带构造分层组合特征

库车坳陷主要沉积地层是中、新生界，新生界与中生界之间在大部分区域为平行不整合接触，普遍缺失晚白垩世地层。古近系底部的库姆格列木群在拜城凹陷为巨厚的膏盐岩层，新近系底部的吉迪克组在阳霞凹陷为膏盐岩层。膏盐岩层及区域不整合面的分割，导致新生界与中生界及盆地基底在构造变形组合上存在差异，构造变形具有分层性。

（一）新生界构造组合特征

库车坳陷地表大部分区域被第四系覆盖，但是在坳陷边缘及坳陷内部的强变形带也有更老的地层直接出露地表。库车坳陷北部边缘不同区段出露的前中生代基底岩层不尽相同，西段以震旦系、下古生界和泥盆系为主，中段以石炭—二叠系为主，东段以志留系、泥盆系为主。

进入盆地区，出露的中、新生界总体上向盆地倾斜，自北而南依次由老变新，形成坳陷北部的单斜构造带，局部也可见基底岩层向南逆冲在中、新生界之上。库车坳陷内部的强变形带主要由紧闭背斜及沿背斜轴向延伸的逆冲断层组成。库车坳陷中、东段的北部出露的中、新生界构成近东西向延伸的3排背斜带，北部山前第一排背斜比较宽缓，核部出露三叠系；第二排背斜（库姆格列木背斜）带两翼陡倾，核部出露的最老岩层为白垩系，滑脱面

位于侏罗系；第三排背斜（喀桑托开背斜）核部出露的最老岩层为古近系，滑脱面为古近系底部库姆格列木群膏盐岩层。

库车坳陷南部的秋里塔格背斜带在地表出露的最老岩层为新近系康村组，滑脱面也是古近系底部的库姆格列木群膏盐岩层。库车坳陷卷入褶皱的地层由北向南总体上依次变新，在库姆格列木背斜带及以南区域，褶皱变形主要发育在新生界。部分切割中、新生界的逆断层直接出露地表，主要发育在背斜核部或核翼转折部位，与褶皱轴迹平行延伸。地震剖面上可见逆冲断层与紧闭的背斜共生，构成新生界强构造变形层。

图3-40展示了库车坳陷断裂与构造变形带的分布。图3-40（a）所示的库车坳陷浅表层构造变形组合，总体表现为北东东向的弧形强变形带，环绕3个次级凹陷展布。其中，拜城凹陷北部的克拉苏构造带和南部的秋里塔格构造带相对较宽，乌什凹陷南部的强变形带相对较窄，阳霞凹陷北部的强变形带较宽，而南侧的强变形带不甚明显。不同构造部位的新生界强变形带的构造样式不同。

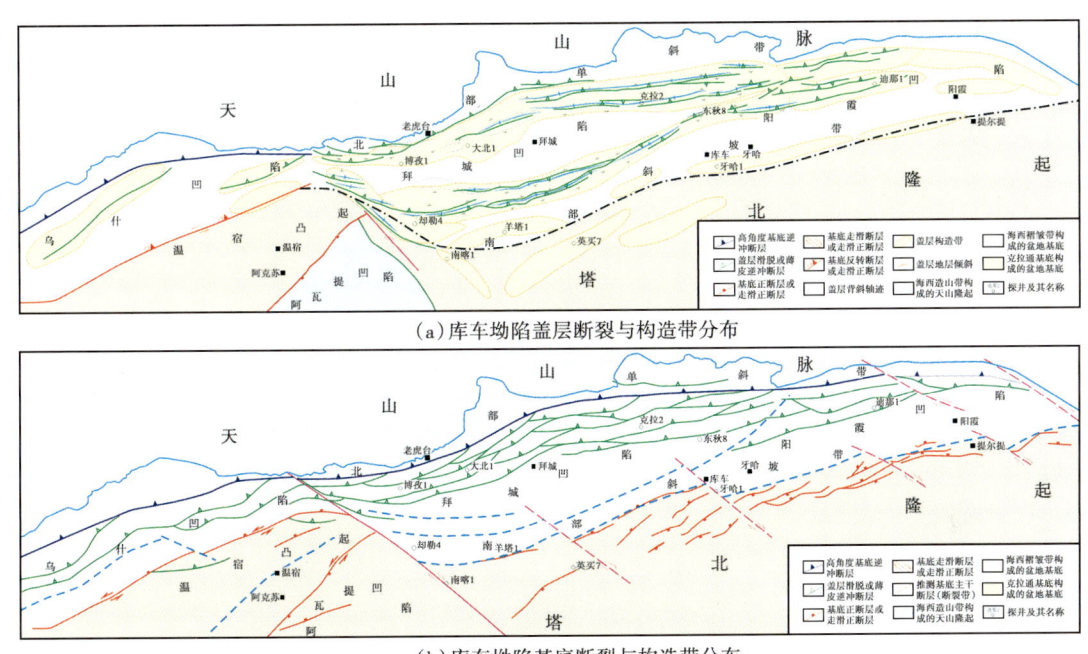

图3-40 库车坳陷断裂与构造带分布图

库车坳陷北部边缘中、新生代地层向南倾斜形成单斜构造，并可见到有部分向北倾斜的基底逆冲断层切割到中、新生界盖层中。拜城凹陷北部的克拉苏构造带中、新生界发育相对紧闭的背斜和相对宽缓的向斜构造，背斜变形还多伴随有破冲断层发育（图3-41）。秋里塔格构造带在地表表现为1~2排背斜，在地震剖面上可以看到库姆格列木群膏盐岩层形成一个大型的盐丘构造，构成上覆新生界复式背斜的核部及滑脱层，盐下层变形相对较弱（图3-42），盐上层新生界的褶皱也伴生发育由核部向翼部逆冲的破冲断层。尽管新生界褶皱叠置在中生界冲断褶皱之上，仍不难看出新生界褶皱变形在库姆格列木群中滑脱。中生界以基底卷入逆冲断层及其相关褶皱变形为主，褶皱相对宽缓，与新生界的紧闭褶皱有明显差异。新生界背斜的翼部也发育有逆冲断层，但从地震解释剖面显示的褶皱—冲断组合关系可以看出这些逆冲断层是新生界在渐进褶皱作用过程中发育的从背斜核部向翼部逆冲的逆断层，与切割中生界的基底卷入逆冲断层并不直接连接在一起。

对比图 3-41 和图 3-42 不难看出，克拉苏构造带盐上层背斜总体上比西秋里塔格构造带盐上层背斜更加紧闭，更加规则。这可能是由于克拉苏构造带的盐岩层厚度相对西秋里塔格构造带薄一些，因此盐岩层在背斜滑脱过程中的底辟作用相对弱一些。

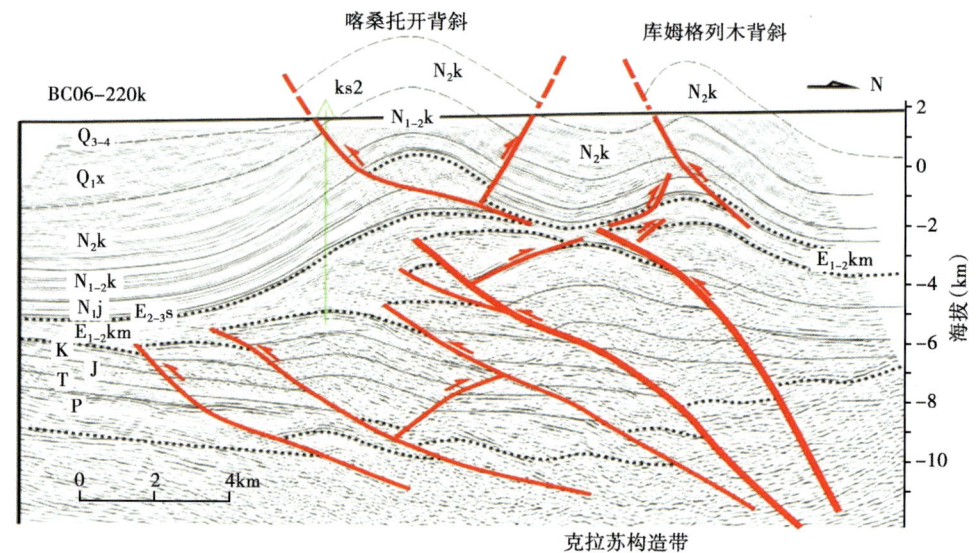

图 3-41 克拉苏构造带中段地震剖面构造解释图

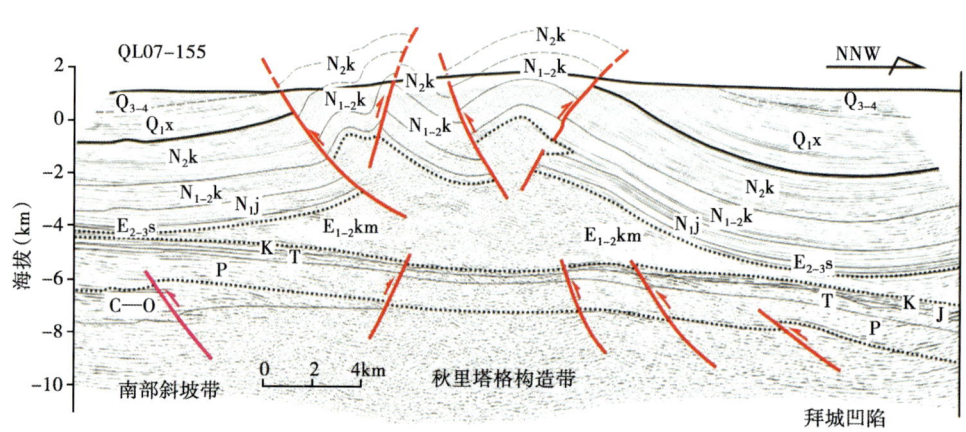

图 3-42 西秋里塔格构造带地震剖面构造解释图

（二）中生界构造组合特征

库车坳陷中生界构造层变形带的展布与新生界类似，环绕库车坳陷 3 个凹陷的深洼区分布的弧形强变形带与新生界强变形带上下叠置在一起［图 3-40（b）］。不同的是，中生界强变形带以断裂变形为主，且不同强变形带的构造样式差异明显。

库车坳陷中段的北部边缘直接出露的中生界含煤碎屑岩不整合在石炭—二叠系或更老的地层之上，岩层产状总体上向南倾斜，构成库车坳陷北部单斜构造带。西段的乌什凹陷和东段的阳霞凹陷的北部边缘地表则多是第四系直接超覆到前中生界盆地基底之上，地震勘探资料和重磁勘探资料解释第四系覆盖区的中生界也总体上向南倾斜，并被若干与盆地边界走向大致平行、向盆地逆冲的高角度逆冲断层断开，构成盆地边缘的逆冲断阶带。库车坳陷中段的北部单斜构造带也发育有若干逆冲断层，但是单条断层的逆冲位移较小，并没有破坏单斜岩层层序上的总体连续性。北部单斜带也可以看作是拜城凹陷北部宽缓复式向斜的北翼，其南翼逐渐过渡到克拉苏构造带。在克拉苏构造带以北区域，地面出露的中生界构成宽缓的向斜和相对紧闭的背斜构造。克拉苏构造带以南地表基本没有中生界出露，但是地震勘探资料揭示凹陷深层的中生界与地面出露的中生界的构造变形样式有所不同。

库车坳陷北部单斜构造带中、新生界的构造变形基本上是协调一致的，但是克拉苏构造带中、新生界强变形带的构造变形是不协调的。克拉苏构造带的中生界发育有两种类型的逆冲断层及相关褶皱变形，一类是由深层向上切割中生界的基底逆冲断层及其相关褶皱，另一类是切割中生界并在中生界内部软弱岩层或中生界底面滑脱消失的盖层滑脱断层及其相关褶皱。基底逆冲断层多为中—高角度倾斜，向下切割至盆地基底中，向上切割中生界至新生界底部的库姆格列木群膏盐岩层或吉迪克组膏盐岩层中消失，在膏盐岩层较薄或缺失的盆地北部边缘的基底断层也可以一直切割新生界至地表附近。这类基底断层或许具有走滑逆冲性质，从断层两盘的中生界厚度对比关系来看，部分高角度基底断层可能属于反转断层。中生界的盖层滑脱断层的倾角相对低，或呈铲式形态，多发育在中—陡倾斜的基底逆冲断层的下盘，具有叠瓦逆冲构造或双重逆冲构造样式（图3-43）。与中生界内部或底部滑脱的低角度逆冲断层或铲式逆冲断层相关的褶皱规模较小，多表现为蛇头式半背斜或断背斜，与中—高角度基底逆冲断层相关的褶皱规模相对较大，可以是反转正断层上盘的反转背斜，或是基底断层上盘断块的披覆背斜。中生界的背斜可以与上覆新生界的背斜叠置在一起，但中生界背斜明显比上覆新生界背斜宽缓一些（图3-43、图3-44）。

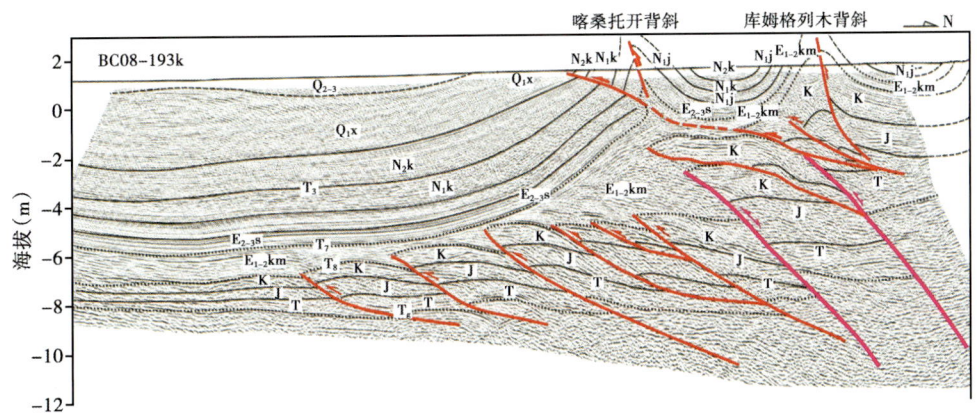

图3-43　克拉苏构造带中段地震剖面构造解释图

秋里塔格构造带的中生界相对较薄，发育中—高角度倾斜的基底断层及与基底断块隆起相关的披覆背斜，基本不发育盖层滑脱的断层及褶皱构造（图3-42）。秋里塔格构造带切割中生界的基底断层主要是位移较小的逆冲断层，也有部分断层可能是由早期的正断层发生反转形成的（图3-44）。

（三）基底构造组合特征

库车坳陷北部边缘出露的前中生界盆地基底岩层包括上古生界、下古生界、震旦系和前

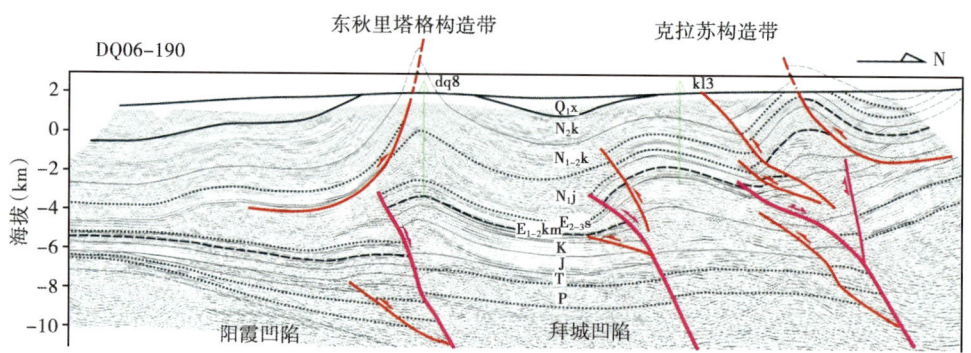

图 3-44 克拉苏构造带东段地震剖面构造解释剖面

震旦系。上古生界以碎屑岩为主，下古生界以碳酸盐岩为主，均发生了强烈变形和一定程度的变质。震旦系原岩以碎屑岩为主，发生了中—深变质，前震旦系为混合岩化的结晶基底。这些前中生界在库车坳陷内部的地震剖面上基本不能形成成层性反射，表明前中生界受海西运动和加里东运动的影响发生了变形、变质作用。

图 3-45 显示了基底岩性及主要断裂的分布。库车坳陷西段和中段的盆地基底主要由上古生界的海西期褶皱带组成，库车坳陷东段主要由下古生界的加里东褶皱带组成，库车坳陷南侧的温宿凸起、塔北隆起等由前震旦系结晶基底组成。不同性质的盆地基底之间发育有基底断裂，与中、新生界构造层发育的强变形带的分布基本一致，说明基底构造对盖层变形有重要影响。

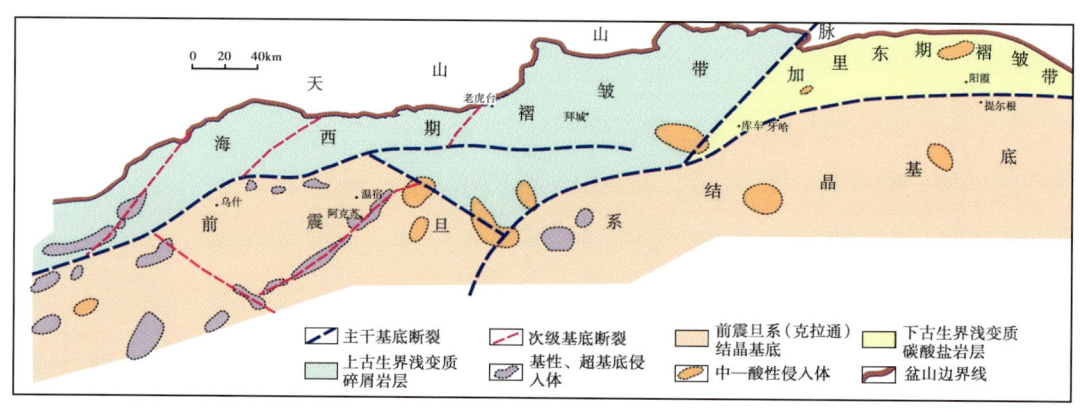

图 3-45 库车坳陷基底结构图

库车坳陷是发育在前中生界褶皱带之上的中、新生代沉积坳陷，而这些褶皱带是古南天山洋关闭过程中塔里木克拉通陆块与中天山地块碰撞作用的产物。地面地质研究表明，南天山中轴线分布有大量超基性岩、基性岩，是塔里木陆块与中天山地块之间的缝合带位置，南天山南坡及山前地带分布的古生界属于南天山洋关闭形成的增生楔的一部分。根据现今库车坳陷盆地基底岩性及断裂分布特征可以推断，在古生代南天山洋发育时期库车坳陷属于塔里木克拉通陆块的北部大陆边缘的一部分。南天山洋是古亚洲洋的一部分，早古生代末期的加里东运动一度使南天山洋关闭，在晚古生代时期南天山洋再次打开，到晚古生代末期的海西运动最终关闭。古亚洲洋是塔里木克拉通、华北克拉通与西伯利亚克拉通之间在晚元古代至古生代发育的广阔大洋，洋内散布有若干微型陆块、地块等，并在演化过程中有多次开合，最终在晚古生代末期关闭，将塔里木克拉通与中天山地块、准噶尔陆块等焊接在一起成为统一的欧亚大陆的一部分。塔里木克拉通北部大陆边缘古生代的构造-沉积演化十分复杂，伴随着南天山洋的开合经历了由被动大陆边缘和主动大陆边缘多次转化的演化过程。这一复杂构造演化过程或多或少会在库车坳陷基底构造中留下印记，并对中、新生代沉积坳陷次级构造单元的分布及南北分带、东西分段和垂向分层的构造格局有重要影响。

库车坳陷总体上体现出分层收缩构造变形特征，因此坳陷内部各次级构造单元的边界在不同层次可能相同，也可以不同，甚至边界位置也会有些差异。总体上是由断裂带和翼间角较小的紧闭背斜等构成的强变形带，分隔着断块、宽缓向斜等弱变形域；由盐岩层、煤系地层等软弱岩层发生顺层剪切滑脱形成的强变形层，分隔基底构造层、能干岩层等弱变形层。变形强度从北向南、由深及浅、自中段向两侧渐弱，反映现今库车前陆盆地的构造格架总体上是在晚新生代时期南天山对库车前陆盆地的挤压作用下形成的，山体负荷、基底断裂和盐岩层等对盆地结构有重要影响。

二、库车前陆冲断带分段性及结构特点

库车坳陷构造变形具有明显的构造分带性，但是不同区段的剖面结构有明显差异。库车坳陷可进一步划分为 8 个次级构造单元，即北部单斜带、克拉苏构造带、依奇克里克构造带、乌什凹陷、拜城凹陷、阳霞凹陷、秋里塔格构造带和南部斜坡带等（图 3-46）。以下通过 3 条区域构造剖面描述不同区段的结构特征。

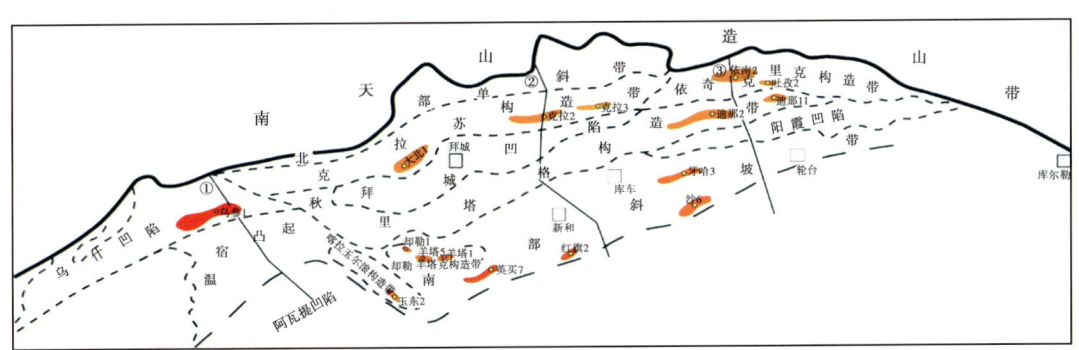

图 3-46 库车坳陷构造单元分布图

（一）库车坳陷西段剖面结构特征

图 3-47 是穿过库车坳陷西段的一条地震剖面（剖面位置见图 3-46 中的剖面①）。如剖面所示，若干向北倾斜的基底卷入式逆冲断层构成了乌什凹陷北侧与南天山之间的强变形带。在地面露头上，可以看到泥盆系或寒武系向南逆冲到三叠系之上，甚至可以看到前寒武系基底直接逆冲到白垩系、古近系之上。地震剖面显示乌什凹陷内部的变形相对弱，南部边缘受陡倾、近直立的断裂带限制与温宿凸起分隔。

在平面上，乌什凹陷是一个窄长条的凹陷，从西至东走向由北东向逐渐转变为北东东向、近东西向。乌什凹陷南侧的温宿凸起是一个基底凸起，凸起上覆的沉积盖层主要是新近系，表明从古生代到新生代早期具有继承性隆升特征。温宿凸起南部边缘也是以一条近直立的基底断层与阿瓦提凹陷分隔。温宿凸起南侧的阿瓦提凹陷与北侧的乌什凹陷相比，中、新

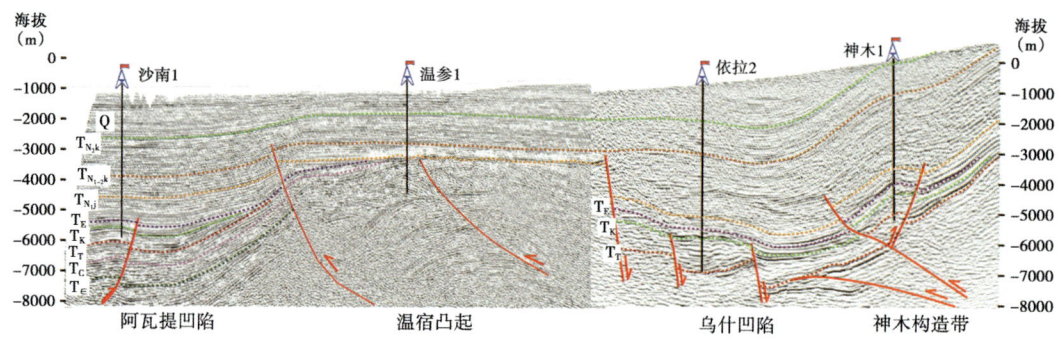

图 3-47　横穿库车坳陷西段的区域构造剖面

生代沉积凹陷的基底有明显的差异：阿瓦提凹陷不仅充填有相对连续的中、新生代地层，还发育有成层性较好、变形微弱的古生代地层；乌什凹陷充填的中、新生代地层相对较厚，但是前中生界可能是强烈变形和变质的古生界。因此，将温宿凸起与乌什凹陷之间近垂直的基底断裂带作为库车坳陷西段南侧的边界断裂是合理的。

温宿凸起不仅缺失古生代地层，大部分区域也缺失中生界、古近系，成层分布的新近系可以直接覆盖在前寒武系基底之上。地震剖面上温宿凸起南北两侧的边界基底断裂控制了中生代、古近纪的沉积，向上可以一直切割到新近系。温宿凸起两侧断裂带中的基底主干断层由凸起向凹陷一侧陡倾斜，与分支断裂构成花状构造样式，并显示具有多期活动特征。从剖面结构来看，早期具有正断层或走滑正断层性质，晚期具有逆冲断层或走滑逆冲断层性质，利用和改造了早期的边界正断层。温宿凸起北侧与乌什凹陷相邻的基底断裂带表现为走滑挤压性质，但深层的早期正断层未受影响，或只发生了轻微的反转；南侧与阿瓦提凹陷相邻的基底断裂带表现为走滑逆断层或逆断层性质。

乌什凹陷北部边缘与南天山之间以逆冲叠瓦扇接触，靠近山前的主干逆冲断层向北切割到造山带内部，而部分逆冲断层将前二叠系盆地基底岩层逆冲到新近系库车组或第四系西域组。在盆地边缘的地面露头上也可以看到海西期褶皱被后期发育的逆冲断层破坏，显示强烈的基底卷入式挤压构造变形特征。

乌什凹陷内部充填的中、新生代地层厚 6000~7000m。乌什凹陷西段岩层的能干性差异相对较小，变形相对较弱，发育向北倾斜的基底逆冲断层及其相伴的宽缓背斜构造。乌什凹陷东段发育有古近系库姆格列木群膏盐岩层，岩层能干性弱，构造变形也明显较西部强烈，发育被膏盐岩层分隔叠置的基底冲断构造层和盖层冲断褶皱构造层两个变形层。值得注意的是，在乌什凹陷内部和北部边缘的挤压构造变形带中，部分高角度基底断层在剖面上具有正反转断层特征，即早期为正断层，晚期反转为逆冲断层。

（二）库车坳陷中段剖面结构特征

库车坳陷中段的拜城凹陷为长轴近东西向展布的菱形凹陷，被强变形带夹持。拜城凹陷深陷区变形相对较弱，北侧边缘为向北弧形突出的北部单斜构造带，向南至拜城凹陷深洼区的边缘为近东西向延伸的强构造变形带；南侧边缘为略向南弧形突出的却勒—西秋里塔格强构造变形带，再向南为向北缓倾的南部斜坡构造带逐渐过渡到塔北隆起。拜城凹陷西侧被东西走向的喀拉玉尔滚构造带与乌什凹陷、温宿凸起分隔，东侧被北东东走向的东秋构造带与阳霞凹陷分隔。这些强变形带多显示挤压或走滑挤压构造变形特征，但是结构特征各异，且都表现出具有多期不同性质的基底断裂带背景。图3-48是横穿拜城凹陷的一条地震剖面（剖面位置见图3-46中的剖面②）。剖面显示库车坳陷北部边缘发育一系列向北倾斜的逆冲断层和相关褶皱构成的冲断褶皱带，南侧的拜城凹陷深凹陷区构造变形相对较弱，再南侧的拜城凹陷边缘的却勒—西秋里塔格构造带表现为以库姆格列木群膏盐岩层为核的背斜构造。

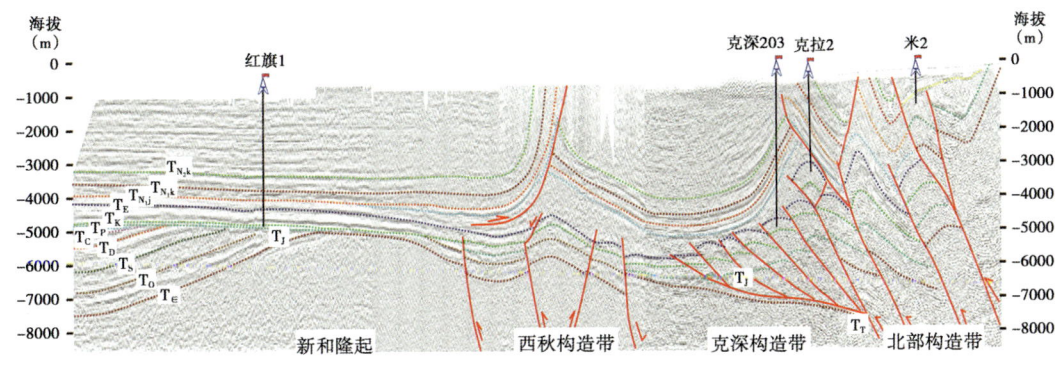

图3-48 横穿库车坳陷中段的区域构造剖面

库车坳陷中段的山前带发育有基底卷入变形的逆冲断层，向上切割至古近系库姆格列木群膏盐岩层，构成逆冲叠瓦扇构造。盐上层发育薄皮逆冲断层和相关褶皱，盐岩层向上可以刺穿到新近系中，并成为盐上层薄皮逆冲褶皱构造的滑脱层。在地震剖面上，克拉苏构造带和西秋构造带中的一些高角度主干基底断层具有正反转断层特征。根据侏罗系、白垩系厚度及相关反射界面追踪解释出的深层断层为正断层，根据盐下层界面追踪解释的断层为逆冲断层。在却勒构造带，甚至还可以解释出一些尚未反转的早期正断层，它们可以一直切割到盐岩层底界面。

库车坳陷中段的构造分带特征明显。北部边缘出露强烈变形和变质的石炭—二叠系，自北向南还依次出露三叠系、侏罗系、白垩系、古近系和新近系，构成北部构造带，第四系超覆在中生界、古近系和新近系之上。再向南的克拉苏构造带是一条强变形带，与拜城凹陷轴部深陷带分隔。拜城凹陷南侧的西秋构造带也是一条强变形带。

库车坳陷中段具有典型的分层构造变形特征，而且沿着走向自西向东构造特征发生明显变化。克拉苏构造带西段库姆格列木群盐岩层发育刺穿底辟，盐上层构造变形不明显，盐下层表现为基底卷入逆冲断层构成的叠瓦扇构造。中段在地表发育的吐孜玛扎背斜是一个盖层滑脱的背斜构造，盐岩层发生隐刺穿和刺穿底辟，深层则发育一系列向北倾斜的受盐岩层和侏罗系—三叠系煤层控制的滑脱逆冲断层构成的叠瓦扇构造。东段在地表及浅层发育两排大致平行的长轴背斜，北部的库姆格列木背斜以白垩系为核，南部的喀桑托开背斜以古近系为核，向西延伸与吐孜玛扎背斜断续相连成为近东西向背斜带。克拉苏构造带东段盐下层发育双滑脱逆冲断层构成楔状叠瓦扇，盐岩层发育穿刺底辟和强烈的流动变形，分隔上下两个不同特征的构造变形层。

库姆格列木群盐岩层在拜城凹陷是一个区域性的滑脱层，从北部边缘的克拉苏构造带到南部边缘的西秋构造带，盐上层与盐下层的构造变形表现出分层不协调变形特征。位于克拉苏构造带和西秋里塔格构造带之间的拜城凹陷深洼带的轴线偏向北侧，盐上的新生界表现为一个北深南浅的不对称向斜构造，盐下的中生界则表现为被若干基底断层切割的、向北倾斜的斜坡构造。拜城凹陷较乌什凹陷和阳霞凹陷的规模更大，充填的中、新生界厚度也明显较大，中生界底面埋深最大可达 13000m 左右。西秋构造浅表层总体上表现为以库姆格列木群盐岩层为核的滑脱褶皱，盐下层发育有中—高角度基底断层，但是自西向东的构造变形特征也有变化：西段表现为北缓南陡的宽缓背斜；中段为近对称的箱状背斜，南北两翼均发育逆冲断层，南倾和北倾断层夹持的盖层断块形成冲起构造；东段为南缓北陡的背斜。西秋构造带盐下层发育多条断距较小的基底断层，以相向倾斜的对冲组合为主，表现为近直立的走滑断层带特征。西秋构造带以北中生界总体由南向北增厚，向塔北隆起三叠系、侏罗系较薄或缺失，白垩系超覆到塔北隆起之上。塔北隆起与西秋里塔格构造带之间的中、新生界总体上表现为向北缓倾的斜坡构造。从切割盐下层的基底断层与地层的交切关系看，部分高角度基底断层在中生代甚至新生代早期可能属于正断层或走滑正断层，在新生代晚期发生逆冲反转位移。

（三）库车坳陷东段剖面结构特征

图 3-49 显示了库车坳陷东段构造样式特征。库车坳陷东部自北向南依次划分为迪北—依奇克里克构造带、东秋构造带、阳霞凹陷和牙哈—轮台断隆。迪北—依奇克里克构造带是由多条高角度向北倾斜的基底卷入逆冲断层及其相关构造变形构成的强变形带。东秋构造带是受吉迪克组膏盐岩控制的滑脱变形带。阳霞凹陷是夹在牙哈—轮台断隆与东秋构造带之间的新生界凹陷。由于吉迪克组盐岩层自西向东逐渐减薄，构造样式也相应变化。在阳霞凹陷西段盐岩层较厚，导致盐上层、盐下层具有分层不协调变形，盐下层发育高角度逆断层或走滑逆冲断层，盐上层发育薄皮滑脱褶皱。在东段盐岩层减薄后盐上层和盐下层的构造变形逐渐协调起来，基底断裂可以一直切割到盐上层，盐岩层的滑脱明显减弱。阳霞凹陷侏罗系底面埋深最大 9000m 左右。南侧边缘为一斜坡构造带，经高角度基底断层与牙哈—轮台断隆相接。

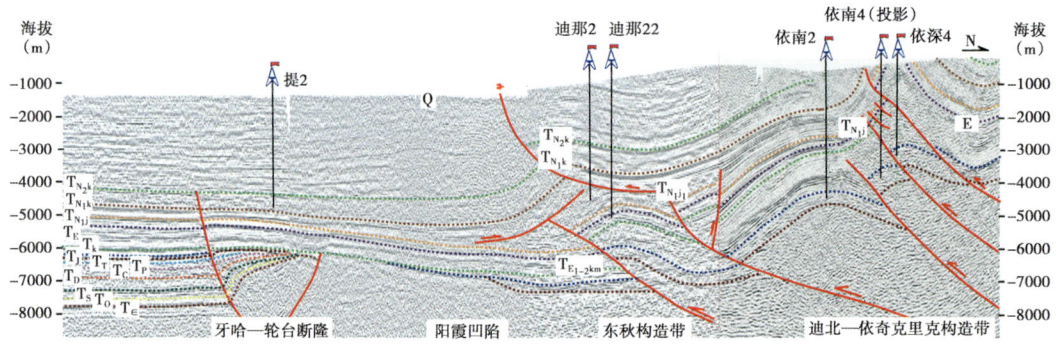

图 3-49 横穿库车坳陷东段的区域构造剖面

库车坳陷东段与中段的构造变形有明显差异。其一是山前单斜带、冲断褶皱带构成的北侧强变形带相对较窄；其二是深洼带南侧不发育冲断褶皱或滑脱褶皱带，而是基底断裂带，变形强度也明显比拜城凹陷南侧的西秋里塔格构造带弱一些；其三是东段相对较浅，库姆格列木群明显减薄至缺失，新近系吉迪克组发育盐岩层。

库车坳陷的分段性不仅体现在构造特征差异上，在地层层序及厚度分布上也有明显不同。对比图 3-47、图 3-48 和图 3-49 中的区域构造剖面可以看出，库车坳陷中段拜城凹陷充填的中、新生界明显大于西段的乌什凹陷和东段的阳霞凹陷。乌什凹陷相对薄的库姆格列木群延伸到拜城凹陷后厚度显著增大，并且岩性由以砂泥岩为主变为以膏盐岩层为主。在乌什凹陷和拜城凹陷过渡部位，拜城凹陷巨厚的库姆格列木群膏盐岩层发生刺穿底辟侵入到吉迪克组甚至更新的地层中，并在拜城凹陷发育大量刺穿和未刺穿的盐丘构造。新近系的吉迪克组在阳霞凹陷厚度明显增大，岩性由以砂泥岩为主变为以膏盐岩层为主。

三、库车前陆冲断带分带性特征

库车前陆冲断带自北向南可划分为3个强变形构造带，即北部边缘断裂带、克拉苏—依奇克里克构造带和却勒—秋里塔格构造带。库车前陆冲断带为3个强变形带及其夹持的弱变形域构成的收缩构造系统。

北部边缘断裂带：由一系列北倾的基底断裂和紧闭褶皱（前二叠系变质岩卷入变形）构成的变形带，沿着南天山山前分布，东西长约280km，构成库车坳陷中、新生界分布的北部边界。部分区段盆地边缘的基底卷入逆冲断层将前二叠系变质岩逆冲在中、新生界之上（图3-50）。

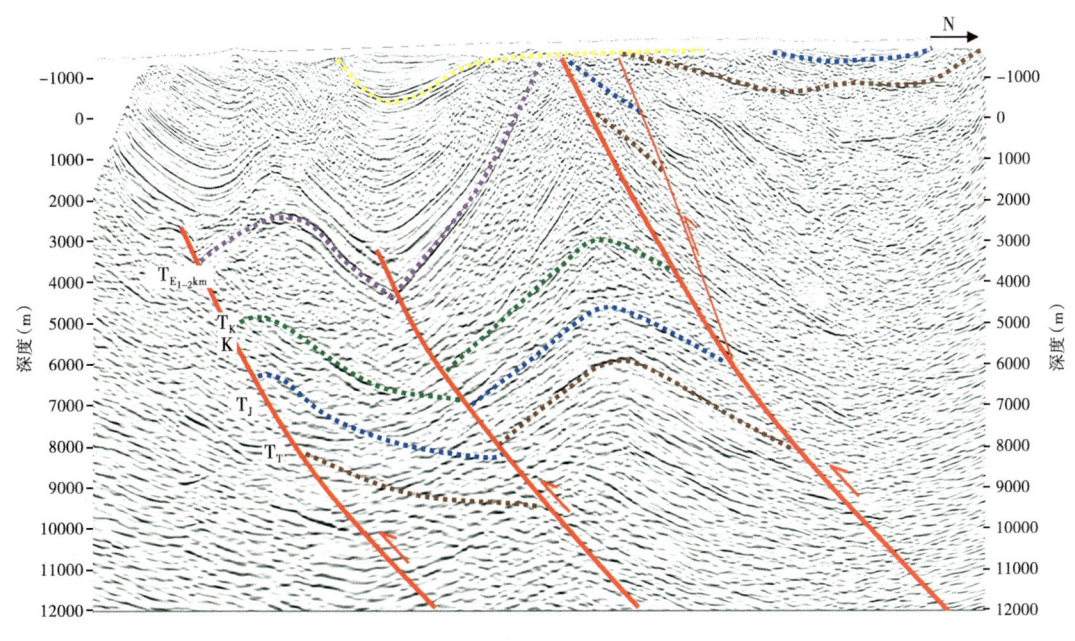

图3-50 北部边缘断裂带西段地震剖面

断裂带南侧从库车坳陷边缘向坳陷内部，地表出露的地层依次为三叠系、侏罗系、白垩系、古近系、新近系和第四系，地层总体上向南倾斜，构成单斜构造。在库车坳陷中段，北部单斜带在地表出露较宽，地层产状从盆地边缘的中—高角度倾斜至盆地内部逐渐减缓为中—低角度倾斜，局部因发育小型褶皱使岩层产状发生急剧变化。从库车坳陷中段向东、西侧延伸，单斜带宽度急剧变窄，甚至在地表没有中生界直接出露。

克拉苏—依奇克里克构造带：位于北部单斜带南侧，东西长约300km，南北宽10～20km，由紧闭褶皱、逆冲断层构成的强变形带。地震剖面显示克拉苏—依奇克里克构造带深、浅层的构造变形明显不协调，中生界煤系地层和新生界膏盐岩层使强变形带的构造变形具有分层特征。浅层构造变形以盖层滑脱的褶皱变形为主，发育褶皱伴生的逆冲断层；深层构造变形以断裂变形为主，包括中—高角度的基底逆冲断层和盖层滑脱逆冲断层，并发育断层相关褶皱。综合分析深浅层构造特征可以将该构造强变形带分为东西两段，西段位于拜城凹陷北缘，称为克拉苏构造带，东段位于阳霞凹陷北缘，称为依奇克里克构造带。

克拉苏构造带东西向分为吐孜阿瓦特、博孜—大北、克深3段。吐孜阿瓦特、博孜段在浅层的构造变形相对简单，发育小规模的盐刺穿及相关变形，深层以若干向北倾斜的逆冲断层构成叠瓦扇构造。大北、克深段在地表为两排近东西向展布的线状褶皱。其北部的背斜带自西向东包括库姆格列木背斜、巴什基奇克背斜、坎亚背斜等，背斜核部出露白垩系、古近系；南部的背斜带包括吐孜玛扎背斜、喀桑托开背斜、吉迪克背斜等，背斜核部出露古近系、新近系。

依奇克里克构造带也可以分为依奇克里克和吐格尔明两个区带，在地表自西向东发育有依奇克里克、吐孜洛克和吐格尔明等3个背斜。其中，依奇克里克背斜轴向为近东西向，是克拉苏背斜带向东的延伸部分，出露的背斜核部主要是白垩系；吐孜洛克背斜和吐格尔明背斜的轴向为北西—北西西向，沿阳霞凹陷东北部边缘斜列，吐孜洛克背斜核部出露中新统吉迪克组，吐格尔明背斜核部出露白垩系。

从背斜形态、产状看出，克拉苏—依奇克里克构造带地面背斜的深部都会发生滑脱或脱顶。北部背斜带的滑脱层为侏罗系或三叠系煤系，南部背斜带的滑脱层为古近系底部的库姆格列木群膏盐岩层。浅表层背斜总体上表现为北缓南陡的不对称形态，在背斜陡翼或核部发育有逆冲断层，这些逆冲断层多数随着背斜的滑脱而滑脱，属于褶皱逆冲断层（图3-51）。

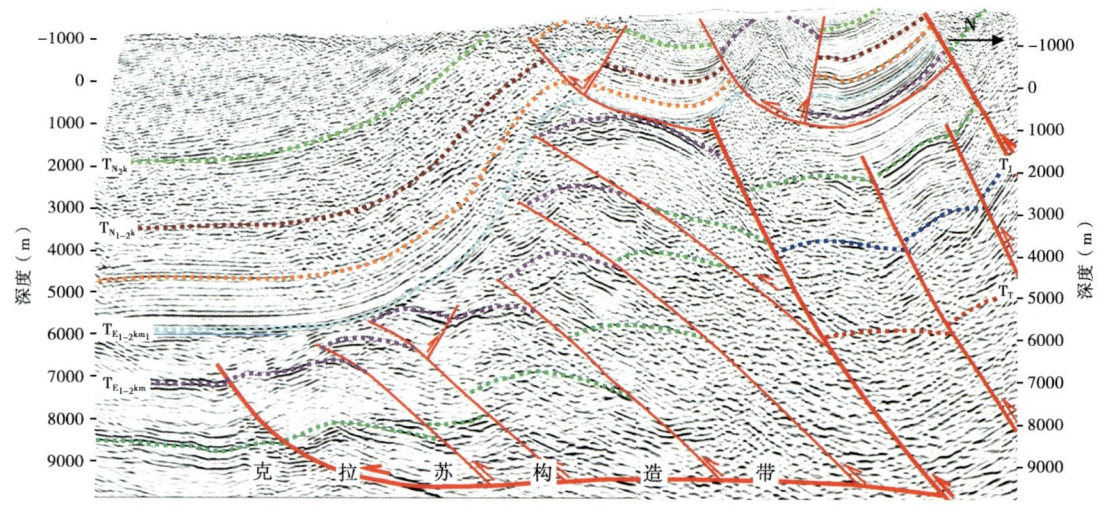

图3-51 克拉苏构造带地震剖面

强变形带深层发育的断裂带沿构造带走向也有差异。西段的深层断裂带中的主干基底断层为中—高角度向北倾斜的逆冲断层，上盘构造简单，发育的分支断层、次级断层较少，下盘则发育一系列中—低角度向南逆冲的分支断层，构成楔状叠瓦构造。东段的深层断裂带中的主干基底断层为高角度向北倾斜的逆冲断层，上下盘均发育有分支断层，构成花状构造样式，显示基底断层具有走滑逆冲断层活动特征。

却勒—秋里塔格构造带：秋里塔格构造带为向南弧形突出的强变形构造带，可分东、中、西3段。西段为却勒构造带，浅表层发育有北西西向延伸的亚克里克背斜和米斯坎塔克背斜等，中段为西秋里塔格构造带，浅表层发育有北东东向延伸的南秋里塔格背斜和北秋里塔格背斜两排线性延伸的背斜；东段为东秋里塔格构造带，浅表层发育有北东东向延伸的库车塔吾背斜和东秋里塔格背斜等。这些背斜在地表出露的地层包括苏维依组、吉迪克组、康村组和库车组等，没有白垩系出露。

却勒构造带位于拜城凹陷西南边缘，是分隔拜城凹陷与乌什凹陷的强变形构造带，浅表层背斜沿着北西—北西西向斜列，地震勘探资料显示背斜在库姆格列木群膏盐岩层中滑脱，而盐下层发育有高角度基底逆冲断层或走滑逆冲断层。

西秋里塔格构造带在地表为近东西向线性延伸的1~2排背斜，背斜核部出露新近系吉迪克组、康村组，两翼产状陡倾，并发育有破冲断层。地震剖面显示，西秋里塔格浅表层背斜为箱状背斜或轴面共轭的双轴背斜形态，总体上为近对称或北缓南陡，向深层在库姆格列木群膏盐岩层中滑脱，膏盐岩层在背斜核部加厚，并且局部有膏盐岩层向上刺穿的现象。

东秋里塔格构造带是分隔拜城凹陷与阳霞凹陷的强变形带，在地表为北东东向线性延伸的背斜。地震剖面显示，东秋里塔格背斜总体上表现为紧闭背斜形态（图3-52）。

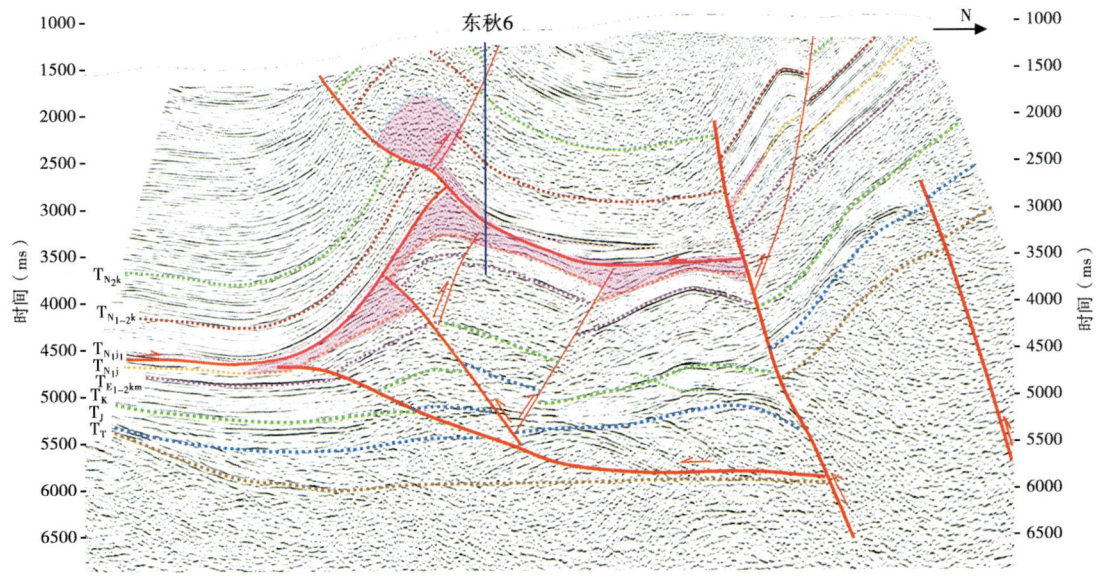

图3-52 东秋里塔格构造带地震剖面

库姆格列木群膏盐岩层构成的背斜核部规模自西向东逐渐减小，并最终被上覆吉迪克组膏盐岩层取代，也有局部刺穿现象。秋里塔格构造带浅表层背斜形态及轴面产状沿走向变化显著，枢纽起伏，显示膏盐岩层参与褶皱变形的同时发生了底辟作用。在地震剖面上，秋里塔格构造带盐下总体上为向北缓倾的斜坡，并发育2~3条自基底切割进入膏盐岩层的中—高角度基底逆冲断层。基底断层组合样式沿着构造带走向发生明显变化，西秋里塔格构造带为对冲式组合为主，东秋里塔格构造带以向北同向倾斜的断层组合为主，且断层倾角更陡直。

四、库车前陆冲断带形变机制

库车坳陷具有东西分段、南北分带和垂向分层的结构特征。挤压作用或剪切作用形成的强变形带、变形层分隔弱变形域、弱变形层。在平面上，强变形的构造带环绕弱变形构造域分布。乌什凹陷、拜城凹陷和阳霞凹陷等弱变形域被山前断裂带、克拉苏—依奇克里克构造带和秋里塔格构造带等强变形带夹持。在剖面上，塑性岩层的构造变形比能干岩层的构造变形更强烈，沉积盖层的构造变形比基底层的构造变形更强烈。图3-53是以横穿库车坳陷中段的区域地震剖面为基础简化的构造剖面模型，展示强变形带、弱变形域自北而南相间分布和强变形层分隔弱变形层的基本特征。无论强变形带还是弱变形域，同类构造的变形强度从北向南、由深及浅、自中段向两侧逐渐渐弱，反映现今库车坳陷构造格架总体上是在晚新生代南天山对库车坳陷的挤压作用下形成的，山体负荷、基底断裂和盐岩层等对盆地结构有重要影响。

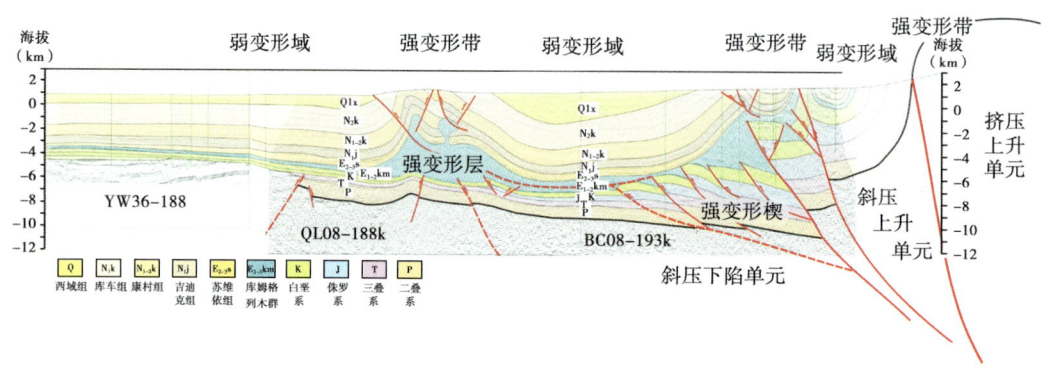

图3-53　库车前陆盆地中段的结构剖面

库车坳陷的岩石圈或地壳整体受挤压，膏盐岩层等软弱岩层在盆地盖层与基底整体挤压作用下使不同能干性的岩层发生解耦，表现出分层构造变形特征。能干岩层在变形中起主导作用，盐上层和盐下层的变形方式各不相同。横穿库车前陆盆地的区域剖面上，克拉苏构造带和秋里塔格构造带盐上层、盐下层收缩量并不一致。克拉苏构造带盐上层的收缩量小于盐下层的收缩量，秋里塔格构造带盐上层的收缩量大于盐下层的收缩量，但从整个库车前陆盆地来看，盐上层和盐下层的变形量总体上是平衡的，库姆格列木群膏盐岩层以被动变形方式来传递上下层之间的构造应变，成为顺层分布的变换构造。

库车坳陷"强弱相间"的收缩构造格局受岩层能干性、先存构造等控制。在区域挤压作用下，刚性基底块体和沉积盖层中的能干岩层抵抗变形的能力强，最终表现出的构造变形相对弱，而韧性基底、先存基底断裂带和沉积盖层中的软弱岩层抵抗变形的能力弱，最终表现出的构造变形相对强烈。同为沉积盖层，为何在克拉苏—依奇克里克构造带和秋里塔格构造带发生强烈变形？这可能受到两个因素影响：其一是盖层厚度、岩性的变化，特别是膏盐岩层分布的影响；其二是基底构造，特别是基底断裂带分布的影响。

库车坳陷"强弱相间"的分层收缩构造模型不仅是根据盆地结构、构造变形组合等特征建立的几何学模型，也有构造运动学、动力学方面的内涵：（1）强调区域挤压作用导致的收缩构造变形发生在地壳甚至整个岩石圈；（2）考虑山前带是早期的增生楔在晚新生代区域挤压中形成的强变形带；（3）南天山在挤压收缩变形中隆升可能诱导盆山过渡带发育基底卷入的高角度逆冲断层；（4）受岩层能干性等因素影响基底和不同层次的盖层之间发生不协调的收缩变形，沉积层中的盐岩层等软弱岩层在挤压收缩变形中起重要的分层滑脱作用；（5）认为中生代或前中生代发育基底断层对晚新生代构造变形有重要影响，一些早期的基底卷入高角度正断层可能在区域挤压过程中发生反转或逆冲走滑位移，并控制盖层收缩构造的形成。

分层收缩变形模型认为库车坳陷中强弱相间的构造变形特征与基底的结构有关，晚新生代南天山与库车坳陷的相互挤压作用不仅使南天山发生强烈收缩变形而隆升，也使库车坳陷地壳中的一些构造薄弱带发生强烈收缩形成强变形带。不仅山前断裂带是一条基底卷入的高角度逆冲断裂带，克拉苏构造、秋里塔格构造带的变形也受先存基底构造薄弱带控制，只是由于膏盐岩层等滑脱层的存在导致盖层变形与深层断裂带的变形不协调。

晚新生代印度板块向北推挤欧亚板块引起区域挤压作用，挤压力通过塔里木板块传递到库车坳陷与南天山地区，南天山洋在海西运动中关闭，形成的增生造山楔又在印支—燕山运动中发生过多次伸展、收缩变形，因此，在晚新生代区域挤压作用下塔里木板块发生 A 型俯冲是值得怀疑的。在塔里木陆块与南天山相互挤压过程中，南天山山体的形成并非是刚体隆升，而是在区域挤压作用下发生收缩变形的区域构造单元，山体表面隆升的同时山体根部发生拗陷，阻挡了相对刚性的塔里木克拉通向南天山下俯冲，并导致库车坳陷发生收缩构造变形。在盆山之间地壳尺度的整体挤压作用下，受地壳内部结构不均一和岩石力学性质差异的影响，库车坳陷发生"强弱相间"的分层收缩构造变形，但是沉积盖层与盆地基底之间、沉积盖层内部各层序之间的构造变形是相互呼应的。

第三节　库车前陆冲断带构造样式

典型前陆盆地逆冲褶皱带的构造样式是以向前陆方向逆冲的叠瓦状逆断层组为特点。靠近造山带部分的逆冲断层的倾角相对较陡，向前陆方向逆冲断层的倾角逐渐变缓，而这些逆冲断层向深部产状变得更缓，收敛于基底拆离断层之上，构成叠瓦扇构造。前陆褶皱冲断带的逆冲断层可以是基底卷入型的逆冲断层，也可以是薄皮的逆冲断层。国内外典型前陆褶皱—冲断带的构造样式主要有下列类型：（1）盖层滑脱型褶皱—冲断带组合；（2）基底卷入型冲断层和挤压断块组合；（3）重力滑覆构造体系；（4）盐（或泥）构造；（5）晚期正断层。由于库车坳陷发育两套区域性的盐岩层和中生界煤系地层，因此，除断层相关褶皱外，盐相关构造及多滑脱层构造也是库车前陆冲断带的典型构造样式。

一、断层相关褶皱及组合

断裂作用与褶皱之间存在着密切的关系，大量的地表地质露头、地震反射剖面与探井资料表明，大多数褶皱起源于下伏断层倾角的变化（如断层转折褶皱），或是断层滑动量向褶皱位移的逐渐传替（如断层传播褶皱、断层滑脱褶皱）（何登发和贾承造，2005）。断层转折褶皱的几何学首先是由 Rich（1934）在研究阿巴拉契亚山低角度逆掩断裂作用时提出的，半个世纪之后，John Suppe（1983）将其定量化，建立了断层形态与褶皱形态之间的几何学关系，以及断层滑动与褶皱发育的运动学模型，使得冲断带断层相关褶皱作用的几何学与运动学模型获得了长足的发展。断层传播褶皱、滑脱褶皱等断层相关褶皱端元的几何学与运动学模型又相继建立。现今，业已认识到前陆冲断带的褶皱通常是复合成因和叠加分布的，经历了复杂的演化。

（一）断层转折—断层传播叠加褶皱

断层转折—断层传播叠加褶皱一般是由断层传播褶皱叠加在下伏的断层转折褶皱或双重构造（双重逆冲断层转折褶皱）之上形成的复合构造。在库车前陆冲断带，这样的叠加构造很多，克拉苏构造带、东秋—迪那构造带大部分构造都是这种叠加样式（图 3-54）。

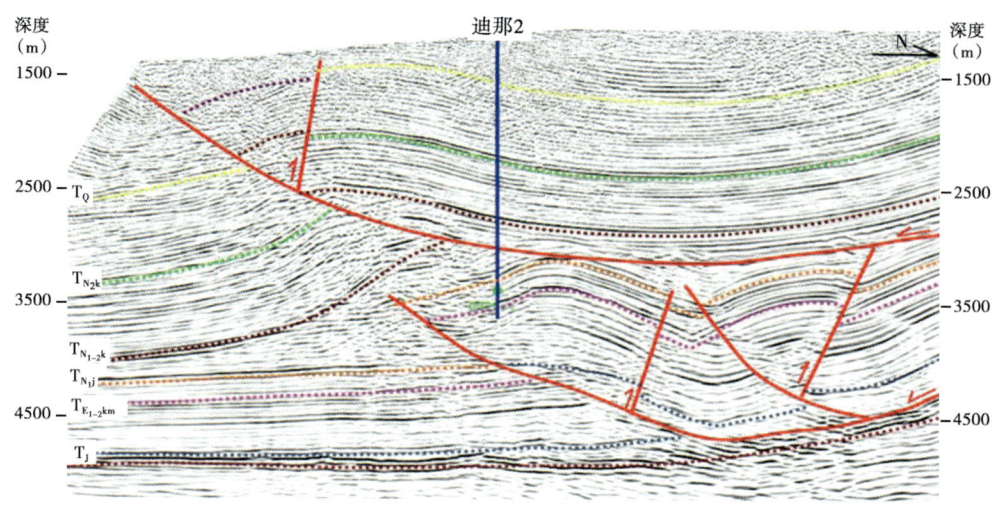

图 3-54 库车迪那构造三维叠前深度偏移剖面（示断层转折—断层传播叠加褶皱）

位于叠加构造下部的断层转折褶皱可以形成独立的背斜圈闭，如迪那 2 号背斜，也可形成断层遮挡单斜圈闭，这些圈闭都很大，因而有很大的勘探价值。此外，位于该构造上部的断层传播褶皱也可形成较小的圈闭，独立成藏，如依奇克里克背斜。

（二）断层转折—滑脱混生褶皱

断层转折—滑脱混生背斜具有断层转折褶皱的基本形态及特有的组成部分，即前断坪、上盘断坡、中断坪、下盘断坡和后断坪，又在其上盘背斜显示两翼地层倾角向上增大，背斜顶部岩层加厚，表明背斜前方一定程度的运动受阻和背斜中岩层向上层间滑动或剪切增加。库车前陆冲断带东秋构造（图 3-55）就是在白垩系断层转折褶皱的上面叠加发育了古近—

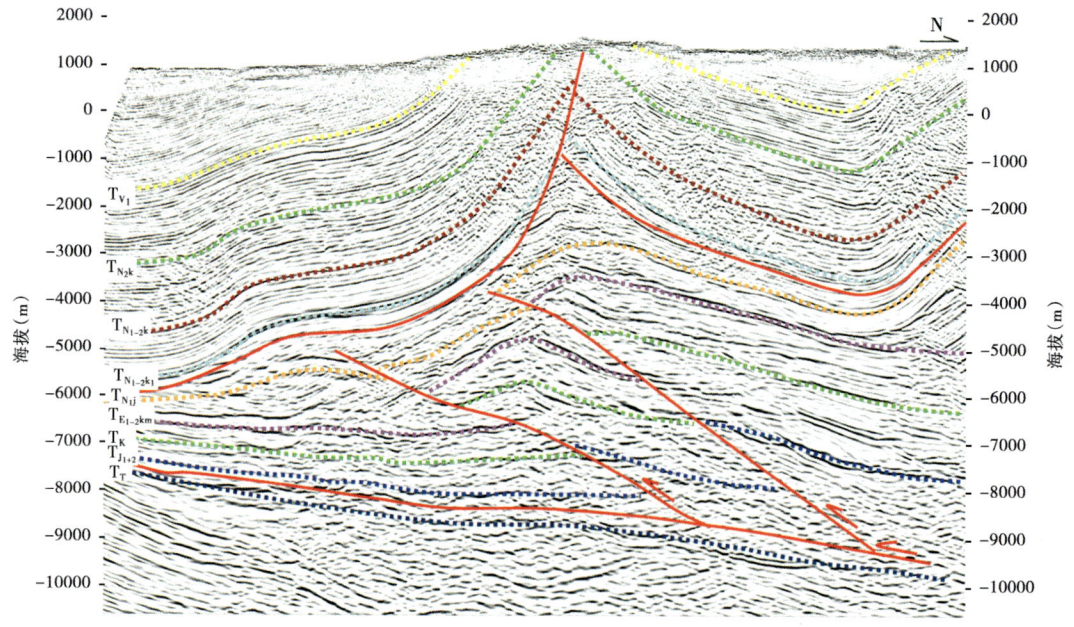

图 3-55 库车东秋构造叠前深度偏移剖面（示断层转折—滑脱混生褶皱）

新近系膏盐岩滑脱褶皱，形成典型的断层转折—滑脱混生褶皱。

（三）断层传播—滑脱混生褶皱

在断层传播—滑脱混生褶皱中，可将滑脱褶皱看作是在倾角很小的断坡向上传播时形成的，相应地断坡高度也较小，在区域横剖面上，地层单元的厚度及其几何形态就表现为滑脱褶皱，即背斜前、后翼均不与断坡平行（Marrett 和 Bentham，1997），这类复合背斜后翼产状稍陡，可能大于断层下盘断坡的倾角，背斜轴面倾向断层运动方向。库车前陆冲断带却勒—西秋发育典型的断层传播—滑脱混生褶皱（图 3-56）。

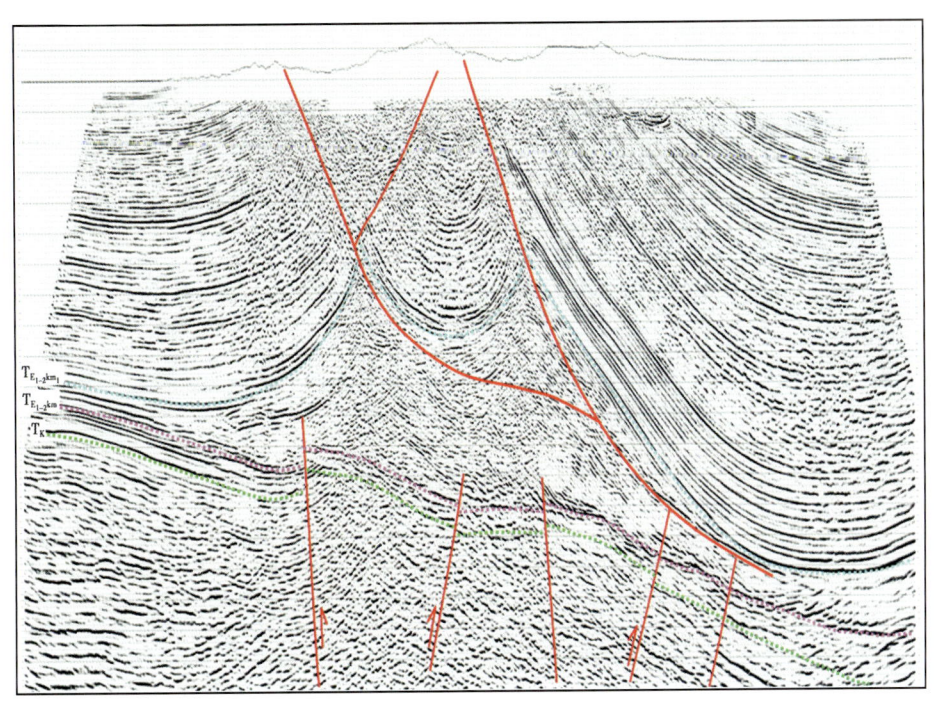

图 3-56　库车西秋构造地震剖面（示断层传播—滑脱混生褶皱）

（四）复合楔状构造

复合楔状构造是由上而下相接的多条反向冲断层和正向冲断层构成的两个或两个以上的构造楔。东秋构造带发育典型的复合楔状构造（图 3-55）：上下两个向南冲的构造楔和一个向北冲的构造楔。上构造楔为东秋新近系浅构造层，由两条对冲的断层组成；下构造楔由新近系—侏罗系和三叠系组成。

（五）双重构造

多条相同倾向和动向的台阶状逆断层组合起来就形成独特的双重逆冲构造。由于前列式的断层迁移，形成较早的断层变形并叠置在较晚的断层之上。每一个断片的地层呈宽"Z"字形，首尾均被断层切断，形成一个小型断层转折褶皱。当在运动前方发育有被动顶板反向逆冲断层时，双重逆冲构造可以发育成为多层相叠的复合背斜形态，这时它们也被称为三角变形带。库车克深构造带发育典型的双重构造（图 3-57）。

（六）冲起（突发）构造

冲起构造是两条相向倾斜的逆断层共同夹持的断块或断背斜。克拉 2 是典型的冲起构造，近几年在克深、大北、博孜等区带相继发现了一批冲起构造（图 3-58），其成藏条件非

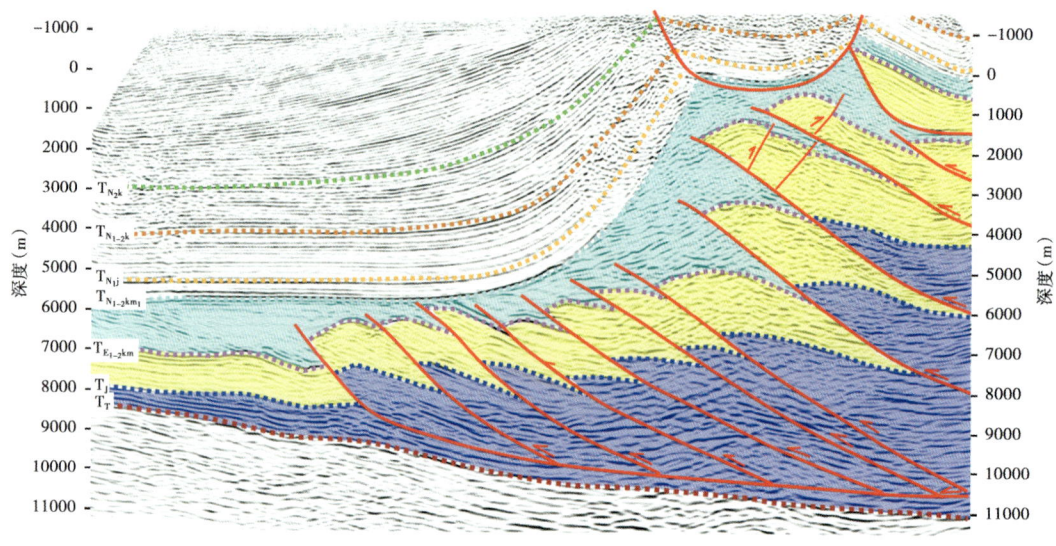

图 3-57 库车克深地震剖面（示双重构造）

常有利：冲起构造两翼均为膏盐岩封堵，有利于油气的聚集保存；冲起构造两翼和核部断裂和裂缝较发育，能够较好地改善储层物性。

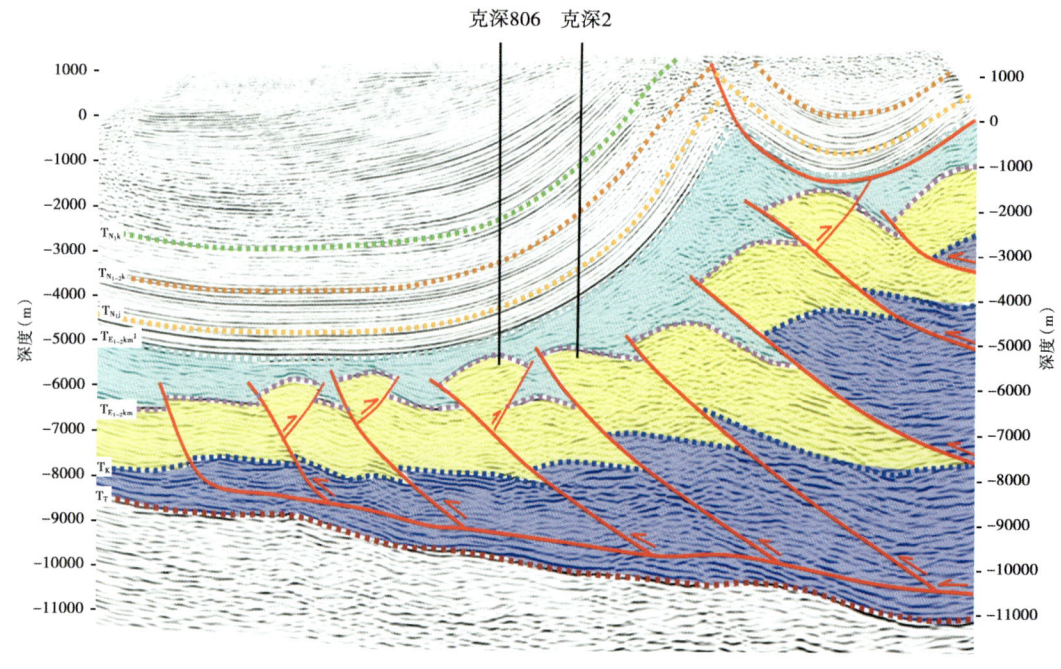

图 3-58 库车克深地震剖面（示冲起构造）

二、盐构造

盐构造是指由于盐岩或其他蒸发岩的流动形变所形成的地质变形体，包括变形体本身及其周围的其他变形岩层（戈红星和 Jackson，1996）。盐构造泛指在重力、浮力和区域应力等

128

综合作用下，盐岩、膏盐岩、泥岩及其他密度低于上覆地层的物质形成的底辟构造（贾承造，2003）。

国外对盐构造的研究可分为开拓时代、流体时代与脆性时代3个阶段（Jackson，1995）。

初始阶段（1856—1933年）：该阶段产生了关于盐底辟的一般假说，这些假说由与火山活动、残留岛、原地结晶和渗透压力有关的怪异而错误的概念所主导，渐渐地，石油勘探资料限制了这些猜想。随后浮力效应与造山作用逐渐成为盐底辟作用机制的两种流行假说，盐丘下沉形成和差异负载概念作为底辟机制也被提了出来。

流动阶段（1933—1989年）：该阶段的观点主要认为盐构造是起因于瑞利－泰勒非稳定性（Rayleigh-Taylor instability），其中密度、黏度的差别及主波长都是很重要的，而上覆岩层的强度和断层则未引起重视。在这一时期进行了古构造的恢复重建，认识到了上覆岩层负载下的盐涌，了解了底辟的内部构造、围岩沉降、龟状构造及底辟的系列特征，并建立了干盐的流动定律，离散边缘收缩带及外源盐席得以被认识。20世纪70年代解释了异地盐体、盐内微型盆地、底辟中的有限应变的驱动机制、盐中热对流的可能性、雨水引起盐川流失的直接测量和对流蒸发岩与盐川的内部构造等现象。20世纪80年代揭示了盐隆、隐蔽圈闭、湿盐的流动定律、盐伞和蘑菇底辟等现象，建立了关于盐隆断层区域应力、辐射状对流、混合的瑞利—泰勒非稳定性和热对流等模型。

1989年脆性时代开始繁荣，当时发现如果底辟顶部变得太厚，底辟就停止上升。盐构造开始被当作一个坚固的、脆性的和有断裂存在的上覆岩层系统来研究。Worrall和Snelson强调生长断层并不仅仅由重力滑动产生向盆地方向的滑动沉陷，还包括生长断层的伸展，在区域范围的重力扩展期间由于流动的盐导致上盘地层的扩张，这种伸展提供了横向的可容纳空间，盐的滑动和地层深处可移动的页岩产生垂向上的可容纳空间。墨西哥湾盐下、盐边油气的勘探极大地推动了盐构造研究的发展，通过物理模拟试验及计算机模拟，开始产生沿着消失的异地盐体的区域滑脱面和逸散面，以及筏状构造、浅层传播和盐席分支等概念。20世纪90年代初期研究了盐构造剖面平衡的方法，盐坪、盐坡和由构造差异负载而产生的底辟再活动刺穿体、假薄皮伸展、沉积速率对被动底辟和突出体几何形状的影响，临界负载厚度对活动底辟存在的重要性，断层分割盐席以及区域反向断层体系、底辟沉降、伸展龟状构造背斜、假龟状构造等。

国内学者对盐构造的特征及其与油气的关系进行了很多细致的分析，在理论研究、数值模拟和物理模拟方面还只是刚刚起步。随着库车坳陷盐下构造克拉2气田的发现，2000年以来，对库车前陆褶皱—冲断带盐构造开展了较多的研究工作，推动了我国盐构造研究的深入和发展。

塔里木盆地库车坳陷古近—新近纪沉积了巨厚的盐岩、膏盐岩和膏泥岩等塑性地层，在喜马拉雅运动中晚期的强烈挤压与上覆载荷的差异作用下，形成了各种盐构造，而且影响到挤压构造的构造样式与变形机制，形成大量的盐相关构造，为油气的聚集提供了多种类型的大型圈闭。

野外地质露头、地震勘探资料和钻井资料的研究表明，受盐岩滑脱层的影响，库车前陆褶皱—冲断带发育盐上、盐体和盐下3套不同的构造样式，其构造样式形态迥异，但它们是在统一应力场作用下形成的，在成因上有着密切联系，其动力学机制与重力作用、挤压作用和盐岩层塑性流动作用密切相关。盐上构造样式主要包括逆冲断层及相关褶皱、盐推覆构造、对冲构造、构造三角带、背斜和盐成凹陷等；盐下构造样式主要包括逆冲断层及相关褶皱、叠瓦冲断构造、双重构造和冲起构造等；盐体的构造样式主要包括盐枕、盐背斜、盐墙、盐脊、盐楔、盐推覆、盐底辟、盐焊接和盐蘑菇等一系列盐构造（贾承造等，2003；汤良杰等，2003）。下面介绍几种最常见的盐构造。

（1）盐枕：盐枕主要发育在盐岩变形早期或盐不很充足的变形弱的地区，在上覆差异负载或其他作用下，盐岩首先变形为低幅度的盐枕形态，如图3-59所示，盐枕在平面上为圆形到椭圆形，在剖面上一般为底平、顶部基本对称的低幅度弧形，但由于断裂活动和古构造背景的影响，通常在盐顶或底部发育一些断层或古凸起，使得盐背斜形态有别于典型的底平顶凸的样式。

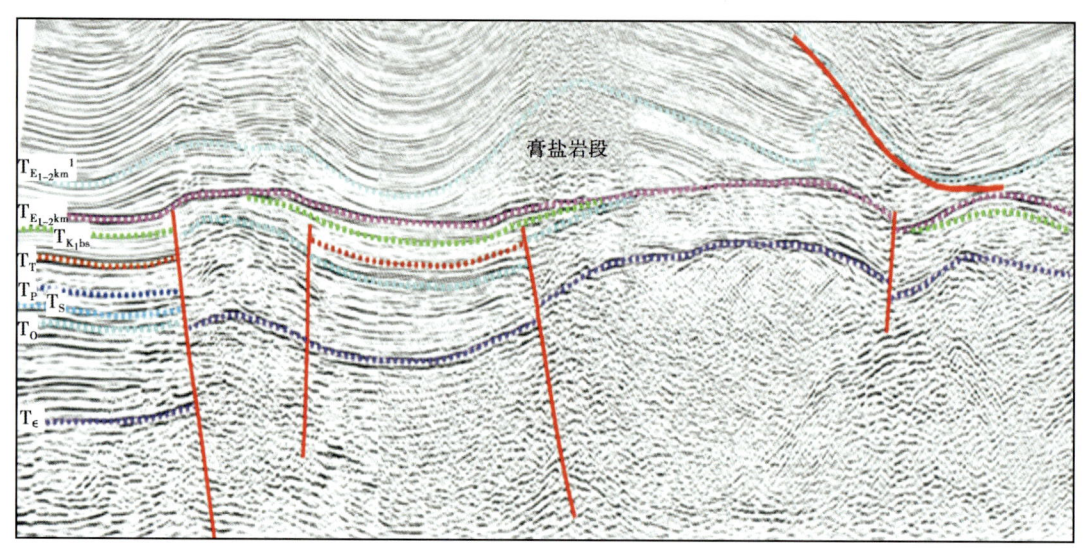

图3-59　库车前陆冲断带前缘却勒地区低幅度盐枕构造

（2）盐背斜：盐背斜在其剖面上基本上是对称的，具有底平顶拱的特征，一般盐岩厚度较大，隆起幅度高，大宛齐盐背斜最为典型（图3-60），该构造为呈东西向展布的短轴背斜，长达20km，宽约15km，盐层最厚超过4500m，北翼盐下地层受挤压作用形成叠瓦状构造，造成北翼的差异抬升，破坏了早期的对称，而且由于盐丘发育的张力作用，在顶部产生一系列正断层，形成了大宛齐盐上断块油藏。在却勒塔格也发育盐背斜与盐断背斜，盐体走向与局部构造走向一致，多呈长条形，盐层厚度和规模比大宛齐的要小。

（3）盐墙：盐体发育区，在构造挤压作用下，盐的高度达到一定程度形成盐墙，其两翼的形态大致对称，由于底板的逆冲抬升与侧向挤压，在狭窄的区域内塑性层急剧突起，造成顶板强烈的翘倾形成地表的高陡构造，顶板被冲断。与盐丘的最大区别是盐墙呈线状分布，顶部形态不规则，西秋构造带发育典型的盐墙（图3-60），盐的变形主要受构造作用力的控制。盐体与周围地层的形态不协调，平面上延伸长达100km，盐墙宽达10km，盐墙走向平行于断层走向，盐上地层变形强烈，局部近于直立，可能存在底辟刺穿盐构造。

（4）盐脊：受构造强烈挤压作用，盐岩形状形成了类似屋脊形或倒"V"字形（图3-60），在剖面上往往是不对称的。

（5）盐焊接：如果原地盐体被运移殆尽，则原先被盐层分割的上下地层就会贴在一起，形成盐焊接构造。盐焊接构造可分为3类，即由于原地盐体抽空而形成的盐焊接，陡立底辟抽空而形成的盐焊接和微倾斜外来底辟抽空而形成的盐焊接构造（Jackson，1995）。秋里塔格构造带发育的盐焊接属于原地盐体抽空而形成的盐焊接。如果沿焊接面存在较明显的断层作用，则称之为断层焊接。在大北、博孜及西秋北翼的盐上凹陷处发育典型的焊接构造（图3-60）。

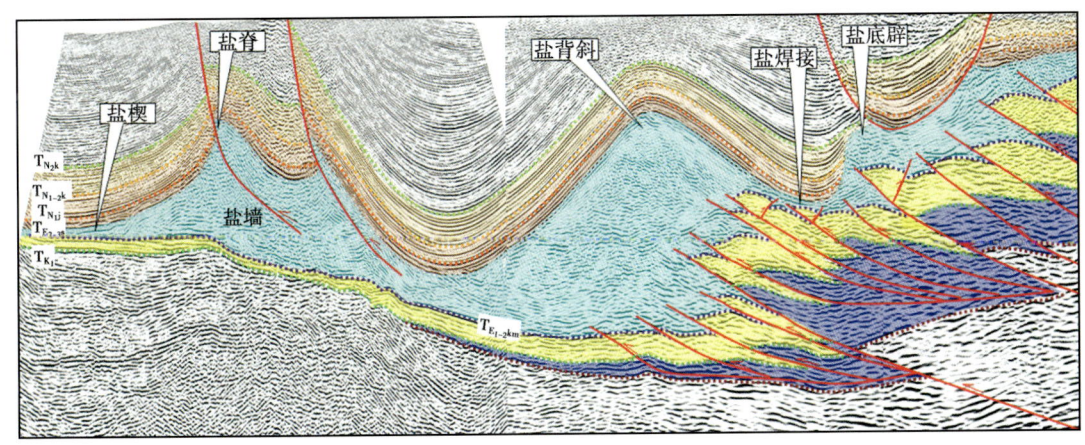

图3-60 库车前陆冲断带南北向地震剖面图（示典型盐构造）

（6）盐楔：受上覆巨厚沉积物差异负载和构造挤压作用驱动，在盐体快速变薄或尖灭的地方，形成呈楔形抬升的盐楔构造（图3-60）。

（7）盐推覆：薄板状盐体随逆冲断层一起被推覆至地表形成盐推覆构造，这些盐体来自深部的古近系盐层，在逆冲断层活动期间，沿断层发生流动和运移，并充填断层造成的空间，厚度可达数米至数百米。库车地区秋参1井实钻到推覆盐席（图3-61），盐席厚200m以上，推覆距离超过20km。

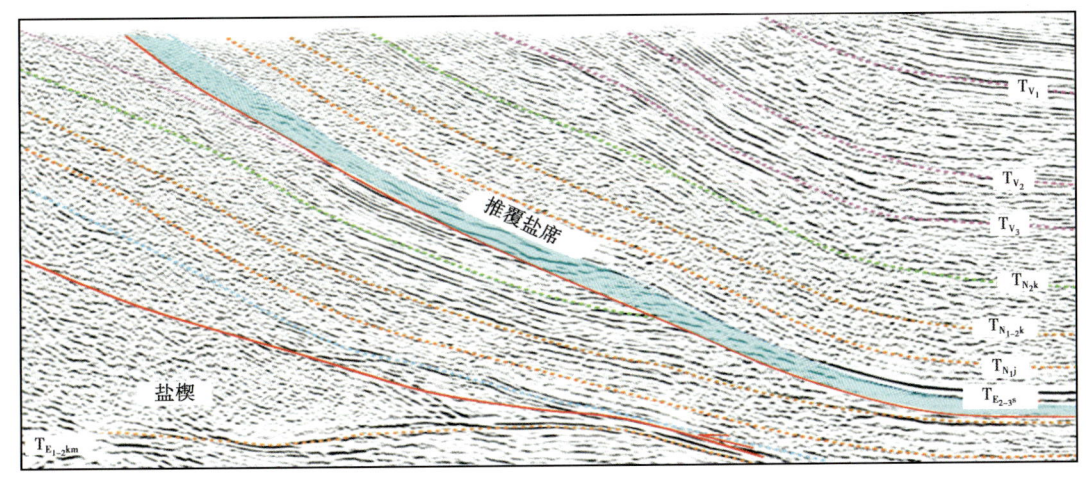

图3-61 库车地区盐推覆构造、盐楔构造

（8）盐底辟、盐蘑菇或盐川：膏盐岩在差异负载或断裂的诱发下向上拱起，刺穿上覆岩层而形成盐底辟（刺穿）构造（图3-62）。

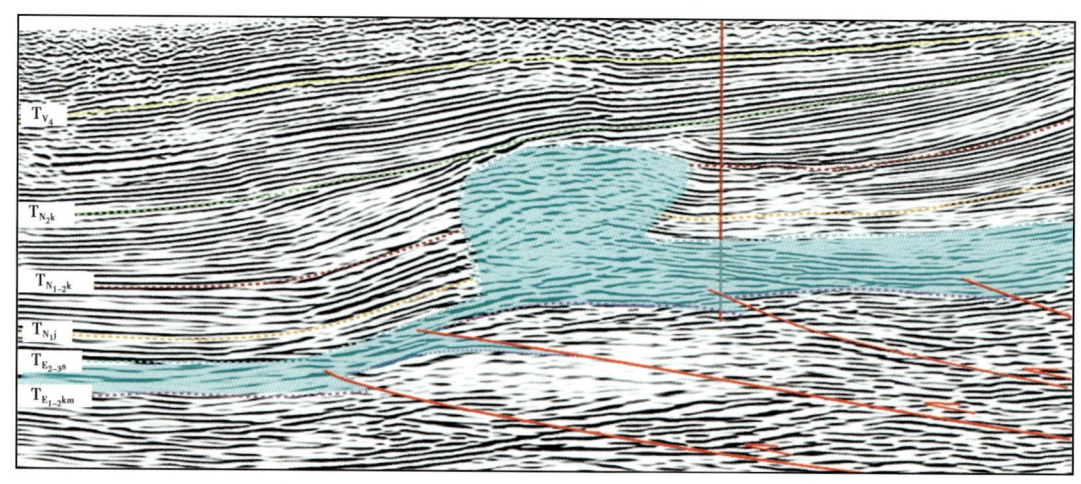

图 3-62　库车地区盐底辟（刺穿）构造

盐底辟随断裂突出地表可形成盐蘑菇或盐川。在西秋构造带沿阿瓦特河可见古近系的盐体突出到吉迪克组之上，西盐水沟附近由于顶板的冲断与塑性层的突破，使得膏盐层流至地表，形成地表盐蘑菇与盐川，造成周边与上覆地层的下陷，这种点状分布的盐蘑菇可能是下部盐墙的延伸。大量的盐体突出地表就会形成盐川（Talbot 和 Jarvis，1984），在秋参 1 井东面暴露出的大面积的盐沼泽就是正在流动的盐川，不同于一般变形严重的盐底辟突出体，该区盐少的地方地层倾角大，盐层夹于其间，成层性好，根据地震勘探资料、地质露头和钻井资料分析，该区应该有断裂存在，所见的是断裂抬升的残余物，而流动的盐沼泽是地下底辟通过断裂运移供给的。

三、滑脱构造

（一）滑脱构造研究历程

滑脱构造最早是由 Lugeon（1900）提出的，是指由于变形所引起的沿一个或几个地层层面的脱离，脱离面两侧的变形是各自独立或部分独立的，产生滑脱断层的地层往往是低强度和高应变的软弱层，滑脱断层常为一条断层或一个断层系统。不同物质界面（如壳—幔界面，地壳内不同深度层次的不整合面等）是产生滑脱构造的有利部位。滑脱构造的形成和演化过程中往往伴以逆冲和褶皱作用。

由于新理论、新技术的不断运用，许多与滑脱构造有关的现象不断被人们所认识，尤其是利用地球物理方法研究大陆地壳结构的 COCORP 计划，发现了在大陆地壳内部存在一系列层状反射层，表明地壳结构具有明显的多层次性，对阿巴拉契亚和其他一些地区的一系列 COCORP 资料的详细解释，揭示了在这些层状反射层内存在大规模的滑脱构造。一些学者从不同的角度出发，根据岩石圈的层圈性提出了不同层次的滑脱推覆类型。国内外学者关于岩石圈的层圈性和顺层滑脱的论述，可以概括以下几点：（1）岩石圈包含一个近平行的层圈系列，自深部向表层，界面间的间距越来越小，分界密度差增大，各个界面侧向展布变化大，延伸距离不等；（2）顺层滑脱或拆离是其基本构造属性，地壳表层的顺层滑脱则形成大规模的推覆构造，所以地表的推覆构造是地壳或岩石圈层圈性在浅层次的表现；（3）界面的结构构造特征，构造岩的组成和变形，以及界面上下变形的差异和不协调性，是鉴定界面存在及其产生深度、性质和构造意义的基本地质标志；（4）岩石圈中沉积岩的界面主要局限于不整合面、岩系界面、高塑性和高孔隙液压带。因此滑脱推覆和多层次滑脱推覆不仅是地壳结构的基本特点，而且也可能是构造变形和变质的主要原因之一。

薄皮（盖层滑脱）构造是20世纪30年代Rich（1934）研究南阿巴拉契亚造山带前陆构造提出的概念。薄皮构造是指前陆沉积盖层在主滑脱面（基底）上滑脱变形，形成1套褶皱—逆冲断裂构造，而基底没有卷入变形，盖层变形与基底形成显著的不协调关系。

薄皮构造顺构造倾向也发生明显变化，自前锋带向根带，会转化为厚皮构造，基底卷入变形，逆冲于盖层之上。南阿巴拉契亚谷岭区的薄皮构造，向东南至兰岭，已成为前寒武系逆冲于古生界之上的厚皮构造，阿尔卑斯、喜马拉雅和安第斯山系的前陆薄皮构造，趋向造山带，也发生这种变化。Suppe（1983）又扩展了薄皮构造的概念，提出大型薄皮构造。大型薄皮构造是一种规模巨大的滑脱构造，展布范围可以超越前陆带，其规模甚至达到小板块，活动时期可以超过一个造山幕，并且拆离层可以从前一次造山事件中继承下来，所以大型薄皮构造可以在各种构造环境中重新活动。

在中国中西部一些大型盆地的周边多发育滑脱型的冲断构造，从冲断带到盆地内的前锋区都有滑脱构造的存在，总体具有以下3个特征：（1）存在一个区域性的主滑脱面，主滑脱面以下的地层应该比较稳定且基本不变形，如塔西南的主滑脱面位于震旦系与古生界之间，在最近获得的地震剖面上有清晰的反应，鄂尔多斯西缘地区主滑脱面则位于下古生界的底部；（2）滑动带在平面上波及的范围较大，沿逆冲方向逆冲挠动带的宽度达数十千米至上百千米，鄂尔多斯西缘北部最宽处超过100km，向南逐渐变窄至几十千米，库车坳陷冲断带的宽度也大于100km；（3）盖层滑脱多形成线性长轴褶皱，这与基底卷入型构造中形成的穹隆状或短轴背斜差别较大，一般一个冲断片上形成的一系列褶皱多呈弧形展布，其凸出方向朝向前陆逆冲的方向。

（二）双滑脱层构造变形物理模拟

单层滑脱构造变形以基底滑脱的研究较为深入。滑脱基底控制下的褶皱—冲断带较为宽缓，构造形态通常较为对称。黏度较大的滑脱基底产生类似摩擦基底的作用，褶皱—冲断带狭窄，且以前冲断层为主导变形（周建勋，2009，2011）。低倾角滑脱基底控制下形成的褶皱—冲断带较为宽阔且以前冲断层为主，反之则形成狭窄、前后冲断层同等发育的褶皱—冲断带（Smitj等，2003）。基底倾角增大可以使褶皱—冲断带前冲断层变陡，后冲断层变缓（相对于水平参照系）。滑脱层厚度的局部增加会导致与其展布方向相对应的变形带的产生（于福生等，2011）。另外，侵蚀和沉积作用改变地貌，并通过不同机理（如改变重力负荷、褶皱—冲断带锥度）对滑脱构造变形产生间接影响（Hilley、Strecker，2004；Koons，1990）。

多层滑脱变形较为复杂。Couzens-Schultz等（2003）研究认为，滑脱层的强度影响主动（被动）顶板双重构造的演化，也影响到各逆冲断块运动距离的大小及逆冲斜坡宽度；Massoli等（2006）指出，含有多层滑脱褶皱—冲断带的演化受控于深部拆离滑脱构造，符合库伦楔演化模型的准则；Pichot等（2009）研究表明，较高的挤压速率会降低软弱层的滑脱性能，使之难以发生有效的滑脱，并以对称的构造变形为主，同构造沉积对上、下变形系统中构造扩展方向产生影响，决定其是前展式还是后展式发育；于福生等（2012）研究表明，滑脱层材料、厚度、黏度、上覆砂层厚度和受力边界条件都对双层滑脱变形系统的演化产生影响。这些研究从不同方面揭示了滑脱层对褶皱—冲断带构造变形的影响，但对于滑脱层之间的相互作用、不同流变性质滑脱层及滑脱层深度对构造变形的影响仍有待进一步讨论。

研究塔里木盆地库车褶皱—冲断带的构造变形特征和构造样式时，根据库车地区发育古近—新近系膏盐岩和侏罗系煤系地层两大套塑性滑脱层的特点，结合区域构造变形特征和高品质地震剖面特征，于2008年底提出了库车克深区带的双滑脱构造模式，新的构造模式促进了该区构造建模的完善与解释研究的深入。但当时对双滑脱构造的几何学、动力学和运动学特征缺乏系统研究和认识，为了深入研究其特征，2010年东方地球物理公司与法国石油研究院合作，开展了基于库车地区实际地下地质特征的沙盒模型物理模拟实验，得到了大量的实验数据和实验成果，进行了深入、系统的分析，对双滑脱构造有了许多非常新颖的认识。

通过物理模拟实验，认识到下滑脱层不仅是一个滑脱面，而且具有一定的厚度和流动性，对构造发育起到充填和支撑作用；较薄的下滑脱层（5mm）经过缩短率35%的构造变形以后，厚度可以达到其原始厚度的10倍左右；正是由于下滑脱层独特的物理性质及其在构造发育过程中起到的特殊作用，才形成了双滑脱构造。同时认识到双滑脱构造既不同于断层相关褶皱，也不同于盐相关构造，而是一种特殊的构造，具有其特殊的几何学、动力学和运动学特征。

双滑脱构造的几何学特征：

（1）由于两套塑性层的流动与支撑作用，逆冲断块的前锋和后缘都未与其下伏构造接触，从而产生"悬浮式"构造，这也是双滑脱层构造最独特的特点之一（图3-63）。

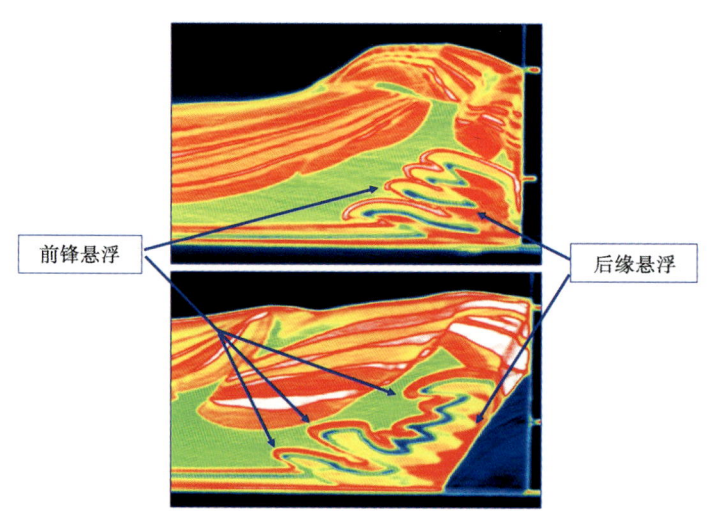

图3-63 双滑脱构造物理模拟模型

（2）没有明显的断坪、断坡、轴面和转折翼等构造特征。

（3）断块的规模差异较大，在同一个模型中既发育大的断块，也发育小的断夹块（依据断层相关褶皱理论，断块的规模由所卷入的地层厚度决定，地层厚度越大，断块的规模越大）。

（4）每个断块都至少有一个部位与其他断块是接触的，因此总有逆冲断块将上滑脱层和下滑脱层隔开，下滑脱层并不发生突破。这也是双滑脱构造非常有趣的一个特点。

(5) 断块间的几何形态相互影响较小，但有相关和呼应。

双滑脱构造的动力学特征：双滑脱构造具有独特的动力学特征，一般的断层相关褶皱是由逆冲断块间的相互接触传播挤压应力驱动的，而双滑脱构造的构造发育主要是由滑脱层的塑性流动作用驱动的。

双滑脱构造的运动学特征（图3-64）：

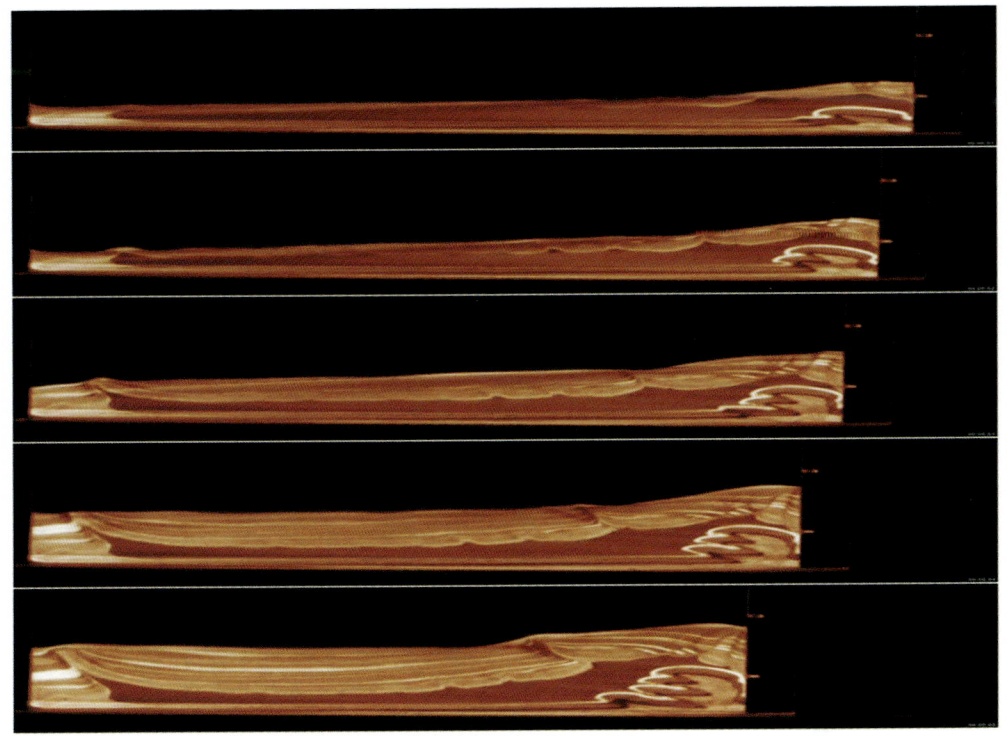

图3-64　物理模拟模型的不同发育阶段（示双滑脱构造的运动学特征）

(1) 构造的发育方式为前展式，在没有地层剥蚀的情况下，每套滑脱层仅控制其上覆地层的变形；

(2) 当初始断块形成以后，在滑脱层的驱动下，首先向前和向上发展，在其发展阻力积累到一定程度以后，不能再继续发展，则在其前部形成新的断块；

(3) 最新形成的断块是活跃断块，已经形成的断块不再继续发展，而是被动地伴随活跃断块发展；

(4) 即使是在边界条件完全相同的状态下，实验模型在横向上的构造仍然有较大变化，这是由于下滑脱层厚度大、流动性强造成的；

(5) 两个距离较近的滑脱层的作用近似于一个厚滑脱层，两个滑脱层距离较远时以底部滑脱层作用为主，滑脱层厚度越大，形成的正向断层数目越少，但是易形成反向断层。

对于盐上构造来说也有其独特的运动学特征：

(1) 盐岩的塑性流动是盐上构造发育的主要驱动力；

(2) 由于盐岩滑脱效率高，对挤压应力的传播距离远，所以在前缘部位也发育构造；

(3) 盐岩向前流动的作用远远强于向上流动的作用（造成刺穿和突破的作用弱）。

(三) 典型的双（多）滑脱构造

世界上多数前陆褶皱—冲断带均发育蒸发岩、泥页岩或煤系地层等塑性滑脱层，从寒武系到新近系均有发育，同一地区往往发育多套滑脱层，在碰撞造山和构造挤压作用下，在前陆褶皱—冲断带常形成双（多）滑脱构造。每一层次滑脱构造的变形和演化都和这些滑脱层的特征及演化相关。受滑脱层的分布范围、厚度和层数的控制及构造挤压作用强弱的影响，一般从造山带的基底卷入构造到前陆—冲断带的滑脱构造呈有序分布。

发育多套滑脱层的褶皱—冲断带，在多期构造演化中形成多套滑脱构造，深层次滑脱构造通过不同级别的构造分层来控制浅层次滑脱构造的形成及演化。一般情况下，深部滑脱构造形成于地下深处，断裂具有形成深度大，断层位移大，纵向上分布范围广的特点。如果浅层滑脱层厚度大，塑性强，更容易释放挤压应力，则可能出现浅层断裂断距大、构造变形强烈的特征；否则，通常浅层滑脱构造形成于较浅深度，纵向上分布范围小，板块碰撞所产生的能量在此消失殆尽。所以深层次滑脱构造对浅层次滑脱构造的形成具有控制作用，但是浅部滑脱层的特征与展布能够在一定程度上影响大型逆冲断裂在浅部的产状。所以，从规模和形成机制来看，深部滑脱构造控制浅部滑脱构造的形成与演化，同时浅部滑脱构造对大型断裂的近地表处有一定的影响。

库车前陆冲断带发育古近系—新近系膏盐岩和侏罗系煤系地层两套滑脱层，形成典型的双滑脱构造。

扎格罗斯前陆冲断带在寒武系、中新生界多个层系发育蒸发岩、泥页岩等塑性层，受滑脱层所处深度、厚度、分布范围的差异及基底变形的影响，北东—南西向剖面表现出不同的构造样式，但具有明显的双（多）滑脱构造特征。

阿根廷西北部 Subandean 区是一个活动的薄皮褶皱—冲断带，发育双滑脱构造。主滑脱面位于志留系泥页岩中，所有的大型东倾断层都源自这一主滑脱面。泥盆系页岩中较大的中间滑脱面形成一些迁移构造并将上部构造层和下部构造层分隔开（Belotti，1995）。

第四节 克拉苏构造带整体解剖及勘探效果

库车前陆冲断带经过多年不懈的攻关和努力，解决了勘探上的多项世界级难题，油气勘探实现了全面突破，西起神木，东至吐东，东西长400km、南北宽40km范围内油气藏星罗棋布（图3-65）。截至2014年底，库车前陆冲断带发现油气田（藏）22个，落实三级储

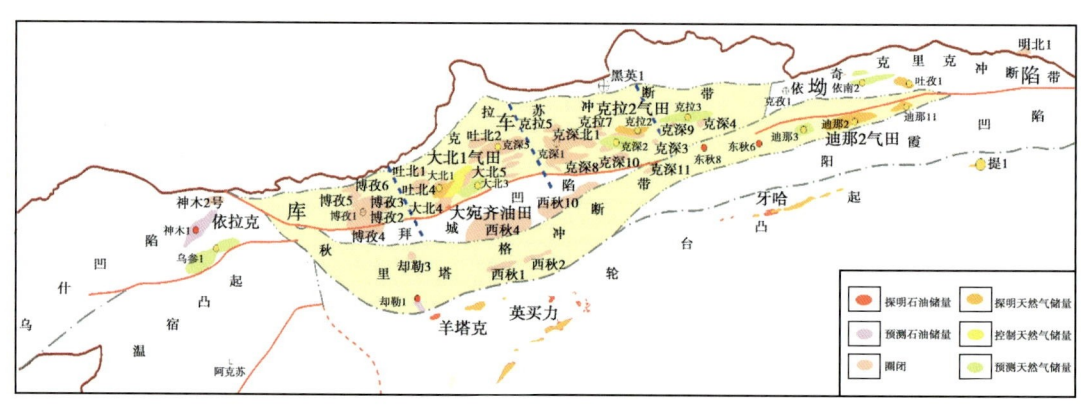

图3-65 库车坳陷油气藏分布图

量：天然气约 $1.42×10^{12}m^3$，石油 $6222×10^4t$。

库车油气勘探发现主要集中在克拉苏构造带，克拉苏构造带面积仅为盆地面积的30%，勘探面积约 $6000km^2$，但油气发现却占到了90%以上。克拉2气田发现后，随着地震勘探技术的进步，对克拉苏构造带地质模式、构造样式的认识不断深化，构造识别描述的精度不断提高，相继发现克深、大北、吐北、博孜等油气藏，三级储量达万亿方。

一、克拉苏构造带整体解剖

依托克拉苏构造带连片三维地震，开展以三维物理模拟、模型正演、全区三维构造建模与局部重点构造气藏建模为重点的模型建立技术研究，对克拉苏构造带进行整体评价和研究。

（一）不同面元、方位角地震勘探资料拼接

克拉苏构造带自开展三维地震采集以来，不同年度、不同区块的地震勘探资料具有不同的采集面元与方位角。为满足整体研究的需求，进行了博孜、大北、克深5地震数据体的拼接处理（图3-66）。

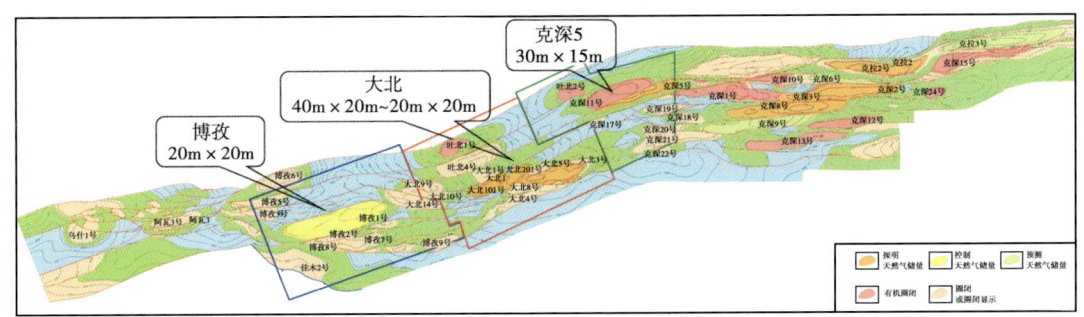

图3-66 克拉苏构造带三维资料拼接处理范围图

在三维地震勘探资料拼接过程中，主要解决了3个方面的具体问题，一是不同工区的振幅差异，二是不同工区的闭合差，三是不同工区的不同面元和方位角。

针对振幅差异，使用了线性校正（图3-67）对目标数据体进行了校正。

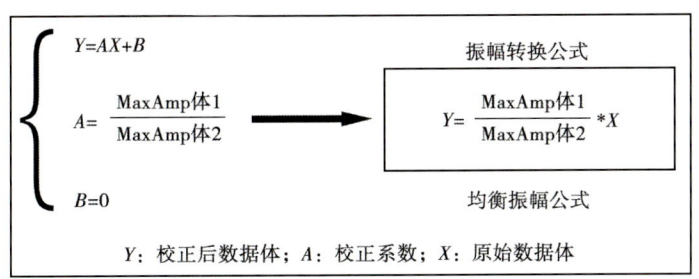

图3-67 三维区振幅校正示意图

针对不同工区存在一定闭合差的问题，采用均匀随机取样点求闭合差值的方法来解决（图3-68）。

针对不同数据体有不同面元和方位角的问题，统一为20m×20m面元和正南正北的方位。

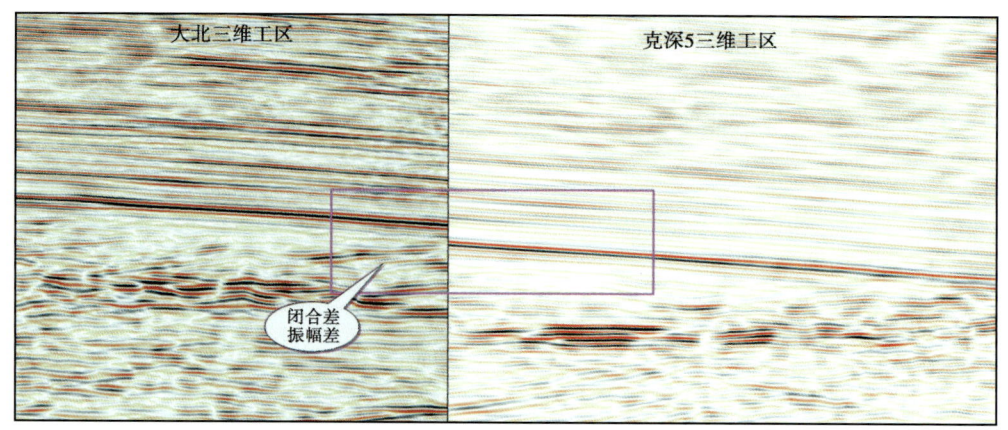

图 3-68　克拉苏构造带初始拼接工区对比剖面

通过三维地震勘探资料拼接处理,取得了较好的效果,资料品质得到了明显改善,有效解决了三维拼接处的成像问题,构造细节得到了更加准确的落实(图3-69)。

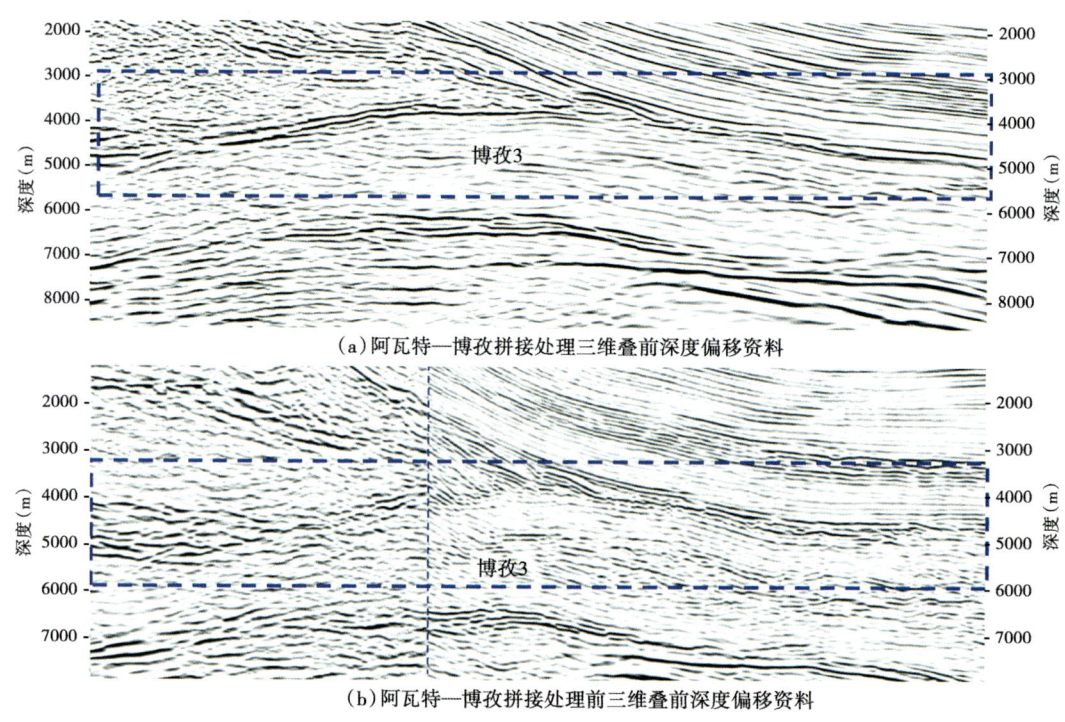

(a)阿瓦特—博孜拼接处理三维叠前深度偏移资料

(b)阿瓦特—博孜拼接处理前三维叠前深度偏移资料

图 3-69　三维拼接处理后剖面与老剖面对比

(二) 克拉苏构造带构造特征

1. 克拉苏构造带结构特征

在拼接处理资料的基础上构建了整个区带的构造模型和格架,结合土孜阿瓦特二维资料进行联合解释,最终实现该区带盐下目的层精细连片成图。新构造图上克拉苏构造带整体结构和断裂组合更加清楚、合理,三维地震拼接处构造细节也得到了进一步的落实。

从白垩系巴什基奇克组顶面构造图（图3-70）可以看出，克拉苏构造带盐下构造特征总体表现为受区带扭动作用，构造斜列式发育的特点，其主要特征表现为沿着转换带，构造呈现规律性发育，由西向东受区带扭动特征及走滑断裂控制，克拉苏构造带划分为吐孜阿瓦特、博孜、大北和克深4段。

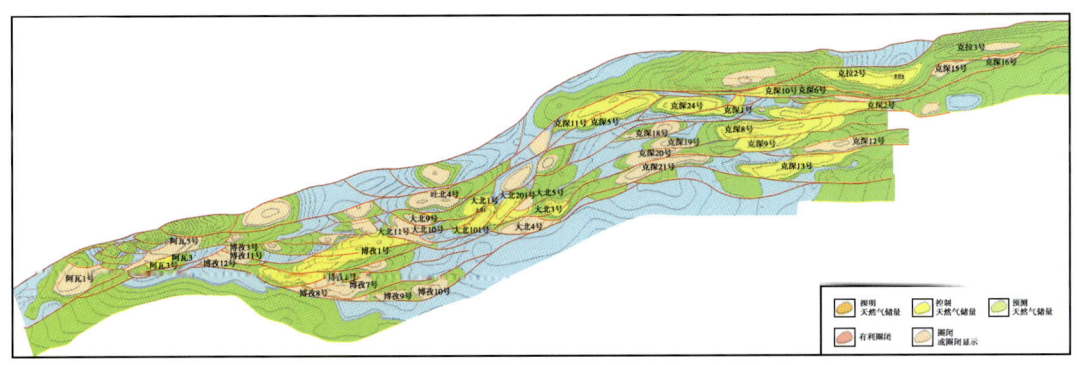

图3-70 克拉苏构造带白垩系顶面构造图

其中西段吐孜阿瓦特和博孜区带中间发育一条规模较大的走滑断裂，将这两个区带完全错断，吐北到大北可能存在一条左行压扭走滑断裂，由于区域地震勘探资料及地质结构复杂，在地震剖面上难以清晰地识别出走滑断裂。但基于区带构造的展布特征分析，构造有着明显受区带扭动作用，沿着应力转换区域规律性发育的特点。

1）阿瓦特段

吐孜阿瓦特区带南部距离温宿凸起距离最近，直接受其控制，同时由于本区下滑脱层欠发育，导致构造基底卷入，其构造形态整体表现为近隆起的叠瓦状构造，后缘强逆冲，构造急剧抬升的特点。本区构造带逆掩叠置严重，隆升剧烈，上覆盖层推起后堆覆厚度大（图3-71）。

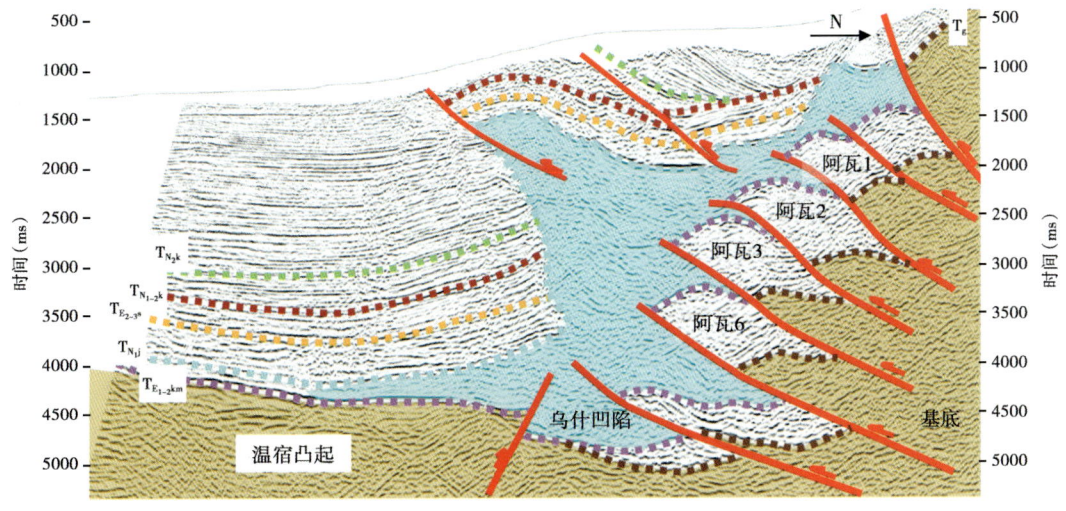

图3-71 阿瓦特地区地震地质结构剖面

2）博孜段

博孜区段距离温宿凸起近，其构造表现为近隆起、强推覆的特征，按构造形态及其形成机制分带，以两条断层为界，可以划分为 3 大断阶带：第一断阶为叠瓦构造，处于逆冲推覆的前缘；第二断阶为反冲复杂化的断块背斜，发育冲起构造；第三断阶为相对完整的背斜（图 3-72）。

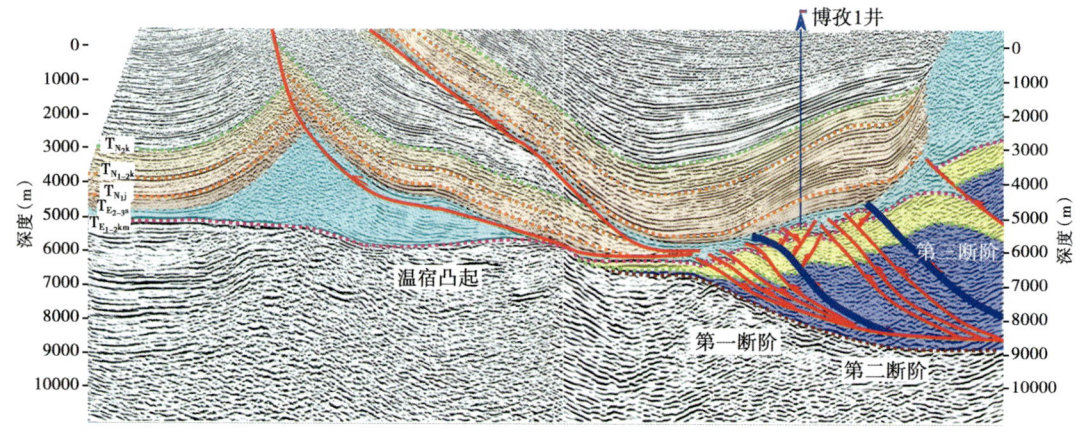

图 3-72 博孜地区地震地质结构剖面

3）大北段

大北区段位于克拉苏构造带中部，与温宿凸起相对距离较宽，但下滑脱层发育局限，总体形成 3 级断阶：第一级断阶变形弱，埋深大，构造变形相对小，构造幅度相应也小；第二断阶变形强烈，发育反冲断层和与之对应的冲起构造，大北 101 号构造即为典型的冲起构造；第三断阶抬升高，埋藏浅，圈闭相对完整，但受本区走滑断裂影响，圈闭被切割分块（图 3-73）。

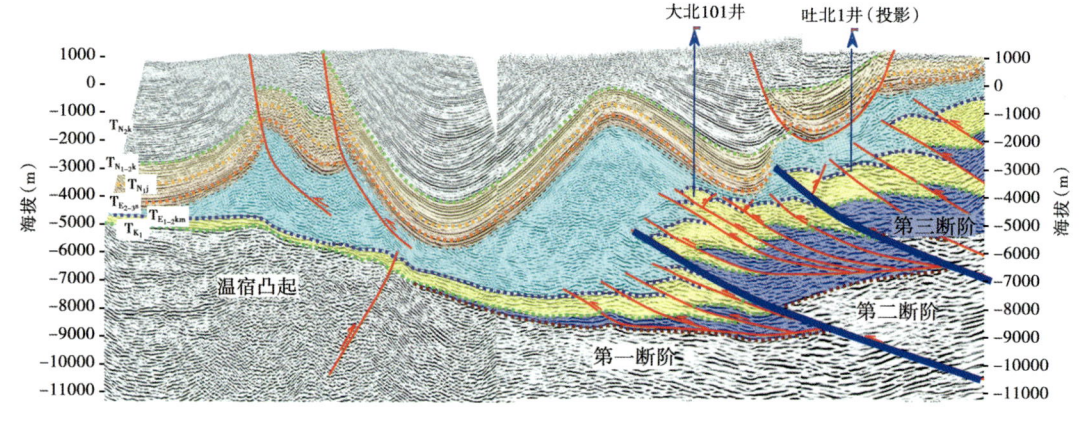

图 3-73 大北地区地震地质结构剖面

4）克深段

克深段位于克拉苏构造带东段，温宿凸起已经倾没，影响本区段构造发育的主要古隆起为轮台凸起，但是距离克深段逆冲推覆构造前缘距离较远，因此二者之间形成宽缓的凹陷

(图3-74),同时,受古沉积环境影响,上下滑脱层发育,构造传播远,前缘构造带宽缓,次级构造带发育,构造形态完整。

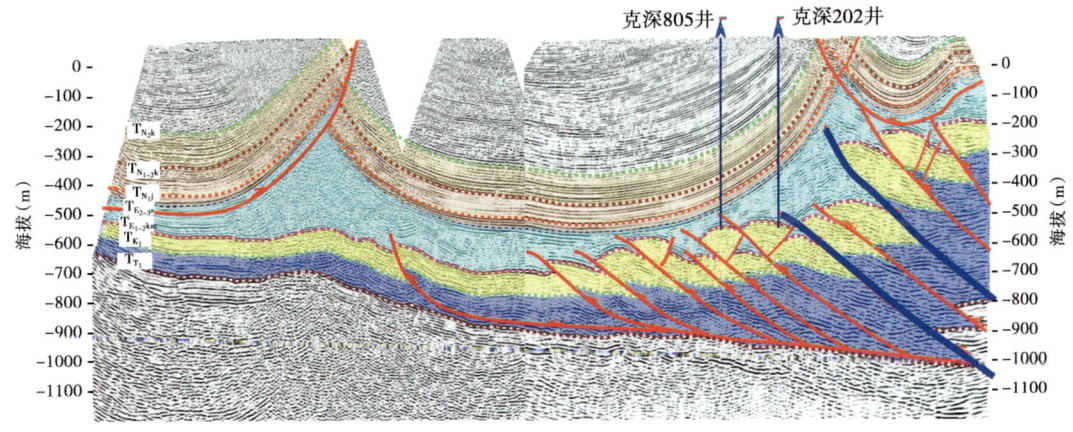

图3-74 克深地区地震地质结构剖面

2. 南天山和南部古隆起是控制克拉苏构造带形变的重要因素

南天山和两大古隆起(温宿凸起和轮台凸起)对库车前陆盆地的构造沉积演化具有控制作用。古地貌恢复结果(图3-75)表明,库车坳陷中生代以来的沉积、构造变形主要受南天山、温宿凸起和轮台凸起控制。

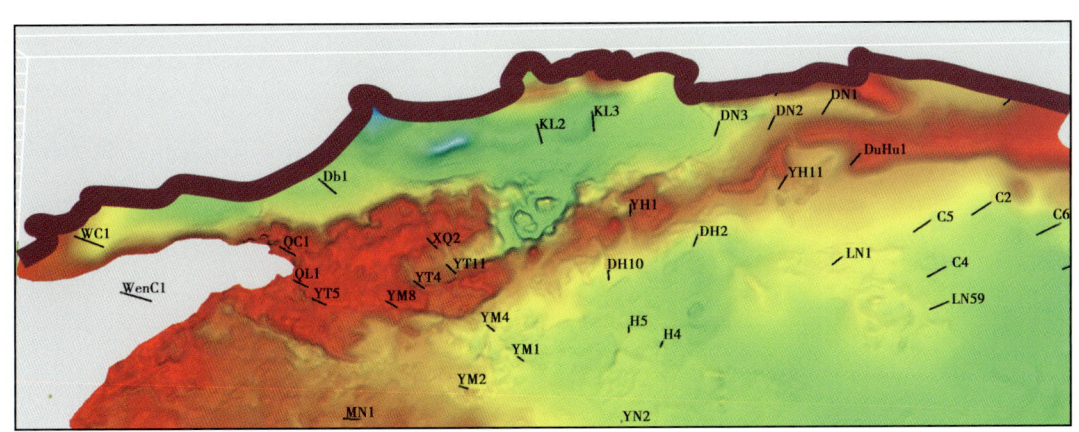

图3-75 库车—塔北中生界沉积前古地貌图

克拉苏构造带在接受中新生界沉积时处于凹陷中心部位,在此之后很长的地史时期内大的构造格局都没有变化,至古近系膏盐岩沉积时仍为厚值区(图3-76),其分布与古地貌图吻合度较高。前缘古隆起控制了侏罗系煤层及古近系膏盐岩两套滑脱层的分布范围与厚度。

克拉苏构造带形成时期,古隆起对其构造发育特征和东西分段性具有重要的控制作用。克拉苏构造带西端,中生代以来沉积和构造运动主要受温宿凸起和南天山的限制。本区白垩系构造前缘南部距离温宿凸起近,后缘北部紧接南天山,主要形成急剧抬升的叠瓦状构造(图3-77)。

克拉苏构造带中段南部发育温宿凸起和轮台凸起两个凸起,其中温宿凸起向东倾没。克

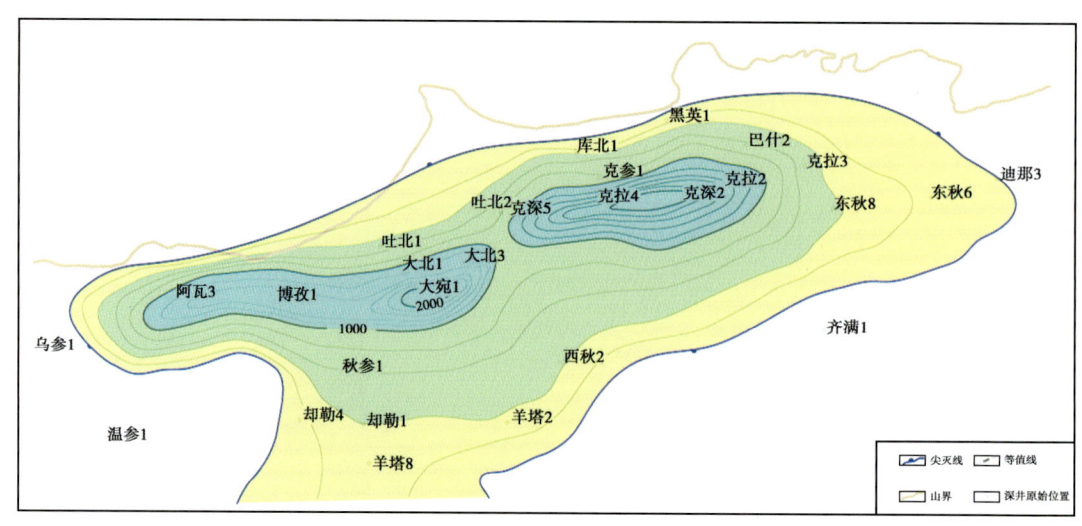

图 3-76 库车地区古近系膏盐岩原始沉积厚度图

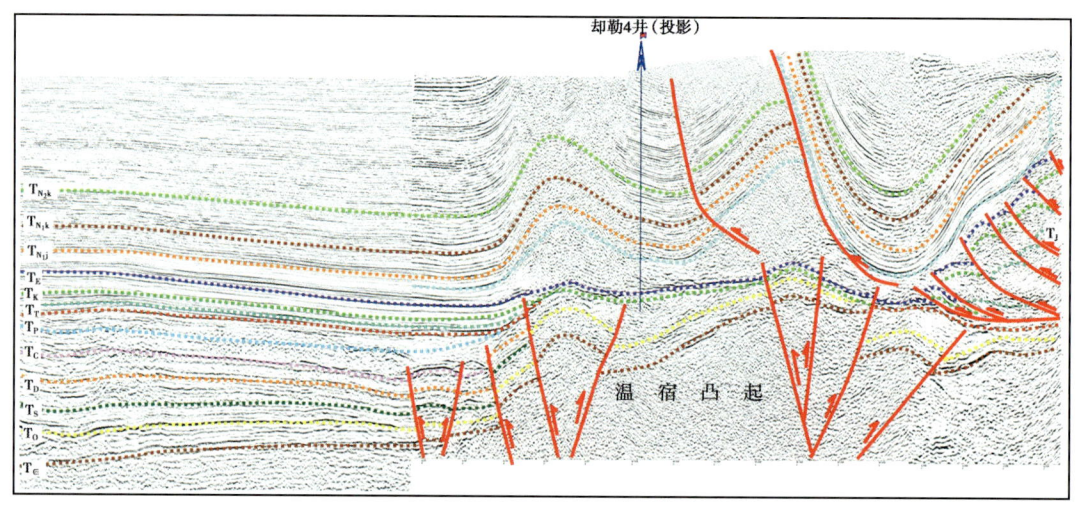

图 3-77 克拉苏构造带西端近南北向地震拼接大剖面

拉苏构造带向南发展受限，仍然是在南部发育叠瓦状构造，北部构造抬升剧烈，上覆膏盐岩厚度较大，构造保存相对完整，浅层膏盐岩以上地层变形强烈，发育背驮式向斜和相对应的浅层背斜构造（图3-78）。

3. 冲起构造在克拉苏区带广泛发育

克拉苏构造带冲起构造发育的主控因素是古隆起阻挡和前端推覆体形成的反冲作用。冲起构造具有成藏优势，表现在3个方面：一是冲起构造受盐岩包裹，侧向封堵能力强；二是两翼和核部断裂发育，对储层有良好的改造作用；三是构造完整性好，易形成完整的整装油气田（图3-79）。

在近年的研究中，以双滑脱构造理论为指导，利用物理模拟技术，模拟库车地区三叠纪以后的沉积过程，同时从构造发育机理上深化研究，发现在构造发育的中前部冲起构造发

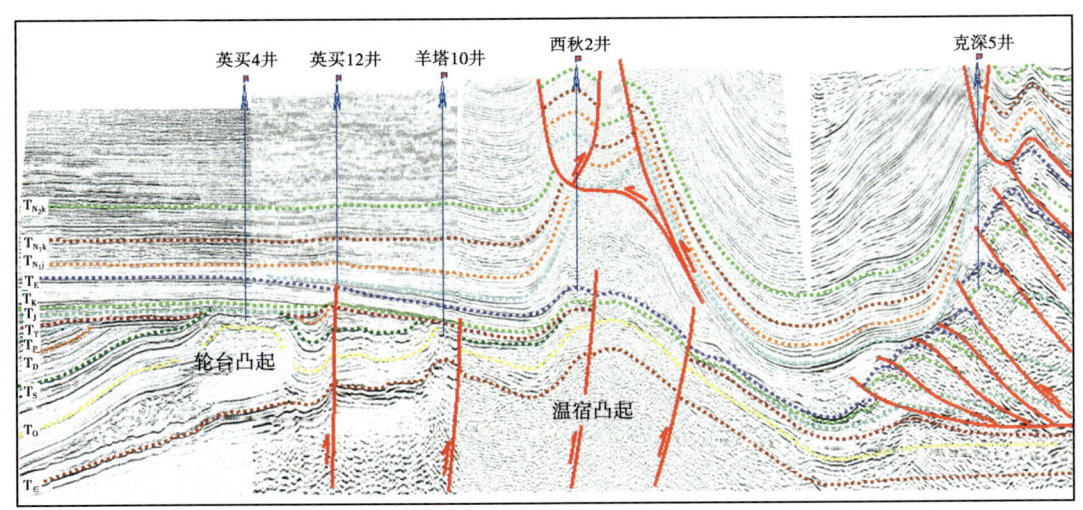

图 3-78 克拉苏构造带中段近南北向地震拼接大剖面

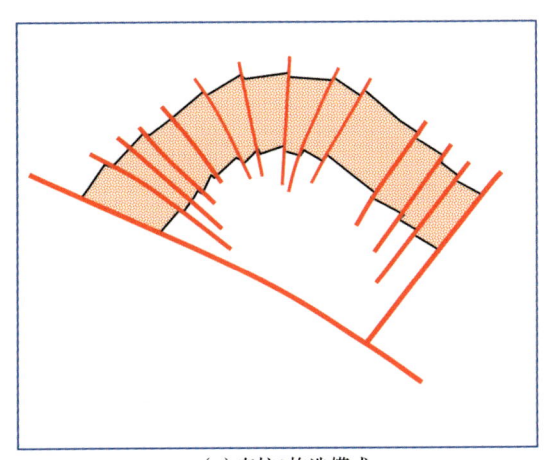

(a) 克拉2构造模式　　　　　　　　(b) 克拉2号构造剖面

图 3-79 克拉2构造解释剖面与模式对比图

育。其发育机理表现在3个方面：一是刚性地层发育于两套塑性层（上覆新生界膏盐岩和下伏中生界煤层）之间，即构造发育于两个半自由空间之间，这是因为在南天山与塔里木板块强烈挤压作用下，膏盐岩和煤层既区别于自由空间的空气，作为上覆地层起到一定的压实作用，也区别于完全固结的成岩岩石，其流动性强、密度小；二是下滑脱层煤层是滑脱作用构造发育的主驱动力，上滑脱层膏盐岩的顶蓬效应限制构造向上突破，使得构造整体表现为由南向北叠瓦状推高的形态，局部受反冲断层控制伴生冲起构造；三是断块异常发育，膏盐岩的缓冲作用使得各断块形态相对完整（图 3-80）。

克拉苏区带东西分段的构造特征，主要是由于受挤压应力大小、周缘古地形、推覆距离长短和挤压角度的不同造成的，因此，不同区段的冲起构造发育特征各有不同。

博孜段构造发育特征受近隆起主应力挤压作用的影响，在古隆起前缘构造破碎，冲起构造集中发育（图 3-81）。其特点为主要发育于靠近古隆起的构造带上，受古隆起推挡作用，冲起构造特别发育，构造规模相对较小，比较破碎。

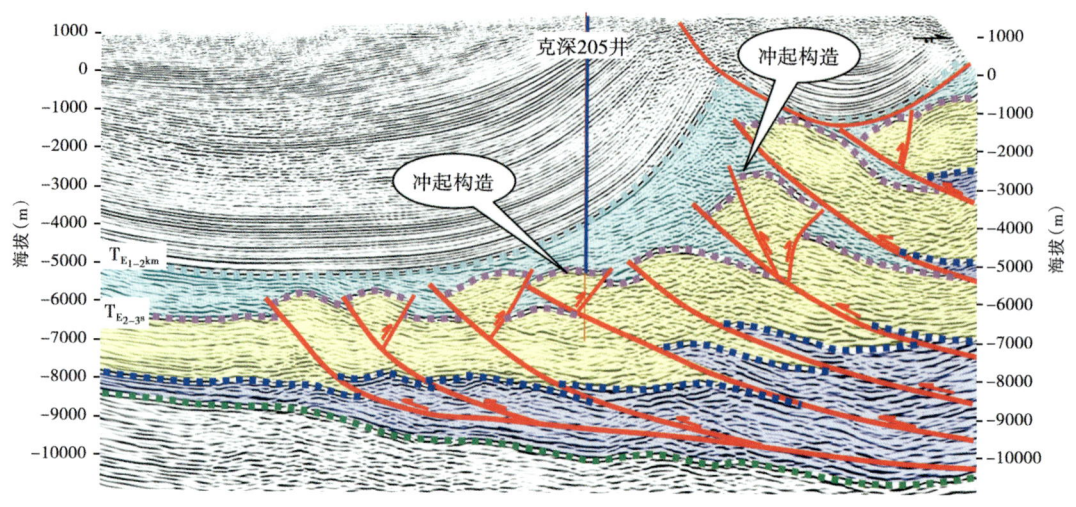

图 3-80　克深段构造解释新模式剖面

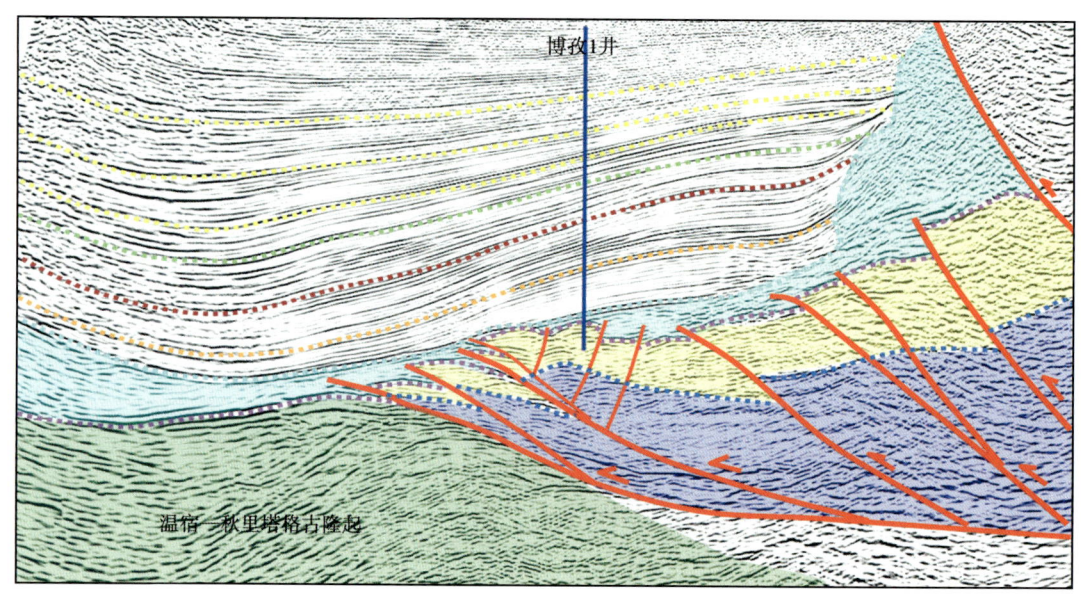

图 3-81　博孜区段构造模式剖面

大北段构造地质特点表现为远隆起斜向挤压，受强挤压环境影响，局部发育冲起构造，构造轴向受剪切应力影响，与山体边界存在一定夹角。因此大北段除了受挤压应力作用，还受到剪切应力作用，剖面上冲起构造也较破碎（图 3-82）。

克深段构造地质特点表现为远隆起垂向挤压，北部隆升强烈，南部相对平缓，局部发育冲起构造，如克深 2 号、8 号和 6 号为冲起构造。

二、克拉苏构造带构造精细落实

应用目标攻关处理的地震勘探资料，不断深化了地质认识，建模精度进一步提高，发现落实了一批构造圈闭，近几年勘探不断取得突破。

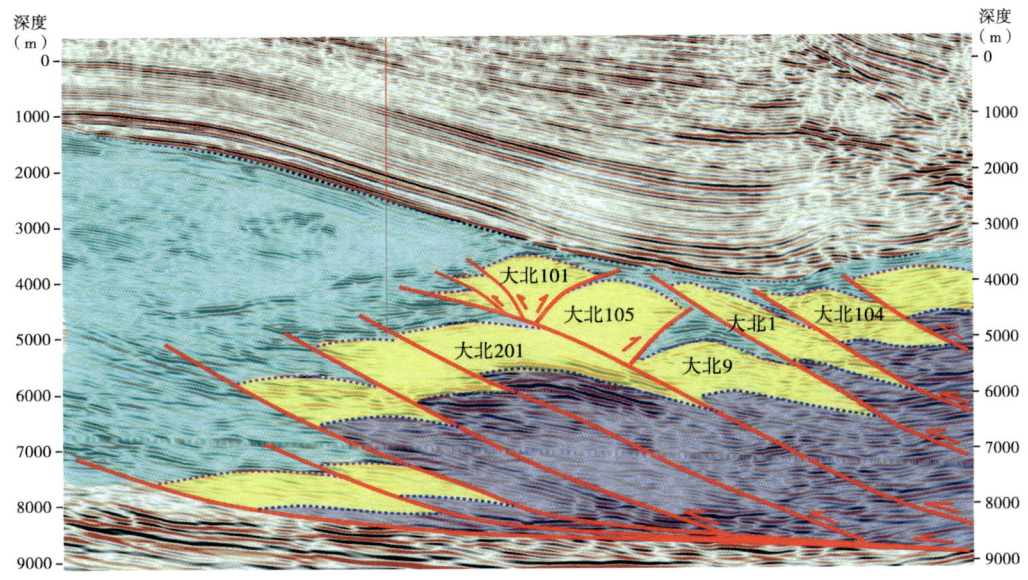

图 3-82 大北区段构造模式剖面

（一）克深段构造精细落实

北部的克拉 2 号和克深 1 号、2 号、5 号构造已经取得了重大突破，南部的构造由于埋藏相对较深（超过 7500m），圈闭难以落实，造成钻探失利。2008 年为查明克深段南部古近系—白垩系巴什基奇克组的储层情况和含油气性，在落实克拉苏万亿方大气区资源规模上钻了克深 7 井，至井深 8023m 完钻，井底层位为白垩系巴什基奇克组第二段（未穿）。钻探和后期资料解释认为，浅层高速层的发育及偏移归位等问题的影响，使得克深 7 井未能钻在构造高点之上，而是钻探在构造北翼（图 3-83）。

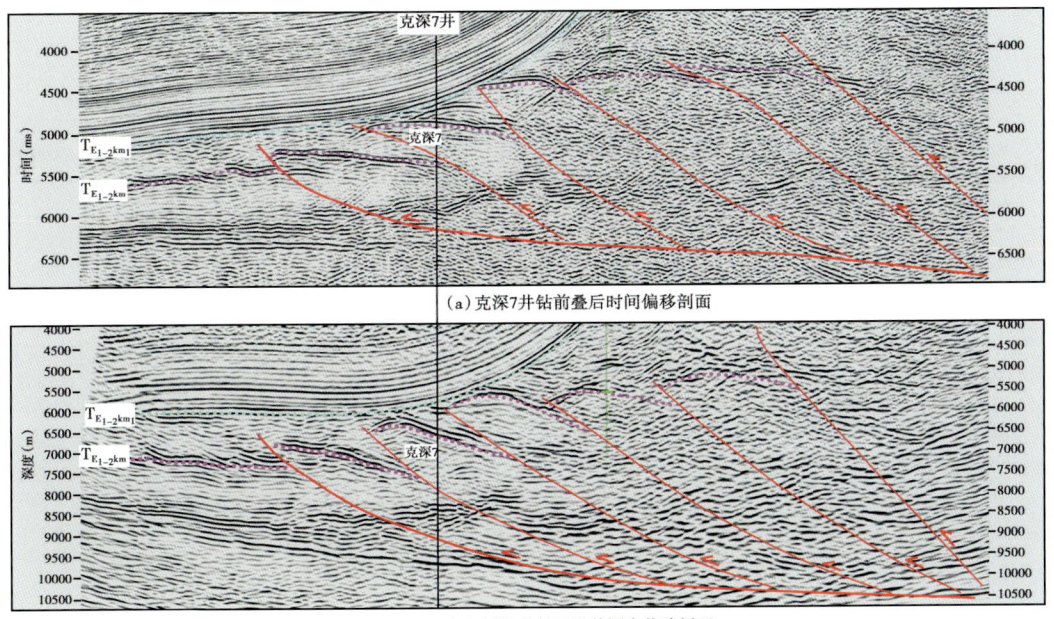

图 3-83 克深 7 井钻前与钻后处理剖面对比

为了进一步解放克深段南部勘探场面，2011—2012年又相继上钻了克深8井和克深9井。克深8井、克深9井均在白垩系巴什基奇克组获得成功，表明克深段南部也具有良好勘探前景，进一步证明克深段整体含气、规模大，奠定了该段万亿方天然气储量的规模。同时，克深9井的成功，彻底解放了克深段目的层7500m左右的圈闭。

克深段地震勘探资料信噪比高，构造规模大，仍是近期勘探开发的重点地区。通过新资料解释成果落实22个圈闭目标，已钻16个、未钻6个，其中克深18号、克深19号、克深20号、克深21号为下步勘探重点目标（图3-84至图3-87）。

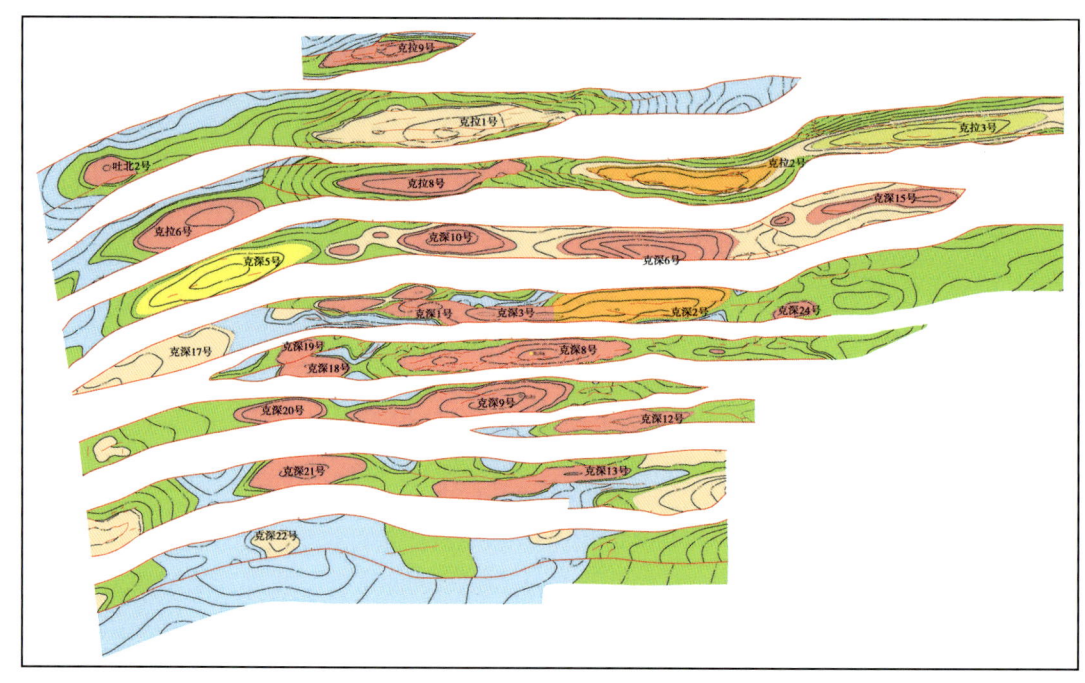

图3-84　克深区段白垩系顶面构造图

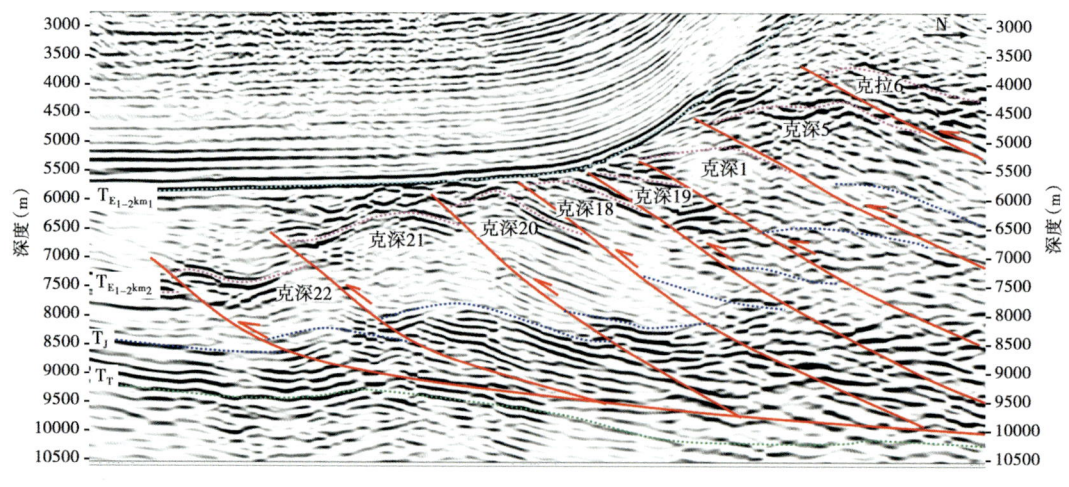

图3-85　过克深20号、21号构造南北向叠前深度偏移剖面

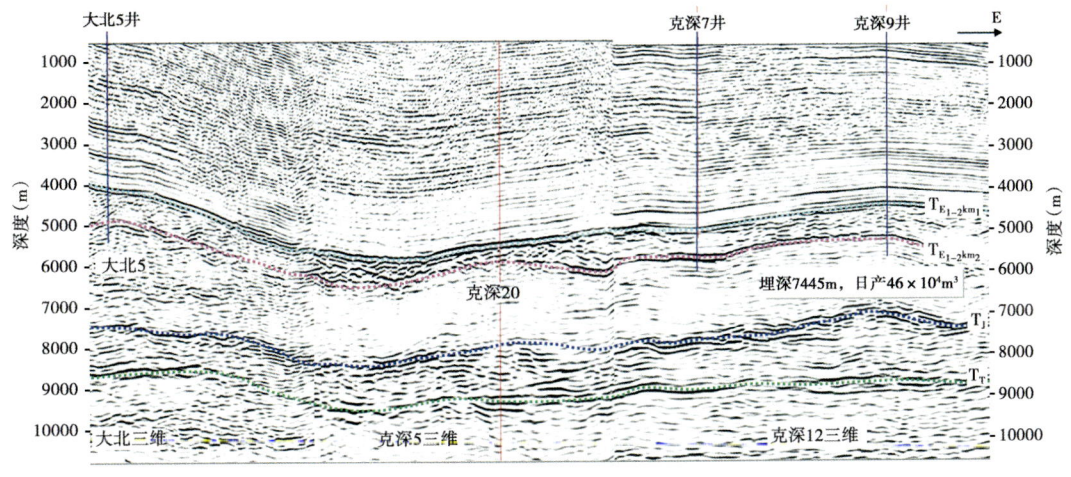

图 3-86　过克深 20 号构造东西向叠前深度偏移剖面

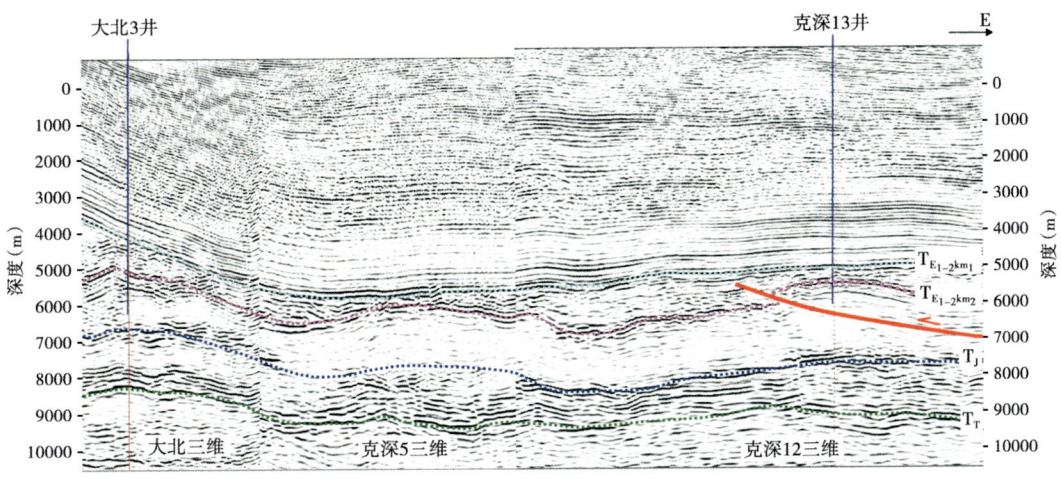

图 3-87　过克深 21 号构造东西向叠前深度偏移剖面

（二）精细解剖开发大北段，落实吐北—大北构造特征

1. 精细解剖开发大北段

大北段受南天山逆冲推覆及走滑断裂的影响，构造呈斜列展布，主要表现为断背斜或断块的圈闭特征。配合大北的评价开发，地震勘探资料的精细研究主要体现在对宽方位地震勘探资料各向异性逆时偏移处理解释攻关及随钻分析两个方面。

1) 宽方位地震勘探资料逆时偏移处理，资料品质明显改善

大北地区断块及小断裂发育，构造变形复杂，常规地震勘探资料难以满足勘探开发需求，在此基础上，2011 年油田公司启动了大北地区宽方位地震勘探资料采集处理项目。新采集处理的宽方位资料品质得到了一定的提高，各断块接触关系、目的层反射特征更为清楚，但仍难达到勘探开发的需求，为此开展了深度偏移攻关处理。

图 3-88 为宽方位攻关处理剖面与常规叠前深度剖面的对比，可以看出宽方位攻关处理剖面盐下目的层反射特征明显要优于常规采集处理剖面，突出表现在盐下构造的成像效果，宽方位剖面各断块反射层波阻特征明显，波阻连续性好，断层断点清晰，经过逆时偏移攻关

处理的资料可以满足大北区块的开发需求。

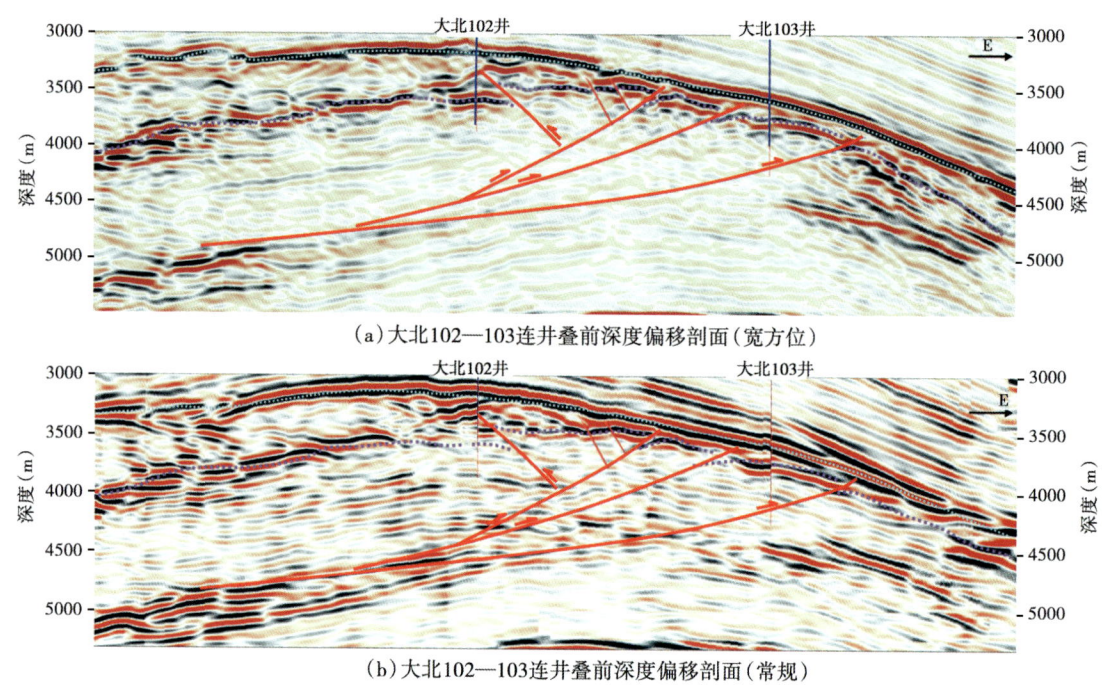

图 3-88 大北宽方位与常规三维叠前深度偏移剖面对比图

2）重新落实与新发现一批圈闭

通过对大北地区多套宽方位地震勘探资料的综合解释，进一步落实了大北地区的构造形态及规模，特别是对大北 1 号、大北 101 号和大北 201 号等构造形态的认识发生了明显的变化（图 3-89）。从构造对比图可以看出，2012 年认为大北 201 号构造西南部与大北 201 号构造属同一构造，但经过对宽方位资料对比分析以及大北 203 井的钻探，发现该构造为一单独的断块。2012 年老图反映的大北 201 号构造为一个北东—南西走向的长轴状断背斜，其构造南部受一条北倾断层控制，北部边界的自生圈闭特征更明显一些，而在 2013 年的新图上，其构造南北边界均受北倾断层控制，构造整体表现为断背斜。

通过对井校后各断块或断背斜构造图进行合并显示，最终完成了大北宽方位三维区地震 $T_{E_{1-2}km}$ 反射层构造图（图 3-90）。重新落实并新发现一批构造，为勘探开发提供了新的目标。

2. 重新落实吐北构造特征及圈闭形态

通过对吐北 4 及大北多套地震勘探资料的系统分析，并结合钻井资料和非地震勘探资料，对该区进行了从浅层砾岩到深层构造的全面研究，在区带结构及构造落实方面有了进一步的认识，为吐北 4—大北区块的圈闭精细落实及下一步的勘探开发打下了坚实的基础。

由于克拉苏区带扭动特征及差异推覆作用的影响，在吐北 4—大北区块内存在一个剪切应力带（图 3-91），该应力带在吐北 4 区块内，由于强烈的剪切应力，产生了大规模的走滑断层，向南剪切应力逐渐减弱，在大北区块内并未产生断距明显的走滑断层，而以构造的形式体现出来。吐北 1、吐北 5 原为同一排带，吐北 3、吐北 4 为同一排带，经走滑断层切割后，南北错动分裂为 4 个不同的断块。

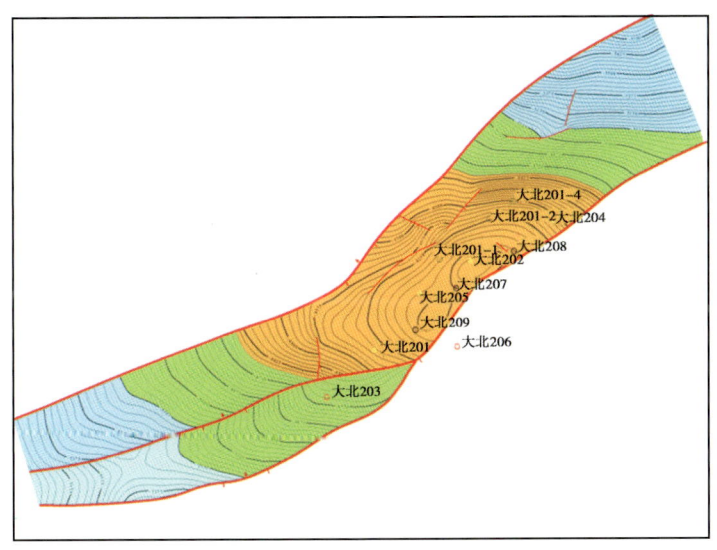

(a)大北201气藏白垩系顶面构造图(宽方位)(2013年)

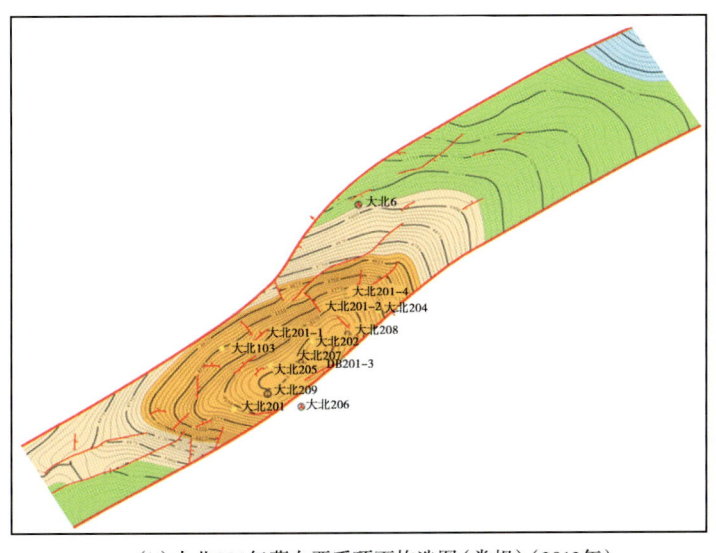

(b)大北201气藏白垩系顶面构造图(常规)(2012年)

图3-89 大北201号构造地震$T_{E_{1-2}^{km}}$反射层新老构造图对比

该断裂在剖面上具典型的正花状特征(图3-92),为一条大型走滑断层,主断裂近直立插入盆地基底,夹持部分为断块和断背斜。

剪切应力北强南弱,造成吐北4—大北区块内北部断块更为发育。同时,受强烈剪切应力的影响,裂缝型储层发育。大北气田的发现证实了该区块优越的石油地质条件,吐北4区块构造埋深较大北区块浅,且构造发育,是下一步勘探开发非常有利的区块之一。

根据叠前深度偏移资料解释结果,吐北4区块共发育有4个构造(图3-93),其中吐北4号、吐北5号、吐北1号构造资料品质相对较好,落实程度较高,吐北3号构造资料品质相对较差,落实程度较低。

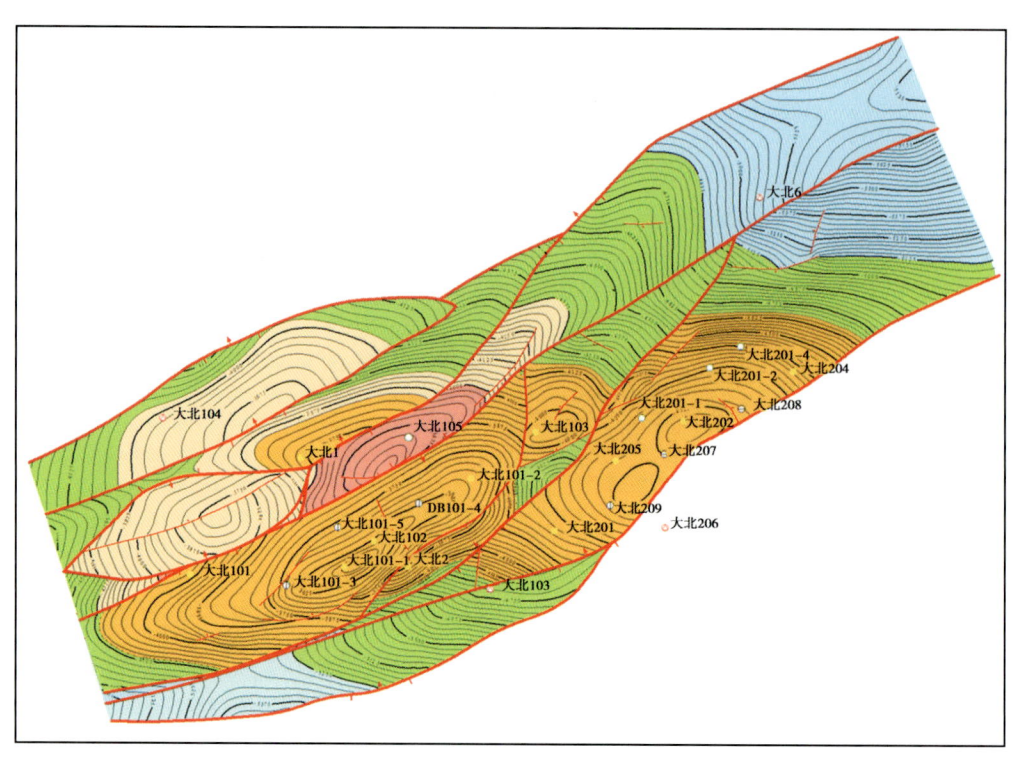

图 3-90 大北宽方位三维区地震 $T_{E_{1-2}km}$ 反射层构造图

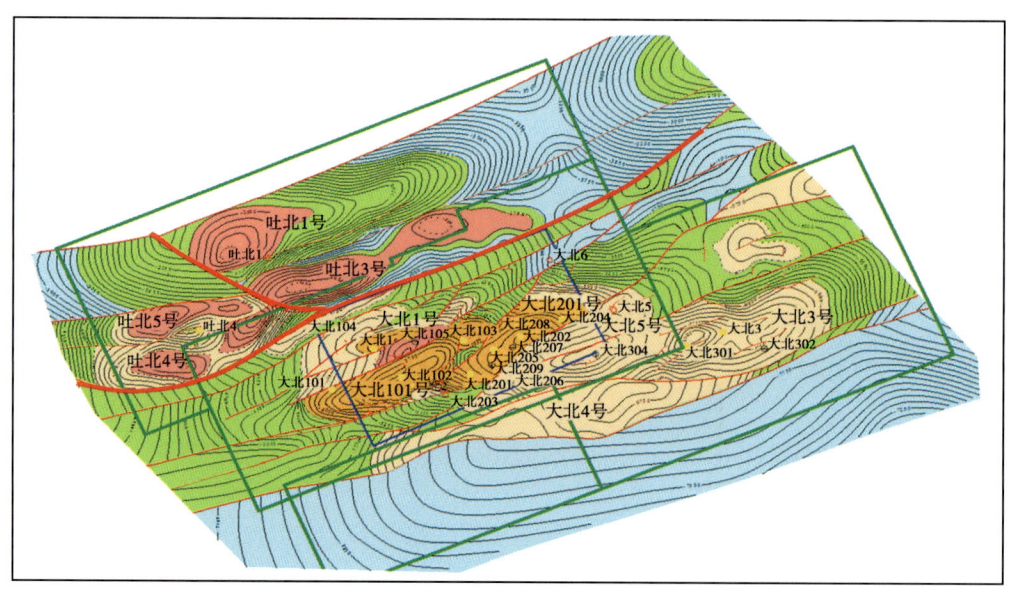

图 3-91 吐北 4—大北区块地震 $T_{E_{1-2}km}$ 反射层构造图

(三)深化砾岩体速度研究,精细落实博孜区块

博孜段位于克拉苏—大北富油气区带西段,成藏条件十分优越,钻探也证实了博孜 1 号断背斜有形成大型气藏的条件。

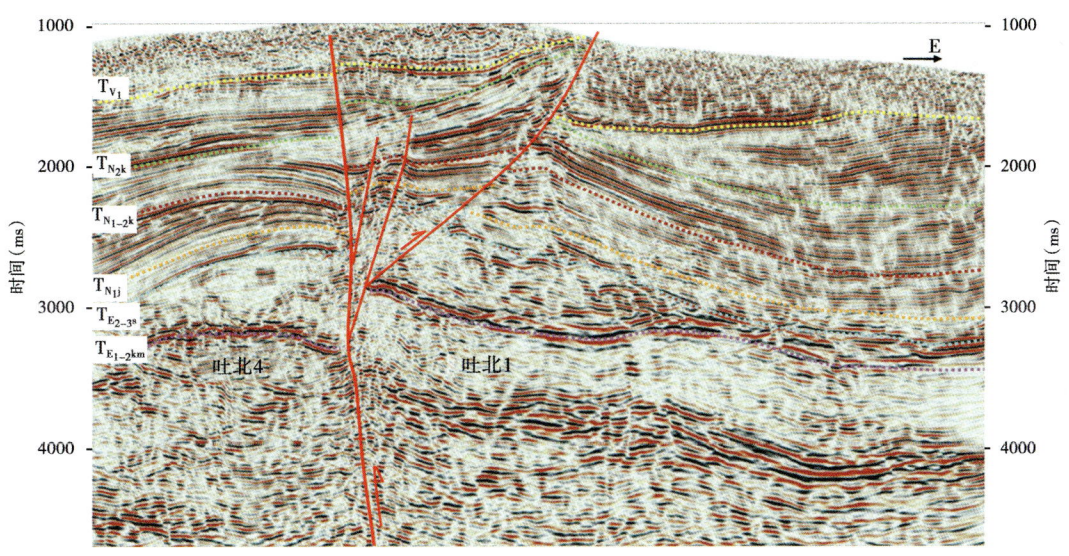

图 3-92 过吐北 4—吐北 1 构造叠前时间偏移剖面

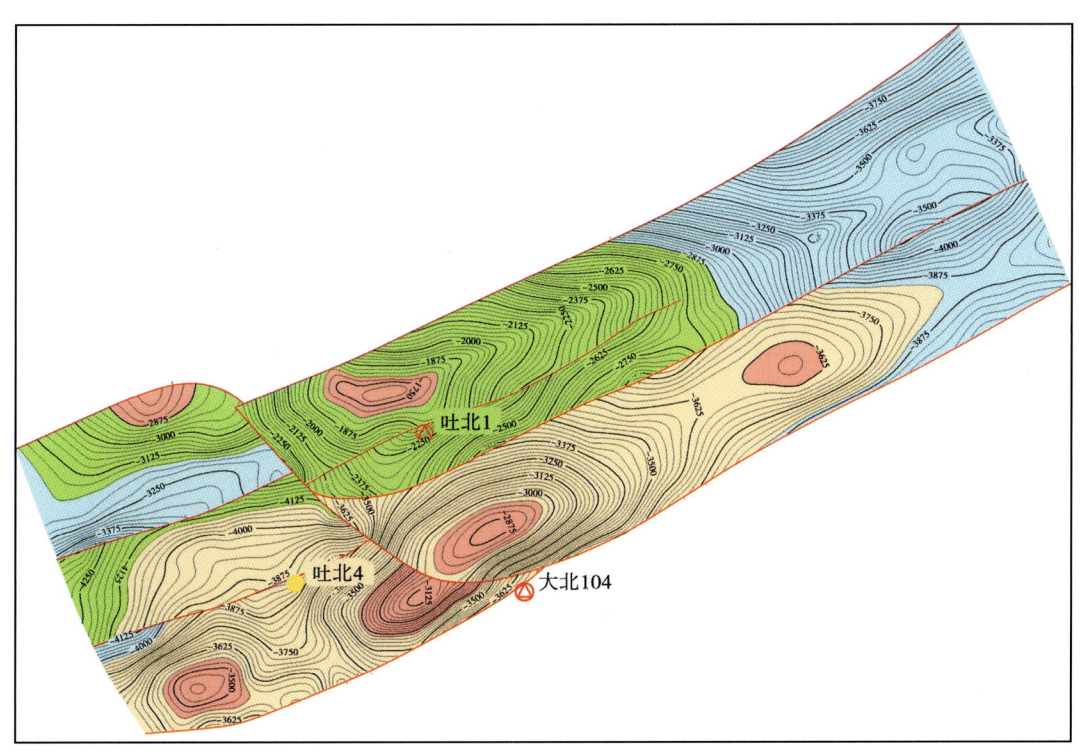

图 3-93 吐北 4 三维区地震 $T_{E_{1-2}km}$ 反射层构造图（叠前深度资料）

1. 主要构造样式

从剖面来看，博孜段构造样式总体表现为叠瓦冲断构造，构造前缘较缓，中部和后部抬升较高，局部发育冲起构造，由于本区盐岩厚度变薄，局部存在盐焊接现象（图 3-94）。

本区中部发育反冲断层，形成冲起构造，如博孜 1 号构造（图 3-95），北部构造相对完整。

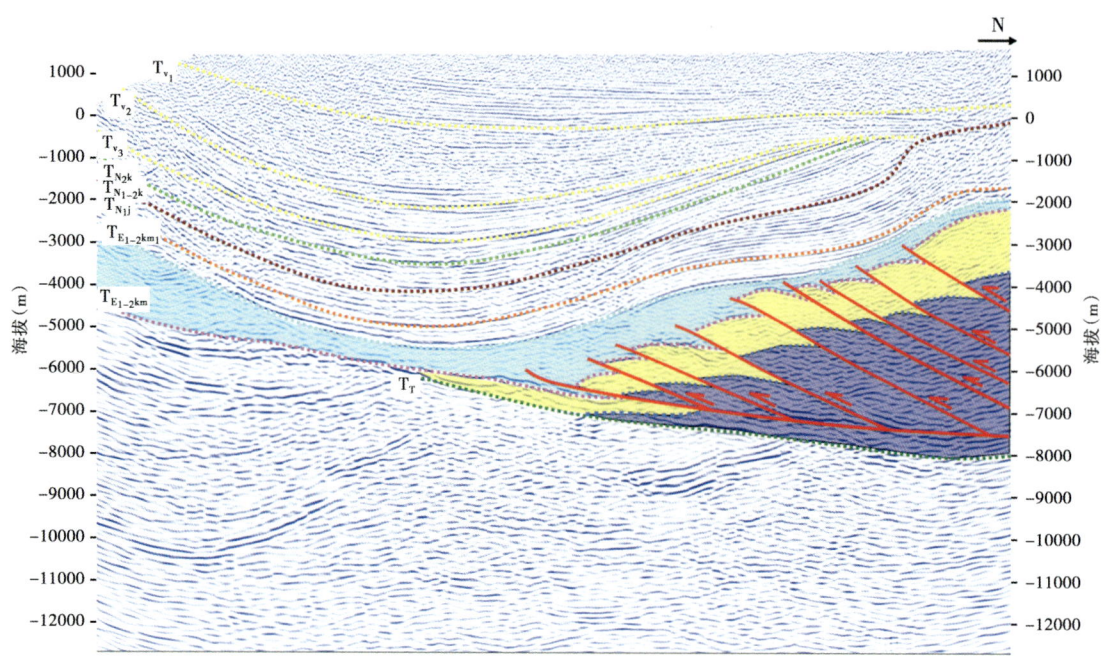

图 3-94 博孜三维区西部地震地质剖面

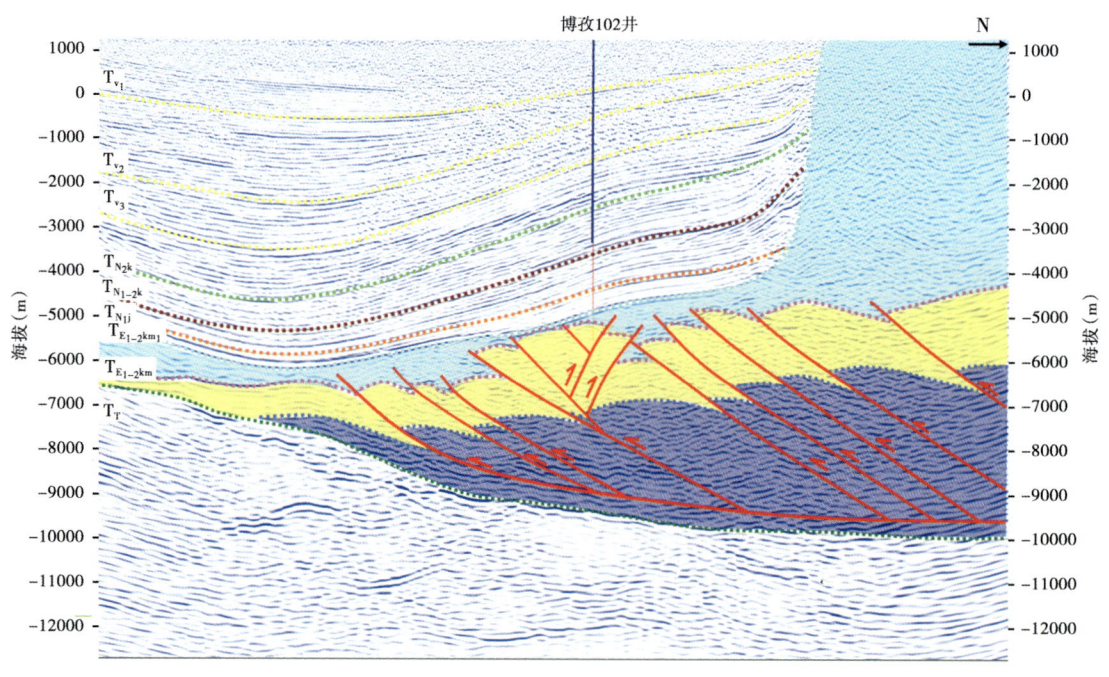

图 3-95 博孜三维区中部地震地质剖面

本区东部距离温宿凸起较近的叠瓦状构造前缘发育反冲断层，形成小型反冲断块，但是埋深特别大。第二断阶构造变形相对中部博孜 1 井附近变弱，构造模式相对简单（图 3-96）。

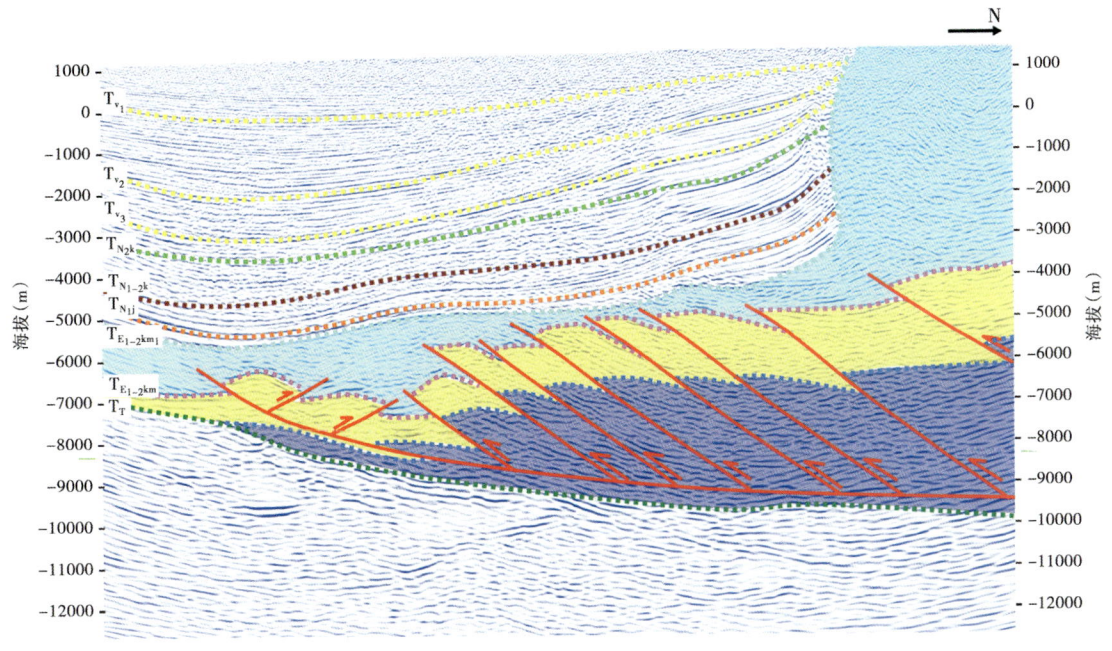

图 3-96　博孜三维区东部地震地质剖面

2. 浅层砾岩研究

博孜地区广泛发育的砾岩严重影响构造落实及钻井工程。博孜 1 井钻遇总厚约 4000m 的高速砾岩，造成目的层埋深比上钻前的设计深度偏深约 900m，导致第一次钻探不得不提前完钻，经过后续速度深入研究，重新设计，加深钻探后获得突破。

为精细研究速度规律，加大构造落实程度，搞清砾岩空间分布是研究重点。以往利用地震、钻井资料不能有效预测砾岩的分布，而电法勘探资料能够反映砾岩的空间分布，其中的电阻率体是识别高速砾岩的最好资料，但是受非地震勘探资料采集精度的限制，仅利用非地震勘探资料也难以精细研究砾岩的空间分布及速度变化规律。因此，地震—非地震联合应用是解决高速砾岩分布问题的有效手段。利用前述地震—非地震联合解释技术对该区砾岩体的分布和厚度进行了详细的刻画（图 3-97），建立了合理的深度—速度模型，为资料处理奠定

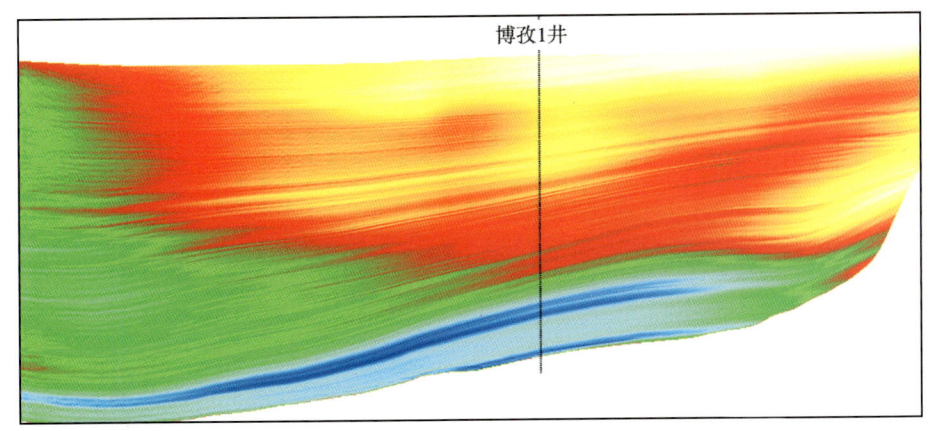

图 3-97　过博孜 1 井地震—非地震联合反演剖面（红黄色为高阻、蓝绿色为低阻）

了扎实的基础。

3. 三维地震勘探资料解释研究成果

博孜1构造解释主要选用2007年重新处理的叠后时间偏移资料。在此基础上提供的博孜1井加深获得突破，在目的层白垩系巴什基奇克组（K_1bs）完井试油获高产工业油气流。博孜1井钻探成功证实了博孜1号构造的存在，说明克拉苏冲断带西部博孜地区是增储上产，落实油气勘探大场面最现实的地区之一。

通过精细速度建模与构造解释，在该区带发现落实8排逆冲片（其中新发现3排逆冲片），发育博孜1至博孜13号12个上下叠置的断块（图3-98）。新发现圈闭6个，重新落实圈闭6个，总面积468km²。

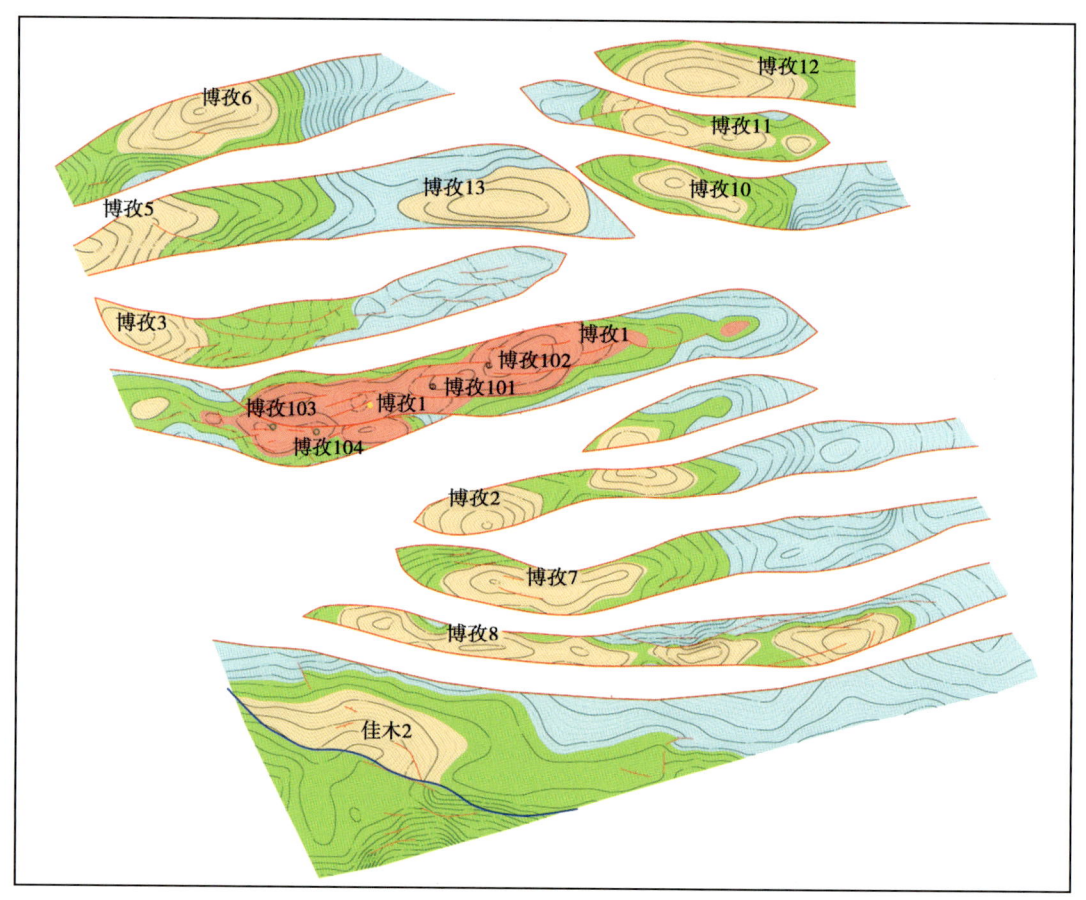

图3-98　博孜地区白垩系顶面构造图

第五节　库车前陆冲断带勘探成果

通过持续开展地震勘探资料采集、处理和解释一体化攻关，发展并进一步完善了山地地震勘探技术，形成了以宽线大组合二维采集和宽方位高密度三维采集为基础、宽线拟三维处理和各向异性叠前深度偏移处理为关键、多理论指导下的多信息综合构造建模解释为核心的复杂山地地震一体化勘探技术系列。在塔里木盆地库车前陆冲断带取得了显著的勘探效果。

成果1：在断层相关褶皱理论和盐构造理论的基础上引入双滑脱层构造变形理论，实现了对库车复杂构造整体全面的认识，建立了克深区带典型的双滑脱构造模式（图3-99），有效指导了三维地震勘探资料的精细解释，发现落实了一批有利圈闭，为克拉苏构造带油气勘探持续突破与发现奠定了基础。

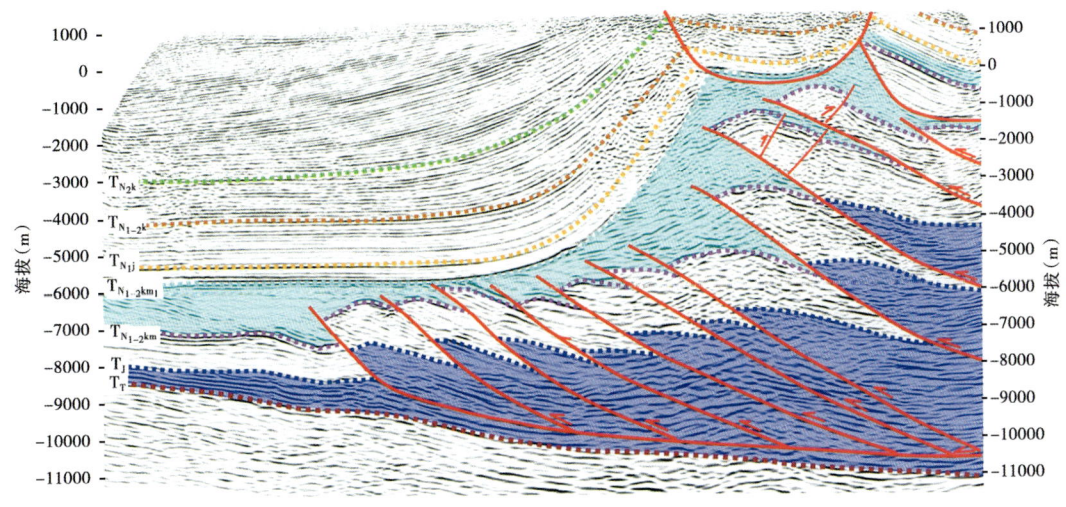

图3-99　库车地区典型地震地质大剖面

通过对物理模拟结果和双滑脱构造的深入研究，进一步明确了库车前陆冲断带的构造变形机理、变形特征、构造样式及发育规律，重新建立了库车前陆褶皱—冲断带中部完整的构造样式。整个冲断系统中既发育盖层滑脱构造，又发育基底卷入构造。双滑脱构造主要发育于冲断系统的中前部两套塑性层较厚、挤压应力由强逐渐变弱的区域，即克深区带；基底卷入构造主要发育于整个冲断系统的后部靠近造山带、挤压应力强烈、盐岩塑性层相对不发育的区域，即克拉苏构造带以北地区。南部拜城凹陷前缘到西秋构造带主要发育浅层滑脱构造，深层断裂不发育或发育少量基底卷入构造。

成果2：利用连片三维地震勘探资料，深化了断裂及构造特征研究，综合其他资料，细化了对克拉苏构造带东西分段、南北分带构造格局的认识。

克拉苏构造带自西向东可分为5段，分别为吐孜阿瓦特、博孜、大北、克深和克深东（克拉3），南北向发育多排构造，不同段的构造特征有一定差异，但总体可分为3个带，即缓阶带、陡阶带和背冲断块带（图3-100）。背冲断块带为克拉苏浅层构造带，易形成冲起构造，如克拉2构造，构造主体盐岩较薄，保存条件是勘探能否成功的关键，该带勘探程度较高，目前已很难发现具有一定规模且保存条件好的圈闭；缓阶带为克拉苏深层滑脱构造主体发育区，目的层埋藏较深，盐岩厚度向南逐渐减薄，但总体变化不大，该区易形成冲起构造，如克深8构造；陡阶带为克拉苏深浅层构造过渡区，盐岩厚度变化大，高陡逆掩构造特征明显，圈闭落实难度大。缓阶带和背冲断块带是目前最现实的勘探领域，近两年勘探取得了新的发现；陡阶带断裂发育，地层逆掩严重，地震波场复杂，需要进一步加强地震一体化攻关，合理建立构造模式，准确落实圈闭，是潜在的有利勘探领域。

成果3：通过持续攻关，有效解决了构造成像和构造准确落实问题，勘探成效明显。无论二维还是三维勘探阶段，每年都有新的圈闭发现。随着克拉苏构造带三维地震勘探的全面

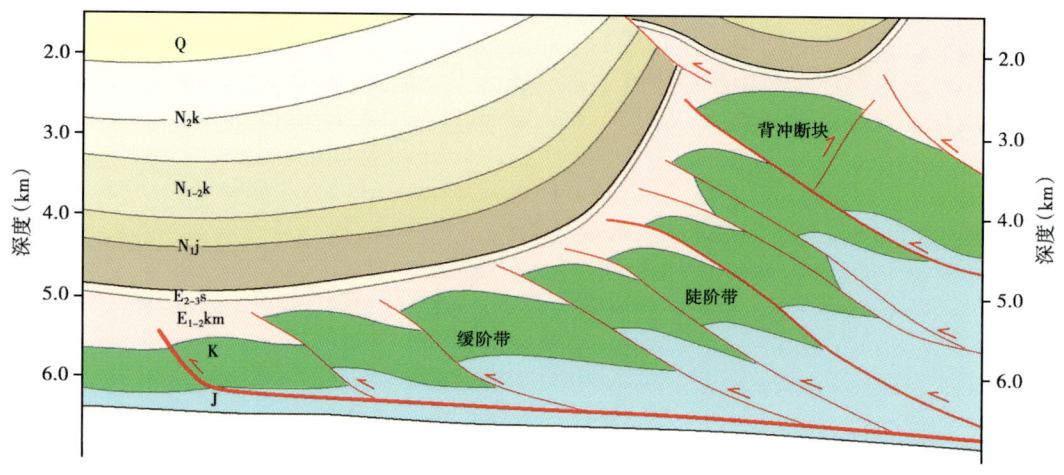

图 3-100　克拉苏构造带南北向地质结构剖面（示缓阶带、陡阶带和背冲断块带）

覆盖和处理解释技术的进步，圈闭落实精度越来越高，地震预测盐顶深度平均误差从 7.5% 降低到 2.0%，目的层深度平均误差从 8.0% 降低到 1.9%。圈闭钻探成功率逐年提高，预探成功率由 29% 提升至 75%。区域勘探实现了全面突破，新发现克深 2、克深 5、克深 1、克深 8、克深 9、博孜 1、阿瓦 3、克深 6 和克拉 8 等多个大气藏，落实了克深、大北和博孜等规模富油气区带，向西、向南拓展了克拉苏构造带的含油气范围。克拉苏构造带东西整体含气、南北叠置连片的大场面已经明朗，万亿方天然气储量规模基本落实。

成果 4：多年来持续针对北部构造带重点接替领域开展处理解释一体化攻关研究，整体理清了北部构造带"一阶、一带、一平台"的结构特征，明确了北部构造带整体为被断层复杂化的大型背斜，具有南翼阶梯带、核部隆起带和北翼平台区 3 大勘探领域。并优选埋深较浅、结构相对简单的吐格尔明核部隆起带两侧有利区，主动开展一体化深度域攻关，在此基础上落实了吐东 2 重点目标，并于 2017 年 3 月上钻，于 8 月底测试获高产工业油气流。吐东 2 井的突破是库车坳陷继 1998 年依南 2 井突破后，侏罗系勘探取得的又一个重大突破，该井在侏罗系中上段钻遇超过百米油气层，库车坳陷接替领域实现战略性突破，明确了库车坳陷北部构造带 5500km^2 侏罗系的勘探潜力。在吐东 2 突破的基础上，相继上钻了吐格 1、吐格 2、吐格 3 和迪北 2 等一批后续目标。

成果 5：发展和深化了山前复杂构造地震一体化勘探技术。前陆冲断带油气资源丰富，但勘探难度非常大，为解决库车前陆冲断带复杂构造落实和油气勘探难题，地震勘探经历了长期不懈的攻关研究，逐步形成并不断发展完善了山前复杂构造地震勘探技术系列。地震采集技术实现了从常规二维到宽线大组合二维勘探、从常规三维到面向深度偏移三维勘探和宽方位高密度三维勘探的快速发展；地震处理技术经历了从叠后到叠前、从时间域到深度域、从各向同性到各向异性的不断进步；解释技术则从断层相关褶皱理论二维建模到多理论指导下的多信息综合三维空间构造建模。目前形成了以宽方位高密度三维采集、叠前深度偏移处理和多信息综合构造建模为核心的山地地震一体化勘探技术系列，在库车前陆冲断带有利区带解剖、重点目标落实、地质认识深化、油气勘探发现与规模储量落实中发挥了非常重要的作用。

第四章 柴达木盆地英雄岭解释技术应用及成效

柴达木盆地西部坳陷夹持于东昆仑山和阿尔金山之间，是柴达木盆地油气富集区和原油生产基地。英雄岭地区位于西部坳陷中部，东西长约 120km、南北宽 35~40km，面积约 4000km² （图 4-1），总体呈北西向展布，地面大面积出露新近系。构造上，英雄岭地区属于东昆仑冲断构造体系的一部分，由北向南依次发育咸水泉—油泉子、干柴沟和狮子沟—油砂山 3 排褶皱构造带。英雄岭地区在地质历史中长期位于盆地的沉降沉积中心附近，晚喜马拉雅—新构造运动期间才发生构造隆升，是一个典型的晚期反转构造带。

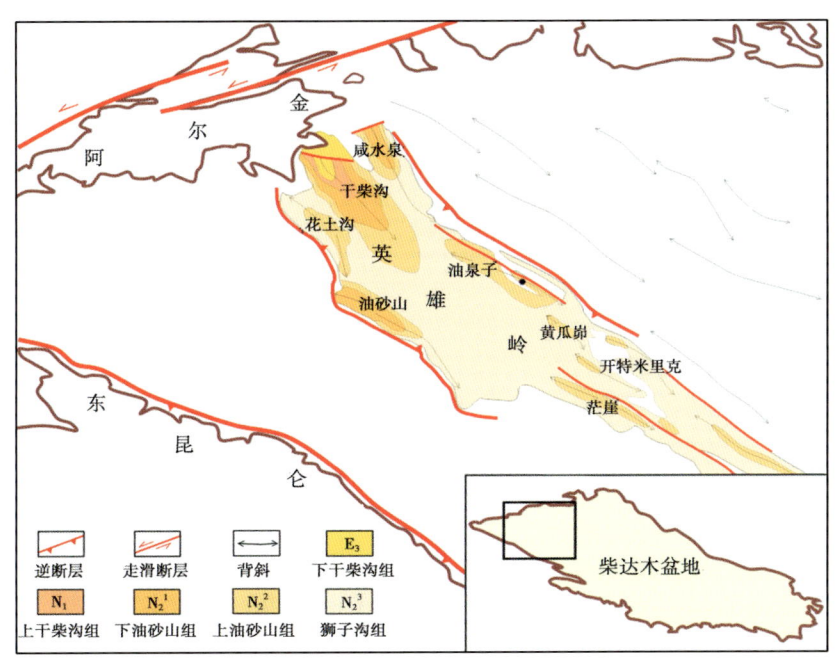

图 4-1 英雄岭地区区域位置与地质简图

柴达木盆地前中生代经历了元古宇大陆克拉通演化阶段、震旦纪—早古生代裂陷槽—大洋演化阶段、晚古生代—三叠纪古特提斯演化阶段。中新生代经历了两个完整的坳陷—隆升的演化旋回，包括 4 个演化阶段：早—中侏罗世伸展断陷—坳陷演化阶段、晚侏罗世—白垩纪挤压坳陷—挤压隆升演化阶段、古新世（路乐河期）—中新世早期（上油砂山期）整体挤压坳陷与柴西局部拉分弱断陷演化阶段、中新世晚期（狮子沟期）—第四纪挤压反转演化阶段（图 4-2）。

柴达木盆地的沉积地层主要为中、新生界。中生界主要分布于柴北缘和阿尔金山前，包括下侏罗统湖西山组、小煤沟组，中侏罗统大煤沟组，上侏罗统采石岭组、红水沟组和白垩系犬牙沟群。新生界分布比较广泛，基本上覆盖全盆地，自下而上划分为路乐河组、下干柴沟组、上干柴沟组、下油砂山组、上油砂山组、狮子沟组和七个泉组（图4-2）。

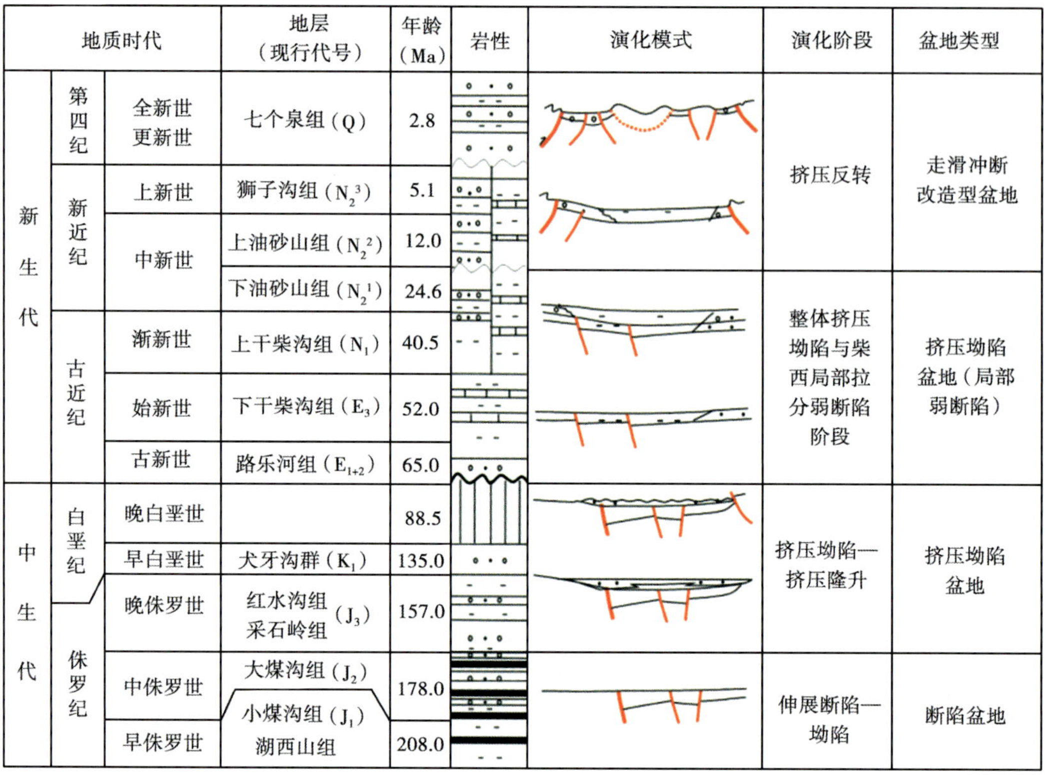

地质时代			地层（现行代号）	年龄（Ma）	岩性	演化模式	演化阶段	盆地类型
新生代	第四纪	全新世更新世	七个泉组（Q）	2.8			挤压反转	走滑冲断改造型盆地
	新近纪	上新世	狮子沟组（N_2^3）	5.1				
		中新世	上油砂山组（N_2^2）	12.0			整体挤压坳陷与柴西局部拉分弱断陷阶段	挤压坳陷盆地（局部弱断陷）
			下油砂山组（N_2^1）	24.6				
	古近纪	渐新世	上干柴沟组（N_1）	40.5				
		始新世	下干柴沟组（E_3）	52.0				
		古新世	路乐河组（E_{1+2}）	65.0				
中生代	白垩纪	晚白垩世		88.5			挤压坳陷—挤压隆升	挤压坳陷盆地
		早白垩世	犬牙沟群（K_1）	135.0				
	侏罗纪	晚侏罗世	红水沟组采石岭组（J_3）	157.0				
		中侏罗世	大煤沟组（J_2）	178.0			伸展断陷—坳陷	断陷盆地
		早侏罗世	小煤沟组（J_1）湖西山组	208.0				

图4-2 柴达木盆地中新生代构造演化示意图

英雄岭地区地表条件差、地下构造复杂，地震勘探资料品质一直较差。2000年以来实施了宽方位高密度三维地震勘探，地震勘探资料品质得到大幅度提升，通过构造建模、储层预测等解释技术的应用，明确了构造格局、成藏条件和油藏类型，发现落实一批勘探目标，钻探发现英西等亿吨级油气田，取得了显著的勘探成效。

第一节　英雄岭冲断带地震解释技术

通过复杂山地的地震采集、处理攻关，英雄岭地区地震勘探资料品质取得了明显改善，但仍然低于盆地内地震勘探资料的质量，极端复杂的地下地质构造也造成地震勘探资料解释困难。多信息综合解释技术是获得比较合理的构造解释方案、准确落实断层展布和圈闭细节的有效手段，其实质是以冲断构造理论、断层相关褶皱理论（膏盐岩发育时需引入盐构造理论）为指导，以较好品质的地震勘探资料为主，并充分结合非地震、地表露头、钻井和测井资料，以断层建模和层位建模为核心，建立准确的构造模型，精细落实圈闭细节。

一、多信息综合解释的主要步骤

（一）地表露头地质调查

通过分析与研究地质图和遥感构造解译，可确定浅层构造带的走向和各构造间的接触关系。通过野外实测典型的构造剖面，可以了解地层产状和地层界面，确定断层位置及断面产状，建立地表地质剖面，约束浅层地震勘探资料的解释。

（二）区域构造背景分析和基本构造样式的建立

从宏观上了解研究区及周边的构造特征和变形机制，了解地层分布，尤其是一些特殊的塑性地层（泥岩、煤和膏盐岩）的分布，应用断层相关褶皱理论建立基本的构造样式。

（三）精细地层对比和标志层、断层的识别

根据钻井、测井资料反映的沉积旋回、岩性、电性特征确定钻井钻遇地层的时代，在标志层识别的基础上建立连井对比剖面，这是地震解释的基础。同时，还可以利用钻井的地层重复段、成像测井和倾角测井信息识别出钻井钻遇的断层。

（四）多井联合层位标定

主要是在单井地震合成记录标定的基础上，通过多井的联合标定，统一全区的地震地质层位，并对井间断层的相互关系进行初步的分析，最终达到井震之间断层、层位的高度统一。

（五）二维或三维断层、层位解释

完成层位标定后即可展开地震勘探资料的解释工作。对于复杂构造区而言，断层解释是重点，利用地震波组的错断、相干体和曲率体解释断层，并与露头、钻井和测井资料识别的断层相吻合，根据断层规模和对构造、油藏的不同控制作用划分断层级别，明确断层的切割关系。由于复杂高陡构造区的信噪比一般较低，地震波组关系不太清楚，层位的追踪较为困难，具体解释中应从资料品质较好的可靠区向外推，并充分考虑到钻井标定情况和地层厚度变化的合理性。

（六）速度场建立与变速成图

利用地震叠加速度谱资料、钻井的声波测井资料和 VSP 资料分析研究区地层速度的变化规律，采用多种方法进行速度建场，在相互验证和综合分析的基础上优选合理的速度场，然后进行变速成图工作，完成各主要地震标准层构造图的编制。

（七）构造建模

根据地震解释的断层和断层面构造成图，在钻井断层数据的校正下完成断层模型的建立，利用变速成图得到的各反射层的构造图建立层位模型，最后建立最终的构造模型。

（八）合理性验证

最终建立的构造模型还要利用平衡剖面或正演模型验证构造模型的合理性，若构造模型不合理，还需重新建立构造模型。

二、多信息综合解释关键技术

（一）基于多源遥感数据的地表构造解译技术

传统的地表构造地质考察是按照事先设计好的考察路线，通过实测剖面详细了解地层特征、地层界限、断层及褶皱特征，精确地测量地层产状。但由于英雄岭地区沟壑纵横、悬崖林立，难以采用常规方法有规律地布置合理的考察路线，实际能够实测的剖面较短，观测点分散，难以在平面上形成系统、全面的认识。在有限的地质考察路线和观测点控制下，对CORONA、无人机、QuickBird 和 Landsat8 等多种类型的遥感数据进行图像处理，采取CORONA立体像对、高精度数字正射影像（DOM）、大比例尺数字高程模型（DEM）和地面三维激光扫描仪多种方法进行地面地貌和地质信息的提取，可以查明露头区地层分布信息、

地层产状信息和地表断层信息。

基于多源遥感数据的地表构造解译技术在英西地区取得了良好的应用效果，获得了丰富、全面的地质信息（图4-3），包括：（1）明确了上油砂山组（N_2^2）与狮子沟组（N_2^3）之间的地层界限；（2）除实测的地层产状外（红色），还获得了数量众多的遥感解译地层产状数据（绿色）；（3）识别出控制浅层构造的狮子沟断层，并在花土沟构造识别出一组近南北向的次级断层；（4）对研究区的整体背斜形态有了清晰完整的认识，地表呈北西—南东向延伸约30km，背斜枢纽在花土沟构造向南扭曲，被左行错断，背斜轴面北倾，南西翼较陡，局部分段倒转，北东翼宽缓。基于多源遥感数据的地表构造解译技术的应用，对确定地表断层位置、地层界限和地层产状，约束中浅层地震勘探资料的解释具有重要意义。

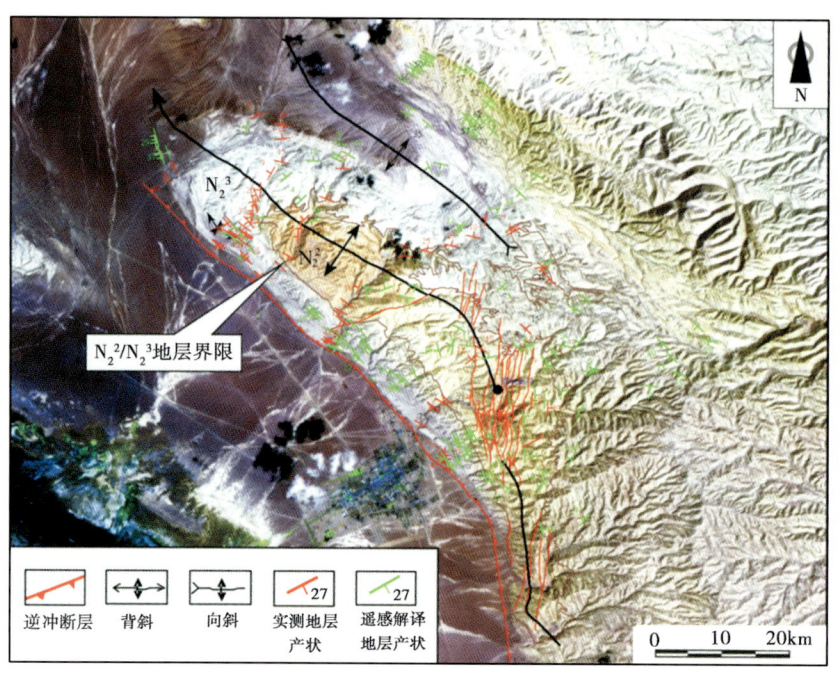

图4-3 英雄岭英西地区基于多源遥感数据的地质解译图

（二）精细地层对比技术

精细地层对比是地震解释的基础，英雄岭英东地区上油砂山组底界（N_2^2）K_3是一个明显的标志层，其上的GR和URAN曲线可见3个高峰值段（图4-4），也是全井最高的自然伽马值，该高含铀层段全区分布稳定。下油砂山组（N_2^1）内部存在另一个标志层K_4，其典型的电性特征是自然电位测井曲线在其上下部有比较明显的幅度差，上部渗透层发育，下部渗透层相对不发育。

（三）多信息断层综合识别技术

断层的识别与解释是复杂山地高陡构造解释的核心，利用地震勘探资料将地表露头、钻井、测井资料识别出的断层有机地统一起来，即可达到多信息综合识别断层的目的，多种资料的相互验证提高了断层解释的精度，更接近地下地质的实际情况（图4-5）。

1. 地表露头信息识别断层

通过地表地质调查可以明确地表断层的位置、断面产状和断层性质，尤其是一些延伸

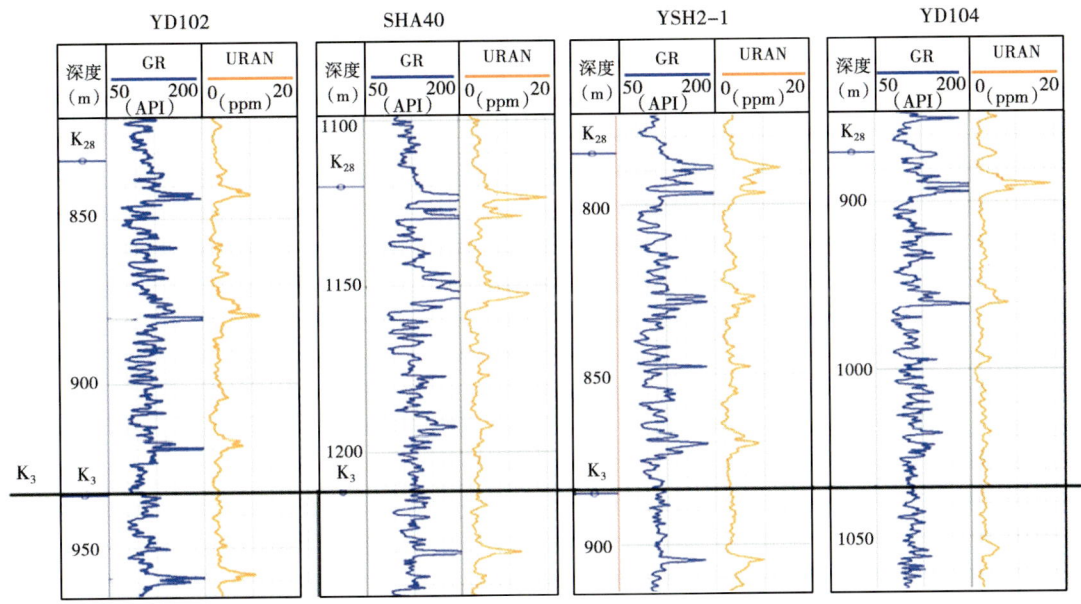

图 4-4 英雄岭英东地区地层精细对比图

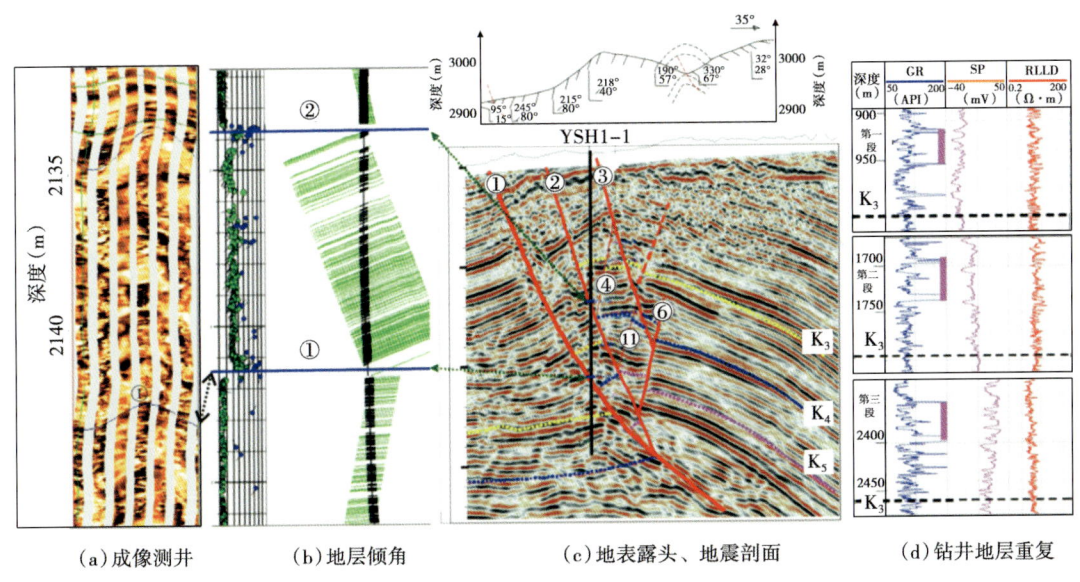

(a) 成像测井　　(b) 地层倾角　　(c) 地表露头、地震剖面　　(d) 钻井地层重复

图 4-5 英雄岭英东地区多信息断层综合识别图

长、断距大的断层，在地质图或遥感照片上清晰可见，如研究区的油砂山断层和狮子沟断层，将其投影在地震剖面上，则可约束一些断至地表断层的解释[图 4-5（c）]。

2. 钻井地层重复识别断层

识别逆断层的一个明显标志是地层重复。YSH1-1 井在纵向上发现 3 段对比良好的高伽马标志层段，表明其间可能发育两条逆断层，造成 K_3 标志层的重复[图 4-5（d）]。

3. 地层倾角和成像测井资料识别断层

断层活动会在断层面上下形成地层牵引构造，或形成地层破碎带，从而造成地层产状的突然变化，因此利用地层倾角测井资料可以直接确定井下钻遇断层的断点深度及其性质。YSH1-1井2141m处地层产状变化明显，其下地层倾向为南西，地层倾角较缓，为4°左右；其上地层倾向南南西，地层倾角较大，在10°～42°，一般为20°［图4-5（b）］，结合地表露头资料分析，该断层即为油砂山逆断层（①号断层）。同理，该井1386m处存在另一断层——②号断层。成像测井资料上断层上、下盘的特征也有明显的不同［图4-5（a）］。

4．声波测井和波阻抗资料识别断层

正常沉积序列地层的声波时差与地层埋深呈有规律的变化，随着地层埋深加大，地层孔隙度呈逐渐减小的趋势，声波时差也呈逐渐减小的趋势。当存在较大断距的逆断层时，断层两侧地层年代、岩性等差异较大，因此可利用声波时差和波阻抗的突变识别断层。YT1井2430m处为声波时差的突变点，是油砂山断层的标志，断层以上的声波时差随埋深增加总体减小，至断层附近约为180μs/m，2430m以下声波时差突然变大，为240～250μs/m，向下又有逐渐减小之势（图4-6）。声波时差的变化与地层年代、岩性有关，断面以上为上干柴沟组（N_1）灰色灰质泥岩，地层层速度较大；断面以下为年代较新的下油砂山组（N_2^1）灰绿色粉砂质泥岩、粉砂岩，地层层速度相对较小。波阻抗为地层速度与密度的乘积，油砂山断层表现为波阻抗值突然由大到小的变化，地震剖面上油砂山断层为一较强振幅的波峰。

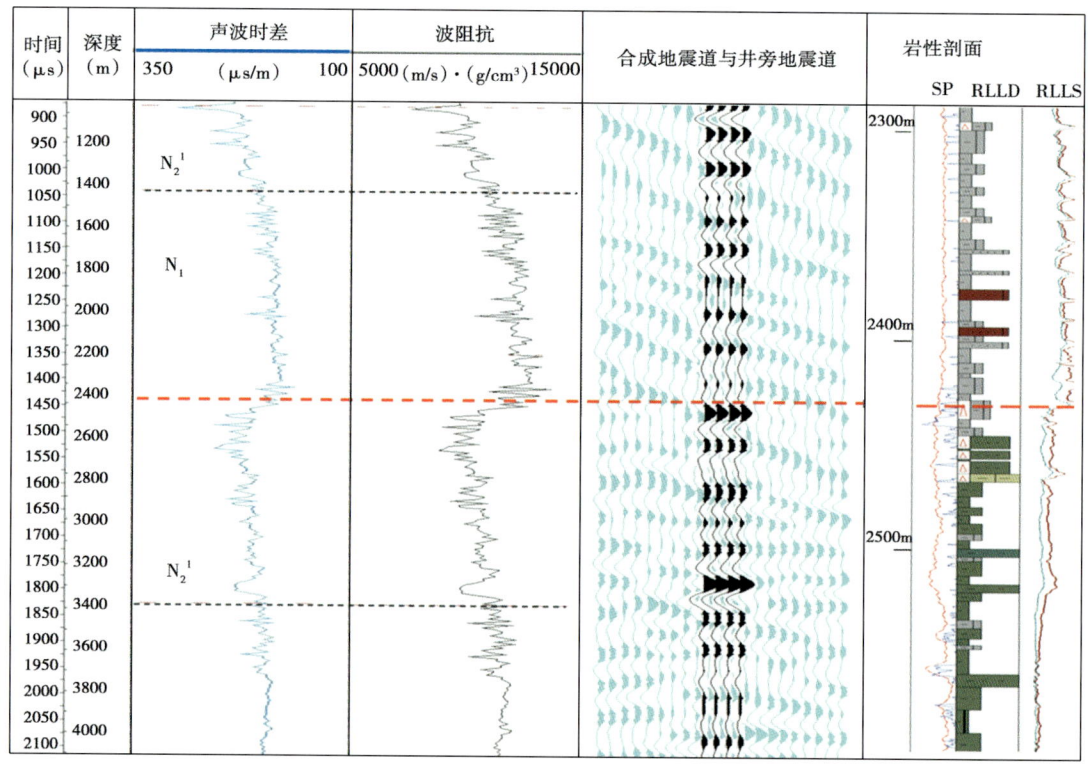

图4-6　YT1井声波时差、波阻抗与合成地震记录

5．地震资料识别断层

地震剖面上反射波同相轴的错断、扭曲、合并或分叉，同相轴数量的突然增加或减少、波组间隔的突然变化等都是识别断层的重要标志。空白带或杂乱带的出现以及断面反射波的识别也是利用地震勘探资料解释断层的重要依据。地震时间切片、地震相干体对断层的平面

组合有很大的帮助。Roberts（2001）已证明，大多数正、负曲率属性是优秀的线性构造鉴别器，在断裂分析中也非常有效。经自适应中值滤波处理后的曲率体对小断层、小挠曲的识别能力显著提高（周赏等，2012）。GeoEast解释系统提供的经构造导向滤波后的曲率体属性取得了良好的应用效果（图4-7）。

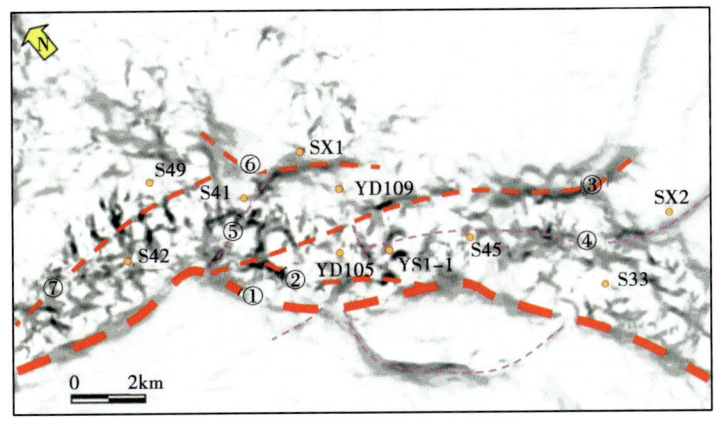

图4-7 英雄岭英东三维区最正曲率图

（四）多井联合层位标定技术

地震地质层位标定是地震勘探资料解释的基础工作，在高陡复杂构造区，声波合成记录标定、地质露头标定和VSP标定是有效的标定方法。在单井层位、断层标定的基础上，通过多井的联合标定，可以统一全区的地震地质层位，校正不合理的钻井分层，进行初步断层组合，最终达到井震之间断层、层位的高度统一。英雄岭英东—英中三维区中浅层为主要勘探目的层，主要标志层有K_3（上油砂山组底）、K_4（下油砂山组内部）和K_5（下油砂山组底）。从英中三维区连井标定剖面看（图4-8），标志层横向上易于追踪对比，大部分井的层位能够统一，少数钻井如JC2井、S19井的K_5等目前的地质分层欠合理。油砂山断层在大部分钻井处为一强波阻抗界面，可作为地震解释标志层，纠正了长期以来认为此强反射层为地震T_3（上干柴沟组底）反射层的认识。多井联合层位标定技术准确标定了层位，识别并标定了油砂山断层位置，达到了全区的统一。

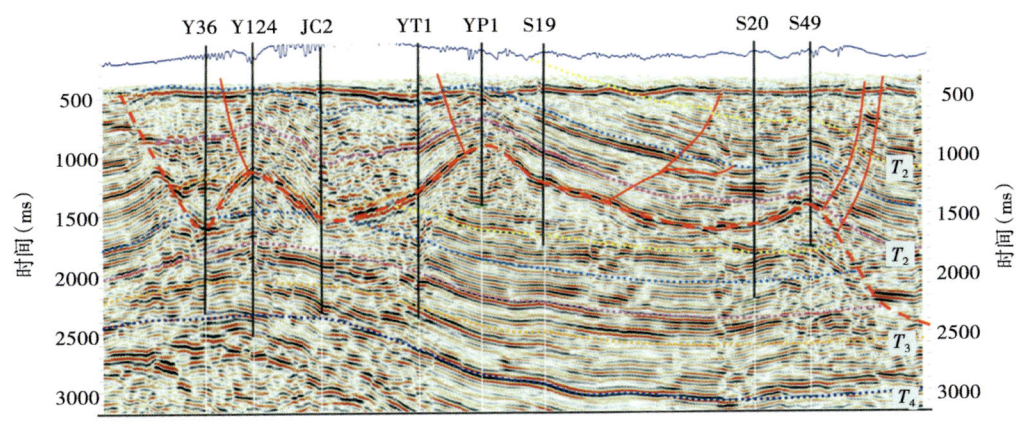

图4-8 英雄岭英中三维区多井联合标定剖面

（五）速度建场及变速成图技术

复杂山地高陡构造由于地层高陡，逆冲断层发育，导致断层上、下盘的地层年代、岩性存在较大差异，同一构造带不同部位的地层赋存状态和岩性、岩相也明显不同，因此地层速度在纵向上和横向上变化大。英中地区构造高部位的 YT1 井与构造低部位的 JC1 井在 2000ms 时深度差异达到了约 1000m。地层速度的剧烈变化使常速成图已远远不能满足勘探开发的生产需要，必须利用速度建场及变速成图技术才能获得准确的构造图，这也是构造建模中建立层位模型的核心技术。

GeoEast 解释系统提供了 Dix 公式法、偏移归位法、层位控制法和模型层析法等 4 种速度建场方法，对以上 4 种方法建立的速度场进行比较，结果表明，层位控制法适用于地层倾角较大及逆断层发育的地区，利用该方法建立的速度场能够反映研究区地层速度变化的趋势，符合区域速度变化的规律；层位控制法速度建场是根据解释的时间模型，计算各层的层速度，然后进行层速度平滑，以层位面作为断面进行多维空间网格化，建立层速度场，并根据层速度场提取转换出平均速度，建立最终的平均速度场，英东地区采用该方法取得了良好效果，变速成图钻井误差较小（图 4-9）。

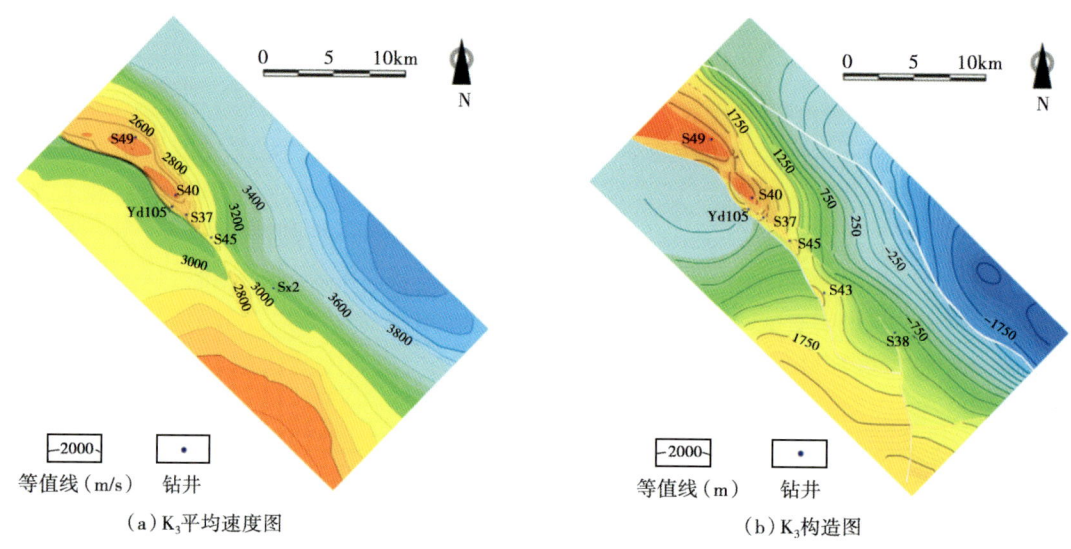

（a）K_3 平均速度图　　　　　　　（b）K_3 构造图

图 4-9　英雄岭英东三维区层位控制法速度场与构造图

（六）构造建模技术

构造建模技术能更准确直观地反映地下断层形态、构造情况及其在三维空间的展布，层面数据的准确性和网格方向及大小的合理设计是构造建模的重要环节，直接影响构造建模的精度。复杂高陡构造区断层建模是关键，以钻井钻遇的断层为约束，以地震解释的断层为主，在充分考虑断层切割关系和断层面构造成图的基础上，建立了英中—英东三维区复杂的断层模型。利用层位控制法获得的各地震反射层构造图建立层位模型。断层模型和层位模型建立后，就可以按照合理的网格大小模拟出精细的构造模型，由于英中—英东三维区油砂山断层断距较大，并存在一定规模的逆掩，因此对上、下盘分别进行了构造建模（图 4-10）。

（七）模型正演技术

地震模型正演是利用地震、钻井资料建立地质模型，通过设置相似、合理的观测系统，

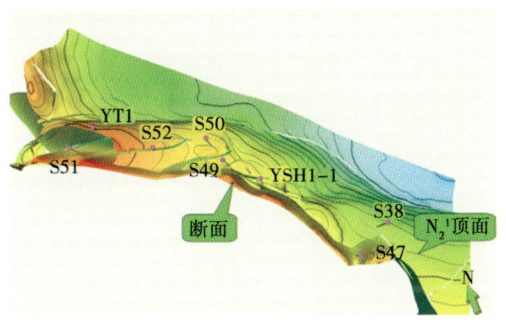
(a)油砂山断层上盘构造模型

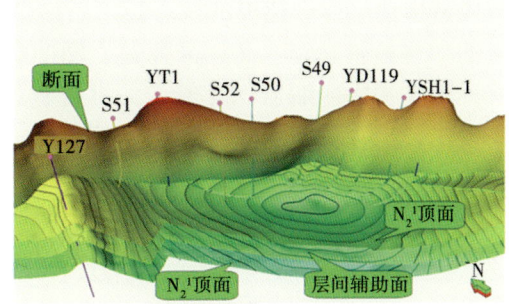
(b)油砂山断层下盘构造模型

图4-10 英雄岭英中—英东三维区构造模型

来模拟野外地震采集过程，以便获取人工合成的地震模拟记录。模型正演是解决地震多解性、判断构造建模合理性的重要手段。从英东地区采用Kirchhoff叠前偏移处理的正演剖面看（图4-11），叠前深度偏移结果与地质模型吻合较好。叠前时间偏移剖面上盘断层比较清晰，构造高点位置与幅度可靠，但断层下盘的逆掩地层存在明显上拉现象。叠前时间偏移剖面与实际地震剖面的对比表明，断层上盘的吻合性较好，断层下盘差异明显，意味着深层存在背斜圈闭的可能性较小。

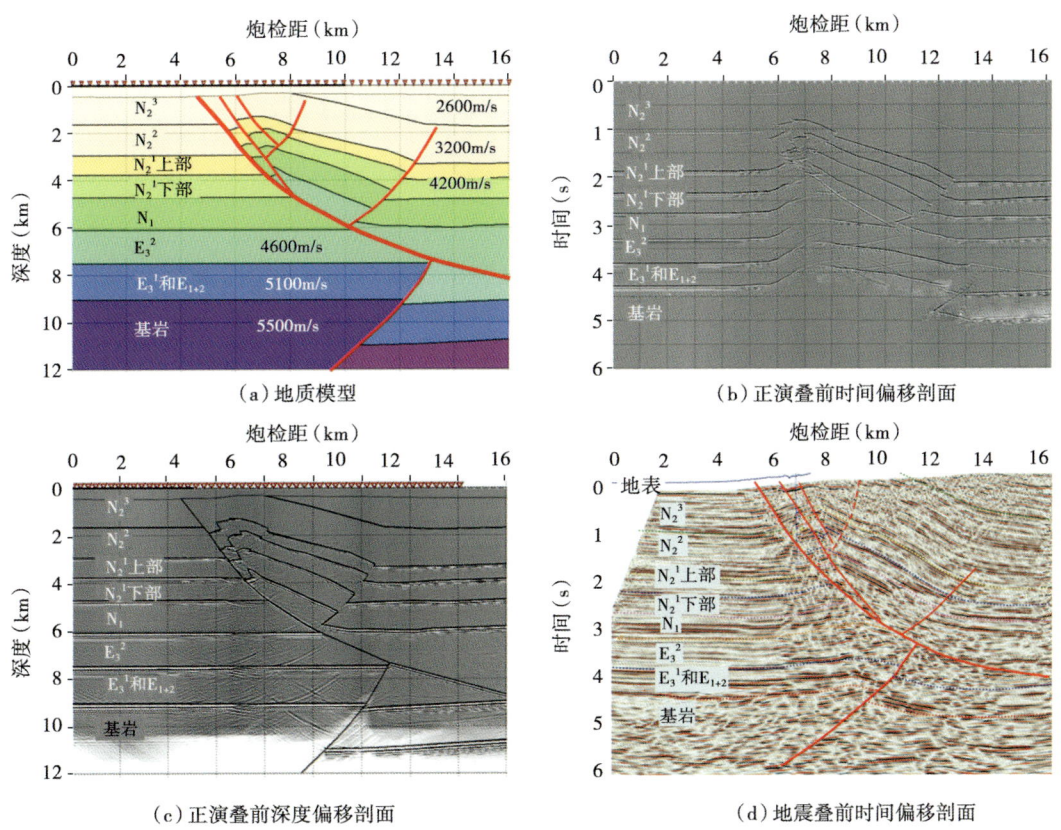

图4-11 英雄岭英东地区地震模型正演剖面

上述系列解释技术中，多信息断层综合识别技术、速度建场和变速成图技术是复杂山地高陡构造多信息综合建模的核心技术。多信息综合解释技术的应用，解决了以往模式化解释带来的"构造带轱辘、高点带弹簧、圈闭捉迷藏"的难题，明确了英雄岭地区南带的构造样式，落实了构造细节，发现了大批有利的圈闭，提高了解释成果的精度，为深化地质认识、确定钻探井位等发挥了重要作用。

第二节　英西咸化湖盆复杂岩性识别与储层、裂缝预测技术

英西地区位于英雄岭南带西段，早期在中浅层（N_2^2—N_1）发现狮子沟、花土沟等构造油气藏，储层类型为砂岩储层，近期在中深层（E_3^2）发现构造背景上的岩性油气藏，储层类型为灰云岩储层。英西深层油气藏具有局部富集高产的特点，具有较大的勘探潜力，是近期勘探的重点领域。但英西深层为陆相咸化湖盆沉积，岩性复杂多变，碳酸盐岩、砂泥岩和膏盐岩交互分布，纵向多期次叠置，储层具有混积特征，单一参数地震预测难以分辨有利储层的分布，需要创新地震储层预测技术。英西深层油藏具有双孔介质的特点，基质孔隙发育的储层具有稳产的特点，而构造裂缝的发育是形成高产井的主要因素，因此裂缝发育强度的预测对深层的油气勘探具有重要意义。

针对英西深层沉积储层和油层特点开展创新技术研究，形成了基于陆相咸化湖盆复杂储层的多敏感参数融合地震反演技术，高精度刻画了英西碳酸盐岩储层、膏盐岩盖层的纵横向分布特征；形成了基于OVT域多维地震数据体的灰云质碳酸盐岩储层裂缝检测技术，有效指导了多口高产井的实施，解决了勘探生产的实际难题，取得了良好的效果。

一、建立陆相咸化湖盆层序地层学模式

（一）沉积环境与岩性组合

英西深层陆相咸化湖盆的沉积环境和岩性组合极其特殊，在中国的陆相盆地中极为罕见，以膏盐岩类、碳酸盐岩类和碎屑岩类混积为其显著特点，沉积岩性极其复杂。

钻探资料揭示英西深层处于浅湖—半深湖沉积环境，总体上水体较深，沉积岩石颗粒较细。英西深层岩性非常复杂，岩性组合存在多种类型，主要存在4类岩性，分别为灰云岩、云质泥岩、泥岩和盐岩。其中，灰云岩的碳酸盐岩含量大于50%，黏土岩含量小于50%；云质泥岩的碳酸盐岩含量20%~50%，黏土岩含量50%~75%；泥岩的碳酸盐岩含量0%~25%，黏土含量为75%~100%。

不同沉积时期和不同区域的岩性组合不同，但有一定的规律可循，厚层盐岩主要发育于E_3^2上部，包含两类岩性组合：盐岩与泥岩互层、盐岩与灰云岩互层，其中盐岩与泥岩互层为主要类型；E_3^2中下部主要为灰云岩与云质泥岩互层的岩性组合，盐岩相对不发育。

（二）沉积模式建立

依据英西地区的地震、钻井和区域地质资料，分析并建立了英西深层的沉积模式。钻探证实英西地区深层膏盐岩等蒸发岩类多与暗色泥质岩（优质生油岩）相互伴生，暗色泥质岩钙质含量普遍较高，岩盐、石膏和芒硝等蒸发矿物含量也较高，膏盐岩与暗色泥质岩呈相变或互层关系。因此，英西深层的膏盐岩多发育在较深水—深水环境，而碳酸盐岩类发育区分布面积很广，但主要以浅水沉积为主。

英西深层的咸化湖盆沉积在平面上具有环状分布特征，在湖盆中心位置以膏盐岩、暗色泥质岩沉积为主，碳酸盐岩环绕着膏盐岩、暗色泥质岩沉积区分布，再向外则为陆源碎屑沉积，从湖盆中心向四周形成膏盐岩（暗色泥质岩）—碳酸盐岩—陆源碎屑岩的沉积序列。其中膏盐岩的分布面积较小，仅局限于英西地区及周缘，而碳酸盐岩分布面积比较广，可一直延伸至柴西其他地区。

综上所述，可总结出英西深层盐湖的沉积模式：膏盐岩主要发育在湖盆中心位置，处于深水环境（卤水层—盐跃层下部），常与优质烃源岩伴生；灰云岩通常发育在相对平缓的斜坡区或低隆区，环绕膏盐岩分布；碎屑岩类发育在盆缘（图4-12）。

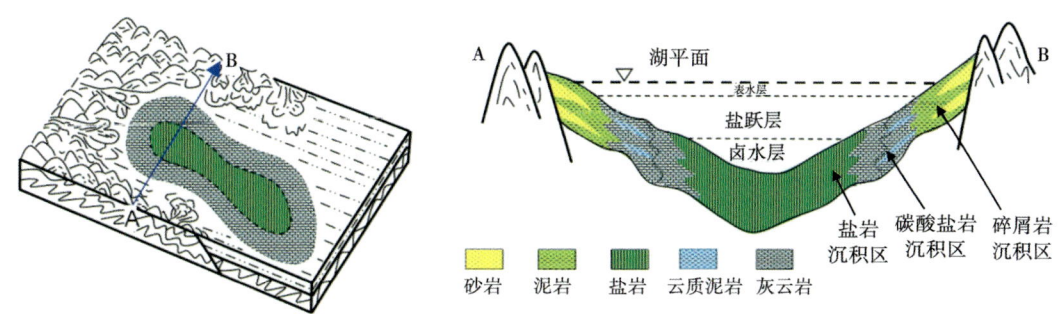

图4-12　英西深层盐湖沉积模式综合图

（三）层序地层划分

以咸化湖盆沉积模式为指导，综合地震、钻井、测井和区域地质资料，进一步开展了地震层序研究。

英西深层（E_3^2）的层序划分主要以沉积环境、岩性组合和成藏要素等作为划分依据。从沉积环境看，灰云岩为主的混积阶段水体相对较浅，处于水退进积旋回，膏盐岩为主的混积阶段水体相对较深，处于水进退积旋回；从岩性组合看，主要划分为灰云岩为主的混积岩和膏盐岩为主的混积岩；从成藏要素看，膏盐岩作为主要盖层段，灰云岩作为主要储层段。

综合以上3点划分依据，将英西深层（E_3^2）划分为两套三级层序，大致以K_{18}标志层作为两套三级层序的分界面。SQ1层序是以灰云岩为主的混积地层，SQ2层序是以盐岩为主的混积地层，每个三级层序再进一步划分为水进体系域（TST）和高位体系域（HST），SQ1层序的最大湖泛面（MFS）为K_{19}标志层，SQ2层序最大湖泛面（MFS）为K_{15}标志层。其中SQ1层序的水进体系域、高位体系域与SQ2层序的水进体系域是主要的灰云岩发育段，SQ2层序的高位体系域盐岩比较发育，油气主要分布在SQ2层序的水进体系域。（图4-13）。

从地震剖面看（图4-14），盐岩段主要发育在英西主体区的E_3^2上部，表现为较弱地震反射相，灰云岩段主要发育在E_3^2中下部，表现为中低频中弱反射，粗碎屑岩主要发育在盆地边缘，表现为中高频中强反射。

对SQ2层序各体系域的岩相平面分布规律开展了进一步分析，从SQ2层序各体系域的岩相平面图看，从盆缘到盆内均发育碎屑岩相—灰云岩相—盐岩相沉积序列，但各种岩相的发育程度和分布范围有差别。Ⅳ油组（TST）灰云岩相对发育，盐岩不发育，Ⅱ油组（HST）是盐岩主要发育段，盐岩与碳酸盐岩、泥质岩互层沉积。SQ2层序各体系域的平面岩相变化规律，反映在英西深层E_3^2上部成盐期水体最深、盐岩厚度最大、分布最广（图4-15）。

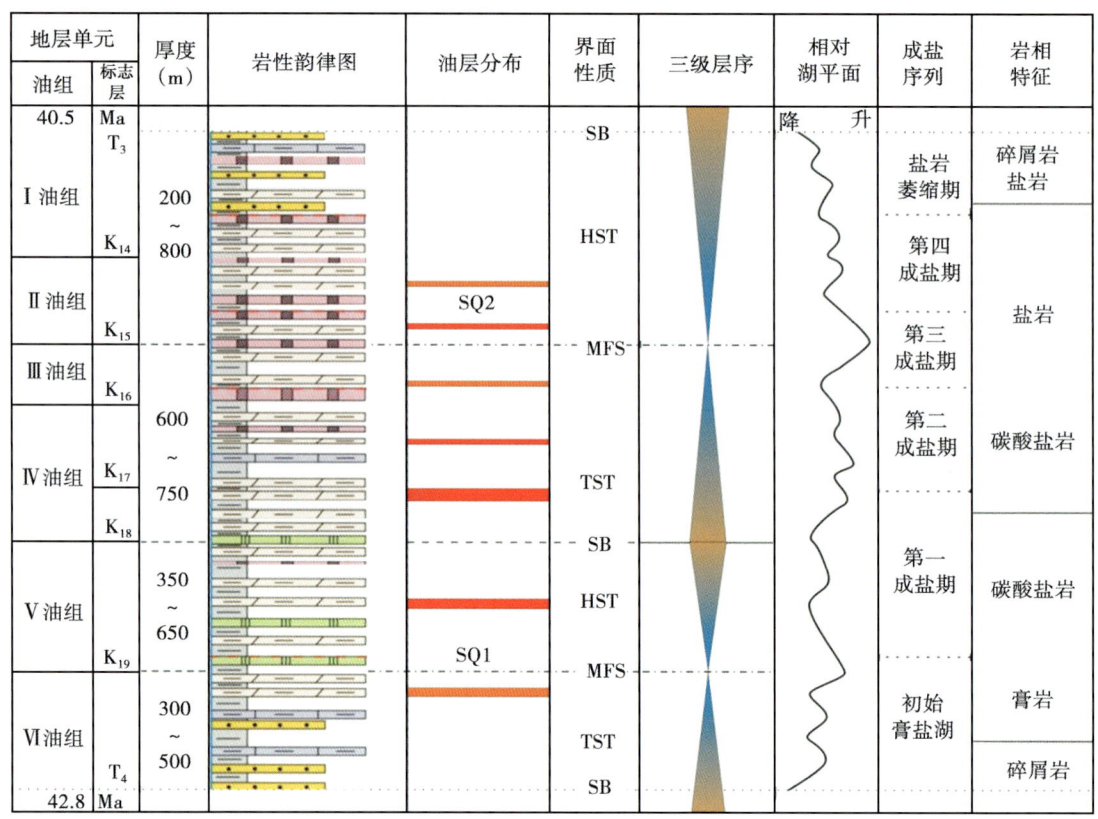

图 4-13 英西深层层序划分方案综合柱状图

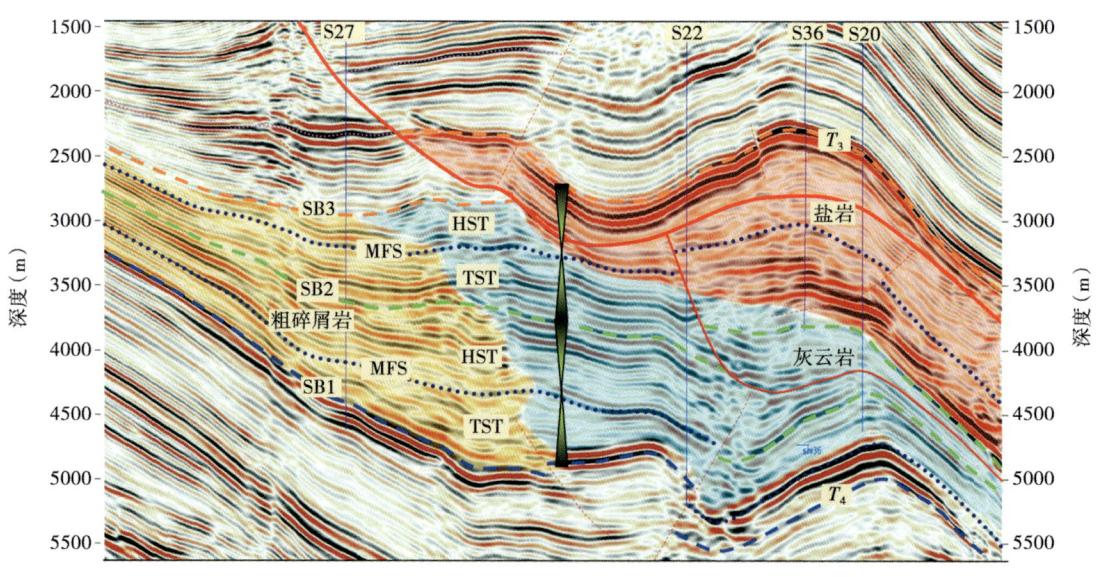

图 4-14 英西地区地震剖面层序划分方案

通过建立英西深层咸化湖盆沉积模式和层序地层研究，明确英西深层灰云岩、泥质岩主要发育在水进体系域，膏盐岩主要发育在高位体系域，高位体系域顶部发育碎屑岩。由此建

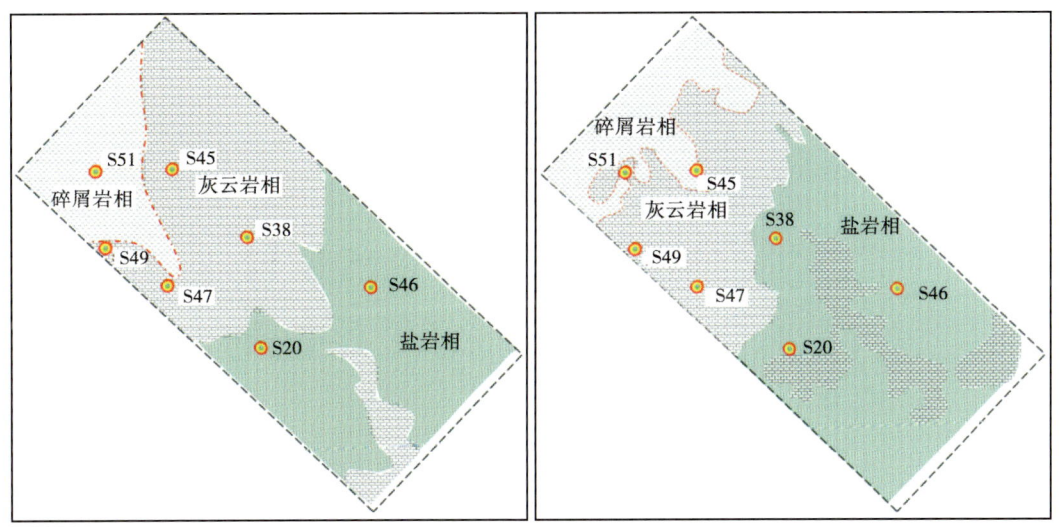

图 4-15 英西地区 SQ2 层序 TST 和 HST 体系域岩相分布图

立了英西深层深水成因咸化湖盆层序地层学模式,在此模式指导下进行复杂岩性识别、灰云岩有利储层预测与裂缝检测等工作。

二、基于多敏感参数的融合反演技术

英西深层沉积岩性具有混积的特征,膏盐岩、碳酸盐岩和碎屑岩交互出现,纵向多层次、多期次相互叠置,利用常规波阻抗反演技术很难识别和区分上述3种岩性,也无法准确刻画灰云岩有利储层的空间分布规律。

针对英西深层沉积储层的特点,在岩石物理分析技术基础上,形成基于陆相咸化湖盆复杂储层的多敏感参数融合地震反演技术,利用波阻抗反演体和地质统计学反演体,交汇融合生成新的反演体(岩性体),可以高精度地刻画英西深层碳酸盐岩储层、膏盐岩盖层的纵横向分布特征,解决了复杂地层识别和灰云岩有利储层预测的技术难题,取得了较好的应用效果。

(一)岩石物理分析

岩石物理分析是地震反演的基础,直接决定着地震反演方法的选择和地震反演结果的准确性。岩石物理分析主要应用的是钻井和测井资料,研究区内的钻井和测井资料由于设备仪器、技术方法等的不同,有时会存在不一致性,因此首要先对钻井和测井资料进行归一化和一致性校正,并且尽可能选用近期新钻探的且测井资料较为齐全的钻井。然后统计研究区内各类主要岩性(膏盐岩类、碳酸盐岩类和碎屑岩类)及灰云岩有利储层的地球物理参数,制作岩石物理参数交会图及模版,优选出不同岩性及有利储层的敏感参数,为地震反演工作提供参考依据。

从英西地区岩石地球物理分析结果来看,有利储层的主要岩性成分为灰云岩,其地球物理特征表现为高阻抗(13000~17000m/s×g/cm³)和较低伽马(45~120 API),高阻抗特征可以较好地反映英西地区灰云岩有利储层。而膏盐岩盖层的地球物理特征则表现为低伽马(10~45API)和低阻抗(7000~13000m/s×g/cm³),低伽马特征可以较好地反映英西地区膏盐岩盖层；围岩主要为泥质岩及灰质、云质、膏质泥岩等，其地球物理特征表现为高伽马和低阻抗（图4-16）。

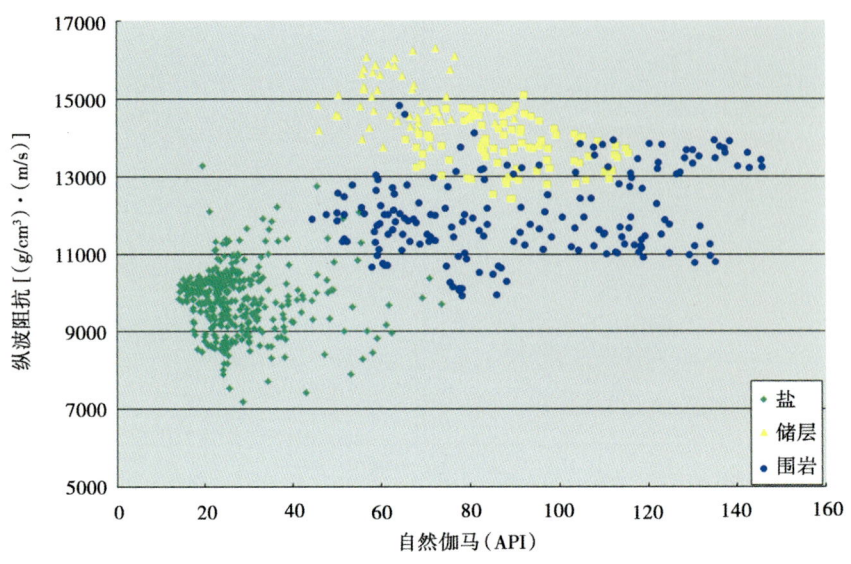

图4-16　3种岩性的波阻抗和自然伽马交会图

通过岩石物理分析，明确了自然伽马是膏盐岩的敏感地球物理参数，波阻抗是灰云岩的敏感地球物理参数。因此，首先选用波阻抗反演来识别灰云岩有利储层，然后选用地质统计学反演来识别膏盐岩，最后选用多参数融合反演来识别灰云岩、膏盐岩和泥质岩，达到有效识别和区分3种岩性的目的。

（二）波阻抗反演技术

地震波阻抗反演技术是目前地震勘探资料解释过程中较为普遍应用的一种储层研究技术，在多个盆地或探区应用均取得良好的效果。该项技术充分发挥了钻井在纵向上的分辨率优势和地震在横向上的分辨率优势，因此，地震波阻抗反演结果往往具有较高的分辨率和较高的准确性。

该项技术比较适用于地层岩性组合相对简单，储层与非储层物性差异比较明显的地区，在地层岩性组合比较复杂的地区，该项技术具有一定的局限性。在英西地区通过井震结合的波阻抗地震反演可以很好地预测灰云岩有利储层分布，但对于膏盐岩与泥质岩分辨能力有限，不能很好地区分出膏盐岩与泥质岩。同时波阻抗反演的纵向分辨率不高（图4-17）。

（三）地质统计学反演

地质统计学反演技术充分利用了钻井和测井信息，横向上受地质规律约束，其反演结果通常与钻井吻合性更好，与地质认识具有较好匹配性，可作为波阻抗反演技术的必要补充。在英西地区通过统计钻井自然伽马概率分布函数和变差函数，利用波阻抗反演体作为配置体，采用序贯高斯配置协模拟技术，得到自然伽马反演体。

从反演结果来看，地质统计学反演的纵向分辨率有所提高，对于膏盐岩具有较好的分辨能力，可有效识别出膏盐岩与泥质岩，可以预测出膏盐岩盖层的平面分布及厚度变化规律，但同时又降低了对灰云岩储层的识别能力（图4-17）。

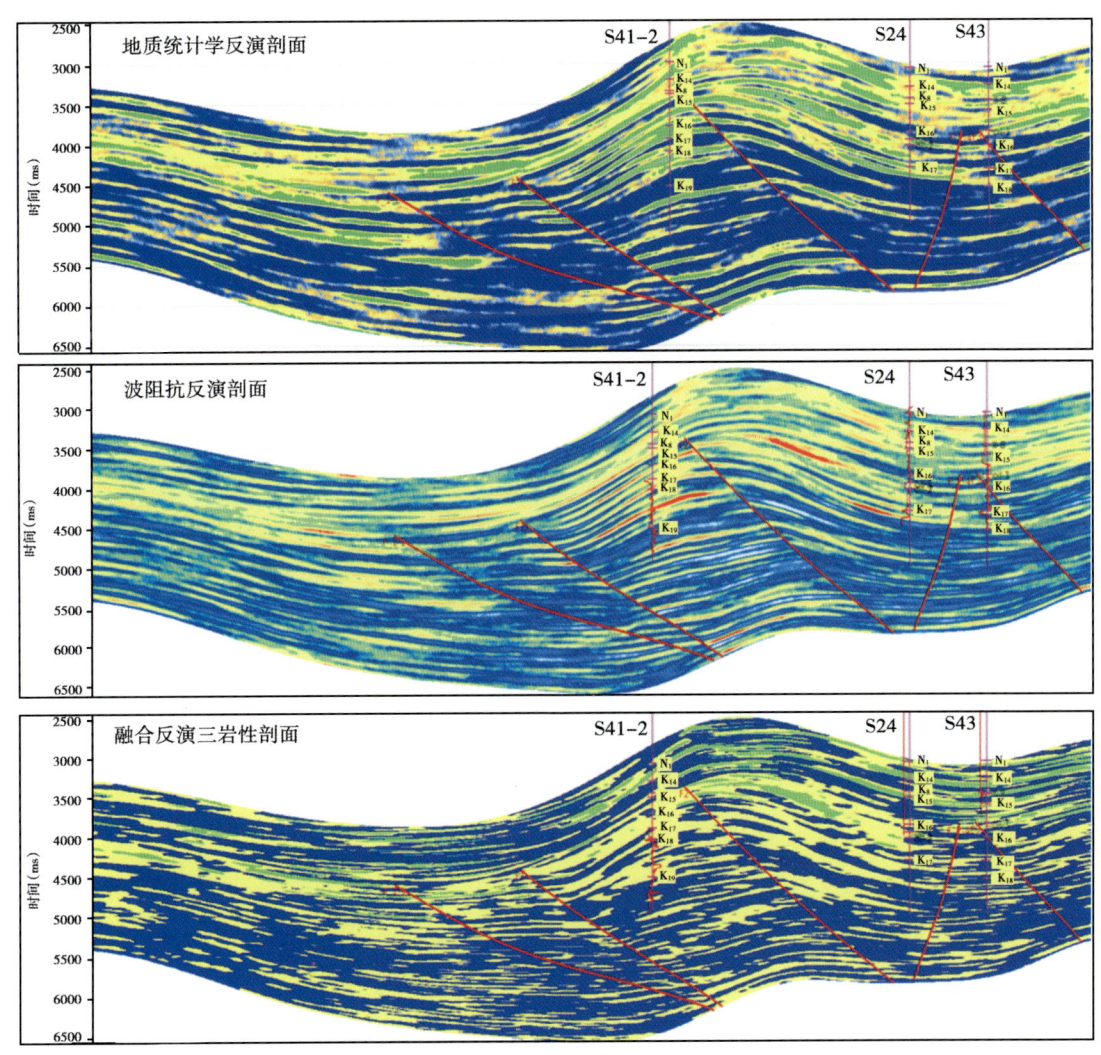

图 4-17 3 种反演剖面对比（黄色为灰云岩、绿色为盐岩、蓝色为围岩）

（四）基于多敏感参数的融合反演技术

波阻抗反演技术和地质统计学反演技术各具优势，又各有不足，如果能够综合两者的技术优势，就可以取得事半功倍的效果，基于上述分析和技术思路，应用了基于多敏感参数的融合反演技术，取得了较好的效果。

该技术是在测井约束波阻抗反演技术和地质统计学反演技术的基础上，再进行交会分析，选取合适的权衡系数，应用自然伽马反演体和波阻抗反演体进行交会融合，生成新的反演体（岩性体）（图 4-18）。

通过与英西地区钻井资料对比分析，基于多敏感参数的融合反演技术能准确、有效地区分膏盐岩、泥质岩和灰云岩等岩性类型，同时在预测灰云岩有利储层方面也取得了较好的效果，与钻井吻合度较高（图 4-17）。

下面以英西地区主力高产油层组为例，分析基于多敏感参数的融合反演技术的应用效果。英西地区钻探揭示深层主要发育两套主力高产油组，即盐间Ⅱ—Ⅲ油组，以狮 202 井、

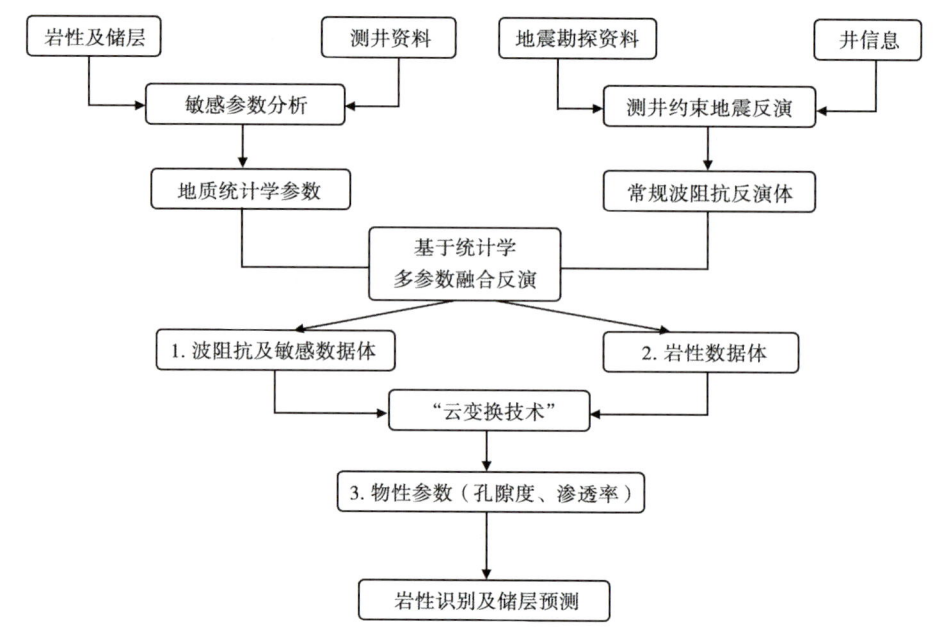

图 4-18 基于多敏感参数的融合反演技术流程

狮 204 井和狮 1-3 向 1 井为代表，盐下Ⅳ—Ⅴ油组，以狮 1-2 井、狮 38 井和狮 205 井为代表。

1. 盐间Ⅱ—Ⅲ油组

从波阻抗反演剖面与融合反演岩性剖面对比来看，融合反演岩性剖面具有更高的横向和纵向分辨率，能更好地区分出膏盐岩、灰云岩和泥质岩，与钻井的吻合度更高。

在连井融合反演岩性剖面上，盐间Ⅱ—Ⅲ油组的灰云岩与膏盐岩、泥质岩呈不等厚互层式分布，在局部地区灰云岩有利储层相对发育，主要发育在中下部，上部以膏盐岩发育为特征。灰云岩有利储层横向分布较连续，储层反演结果与钻井吻合性较好，钻井出油层段均位于灰云岩发育段（图 4-19）。

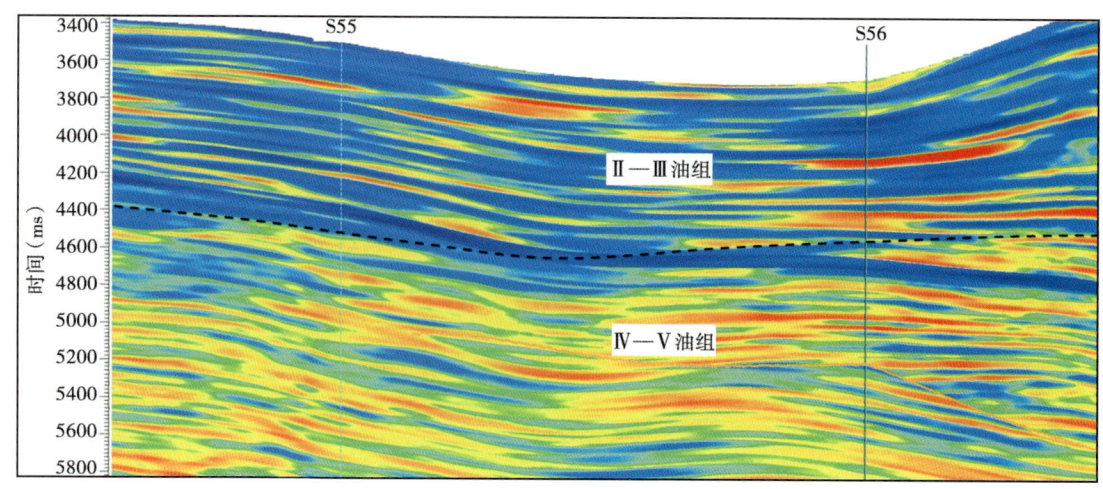

图 4-19 英西地区融合反演岩性剖面

通过储层地震反演明确盐间Ⅱ油组和Ⅲ油组有利灰云岩储层主要分布在英西北带，灰云岩储层分布相对比较连续，但呈现出局部富集高产的特征，即存在明显的储层甜点区。通过地震反演预测Ⅱ油组有利储层甜点区面积约30km^2，Ⅲ油组有利储层甜点区面积约20km^2（图4-20）。新钻的狮1-3向1井在Ⅱ油组获得高产工业油气流，日产油723m^3，日产气4×10^{4}m^3。

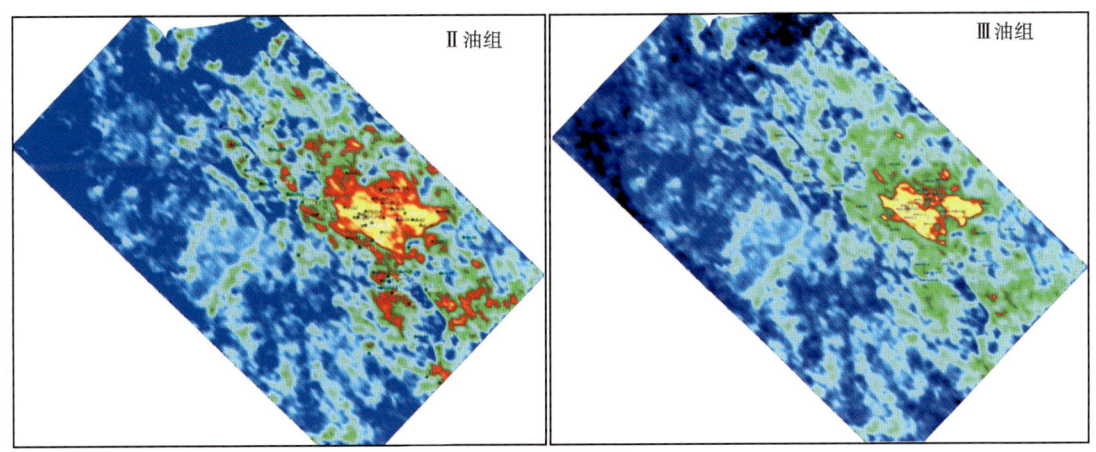

图4-20　Ⅱ油组与Ⅲ油组预测有利储层分布图

2. 盐下Ⅳ—Ⅴ油组

盐下Ⅳ—Ⅴ油组是目前英西深层的主力高产油组，近期有狮38井、狮205井和狮1-2井等3口井获得高产。从地震反演剖面来看，盐下Ⅳ—Ⅴ油组膏盐岩不发育，主要发育的是灰云岩和泥质岩（图4-19）。

通过储层地震反演明确盐下Ⅳ-Ⅴ油组灰云岩分布范围较盐间Ⅱ-Ⅲ油组更加广泛，北带、中带和南带均有分布，灰云岩分布相对连续，也呈现出局部富集高产的特征，地震反演预测Ⅳ油组有利储层面积约100km^2，Ⅴ油组有利储层面积约80km^2（图4-21）。在狮38井区有3口井获得高产工业油气流，其中狮38井日产油高达1440m^3，狮205井日产油1108m^3、日产气22×10^{4}m^3，狮1-2井日产油912m^3、日产气11×10^{4}m^3，狮38井区是英西地区目前最为富集高产的区块。

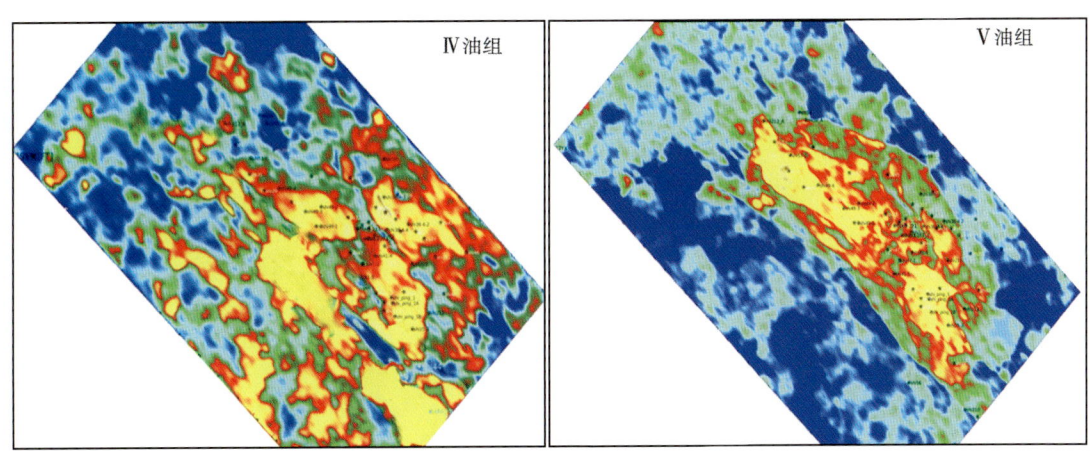

图4-21　Ⅳ油组与Ⅴ油组预测有利储层分布图

三、基于多维数据的裂缝检测技术

OVT（Offset Vector Tile）由 Vermeer 于 1998 年提出，又叫共炮检距向量（Common Offset Vector，COV）。OVT 是十字排列内的一个数据子集，大小等于两相邻接收线和两相邻炮线之间的区域。由所有十字排列中相同位置的 OVT 组成的道集称为 OVT 道集，一个 OVT 片是满足对地下一次覆盖的最小数据子集。OVT 域处理技术是基于"两宽一高"地震勘探资料处理的一项新技术，该技术在处理过程中保留了炮检距和方位角信息，为各向异性精细表征裂缝提供了数据基础。基于多维数据的裂缝检测技术是在"两宽一高"采集技术和 OVT 域处理技术基础上发展起来的一项裂缝检测新技术，该技术是在常规处理中保留的四维信息的基础上，充分利用 OVT 处理技术中保留的方位角信息进行裂缝检测。

英西宽方位高密度三维地震勘探数据横纵比为 0.48，最大炮检距为 5000m，最大非纵距为 1650m，采集面元尺寸为 15m×30m，覆盖次数为 34×14=476 次。该套数据进行了 OVT 域偏移处理，地震勘探数据包含了丰富的各向异性信息，为使用"蜗牛道集"数据进行叠前裂缝预测提供了基础数据。在 OVT 域道集方位各向异性分析基础上，利用宽方位地震勘探资料共炮检距道集的各向异性特征提取裂缝方位、强度信息，进行裂缝展布方位、发育强度的预测，提高了英西深层裂缝预测的精度，为研究区井位的勘探部署提供了技术支撑，取得了良好的应用效果。

（一）多维裂缝检测技术流程

英西地区采用的三步法多维裂缝预测技术流程：（1）选择有效炮检距；（2）划分优势方位角；（3）优选拟合方法（图 4-22）。

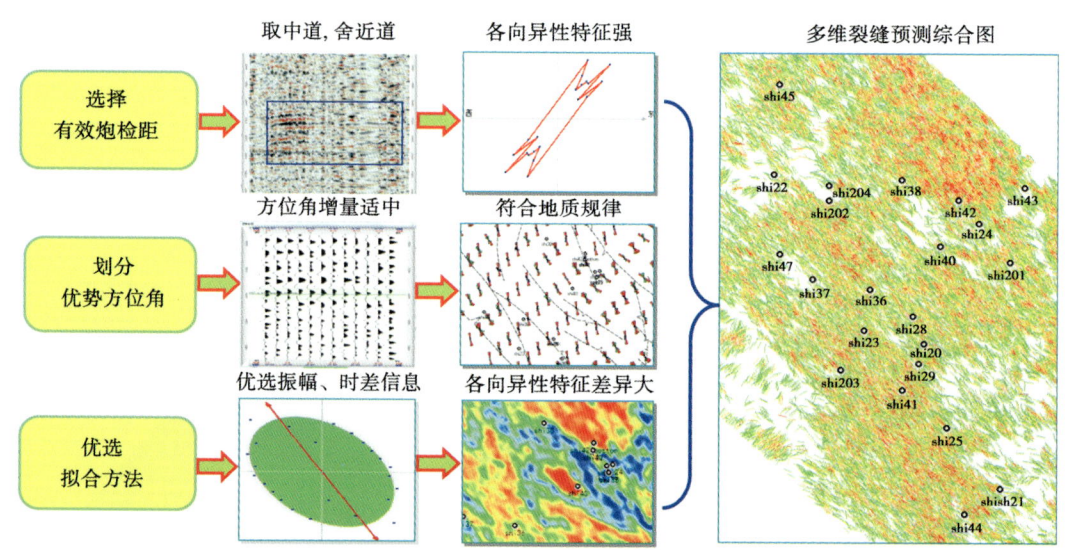

图 4-22 三步法多维裂缝预测技术流程图

1. 选择有效炮检距

理论上只有一定入射角（炮检距）的地震波穿过裂缝才能出现各向异性，所以不同深度的目的层要选用不同范围的炮检距。一般炮检距优选的原则：将面元处椭圆拟合到最佳并且共炮检距方位角道集要有方位各向异性。炮检距不宜过小或者过大，过小噪声多，过大产生动校正拉伸畸变。

研究区最大非纵距为1650m，大于1650m的数据在不同方位上不具有可比性，不能用于各向异性预测，所以在数据预处理中剔除了炮检距大于1650m的数据。因为小炮检距数据各向异性特征不明显，且该区受地质条件和处理手段的影响，炮检距小于800m的数据信噪比低，为不影响各向异性预测效果，数据预处理剔除了近炮检距的部分数据，只选择炮检距800~1650m的数据进行计算。

2. 划分优势方位角

椭圆拟合法需要将经过预处理的道集数据按照方位均匀地划分，对各方位数据的属性进行拟合。在覆盖次数足够的情况下，划分的方位越多，越能精细地刻画裂缝的方位，但是当覆盖次数有限时，方位多了将无法保证各方位数据的信噪比，同样会影响预测精度。

本区共炮检距道集的均方根振幅方位各向异性最为明显，根据断裂走向将数据在0~180°内分成6个方位和12个方位进行对比，在相同时窗内将所选工区范围内不同面元处均方根振幅进行椭圆拟合。从沿层裂缝走向与断裂叠合结果可以看出，12个方位的数据拟合出的裂缝走向与断裂走向一致性较好。

（二）多维裂缝检测技术应用效果

基于多维数据的裂缝检测技术在柴达木盆地属于首次应用，取得了较好的应用效果。从盐下主力Ⅳ油组多维裂缝预测图来看，裂缝发育强度与断层有一定的相关性，沿着断层处或断层交汇处裂缝比较发育，裂缝发育强度与构造位置关系不明显。裂缝发育较强地区主要分布在狮22井南、狮38—狮24井区和狮20井东，裂缝发育区总面积近30km^2（图4-23）。

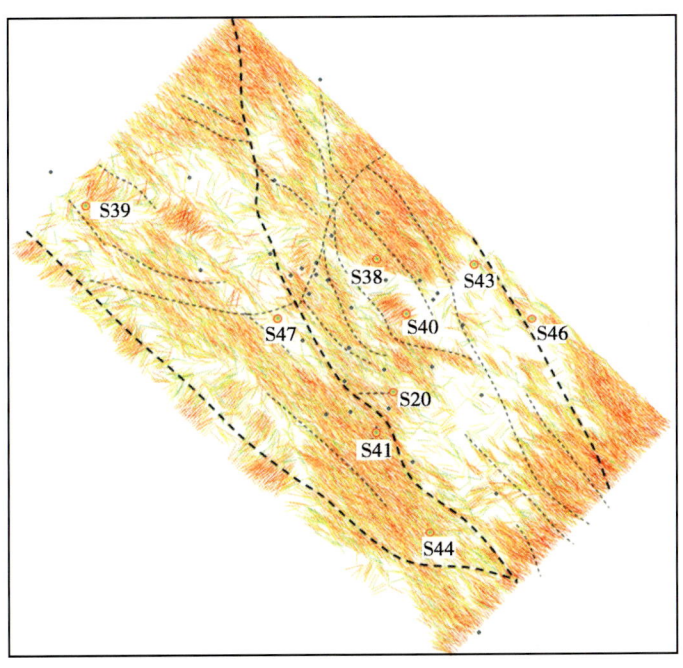

图4-23 Ⅳ油组多维裂缝预测图

裂缝发育方向主要有北西、北东两组方向，以北西走向为主，这与英西地区深层主要断裂展布方向一致。多维裂缝方向预测结果与实钻吻合较好，以狮40井为例，多维裂缝预测走向为北东向，与周缘断裂走向并不一致，与钻井走向实测结果极为相似（图4-24）。

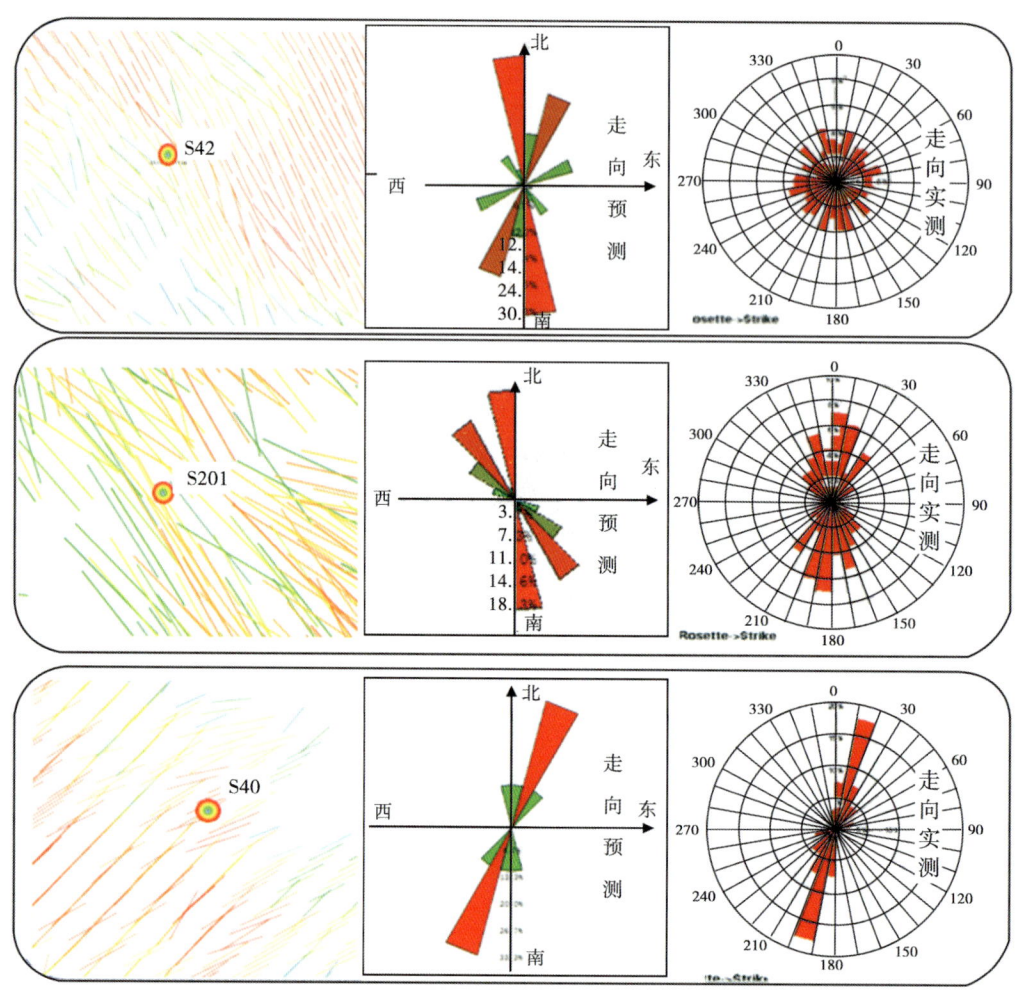

图4-24 多维裂缝预测走向与实测走向对比

与曲率体、相干体等常规裂缝预测技术相比，曲率属性和相干属性只能检测出与断层相关的裂缝，即发育在断层附近的裂缝，对于远离断层的裂缝预测效果并不理想，如狮38井、狮40井在曲率属性预测图上离断层较远，预测两口井位于裂缝不发育区，这与实钻结果吻合性不好。而多维裂缝检测技术预测裂缝强度与实钻结果吻合更好（图4-25）。

多维裂缝预测结果精度较高，与实际钻井吻合好，有效指导了勘探开发生产，狮38、狮205、狮1-2和狮1-3向1井等相继获得了日产千吨工业油气流，狮49、狮39、狮42和狮52井等也获得了日产百吨以上的高产。

咸化湖盆复杂岩性识别与储层、裂缝预测技术的应用，解决了英西深层以往岩性识别不清、有利储层分布区不清和有利裂缝发育带分布不清的难题，明确了英西地区盐岩盖层和灰云岩有利储层的平面分布，基本搞清了英西地区裂缝的发育规律，提高了储层及裂缝的预测精度，为深化地质认识、确定钻探井位等发挥了重要作用。

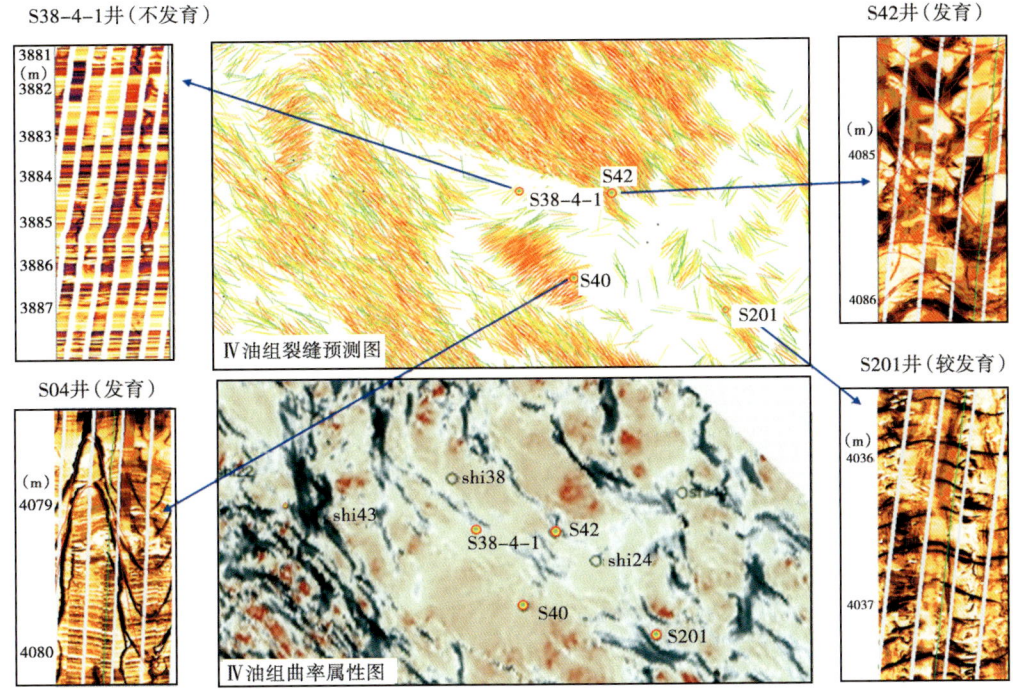

图 4-25　Ⅳ油组多维裂缝预测图与曲率图、实测裂缝强度对比

第三节　英雄岭冲断带构造解析

英雄岭构造带是东昆仑冲断构造体系的一部分，构造带西段又受到阿尔金构造体系的影响。由于基底性质和岩性组合的不同，英雄岭构造带表现出与冲断带南、北两侧迥然不同的构造特征，构造变形极为复杂。

一、英雄岭冲断带的地质结构

在柴西地区，从基底到盖层的断层和褶皱走向均为北西西或北西向（图4-26），表明新生代东昆仑造山带的强烈运动是该区断裂、构造形成的主要因素。从构造成因角度分析，柴西地区可以识别出两大断裂构造体系：一是西部受阿尔金构造体系影响的阿尔金山前带，断层、构造轴向以北西向为主，发育一系列向东倾伏的鼻状构造，尤其是主要断层的逆冲方向与柴西东部地区差异较大，阿拉尔、红柳泉和七个泉构造南翼的主控断层倾向北东，向北西方向逆冲（图4-27）；另一构造体系为东昆仑冲断带，以北西西向构造线和向北东方向逆冲为特征，由于边界条件、基底性质和沉积物岩性组合的不同，柴西南区、中部和柴西北区构造特征明显不同，可划分为3个构造单元（图4-28）。

柴西南区（Ⅺ号断层以南至山前断层）为东昆仑山前冲断带，以基底卷入型断层、厚皮构造为主要特征。北西走向、向北东方向逆冲的山前断层、昆北断层、阿拉尔断层和Ⅺ号断层具有同沉积压扭断层性质（李碧宁等，2006），是该区的主干断层，延伸长、断距大，并具有叠瓦逆冲断层的特点，与北倾的昆南断层、ⅩⅢ号断层等反冲断层联合控制了褶皱

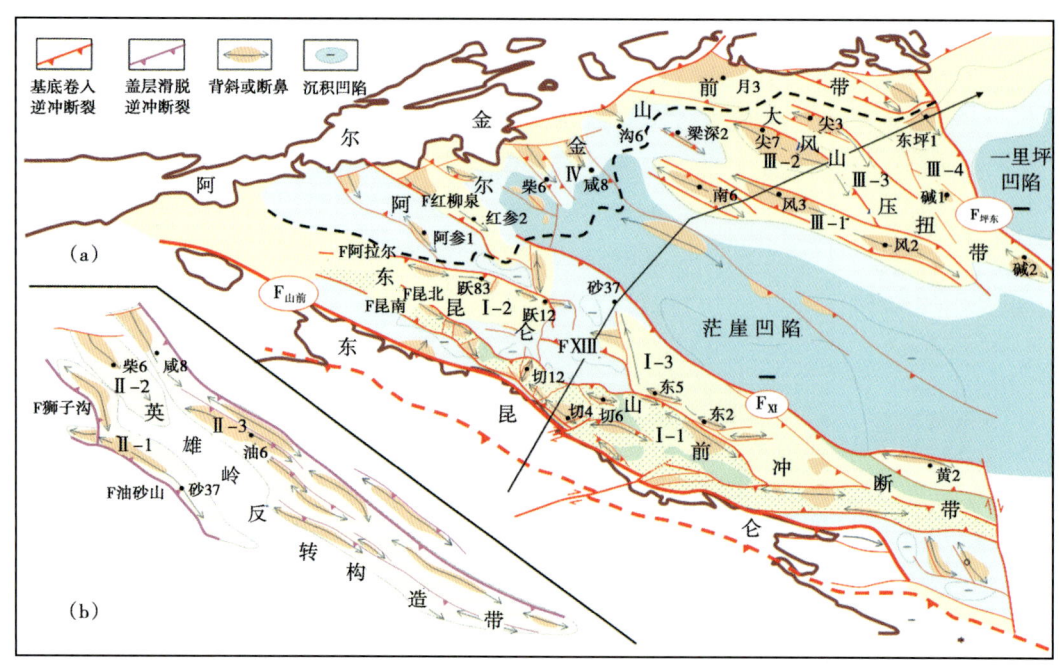

图 4-26 柴西地区深层 T6 构造刚要图（a）和中部浅层 T2′构造刚要图（b）

Ⅰ-1—昆北断阶带；Ⅰ-2—跃进斜坡；Ⅰ-3—乌南斜坡；Ⅱ-1—狮子沟-英东褶皱带；Ⅱ-2—干柴沟褶皱带；Ⅱ-3—咸水泉—油泉子褶皱带；Ⅲ-1—南翼山—大风山褶皱带；Ⅲ-2—尖顶山褶皱带；Ⅲ-3—尖北—长尾梁褶皱带；Ⅲ-4—东坪—碱山褶皱带；Ⅳ—阿尔金山前带

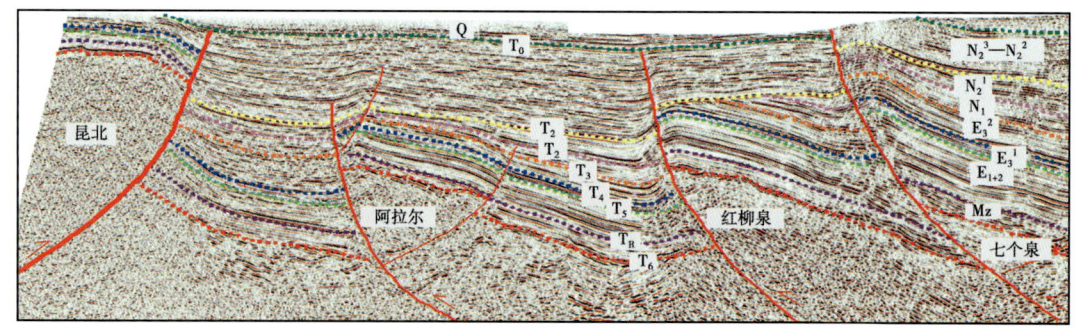

图 4-27 阿尔金山前带地震解释剖面

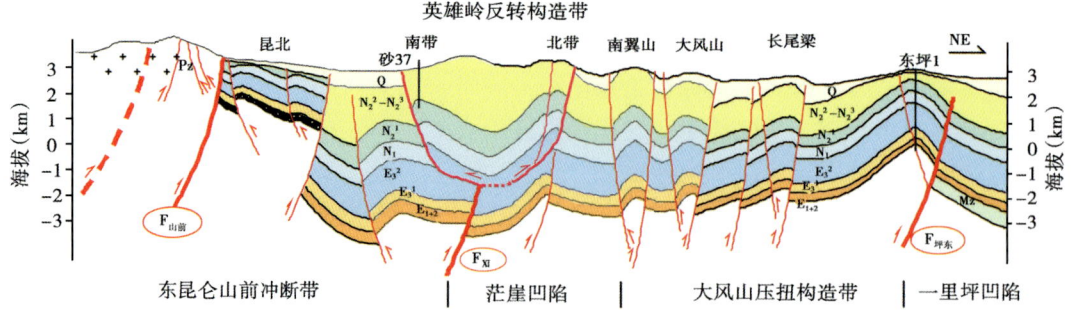

图 4-28 东昆仑冲断带地质结构剖面（剖面位置见图 4-26）

178

带的展布。另一组为近南北向（或北北西向）的次级断层，如Ⅲ号断层、绿东断层，断距和延伸长度都较小。东昆仑山前冲断带现今呈现出褶皱隆起带与凹陷斜向排列、相间分布的构造格局，是左行压扭应力的产物。3个正向褶皱隆起带分别为昆北断阶带、跃进斜坡和乌南斜坡，其中昆北断阶带靠近山前，抬升较高，残留地层较薄。

柴西中部垂向上分层性明显，深层为基底卷入的冲断构造楔，Ⅺ号断层北侧为茫崖凹陷；浅层为受晚期盖层滑脱断层控制的断层相关褶皱，薄皮构造非常发育，构成复杂的构造组合（于福生等，2011），现今地表为复杂山地，沟壑纵横，悬崖林立。

柴西北区为大风山压扭构造带，由一系列背冲断层控制的长轴背斜组成，断面较为直立，断层和构造轴向具有向北西方向发散、向南东方向收敛的右行压扭构造特点，由南向北包括南翼山—大风山、尖顶山、尖北和东坪—碱山等4个褶皱带，大风山压扭褶皱带隔坪东断层与一里坪凹陷相邻。

造成东昆仑冲断带构造分区的主要因素是基底性质的不同、沉积物岩性组合的差异和应力状态的不同。Ⅺ号断层以南的山前冲断带基底刚性程度相对强，岩性主要为海西期花岗岩、古生代浅变质岩系及中晚元古代深变质岩系，发育多条北西西向延伸、等间距排列的深大断裂，花岗岩的分布严格受其控制。中部茫崖凹陷具有典型的双重基底结构，古生界褶皱基底（主要指泥盆系—石炭系和震旦系）上覆于中晚元古界结晶基底之上，刚性程度较弱，性质相对单一，重磁电各类异常图件上表现为较平静的异常特征，以古生代未—浅变质岩为主。北部大风山压扭褶皱带东坪地区近期的钻探表明，该区的基底岩性以花岗岩和花岗片麻岩为主，局部见古生代浅变质石灰岩，总体刚性也较强。在沉积物及岩性组合方面，中部茫崖凹陷沉积厚度大，膏盐岩和泥岩等塑性地层厚度大，易于形成滑脱断层。同时，从冲断带的根带到前缘，应力逐渐变小。以上3个要素的联合作用，使东昆仑冲断带不同部位表现出不同的构造特征。

二、英雄岭构造带的基本构造特征

英雄岭构造带位于东昆仑冲断带的中部，具有倾向上的分带性、走向上的分段性、纵向上的分层性特征和并具有反转构造的性质。

（一）倾向上的分带性

倾向上的分带性是指垂直于构造走向（即平行于逆冲方向）的南北分带特征，在英雄岭地区的地面地质图、中浅层的构造纲要图和地震剖面上表现非常明显，由南向北可识别出3排褶皱带（图4-29）。南带为狮子沟—英东背斜带，延伸较长，中浅层为南冲北倾的狮子沟断层和油砂山断层控制的一系列背斜。中带即干柴沟大型鼻状构造延伸距离较短，仅发育于阿尔金山前，北带从咸水泉、油泉子向东一直延伸到茫崖—凤凰台一线，距离长达100km，中浅层由南倾北冲的油北断层控制，是柴达木盆地褶皱最发育和最密集的地区。

（二）走向上的分段性

英雄岭地区沿构造走向也表现出明显的东西分段特征，与柴西区域一致，受阿尔金断裂带影响强烈的部分在断层和褶皱轴向上与东部有一定的差异。南带的东西分段以游园沟构造和油砂山构造之间的鞍部为界，西段包括犬南断鼻、狮子沟背斜、花土沟背斜和游园沟背斜，断层和褶皱的轴向由北西向逐渐转变为近南北向；东段以北西西向断层和褶皱为特征，自西向东包括油砂山背斜、英东二号背斜、英东一号背斜和英东三号背斜。北带的东西分段以咸水泉和油砂山背斜之间的鞍部为分界，西段为咸水泉断鼻，构造轴向从北北西向渐变为

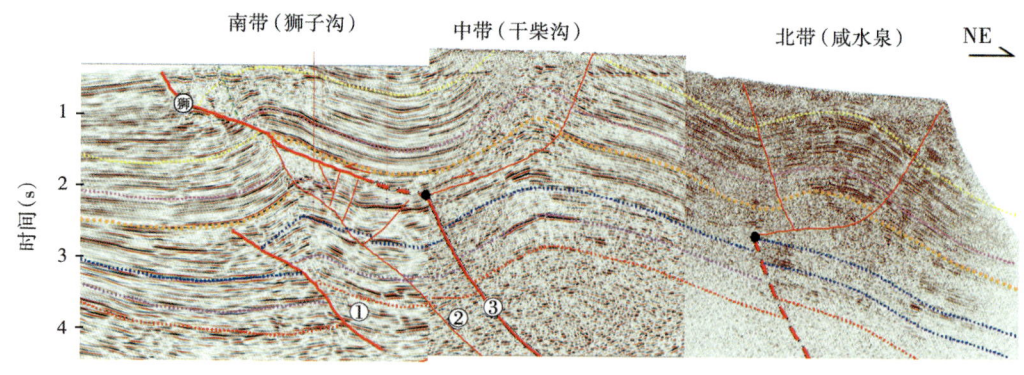

图 4-29 英雄岭西段地震解释剖面

北西方向；东段从油泉子到凤凰台以北西西向的断层和背斜为特征。阿尔金山前犬南—游园沟背斜带、干柴沟和咸水泉鼻状构造共同构成了英雄岭构造带的西段，与东段相比，其面积要小得多，仅占整个英雄岭构造带的一小部分。

英雄岭地区东西分段的形成机制不同于库车等前陆冲断带，其主要原因可能是在发生挤压褶皱变形的同时伴随有明显的走滑作用，断层的左行或右行走滑和褶皱本身的旋转变形足以调节构造变形的差异。北带东段断层和褶皱的整体面貌是向东发散、向西收敛于油泉子构造和油北断层，预示着油北断层可能具有左行走滑的性质。

（三）纵向上的分层性

英雄岭长期位于茫崖凹陷沉积中心位置，泥岩、膏盐岩等塑性地层发育，有利于滑脱断层的形成和发育，导致纵向上构造变形的分层性。下干柴沟组上段（E_3^2）是塑性地层发育的主要层位，全区均有分布。在北带东段的开特米里克—茫崖一线，见中新统下油砂山组（N_2^1）的泥岩和滑脱面。泥岩广泛发育于全区，膏盐岩分布较为局限，主要发育于红狮凹陷的花土沟—游园沟一带，分布面积约 450km²，单层最厚 40m，一般 2~5m，累计最大总厚度约 400m。

膏盐岩、泥岩和顺层滑脱断层的发育，使得英雄岭地区在纵向上的构造样式、断裂系统和变形特征存在明显的不同。浅层断层相关褶皱发育，深层以基底断层卷入的冲断作用为主，在膏盐岩发育的地区还存在盐构造变形，这种纵向上的分层性使得深、浅层构造吻合性差，分属不同的圈闭系统。

英雄岭东段膏盐岩不发育，浅层滑脱断层主要滑脱在泥质岩中。浅层为典型的断展褶皱，深层受基底卷入的逆冲断层控制，形成深层的构造楔。英雄岭西段膏盐岩发育，滑脱断层主要滑脱在膏盐岩中。浅层也为典型的断展褶皱，深层发育数条向南西方向叠瓦逆冲的断层，构成典型的叠瓦构造。叠瓦构造之上为 E_3^2 含膏盐岩地层，构造变形更加复杂。综上所述，由于阿尔金断裂带的影响和膏盐岩的发育，英西地区的构造样式在柴达木盆地是最为独特的，表现为深层叠瓦构造+盐构造+浅层断展背斜的构造组合（图 4-29）。

（四）具有反转构造性质

古近纪在柴达木盆地整体挤压背景下，柴西北西西向断层的右行走滑（如Ⅺ号断层）和北东东向断层（如阿尔金断层）的左行走滑共同导致了盆地向东逃逸、伸展，使柴西处于走滑拉分的弱断陷背景，Ⅺ号断层可能具有正断层性质，在断层下盘（北侧）沉积了厚度很大的下干柴沟组（E_3^2）。此后在渐新统上干柴沟组（N_1）至上新统狮子沟组（N_2^3）沉积的相当长一段时期内,英雄岭地区位于坳陷湖盆的沉积沉降中心位置,即茫崖凹陷。晚喜马拉雅—新构造运动期间,在强烈的挤压作用下,英雄岭地区大规模隆起,发生构造反转形成现今纵横沟壑的山地地貌,逆断层和褶皱构造发育。

三、英雄岭构造带的构造样式

与其他前陆冲断带一样,断层相关褶皱是英雄岭地区最主要的构造样式,同时,由于英西地区膏盐岩的发育,盐相关构造也是英雄岭地区重要的构造样式。英雄岭地区浅层的构造样式基本一致,均为典型的断层传播褶皱;深层的构造样式在东西两段存在差异性,东段为简单的构造楔,西段为叠瓦构造与盐构造的组合。

(一)英雄岭东段构造样式

英雄岭地区南带东段出露地层明显要老于南侧第四系,推测其南缘存在一条北倾的逆断层,露头考察证实了该断层的存在,即油砂山断层。区域上,下干柴沟组上段(E_3^2)为一套以泥岩为主的沉积地层,油砂山断层深部变缓的部分即滑脱在该套塑性层中。依据露头地层产状和地震同相轴的产状,在油砂山构造断层上盘识别出6个等倾角区,被4个轴面和1条次级断层分隔,轴面与次级断层均终止于油砂山断层,英雄岭南带东段浅层为典型的断展褶皱(图4-30)。

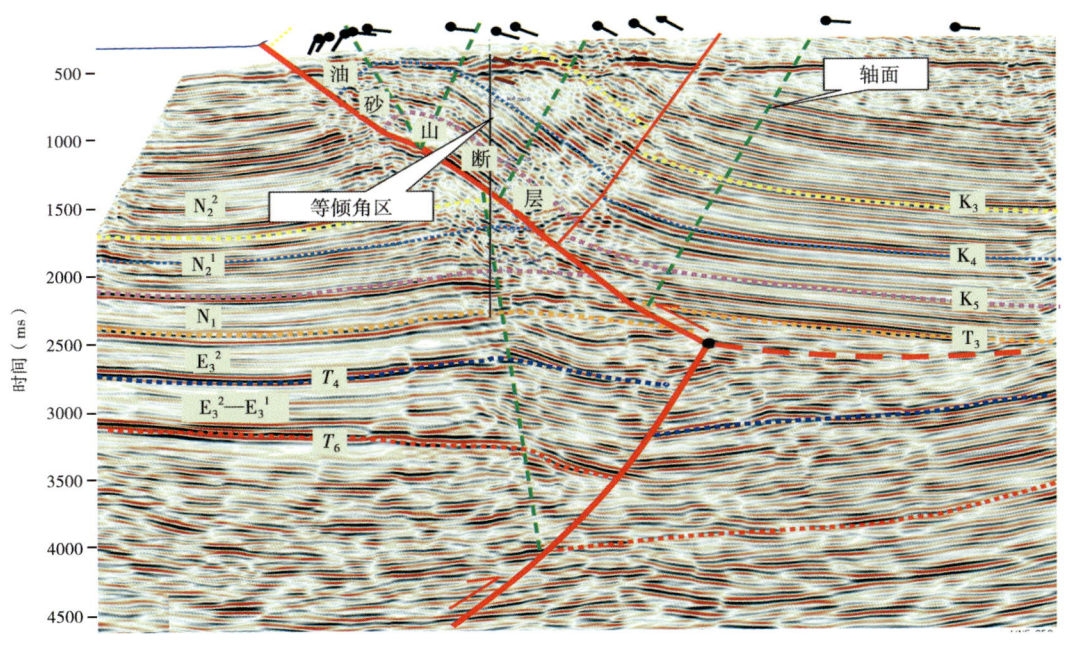

图4-30 英雄岭东段油砂山构造地震解释剖面

在油砂山断层下盘,由于上盘老地层引起速度变大和时间剖面上同相轴的上拉,地震同相轴的产状并不能完全反映实际的地质情况,但仍可从产状的急剧变化和同相轴的错断识别出基底卷入的逆冲断层——Ⅺ号断层,该断层控制了深层的构造楔。综合上述分析,建立了英雄岭东段的构造样式:深层构造楔+浅层断展褶皱。

浅层断展褶皱的具体形态、次级断层的发育程度等沿走向存在较大差异(图4-31)。西侧的油砂山构造褶皱前翼陡,褶皱紧闭,由于剥蚀严重,仅残留核部地层且地层年代最老。

往东的英东二号构造褶皱相对宽缓,前翼也较陡。英东一号构造次级断层发育,将背斜切割成复杂断块,但仍保持着前翼陡、后翼相对宽缓的基本形态。再往东部的英东三号构造,褶皱变形明显变弱,构造幅度较低,次级断层也较少见;到英东四号构造则变为简单的单斜。英雄岭南带东段自西向东褶皱变形程度的逐渐减弱及油砂山断层断距的逐渐减小均表明,构造应力具有向东逐渐减弱之势。

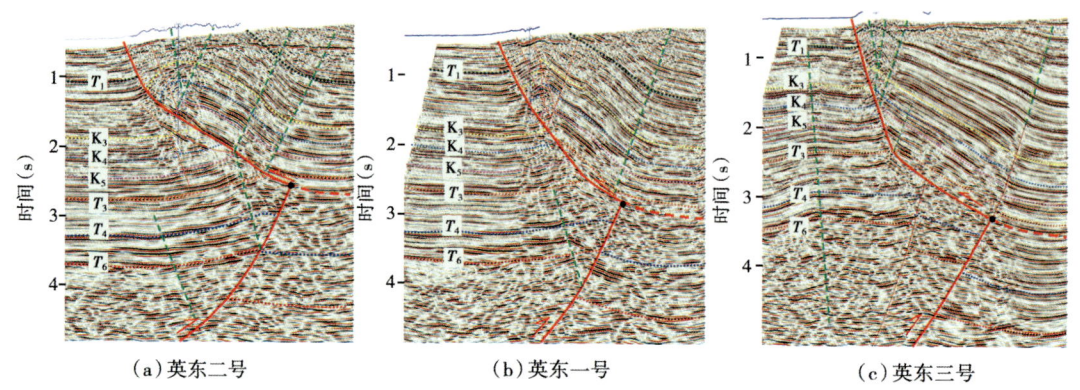

图 4-31 英雄岭东段英东地区地震解释剖面

(二) 英雄岭西段构造样式

英雄岭西段英西地区的构造样式与东段存在较大的不同(图 4-32)。与东段相对简单的构造楔相比,英西深层发育数条向南西方向叠瓦逆冲的断层,每条断层上盘均有褶皱变形,构成典型的叠瓦构造,英西深层断层的逆冲方向与区域上阿尔金山前的逆冲方向相同。

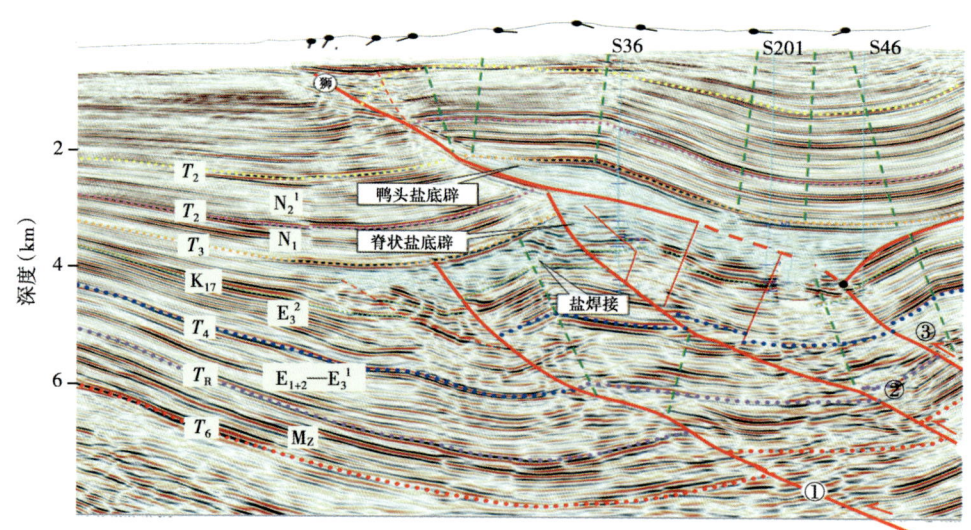

图 4-32 英雄岭西段英西地区地震解释剖面

叠瓦构造之上为 E_3^2 含膏盐地层,膏岩层南北两侧较薄,中部②号断层两侧最厚,为较典型的脊状盐底辟构造,说明断层活动是盐流动的主要控制因素,同时盐最厚的地方与浅层背斜高点也较吻合,表明差异侵蚀作用对盐流动也有一定影响。狮子沟滑脱断层上盘见盐底辟构造,①号断层上盘见盐焊接构造。

盐构造之上的浅层与东段相似，均为典型的断展背斜，由于盐岩的底辟作用，英西地区浅层褶皱相对宽缓，不像英东那么紧闭。此外，英东地区的褶皱轴面终止于滑脱断层，而英西地区的褶皱轴面则终止于盐顶。

综上所述，由于阿尔金断裂带的影响（深层叠瓦逆冲断层）和膏盐岩的发育，英西地区的构造样式在柴达木盆地是最为独特的，表现为深层叠瓦构造+盐构造+浅层断展背斜的构造组合。

（三）英雄岭构造带的圈闭特征

与深、浅层不同的构造变形相对应，英雄岭构造带发育深、浅层两套圈闭系统，均以背斜、断背斜为主，在阿尔金山前见断鼻构造。深层圈闭的幅度相对较小，次级断层的发育也较少，圈闭较为完整。相对于深层圈闭，浅层圈闭次级断层发育，构造相对破碎。以英东三维为例（图4-33），在油砂山断层上盘新发现有英东二号、英东一号、英东三号和英东四号构造，均为断层复杂化的背斜。其中英东一号构造被②号、③号和⑥号断层分割成A、B、C、D 4个断块，各断块又被更低级别的小断层进一步切割，整个背斜被断层切割成了极复杂的断块。在油砂山断层下盘，断层向南逆冲形成的牵引构造总体呈一断鼻形态，被5条雁列式次级断层切割成复杂的断块。无论是完整的背斜还是被次级断层复杂化的背斜、断鼻、断块，英雄岭这些深、浅层发育的众多构造圈闭都是重要的勘探对象。

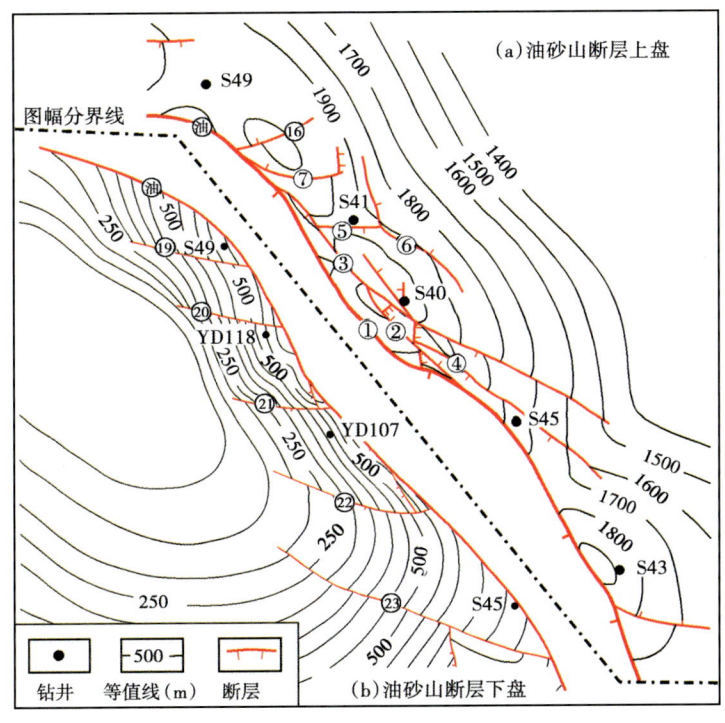

图4-33　英雄岭英东地区K_3构造图

四、英雄岭构造带的构造演化与动力学机制

英雄岭反转构造带是东昆仑冲断带的一部分，西部又受到阿尔金构造体系的影响，新生代以来的构造演化较为复杂（图4-34），不同地质时期的动力学机制差异较大。

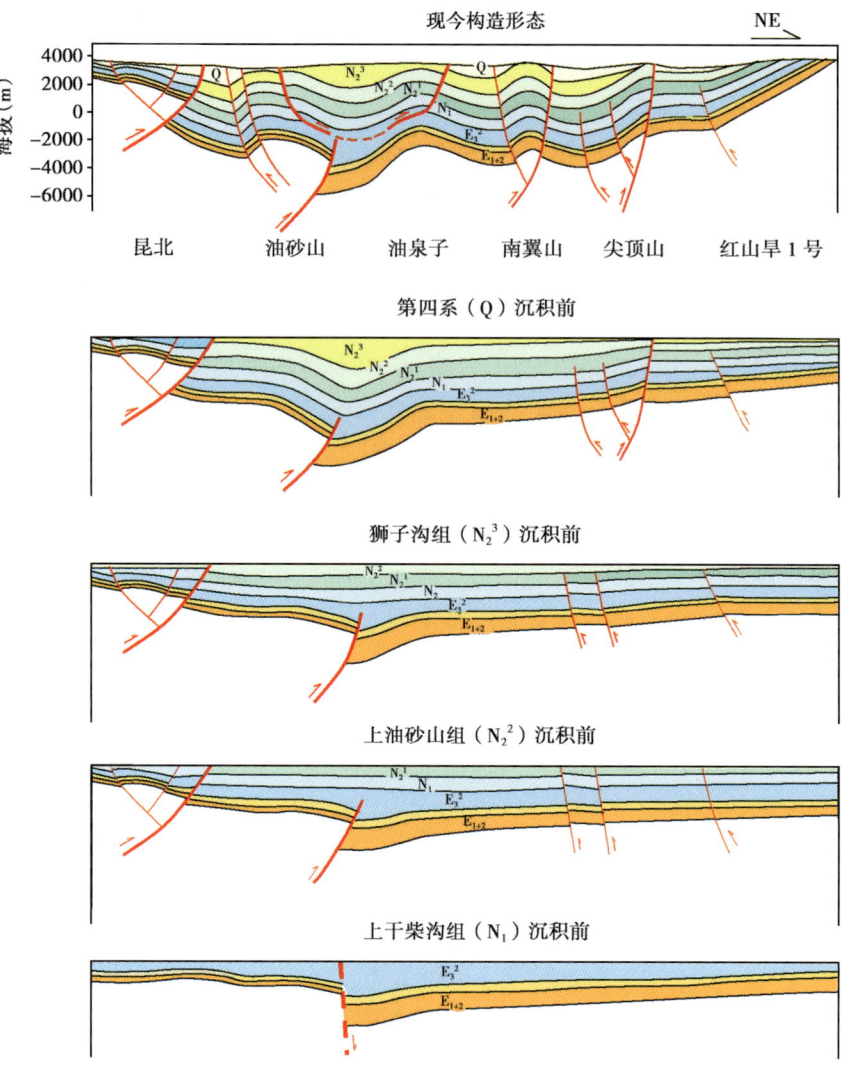

图 4-34 东昆仑冲断带构造演化剖面

古—始新世柴达木盆地整体处于挤压构造背景，但柴西局部具有弱断陷特征，Ⅺ号断层可能具有正断层性质，断层下盘（北侧）地层厚度大。这一时期柴西南侧的祁漫塔格山尚未隆起成山，昆北断层也未活动，紧邻现今山前的切 4 井下干柴沟组上段（E_3^2）还属于半深湖相沉积，整个柴西地区以英雄岭茫崖弱断陷为中心，半深湖—深湖相沉积非常广泛。柴西古—始新世弱断陷的动力学机制是，北西西向断层右行走滑（如Ⅺ号断层）和北东东向断层（如阿尔金断层）左行走滑的联合作用共同导致盆地向东伸展、逃逸，使柴西局部地区处于走滑拉分的应力状态。

渐新世上干柴沟组（N_1）至中新世下油砂山组（N_2^1）时期挤压应力逐渐增加，对盆地周缘的影响大，南部祁漫塔格山隆起成为物源区，昆北断层开始活动向盆内逆冲，在其下盘形成了上干柴沟组粗碎屑沉积，而盆地中央的英雄岭地区受影响较小，还位于沉积沉降中心，但Ⅺ号断层的性质已由正断层转换为逆断层。西部阿尔金山前与东昆仑山前相似，从上干柴沟组开始持续隆升，至下油砂山组末期隆升规模达到最大，随后的剥蚀、夷平作用形成了山前广泛分布的 T'_2（N_2^2/N_2^1）区域不整合面，该构造运动即喜马拉雅中期构造运动。喜马拉雅中期构造运动中，阿尔金山以隆升作用为主，走滑作用不明显（王亮等，2010），其对盆内的挤压应力可分解为两个分量（图 4-35b），F1 形成了阿拉尔、红柳泉、七个泉和英雄岭西段深层向南西方向逆冲的系列断层和相关褶皱，F2 则导致了这些褶皱向西部的抬升。

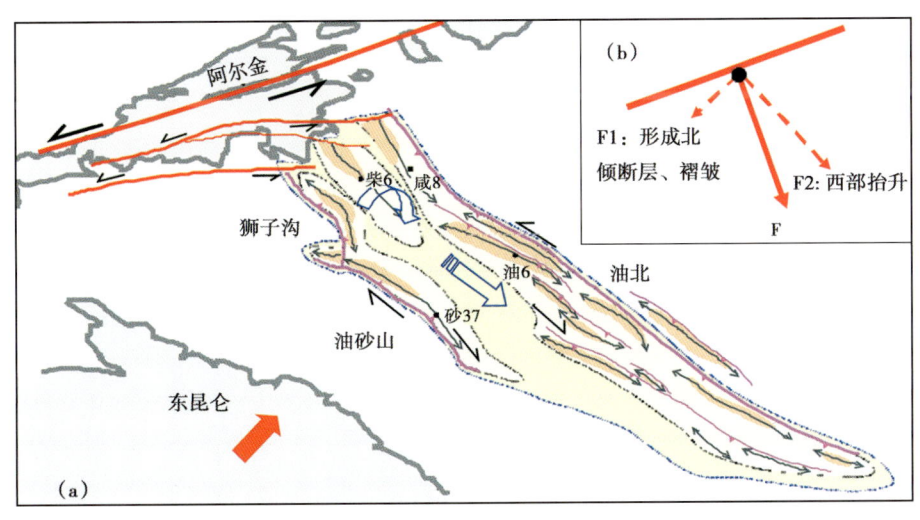

图 4-35 英雄岭构造带动力学机制
(a) 晚喜马拉雅时期动力学机制；(b) 中喜马拉雅时期阿尔金山前的应力分解

上新世狮子沟组（N_2^3）沉积后发生的晚期喜马拉雅运动对柴西地区影响较大，盆地中央的英雄岭地区发生强烈的构造反转和褶皱隆升，奠定了现今的构造格局。来自东昆仑的挤压是其形成的主要动力学机制（图 4-35a），当挤压应力传递到英雄岭地区后，首先引起 XI 号断层的重新活动，XI 号断层及其上盘的刚性块体发生向北的构造楔入，在楔顶遇阻后形成向南逆冲的滑脱断层——油砂山断层，随着挤压应力的进一步增加，从楔顶向北又新生向北滑脱逆冲的油北断层，最终在强大的挤压作用下，基底、盖层均发生强烈的隆升和褶皱作用，形成年轻的山地。除了挤压褶皱外，晚喜马拉雅运动时期英雄岭地区的走滑作用也很明显。前文已述及，北带东段为油北断层控制的左行压扭褶皱带，南带油砂山断层上盘、下盘的帚状或雁列次级断层指示油砂山断层具有右行走滑的特征，综合分析认为英雄岭塑性层之上在晚喜马拉雅期可能发生过整体向东移动，与阿尔金断裂带的作用有关。尽管晚喜马拉雅期阿尔金山已由隆升转变为左行走滑，但仍存在一定的向盆内的挤压作用，同时也导致了西段的顺时针旋转。

综上所述，英雄岭地区新生代的构造演化和变形极为复杂。古—始新世为走滑拉分形成的弱断陷；渐新世开始转变为挤压性质的凹陷；中喜马拉雅运动造成英雄岭西段的抬升，形成系列向南西方向逆冲的断层和相关褶皱；晚喜马拉雅运动的强烈挤压作用引起深层的构造楔入和浅层的褶皱抬升，形成现今年轻的山地，与阿尔金山左行走滑伴生的挤压导致英雄岭塑性层之上整体向东移动。

第四节　英雄岭构造带油气成藏与勘探成果

大型的正反转构造因早期处于生烃中心、晚期构造圈闭发育而具有十分优越的油气成藏条件。勘探实践证实，英雄岭地区及其周缘是柴达木盆地油气资源最为丰富的地区，已发现油砂山、花土沟、狮子沟、游园沟、咸水泉、油泉子和开特米里克等7个油气田，近年又相继在英东中浅层和英西中深层不断取得新的发现，勘探潜力巨大。

一、基本油气成藏条件

（一）发育咸化湖盆优质烃源岩

柴西新生代为一套高原咸化湖盆沉积，烃源岩纵向上分布层系多，包括路乐河组、下干柴沟组下段、下干柴沟组上段、上干柴沟组、下油砂山组和上油砂山组等6套，以下干柴沟组上段和上干柴沟组为主，平均厚度2000m左右，最厚达4000m。岩性为泥（页）岩、含膏盐泥（页）岩、钙质泥岩和泥灰岩，以有机质丰度偏低和烃转化率较高为特征。烃源岩有机质类型以Ⅱ型为主，有机碳含量一般在0.5%左右，沉积中心部位（如狮子沟—花土沟一带）TOC值为0.6%~2.3%，平均值约为0.96%（金强等，2001）。平面上有效烃源岩发育较为广泛（图4-36），几乎涵盖整个柴西地区，英雄岭地区位于优质烃源岩有利分布区，红狮生烃凹陷和茫崖西生烃凹陷的优质烃源岩可以提供充足的油气资源。

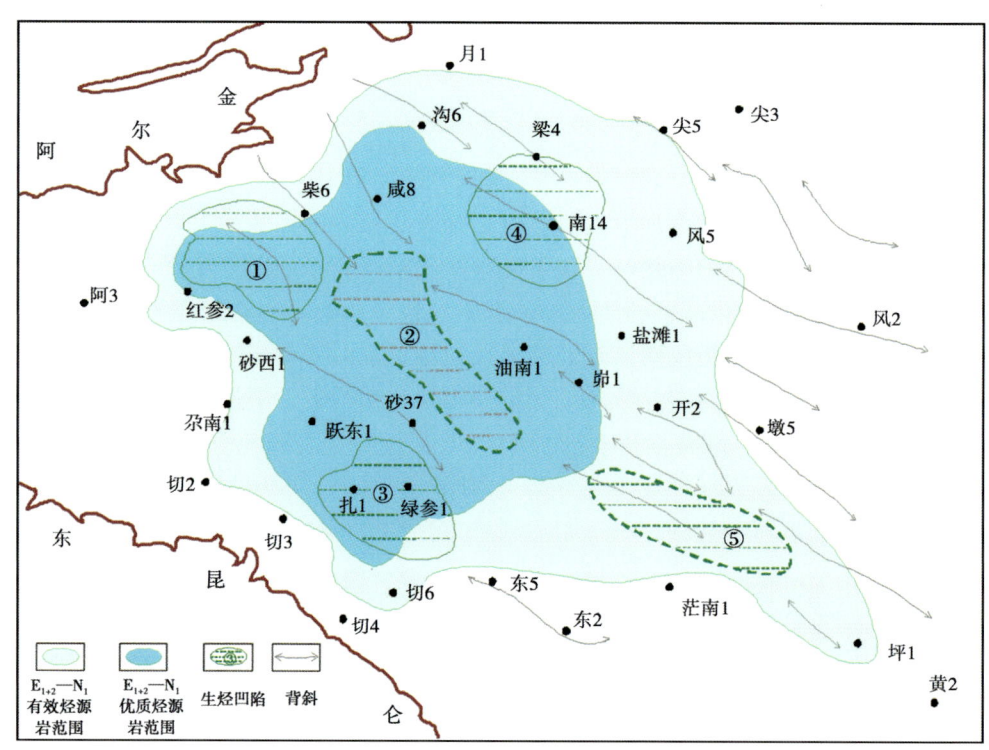

图4-36　柴西地区烃源岩与生烃凹陷的分布特征（据付锁堂，2010，修改）
①红狮凹陷；②茫崖西凹陷；③扎哈泉—切克里克凹陷；④小梁山—南翼山凹陷；⑤茫崖东凹陷

(二)发育三套有利的储盖组合

英雄岭地区自上而下发育3套有利的储盖组合:

上组合(N_1—N_2^2)为下生上储型,是英雄岭地区主要的储盖组合,上干柴沟组(N_1)和下油砂山组(N_2^1)为主要目的层,英东等部分地区的上油砂山组(N_2^2)也是有利目的层。上组合的区域性盖层不发育,砂岩储层与泥岩盖层呈互层状组合模式。英雄岭西段和东段南带上组合碎屑岩发育,以三角洲前缘和平原相的砂岩为主,物性好。以英东地区为例,下油砂山组(N_2^1)平均孔隙度为15%、渗透率为51.9mD,上油砂山组(N_2^2)平均孔隙度为16.6%、渗透率为79.4mD,是十分有利的勘探对象。东段北带的油泉子—凤凰台地区,上组合储层以湖相碳酸盐岩为主,孔隙度较大,但渗透率偏低。

中组合(E_3^2)为自生自储型,下干柴沟组上段(E_3^2)既是柴西厚度最大的烃源岩,也是一套区域盖层。中组合储层为烃源岩内的碳酸盐岩,大部分地区物性较差,但英西盐—灰云岩—泥岩共生体系中,见孔洞和裂缝发育的灰云岩,一批钻井获得高产工业油气流,是重要的勘探层系。

下组合(E_3^1)为区域盖层之下的下生上储型组合,储层为碎屑岩,由于埋藏较深,英雄岭大部分地区未钻遇,物性可能较差,阿尔金山前相对有利。

(三)中晚喜马拉雅运动形成深、浅两套圈闭系统

受中—晚期喜马拉雅构造运动的强烈影响,英雄岭地区基底卷入断层和盖层滑脱断层都比较发育,在深层、浅层都形成了成排成带的断层相关褶皱,这些背斜、断背斜、断鼻为油气聚集成藏提供了良好的场所,英雄岭地区的构造圈闭条件是全盆地最有利的地区之一。

(四)油气近距离垂向运移,有利于成藏

英雄岭反转构造带位于生烃凹陷之上,基底断层、盖层断层等多级断层相互沟通,构成良好的垂向输导体系,油气可近距离运移到附近的圈闭中。

由于喜马拉雅晚期构造运动强烈,新近系遭受不同程度的剥蚀,对上组合的保存条件造成了一定的影响,导致一些地区地表油苗的出露,如油砂山、干柴沟、油泉子等构造,油气藏遭受了一定程度的破坏,但只要这套储盖组合存在,即可成藏。

二、油气成藏模式

根据对英雄岭已发现油气藏的成藏要素、成藏作用过程的分析,可总结出两种成藏模式(图4-37):

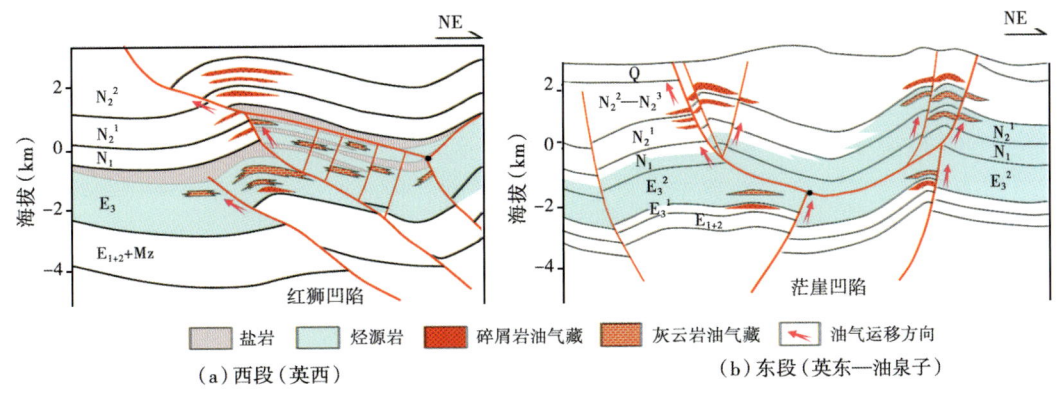

图4-37 英雄岭构造带成藏模式图

（一）源上新构造晚期高效成藏模式

最近的研究表明，茫崖凹陷咸化湖盆烃源岩生烃早，在低成熟阶段即可生成油气；生烃持续时间长，即使在 R_o 为 2 的高成熟阶段也有油气产出，这种生烃特征为晚期成藏奠定了基础。英雄岭地区构造形成晚，但由于凹陷生烃时间长，圈闭形成期仍有大量的油气生成，多级断层可作为良好的油气运移通道，油气生成—运移通道—圈闭形成匹配良好，尽管油气充注时间较短，仍能高效聚集形成规模油气田。源上新构造晚期高效成藏模式以英东地区为代表，油砂山、咸水泉、油泉子也属此类，是英雄岭地区最为常见、最为重要的模式。

（二）盐构造复式成藏模式

以英西地区为代表，由于下干柴沟组上段（E_3^2）膏盐岩对构造、成藏有一定的控制作用，从而形成了这种较为独特的成藏模式。膏盐岩的发育将英西划分为盐下、盐、盐上三大构造层，对应于深层叠瓦构造+盐构造+浅层断展背斜的构造组合。成藏上，膏盐岩是良好的盖层，同时也有利于异常高压带的形成，对灰云岩的原生孔隙具有保护作用。

英西地区的成藏过程包括两个阶段。一是下干柴沟组盐—烃源岩—灰云岩组合沉积后，随着烃源岩埋藏逐渐加深，烃源岩生烃并在灰云岩内形成原生的油藏，具有岩性油藏性质。二是晚喜马拉雅构造运动形成浅层构造圈闭，断层的垂向运移形成浅层油藏，基本与英东地区类似；同时，深层的原生岩性油藏发生一定的调整。英西可归纳为早期岩性油藏与晚期新构造油藏叠加的复式成藏模式，从盐构造角度可理解为早期盐间、盐下岩性油藏与晚期盐上、盐侧新构造油藏叠加的复式成藏模式。

三、油气勘探成果

英雄岭地区的宽方位高密度三维地震主要部署在英雄岭南带（狮子沟—油砂山构造带），从 2011 年到 2013 年共部署实施英东、英中、英西 3 块三维地震，满覆盖总面积约 900km²。通过这 3 块宽方位高密度三维地震的实施，在英雄岭地区取得了重大的勘探进展和丰富的勘探成果，相继发现英东中浅层、英西中深层两个亿吨级油气田。

（一）英东地区地震勘探成果

（1）通过多信息综合地震解释技术的应用，明确断层展布特征，落实各级断层 20 余条，落实英东地区构造展布特征及圈闭细节，新发现并落实一批有利圈闭目标，K_3 单层圈闭总面积 30.07km²。英东地区三维地震实施后主要目的层预测精度大幅提高，井震误差由三维前的 6.9% 减小到 1.2%，为英东地区的勘探、评价和开发工作提供了可靠的地质成果。

（2）根据地震综合解释成果，累计提供探井、评价井 30 余口，钻探均取得良好效果，有多口井获得高产工业油气流，如油砂山断层下盘钻探的英东 105 井常规试油，8mm 油嘴自喷日产油 100.3t，天然气 10988m³，实现了油砂山断层下盘油气勘探的新突破，从而发现了新的含油气领域。英东地区三维地震实施后钻探成功率由 16.7% 提高到 96%。

（3）为英东地区先后探明英东一号上、下盘油藏，控制二号、三号两个含油区块，发现柴达木盆地单个油藏储量规模最大、物性最好、开发效益最佳的整装油气田发挥了积极有效的作用。

（二）英西地区地震勘探成果

（1）通过创新基于断层相关褶皱、盐构造理论的复杂构造建模技术的应用，明确英西地区具有浅层断展背斜+深层构造楔+盐构造变形的构造样式，落实圈闭 6 个，面积 39.2km²。英西地区三维地震实施后主要目的层预测精度大幅提高，井震误差由三维前的

8.3%减小到0.8%，为英西地区的勘探、评价和开发工作提供了可靠的地质成果。

（2）通过咸化湖盆复杂岩性识别与储层、裂缝预测技术系列的应用，预测灰云岩有利储层面积93km^2，为英西地区勘探、开发提供了部署依据。

（3）提供各类钻井35余口，7口获高产工业油气流，狮38井、狮205井、狮1-2井、狮1-3井等4口井日产千吨，狮205井日产油1108t，日产气21.7×104m^3。英西地区三维地震实施后钻探成功率由39%提高到97%。

（4）在盐构造复式成藏模式指导下，为英西地区新增含油面积74.9km^2，形成亿吨级储量规模起到了技术支撑作用。

四、油气勘探方向

（一）南带西延东扩勘探潜力大，是谋求大场面的现实区

南带是英雄岭勘探程度最高的地区，先后实施了3块宽方位、高密度三维地震，3套成藏组合均有可能成藏，上组合发育物性好、厚度大的碎屑岩储层，成藏条件优越。南带东段以往发现有油砂山浅油藏，通过英东—英中三维的实施，在油砂山油田以东新发现了亿吨级的英东油田，油砂山断层上盘的多个断背斜、下盘的牵引构造均富含油气。南带西段已发现狮子沟、花土沟、游园沟等浅层油田，近期通过英西三维的实施在盐间、盐下多口井获得高产工业油气流，揭示了中、下组合良好的勘探潜力，初步展现出了亿吨级油气勘探大场面。

英雄岭东段：中、下组合成藏条件与西段类似，是下步一个重要的勘探领域。与西段相比，东段中、下组合埋藏较深，缺少膏盐岩层，储层类型以碎屑岩为主。英东三维区东上组合成藏条件与英东地区相似，有望取得新的突破。

英雄岭西段：下步在灰云岩预测和裂缝预测研究上加强盐下、盐间勘探，积极探索盐侧新领域，精细勘探盐上，有望形成勘探大场面。

（二）北带东段构造圈闭极为发育，上组合勘探前景看好

北带东段是目前英雄岭勘探程度最低的地区，全为二维地震，并且以往的资料品质较差，已发现油泉子和开特米里克浅油藏。北带东段油源条件较好，除下干柴沟组上段主力烃源岩外，在上干柴沟组、下油砂山组和上油砂山组均见较好的烃源岩，烃源岩条件好于南带。以碳酸盐岩储层为主，物性比碎屑岩差，但仍可作为有效储层，纵向上，上组合比中、下组合物性好。北带东段区带面积大，构造圈闭成排成带发育，一旦形成突破，能取得带动一片的效果，上组合勘探前景看好。

（三）西段阿尔金山前勘探层系多，有望取得新的发现

英雄岭西段的干柴沟和咸水泉构造均为阿尔金山前大型鼻状构造，向东南倾伏到生烃凹陷之中，长期位于油气运移指向区，已发现咸水泉浅油藏。该区发育两类储层，山前带距物源较近，碎屑岩储层发育，向盆内逐渐过渡为碳酸盐储层。圈闭形成较早，中喜马拉雅期即已形成构造雏形，晚喜马拉雅期构造定型，有利于油气的多期充注。该区3套成藏组合埋藏适中，均可作为勘探目的层系，有望取得新的发现。

第五章 龙门山前陆冲断带解释技术应用及成效

龙门山前陆冲断带位于华南地块西缘、四川盆地与松潘—甘孜褶皱带间的过渡带上，与昆仑—秦岭东西向构造带斜交，与康滇南北向构造带及北西向构造带相聚，也称龙门山冲断带。勘探证实，川西北龙门山冲断带油气资源丰富，已发现河湾场、九龙山、中坝、邛西、平落坝等多个气田。2011年起针对川西北冲断带地震勘探资料采集年度不一、资料品质差等问题，优选不同年度地震勘探资料重新处理，使资料品质大幅度提高，通过川西北冲断带整体构造研究、下二叠统海相碳酸盐岩储层研究，发现一批勘探目标，双探1井、双探3井相继获得重大突破，展示了良好的勘探前景，龙门山前陆冲断带成为四川盆地油气勘探的重点领域。

第一节 区域地质背景及勘探概况

一、区域构造特征

龙门山冲断带位于四川盆地西缘，北起广元、白水，南接天全、泸定，走向北东，长约500km，东西宽30~60km，地史演变复杂，构造活动强烈，具有推覆构造的特征，由众多的推覆体和飞来峰组成。西北部与松潘—甘孜造山带弧形边界相邻，东南部与四川盆地在内的整个扬子地台相连（图5-1）。

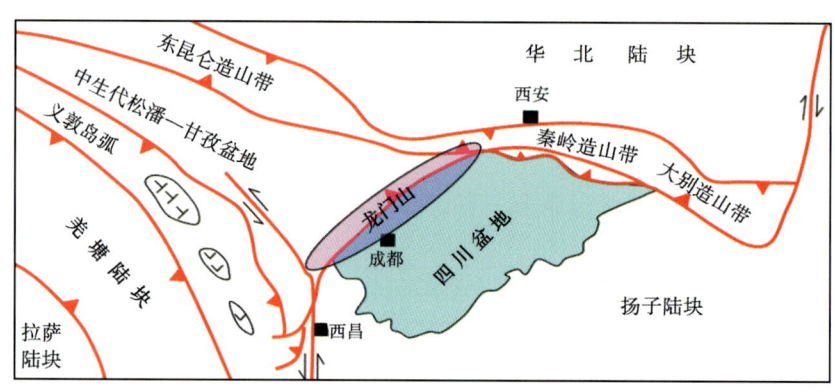

图5-1 龙门山冲断带区域构造位置图

龙门山西侧为松潘—甘孜盆地，盆内发育复理石建造，地层褶皱变形强烈，东侧为川西前陆盆地，构造相对简单。龙门山结构复杂，构造变形强烈，整体上由一系列从北西向南东逆冲推覆于扬子克拉通之上的岩片和推覆体组成（图5-2）。

自印支期以来，龙门山冲断带共经历了3期较大的构造活动，即印支期、燕山期和喜马拉雅期。印支运动中期，受羌塘—昌都地块的挤压，青川—茂汶断裂以西地区形成褶断隆起，印支运动晚期，随着扬子古板块向华北板块俯冲，形成龙门山冲断带。之后又经历了燕山期和喜马拉雅期的构造运动，形成现今的龙门山冲断带。其盆山边界由最西侧的青川—茂汶断裂向东转移到马角坝—双鱼石断裂带，表现出"前展式"变形特征，在印支晚期已经形成川西前陆盆地。

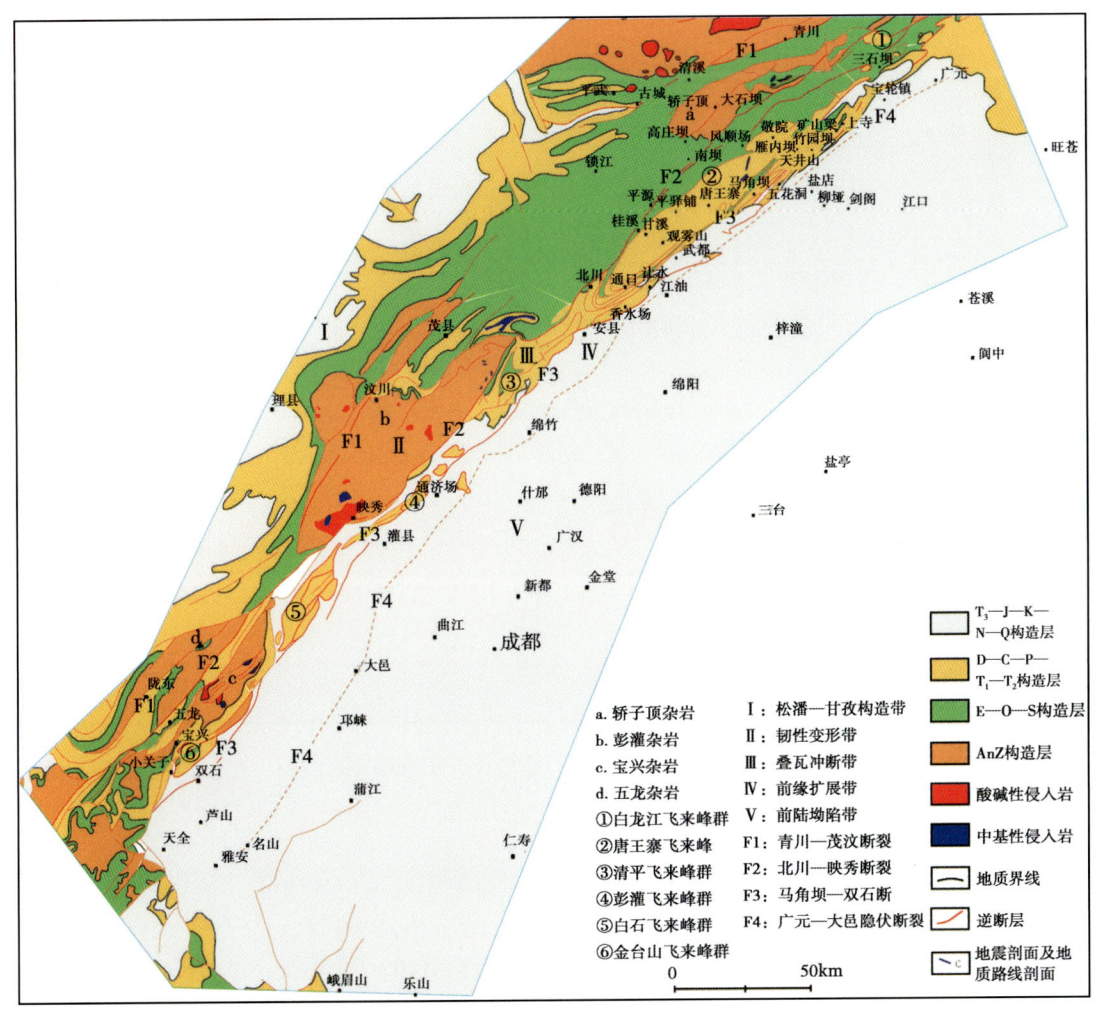

图 5-2　川西北龙门山冲断带构造简图

二、勘探概况

（一）地震勘探基本情况

根据构造演化和地层发育情况，将龙门山冲断带分为南北两段，北段勘探研究程度较高。龙门山冲断带的地震勘探工作始于1953年，北段至2003年已完成地震详查，截至2016年底，川西地区地震勘探覆盖了82%的矿权，累计实施二维地震勘探49523.44km，三维地震勘探4796.5km^2（图5-3）。

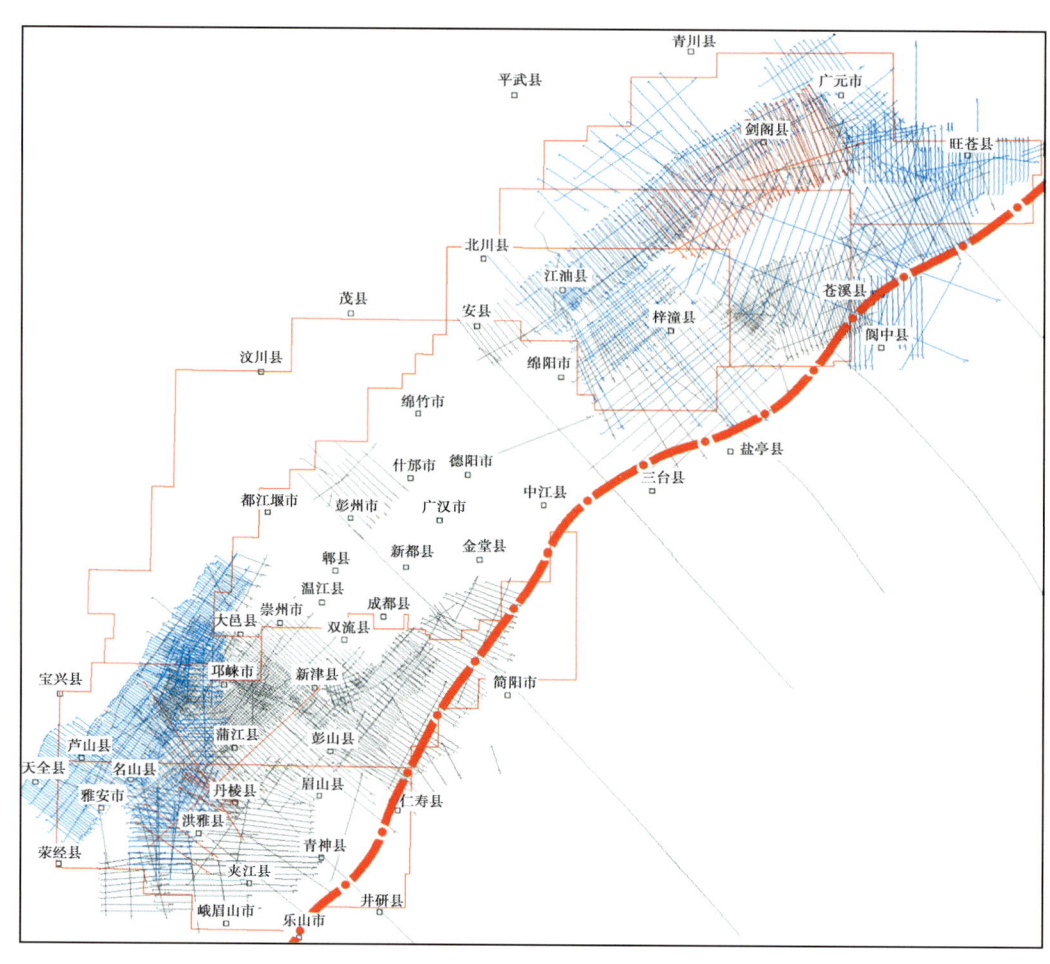

图 5-3　川西龙门山中国石油勘探区地震勘探程度图

(二) 油气勘探发现

截至 2016 年底，川西北—川西南地区勘查矿权面积 $3.743\times10^4 km^2$，油气资源总量 $1.61\times10^{12}m^3$。发现地面构造 43 个，潜伏构造 108 个，已钻构造 69 个。共有各类钻井 641 口，获气井 310 口，纵向上发现了 13 套含气层系，发现了中坝、河湾场、九龙山、白马庙、邛西、梓潼、魏城、双鱼石等 8 个气田和 26 个含气构造。

第二节　龙门山前陆冲断带处理解释技术

地震勘探资料采集年度早，采集参数不一致，地震技术落后，导致资料品质较差，制约了勘探进展。应用先进处理解释技术，提高地震勘探资料品质，深化整体认识和区带目标评价，是深化勘探、寻求突破的必然要求。

一、地震勘探资料解释性目标处理技术应用及效果

2011 年始，东方地球物理公司利用具有自主知识产权的 GeoEast 软件，以地质目标为驱动，针对川西北开展了地震勘探资料解释性目标处理。针对该区地震勘探资料存在的采集年

度早、静校正问题突出、噪声严重、振幅不一致、成像质量差等问题,通过分析原始资料的采集参数、能量特点、频率特点、静校正效果、干扰波规律、老资料特点等地震信息,了解资料处理的重点和难点,明确了针对性的技术措施,通过处理技术应用及创新,使资料品质得到大幅提高。

(一)解释性目标处理流程

(1)技术思路:采用高程静校正、折射波静校正解决长波长静校正问题,采用反射波剩余静校正、全局寻优剩余静校正等剩余静校正叠加技术解决中短波长静校正问题,最终改善成像效果;采用50Hz工业噪声压制技术、面波压制技术、中值滤波压制线性噪声、分频压制野值等噪声压制模块,提高资料信噪比;采用球面扩散补偿、地表一致性振幅补偿、剩余振幅补偿逐次恢复振幅,解决能量地表一致性问题;采用地表一致性预测反褶积、多道预测反褶积、子波整形等反褶积技术逐次提高资料分辨率及解决子波一致性问题;进行精细速度分析工作,提高成像质量;采用克希霍夫叠前时间偏移技术,提高资料偏移归位的准确性。

(2)处理流程(图5-4):

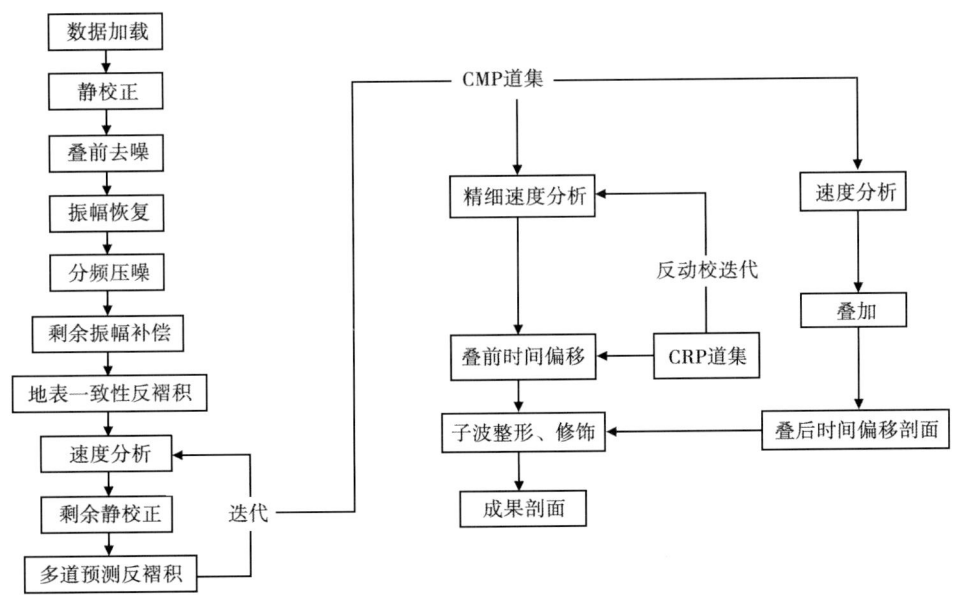

图5-4 川西北地区解释性目标处理流程

(二)针对性处理技术

1. 山前带叠前噪声压噪技术

由于龙门山山前带地表条件的复杂多样,激发、接收条件差,工业噪声、浅层干扰物噪声、面波、线性噪声、异常振幅及随机噪声等非常发育,有些地区单炮信噪比极差。基于以往的经验,在压噪过程中既要选择好压噪的时机,又要注意选择压噪的方法,同时还要掌握好压噪的尺度,注意保护好混叠在噪声中的有效信号。

线性噪声是影响本区资料信噪比的重要噪声,一般来说压制噪声主要依赖于噪声与有效信号在不同域间的差异,本区线性噪声主要分布在12Hz以下的低频带,且速度一般小于2200m/s。综合对比不同压噪方法的去噪效果及对有效信号的损伤程度,认为分频中值滤波压制线性噪声更适用于本区资料。该方法首先对信号进行分频处理,仅选择12Hz以下信号进行线性噪声压制，利用中值滤波的方法及线性噪声的线性相关性，从信号中预测出线性噪声并从原始信号中减去噪声，从而达到压制噪声的目的，同时又能防止有效信号受到损失。如图 5-5 所示，在保证去噪效果的同时，中值滤波方法能更好地保存资料有效信号成分。

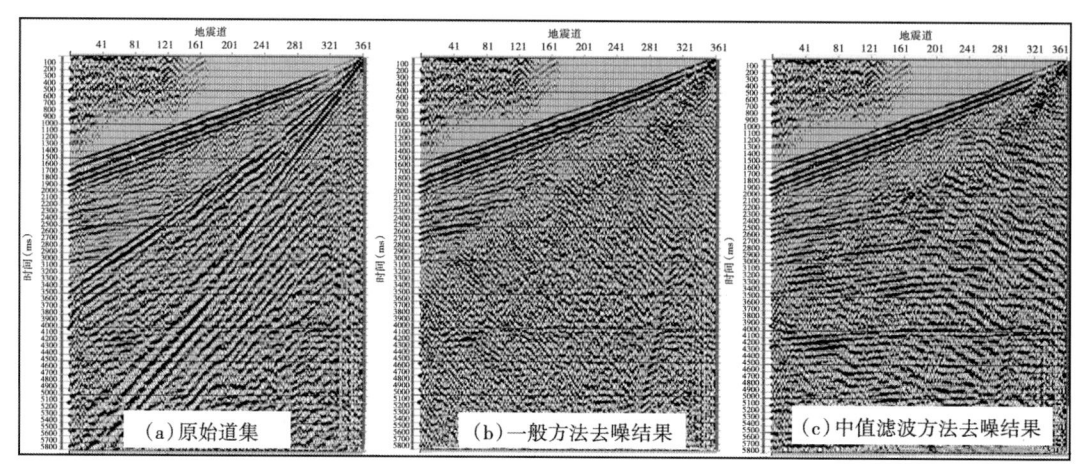

图 5-5　去噪单炮对比图

地表条件的影响使得单炮记录上存在大量低频面波，同时由于地表采集条件及接收条件的差异，记录中存在各种异常振幅干扰，随机的大值噪声、机器噪声、簇状噪声等给其他处理工作带来麻烦并且会引入最终成果剖面中形成强能量干扰。

可以利用时频分析的方法，根据面波和反射波在频率分布特征、空间分布范围、能量等方面的差异，首先检测出面波在时间和空间上的分布范围，再根据面波的固有特征对确定的面波进行第二次分析，以确定面波能量频率分布特征，并根据这种特征对其进行加权压制。

2. 一致性振幅补偿技术

采用球面扩散补偿、地表一致性振幅补偿技术、分炮检距剩余振幅补偿技术来补偿地震波在传播过程中的能量衰减和由于激发、接收条件的变化而造成的横向能量差异。

（1）几何扩散补偿，主要目的是补偿由于球面扩散所带来的能量衰减。该方法利用合理的区域速度，通过时间和速度确定每道的振幅补偿曲线进行振幅补偿，使远近道、中深层能量得到补偿。

（2）地表一致性振幅补偿，主要目的是消除由于表层结构的变化、激发接收带来的振幅横向的不一致性。该方法首先在确定的时窗内统计出各道平均振幅或均方根振幅，再利用地表一致性假设，分别计算出共炮点、共检波点、共炮检距等各项的振幅补偿因子，最后分别应用在各地震道上，使得能量在横向上更加均衡。

由于实际资料的复杂性，仅仅通过上述方法仍不能达到满意的效果，需要进一步采用分炮检距剩余振幅补偿方法。

（3）分炮检距剩余振幅补偿，主要目的是消除由于表层结构的变化、激发接收带来的共偏移距道集上振幅横向的不一致性。该方法首先在确定的多道时窗内统计出各时窗的平均振幅或均方根振幅，计算振幅补偿因子，最后分别应用在各地震道上，使得能量在横向上更加均衡。

如图 5-6 所示，球面扩散补偿后，深层及远道能量得到一定补偿；地表一致性振幅补

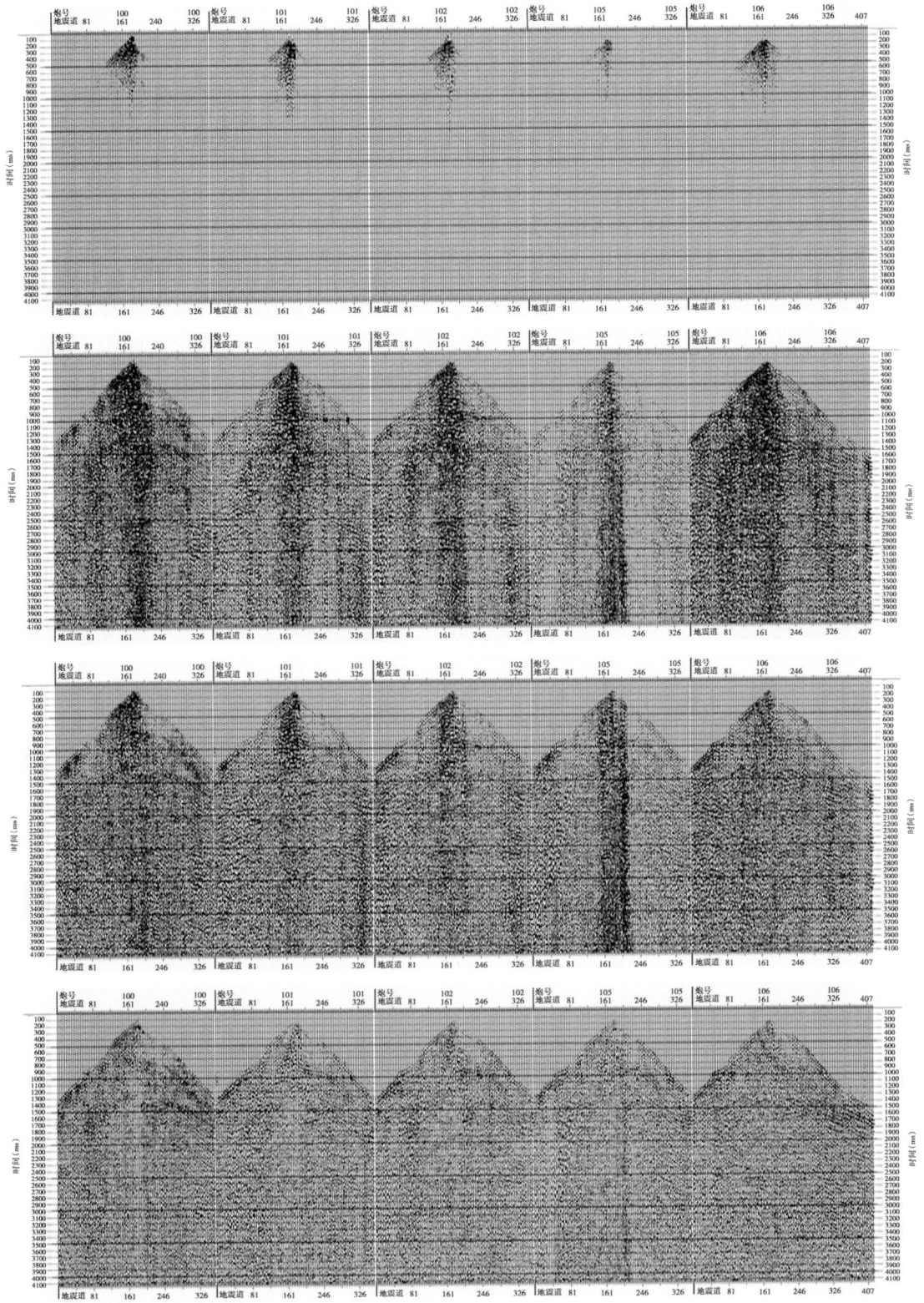

图 5-6 振幅补偿单炮效果分析图

偿后，道集能量更加均匀；共炮检距剩余振幅补偿后，振幅的横向均衡性问题已经基本解决。

3. 串联反褶积技术

反褶积试验是一个重要步骤，反褶积方法及参数选取的好坏对后续的处理起着重要的作用。反褶积主要有两个作用：一是统一地震子波一致性，尤其是解决地表一致性问题；二是提高资料分辨率。基于上述两方面作用，首先选择地表一致性反褶积初步解决资料的子波一致性问题，并适当提频；其次在剩余静校正迭代过程中，即资料品质达到一定程度后可应用统计子波反褶积、多道预测反褶积等提高资料分辨率。

通过对比多种反褶积方法，发现统计子波反褶积改善了子波相位一致性问题，叠加成像变好，但容易出现反褶积相位遗漏，使复波轴实化；多道反褶积有利于保持剖面波组特性，但也存在遗漏相位问题；逐点反褶积适用于子波变化很大的情况。最终选择多道预测反褶积作为本区反褶积方法（图5-7）。

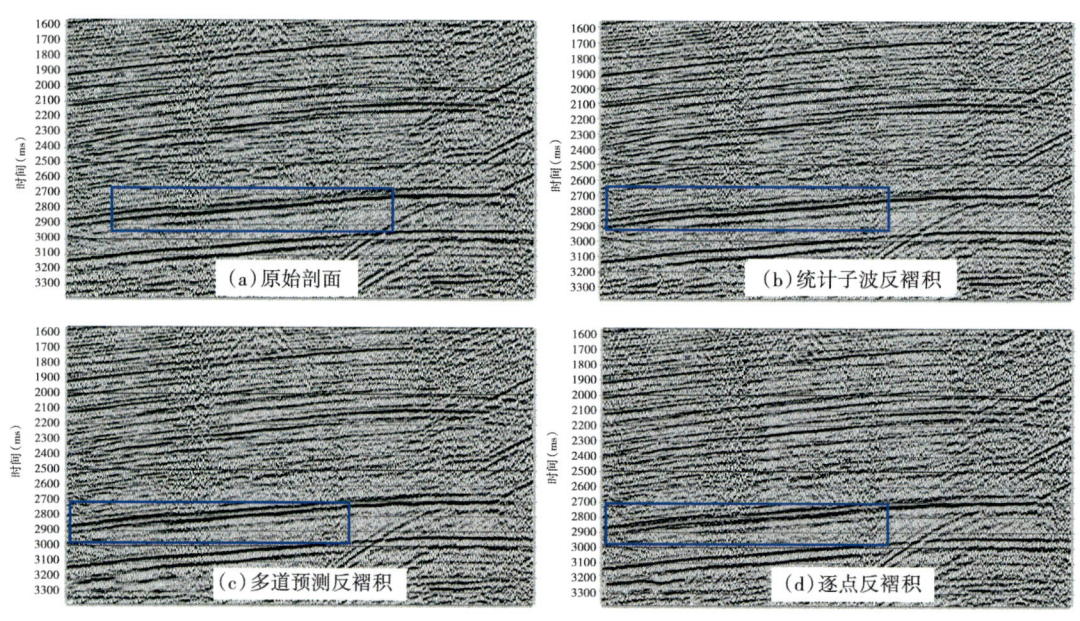

图5-7 振幅补偿前后能量曲线图

4. 静校正技术

首先进行高程静校正和折射波静校正方法对比分析，用野外静校正来解决比较大的静校正问题，并通过野外静校正量来控制低频量。再通过反射波剩余静校正和全局寻优（模拟退火）剩余静校正方法串接解决高、中频的静校正问题，提高成像品质。

和反射波剩余静校正方法相比，全局寻优更适用于解决大一些的高频静校正问题。在保证结果正确性的前提下，可最大限度地提高成像品质。

对于存在较大剩余静校正量问题的资料，直接计算大的剩余静校正量值很容易引起"串轴"造成成像假象；可以先将原始数据低通滤波后计算剩余静校正量中的相对低频成分，并逐步放宽频带迭代计算剩余静校正中的高频成分。图5-8证明，该分频计算剩余静校正的方法相对于全频带计算剩余静校正具有优越性。

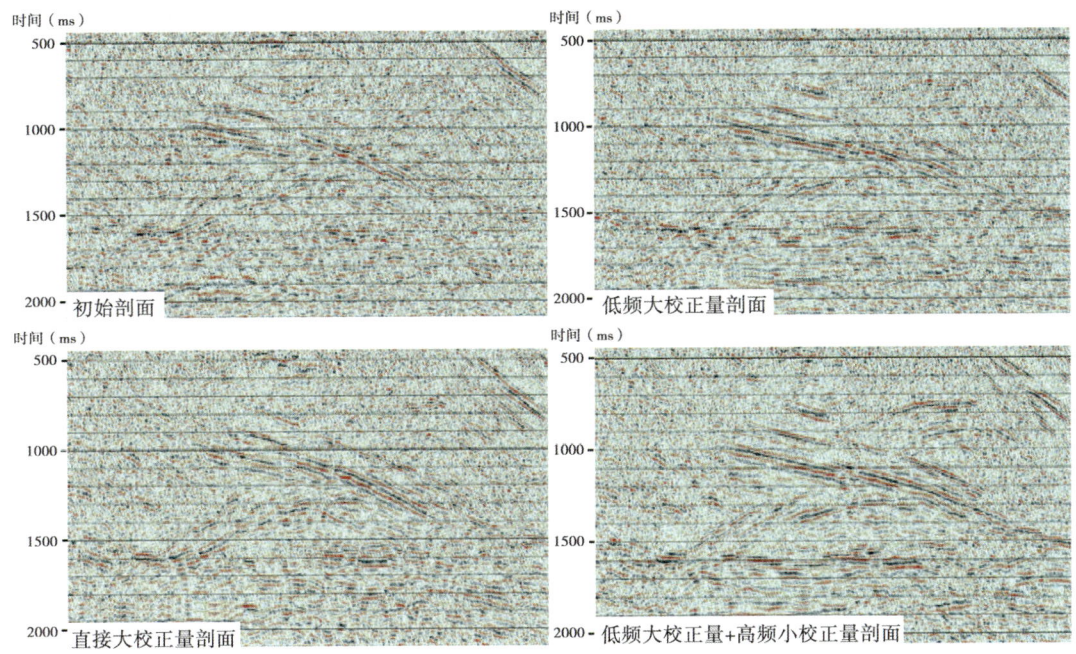

图 5-8 剩余静校正迭代效果对比

5. 精细速度分析技术

研究区信噪比较低，断裂发育，且构造复杂，给准确拾取叠加速度带来一定困难，为了比较精确地得到叠加速度，提高成像质量，相关谱做速度分析。

对于信噪比低、构造复杂的山地资料，拾取准确的叠加速度、建立准确的速度模型至关重要。然而求取速度谱的方法很多，不同的方法可能得到不同精度的结果，研究区应用相关谱做速度分析，如图 5-9 所示，对于长排列数据和短排列数据，该方法均能得到优于其他方法的结果，更适用于低信噪比资料的处理。

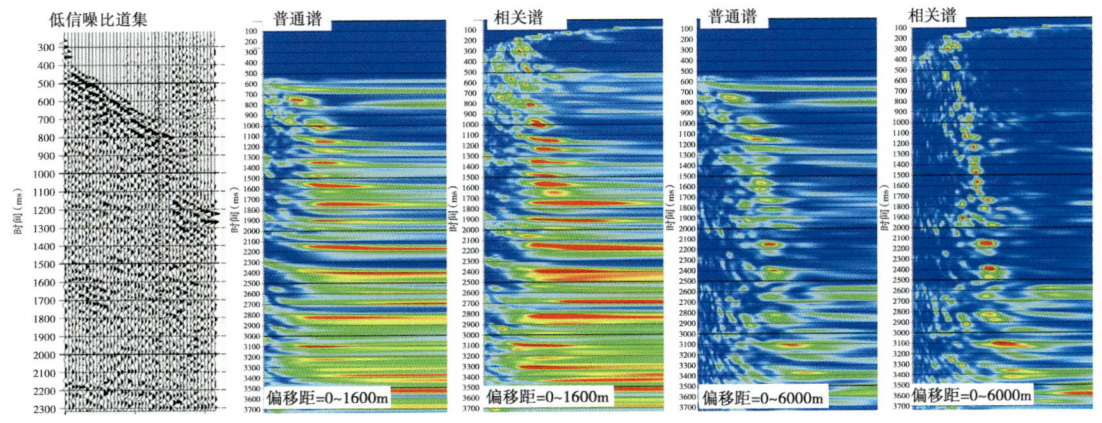

图 5-9 相关谱与普通谱速度分析效果对比

速度与静校正问题相辅相成，精确的速度有利于解决静校正问题；同时，静校正的解决又有利于获得高精度速度，而高精度速度是成像的关键。精确的速度带来准确的剩余静校正，好的剩余静校正又会进一步改善速度分析和叠加，这样形成一个良性循环，从而使叠加剖面品质得到进一步提高。

（三）处理效果分析

通过静校正攻关及折射波静校正、综合全局寻优剩余静校正配套静校正技术、叠前去噪随机噪声去除、相关速度谱等技术的应用，有效地提高了叠前道集的质量，为叠前偏移打下了良好的基础。叠前偏移对断裂带的描述更加清楚，叠前时间偏移归位比叠后时间偏移更加准确，横向分辨率明显提高，断块更加清晰，有利于区域构造研究。

在处理过程中通过严格的质量控制，资料质量逐步得到提高，使得最终结果真实、可信。下面展示新、老偏移成果剖面对比图（图5-10）。

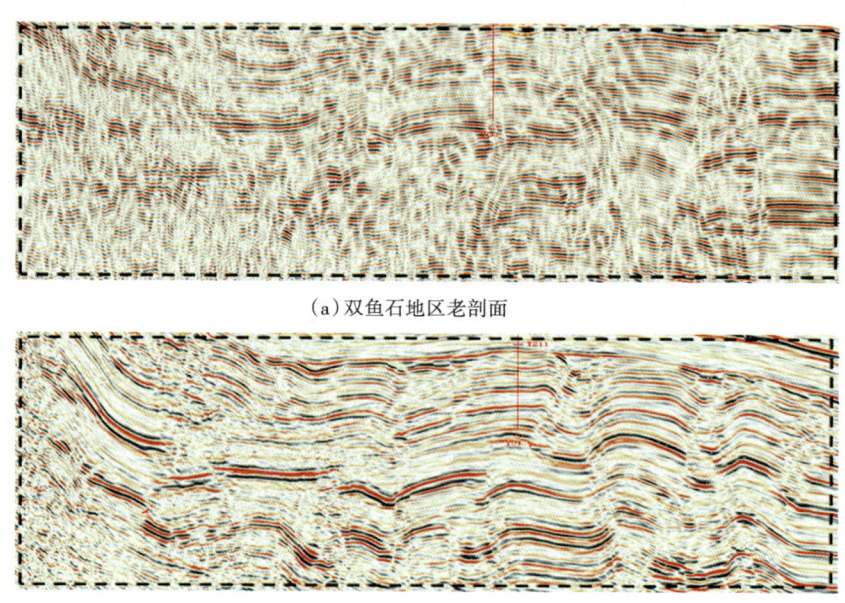

(a) 双鱼石地区老剖面

(b) 双鱼石地区新剖面

图5-10 双鱼石地区老剖面与新剖面对比

二、盆地模拟技术

研究区内二叠系、三叠系从沉积至今都经历了漫长的地质历史，接受了多次构造运动和多种成岩环境的成岩改造，从而形成不同类型的储层。对于碳酸盐岩储层来说，主要的建设性成岩作用有同生—准同生期和埋藏期的白云化作用，同生—准同生期、表生期和埋藏期的溶解作用，以及重结晶作用、构造破裂作用等。对于碎屑岩储层来说，主要的建设性成岩作用是溶解作用及构造破裂作用。沉积相在地质时期中有其特定的展布规律，随着时间的推移，沉积相将发生有规律的变化。综合研究认为，川西北地区二叠纪至三叠纪飞仙关期的地层是在一次较大规模海侵到海退大背景下形成的碳酸盐岩到碎屑岩沉积，受西侧康滇古陆和拉张地裂运动的影响，沉积环境又存在一定的差异。因此，对川西北地区主要勘探目的层二叠系沉积演化历程的恢复，是认识储层发育、评价有利储层的关键，也是勘探取得突破的关键。

地震约束动态沉积演化模拟是利用井震资料，采用沉积正演方法模拟多种沉积环境下

（冲积扇、三角洲、湖泊、海洋和碳酸盐岩台地等）的四维地层沉积过程，为盆地演化、岩相古地理研究和储层分布预测提供定量分析工具，是地震反演方法的有效补充，在油气勘探开发领域中有着广泛的应用价值。

该技术结合地震成果数据、区域沉积环境、钻井和海平面升降等，可模拟碳酸盐岩沉积演化。本次使用该技术对川西北下二叠统的沉积相进行了地震约束动态沉积演化模拟，搞清了栖霞组和茅口组的沉积相特征和有利储层的分布。

三、地震解释技术应用

（一）多信息综合构造建模技术

前陆冲断带复杂构造地震解释研究的基本思路及方法是：在了解掌握区域构造背景的基础上，在断层相关褶皱理论和滑脱构造变形理论指导下，分析研究区地震剖面的基本地震地质信息，进行地震地质层位综合标定、主要地震地质现象识别、地震—非地震联合解释，重点加强地震与地质、钻井、测井等多种资料约束下的浅层构造建模、塑性层变形模式分析和盐下深层构造建模，并利用模型正演和平衡剖面验证构造建模的合理性，不断完善，最终建立目标区最为合理的构造模式，然后进行地震连片解释成图和变速成图，落实构造形态，结合叠前深度偏移处理解释结果，进行圈闭综合评价，优选有利钻探目标。

1. 地质露头"戴帽"

山前冲断带断裂非常发育，地层横向变化快，钻井资料较少，连续追踪对比难。充分运用地质露头资料、沿地震测线方向的实测地质剖面确定每条测线对应露头区的地层年代、地层产状、断层位置及倾角等信息，并将其合理标注在地震剖面上，恢复浅表层地层及构造发育特征，提高构造建模精度；通过遥感资料可以精确确定构造核部高陡岩层地表产状和地表构造形态，必要时用实测遥感资料标定露头区的地层产状。

2. 地震地质层位综合标定

在浅表层地质戴帽的基础上，通过VSP测井、地震合成记录等，对地震地质层位进行综合标定，同时利用地层倾角测井、岩性实测、成像测井等多种信息和资料，在地震剖面上对深浅层主要地震地质层位、地层产状和主要断层进行综合标定和合理解释，利用钻录井、测井等资料对出现的地层重复等现象进行断层识别和解释。

3. 地震地质现象识别

通过对地震剖面上典型的地震地质现象的识别与分析，提高构造建模合理性和对构造发育演化的认识，从而提高研究成果的质量。如对膏盐岩、泥页岩、煤系地层等塑性层分布特征的分析及其与构造变形规律、构造样式关系的研究，结合对不整合面、生长地层、断裂发育特征及构造变形期次的分析等，提高了建模的精度和对构造发育特征的综合认识（图5-11）。

4. 多理论多信息综合构造建模

构造建模的基本思路和做法是：在断层相关褶皱理论和滑脱构造变形理论的指导下，以大量物理模拟实验为手段，在分析区域构造背景、掌握研究区基本构造特征的基础上，在地震剖面上进行不整合面、生长地层、主要滑脱层、断裂和盐刺穿等地质现象的识别，局部地震波场复杂区通过处理解释一体化和模型正演等进行波场分析，识别目的层段合理的地震反射波组；在此基础上，重点加强地震与地质、钻井、测井等多种资料相结合的浅层构造建模、塑性层变形模式分析和中深层构造建模（图5-12）；并利用模型正演和平衡剖面验证构造建模的合理性，进行反复迭代建模，不断完善，实现构造模型最优化。

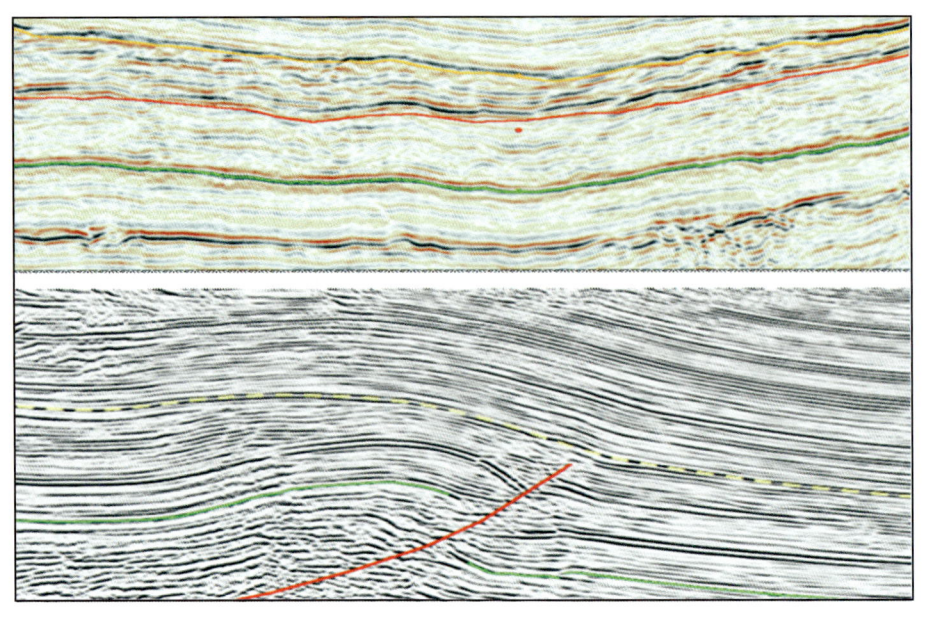

图 5-11 不整合面、生长地层等地质现象

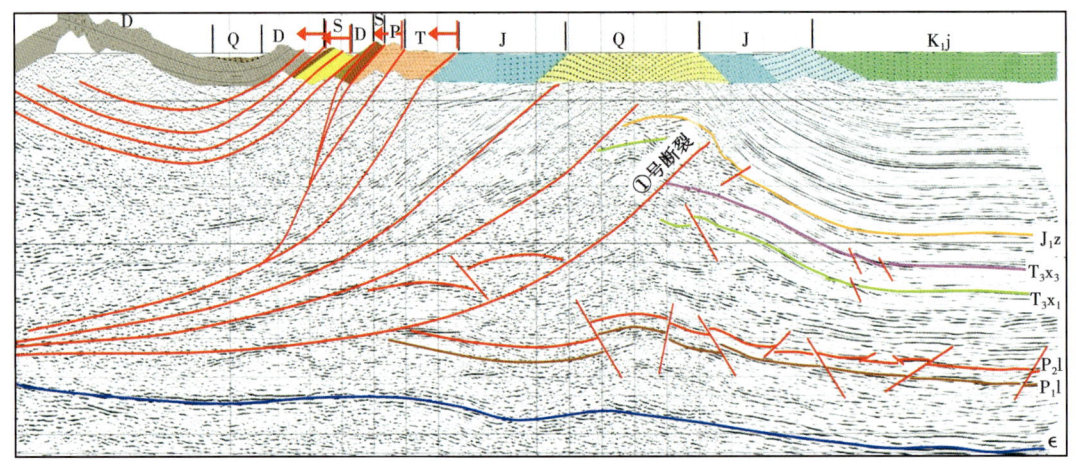

图 5-12 川西北地区地质露头等多信息综合构造建模

(二) 基于模型正演的能量梯度储层预测技术

1. 基于能量梯度的储层预测技术

双鱼石地区栖霞组碳酸盐岩储层薄、埋藏深、非均质性强,基于能量梯度的储层预测技术在该区见到较好的效果。该技术以区域地质、钻测井资料为基础,建立单井地质—速度模型,与实际钻井的地震响应特征进行吻合性分析;建立不同尺度、不同组合方式的正演模型,分析不同尺度、不同组合方式的储层地震响应特征,量化分析储层响应特征的变化规律,建立储层厚度与能量梯度的关系,定量预测白云岩储层的展布范围和厚度(图 5-13)。

2. 栖霞组储层正演分析

地震正演模拟技术为开展储层预测提供了基础,通过正演模拟可以分析不同岩性厚度组合对地震响应的影响，总结出不同岩性厚度组合情况下的地震响应特征，建立储层和地震响应特征的联系，为地震勘探资料解释提供一定的依据。

根据储层在区域上的变化及钻测井资料提供的栖霞组储层及围岩的岩性、物性等信息，利用声波测井曲线，明确不同岩性对应的速度及厚度组合关系，设计不同厚度储层的地质模型，同时利用与地震数据主要目的层相匹配的主频进行模型正演，结合钻测井数据对模型正演结果进行分析，总结变化规律，完成川西北地区栖霞组储层正演响应特征分析，指导地震相储层预测。

根据实际钻井及地质露头建立左侧白云岩储层模型，从 15m 呈台阶状增厚到 100m，右侧为一厚度渐变的楔状模型。结合储层空间分布情况，设计储层模型（图5-14），通过对双鱼石地区地震数据主要目的层频谱分析，本次正演统一采用 30Hz 雷克子波。正演结果表明：随着储层厚度增大，储层顶界波谷能量逐渐增强，储层底部伴生弱波峰反射。受栖二段底界地震反射特征影响，储层底部波峰具有多解性，顶部波谷变化更能反映储层厚度变化。

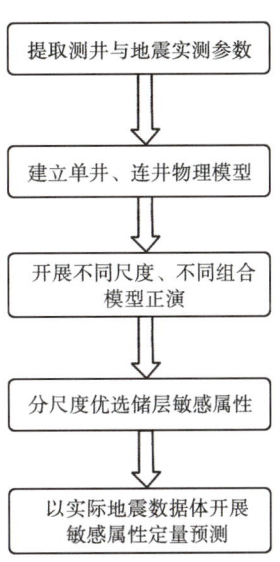

图5-13 基于模型正演的能量梯度储层定量预测技术流程图

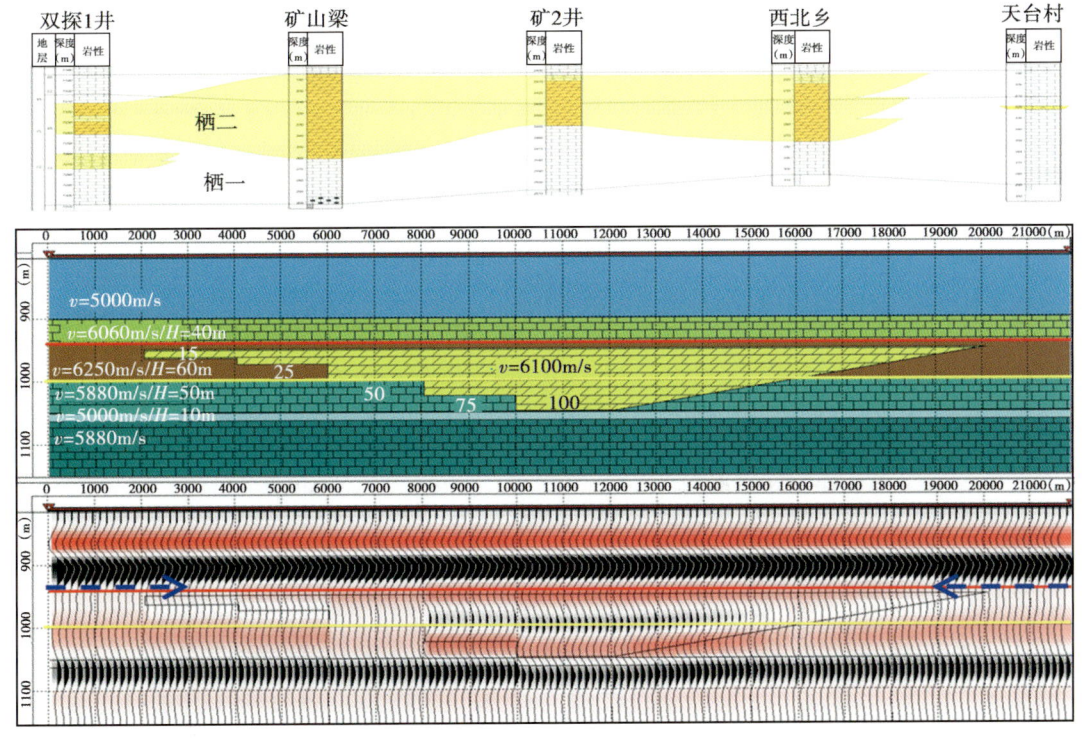

图5-14 栖霞组储层模型正演

3. 栖霞组储层预测

栖霞组储层模型正演表明，栖霞组顶部波谷变化能反映白云岩储层分布变化。为精确开展栖霞组储层分布预测，根据正演结果，结合双探1井、双探2井、双探3井标定结果，运

第三节　龙门山冲断带北段地球物理技术应用成效

对龙门山冲断带的地质结构、构造演化、沉积特征和储层分布进行系统研究，深化了地质认识，优选出有利区带，钻探获得油气勘探突破，并为下一步油气勘探准备了一批有利区带和勘探目标。

一、龙门山冲断带北段结构特征

在大量调研的基础上，使用川西北地区解释性目标处理地震勘探资料，充分利用地质露头、钻井资料，开展了龙门山—米仓山冲断带整体研究，重点对原地系统进行了精细刻画，认识到龙门山冲断带北段具有"三带、三层"的结构特征。

（一）构造倾向分带特征

对川西北地区分带特征起到关键控制作用的是北东向展布的4条区域性断裂，即茂县—汶川断裂、北川—映秀断裂、江油—马角坝断裂和广元—大邑断裂。

茂县—汶川断裂：北段由多条逆冲断层组成，发生在元古界碧口群与下古生界茂县群之间，断面倾向北西，过平武古城后，断裂带分叉延伸，发育于泥盆系危关群与三叠系西康群之间，断面倾向北北西，倾角一般很大。主断裂上盘为平武—青川逆冲席，主要地层为元古界碧口群与志留系茂县群，遭受强烈的变形与中浅变质作用，发育韧性剪切与叠加褶皱。南段总体为北倾的弧形断裂构造带，倒转褶皱发育。弧形构造带东部为陇东前寒武纪杂岩体，具有脆韧性变形特征，其上部由震旦系至须家河组地层组成。

北川—映秀断裂：北段上盘为浅变质震旦—寒武系，下盘为未变质的志留系，断层带内发育倒转褶皱。断裂两侧志留系岩相及岩石类型差异大，西北侧地层普遍受到动力变质作用，而东南侧的各地层没有发生变质。基底冲断层具有韧性剪切的特征，卷入基底杂岩及下古生界。中段彭灌杂岩逆冲于三叠系须家河组之上。南段以五龙杂岩体为主，由前寒武系千枚岩以及泥盆系至奥陶系变质砂岩及碳酸盐类岩石组成，片理发育，褶皱强烈，多为规模不大的倒转褶皱。

江油—马角坝断裂：由多条分支断裂组成，沿着走向断层分合交替，常见老地层逆冲于新地层之上。北段与之相关的逆冲席被称为唐王寨—仰天窝逆冲席，冲断层上盘及其断夹片中倒转褶皱发育，具有典型的叠瓦冲断构造样式。中南段小关子断裂上盘，主要由前寒武系宝兴杂岩、震旦系白云岩、二叠系石灰岩和玄武岩以及三叠系地层组成，地层产状发生倒转；双鱼石断裂上盘由一系列倾向北西的以须家河煤系地层为主的叠瓦状断裂及其岩片组成，发育冲断带及飞来峰群，断弯褶皱与断展褶皱普遍发育。

广元—大邑断裂：通过新处理地震勘探资料的解释研究，对该断裂取得了新的认识。广元—大邑断裂为盖层滑脱断裂，底滑脱层为寒武系下部塑性地层。以往研究认为该断裂为基底卷入断裂，主要是由于地震勘探资料品质较差，寒武系底界强反射由盆地向北逐渐变为较杂乱的反射，因而认为断裂断开寒武系。

根据新的认识，广元—大邑断裂平面位置向西北偏移2~4km，断裂向上未断穿侏罗系及以上地层，为一条隐伏断裂。原断裂处新发现一排潜伏构造，断裂下盘为背冲背斜带，发育多排潜伏构造，总体表现为向西收敛倾没、向东撒开抬升的特征。断裂上盘为逆冲推覆带，发育一系列叠瓦逆冲构造，受挤压应力强弱影响，逆冲推覆构造变形程度不一，逆冲推覆较弱区（嘉陵江膏盐岩发育区）下伏二叠系多排叠瓦构造具有较大勘探潜力（图5-16）。

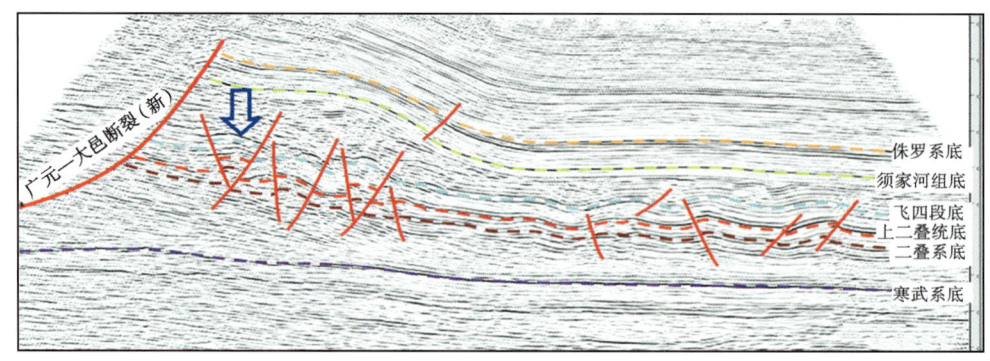

(a)广元—大邑断裂新解释方案

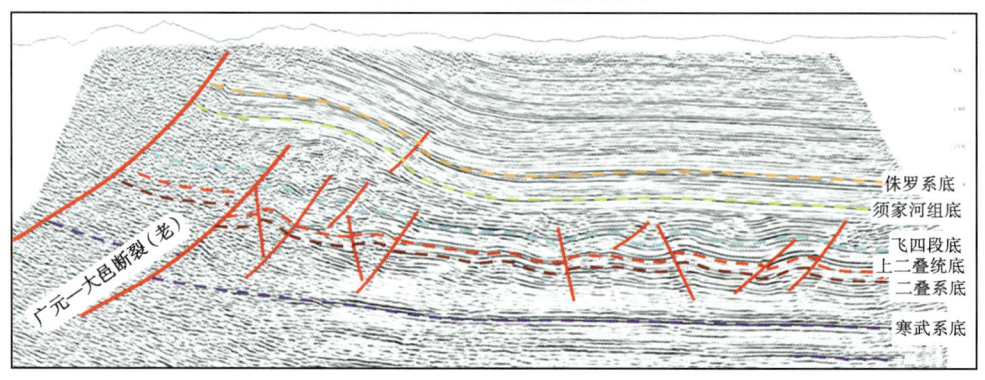

(b)广元—大邑断裂原解释方案

图5-16 广元—大邑断裂新解释方案与原解释方案

不同学者对4条断裂的特征及其起到的控制作用认识不同，因此导致平面构造带的划分方案不同：朱森、黄汲清等将龙门山划分为前山及后山，前山指北川断裂以东紧邻四川盆地边缘的地带，后山是指汶川断裂与北川断裂之间的地带，汶川断裂以西属松潘—甘孜褶皱系；邓绍强、胡明等以北川—映秀、江油—马角坝两条断裂为界，划分出后山带、前山带与山前带，北川—映秀断裂以西为后山带，北川—映秀断裂与江油—马角坝断裂之间为前山带，江油—马角坝断裂以东的区带为山前带；刘和甫等以这4条断裂为界，将龙门山冲断带划分为5个构造带：复理石褶皱—冲断带、相似褶皱—韧性剪切带、同心褶皱—叠瓦冲断带、反向冲断带和前缘向斜带；罗志立等以这4条断裂为界划分出松潘—甘孜褶皱带、茂县—汶川—陇东韧性剪切带、龙门山逆冲推覆构造带、龙门山前缘滑脱拆离带和川西前陆盆地5个构造带；金文正等依据这4条断裂也将龙门山冲断带划分为5个构造带：松潘—甘孜构造带、韧性变形带、基底卷入冲断带、前缘—褶皱冲断带和前陆坳陷带。

根据近期的地震解释及综合研究，认为川西北地区以江油—马角坝断裂为界，划分为逆冲推覆体和原地系统，原地系统根据变形特征、构造样式及露头资料，以广元—大邑断裂为界，分为构造三角带和背冲背斜带（图5-17）。

以现有二维地震勘探资料为基础，重点对原地系统进行整体分析。从龙门山—米仓山冲断带结构特征示意图可以看出，从东向西整体结构特征很清楚。根据地震勘探资料和露头资料综合划分的构造三角带从米仓山前向西逐渐收敛，宽度变窄，在米仓山前和龙门山前天井

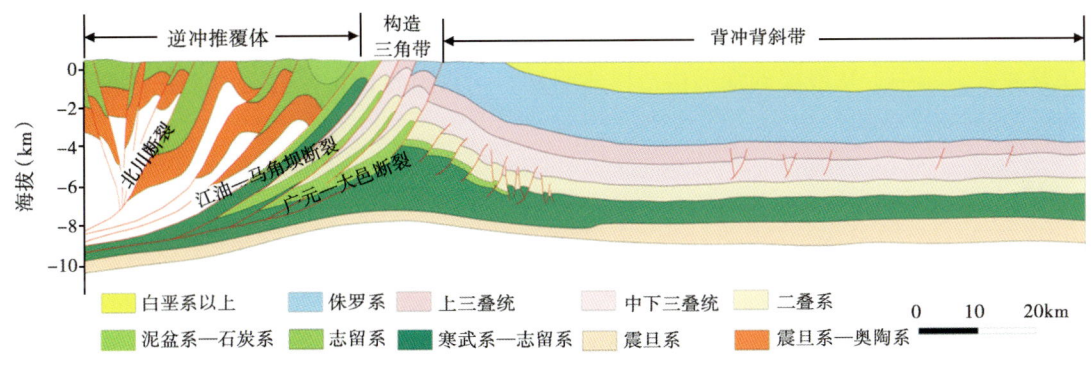

图 5-17 枫顺场—矿山梁—双鱼石地区地震地质大剖面

山—中坝地区变形剧烈，而矿山梁—广元地区相对稳定，构造圈闭更发育。背冲背斜带在九龙山—河湾场—射箭河地区由于受双重作用力，构造非常宽缓，宽度达 40km，变形较强，圈闭极为发育，幅度大、落实程度高。而向西至中坝地区背冲背斜带变形较弱，圈闭较九龙山—河湾场—射箭河地区欠发育，且圈闭幅度低（图 5-18）。

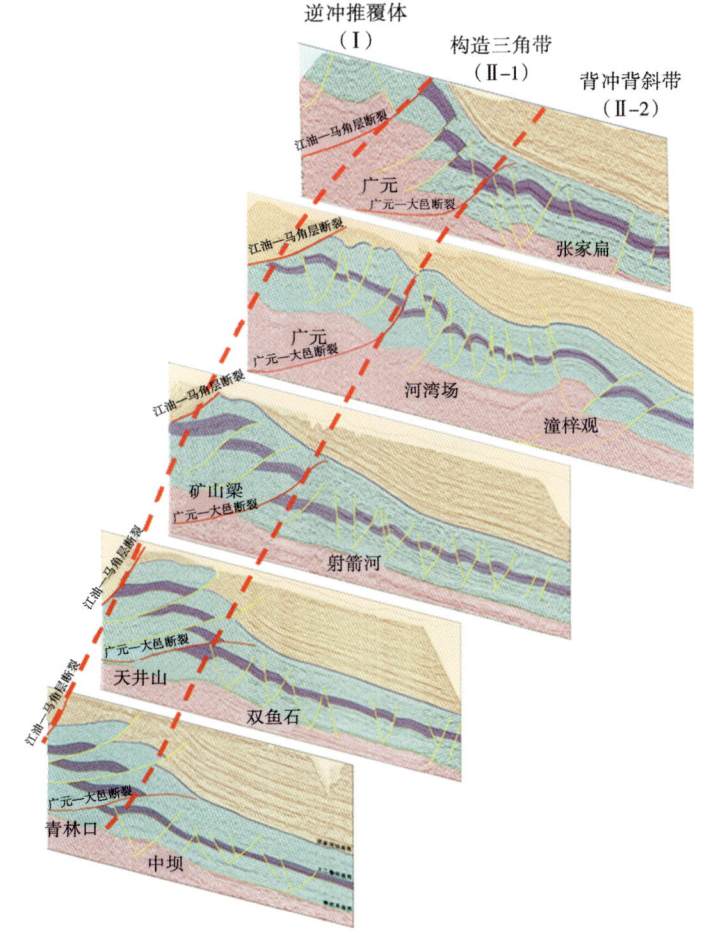

图 5-18 龙门山—米仓山冲断带结构特征示意图

205

（二）构造垂向分层特征

过龙门山冲断带—米仓山冲断带前缘的地震地质大剖面表明，在冲断带原地系统中，尤其在背冲背斜带中，从浅层到深层构造样式明显不同，因此认为龙门山冲断带北段具有构造垂向分层的特征（图5-19）。

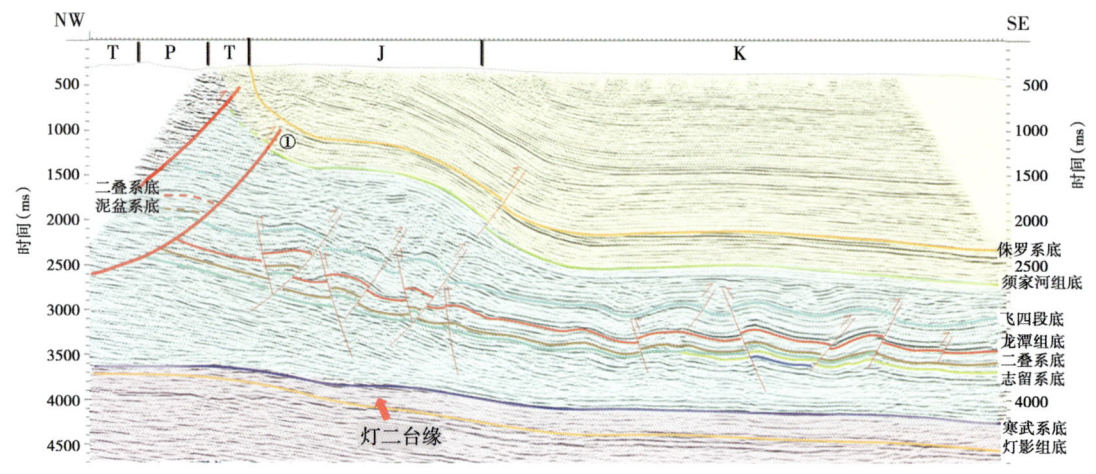

图5-19　龙门山冲断带2011SH16地震剖面（垂向分层示意剖面）

上构造层：须家河组及其以上地层为浅构造层，由上三叠统、侏罗系等较新地层组成，构造样式以宽缓同心背斜和断背斜为主，断背斜往往发育在构造三角带及附近，同心背斜发育在背冲背斜带，断裂不发育。

中构造层：由二叠系、志留系、奥陶系和寒武系组成，在构造三角带表现为与浅构造层一致的断背斜特征，而背冲背斜带特征与浅层完全不同，构造样式主要为背冲背斜，从冲断带根部向远离根部的方向，构造变形逐渐减弱，背冲背斜由发育到不发育。中构造层背冲背斜的另一个特点是逆冲断裂向上消失在嘉陵江组膏盐岩内，向下终止在寒武系下部塑性层内，呈盖层滑脱特征。

下构造层：主要由震旦系和基底组成，多发育基底卷入的逆冲背斜等构造样式，向冲断带前缘的方向逐渐减弱，构造不发育，多呈斜坡形态。3个构造层为喜马拉雅期同时变形的结果，但水平变形时序不同，呈前展式变形特征，靠近冲断带根部的构造三角带形成早，背冲背斜带形成晚。

构造分层的成因主要受嘉陵江组膏岩和寒武系下部泥岩两套塑性层控制。两套滑脱层在龙门山构造推覆体系中也起到相当重要的作用，形成大规模、低角度、长距离推覆体。

二、构造单元划分及构造特征

应用重新处理的地震勘探资料，对二叠系、三叠系主要勘探目的层进行整体连片工业制图，结合川西北地区石油地质条件和局部圈闭特征，将构造单元进一步细分，阐述各个二级构造单元及成排成带的局部圈闭的构造特征，为区带和目标优选奠定基础。

（一）构造单元划分

根据冲断带结构及构造特征，将川西北划分为龙门山推覆构造带、构造三角带、背冲背斜带及低缓构造带等4个构造单元（图5-20）。根据构造展布方向、控制断裂、构造样式等特征将构造三角带划分为天井山和矿山梁构造带；将背冲背斜带划分为中坝、双鱼石、射箭河—潼梓观、河湾场、九龙山和张家扁构造带，其中九龙山和张家扁构造带受龙门山和米仓山共同控制，呈东西向展布，中坝、射箭河等其他构造带呈从东北向西南收敛的分布特征；低缓构造带划分为柘坝场和老关庙—文兴场构造带。背冲背斜带的中坝和双鱼石等构造带，均由多排局部构造组成，为勘探最有利区带。

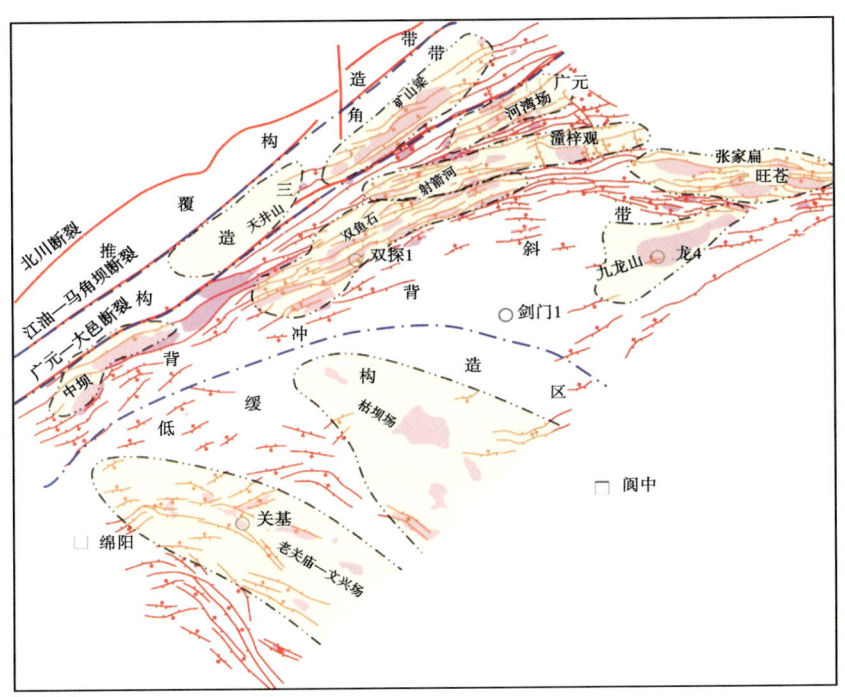

图 5-20　川西北地区构造单元划分图

（二）构造特征简述

川西北地区的主要目的层为二叠系和三叠系，从二叠系长兴组顶界与三叠系须家河组底界构造图对比分析来看，构造具有一定继承性，构造特征相似（图 5-21、图 5-22）。局部构造明显受断裂控制，总体构造由西南向东北逐渐抬升。九龙山背斜、梓潼向斜等较大构造从震旦系延伸至地表。对川西北地区二叠系和三叠系构造特征分别简述如下：

从长兴组顶界构造图来看，构造带整体呈北东—南西向展布，东北段相对较高，向西南方向倾没，构造为三分格局。一是龙门山冲断带总体呈现东北高、西南低的特点，发育一系列背冲背斜构造和局部叠瓦逆冲构造，如矿山梁、天井山、中坝、双鱼石等构造。二是龙门山前陆冲断带前缘斜坡带（梓潼和老关庙地区）构造形态平缓，表现为中间低、南北高的向斜特征，发育一系列北西向断裂控制的断鼻构造和断块构造。三是九龙山和阆中北地区发育压扭性背斜和断背斜构造；九龙山构造表现为一大型长轴背斜构造，在平面上呈北东—南西走向，高点位置在深浅各目的层基本一致。

从须家河组底界构造图来看，整体构造特征与长兴组顶界构造十分相似，构造具有一定的继承性。整体上也表现出东北高西南低，多发育压扭性背斜构造，梓潼和老关庙地区构造形态相对平缓。梓潼向斜与在二叠系所呈现的不同，表现为西南高，东北低。经过本次全区构造成图，在长兴组顶共发现和落实圈闭 62 个，圈闭总面积 921.3km²，其中复查圈闭 26

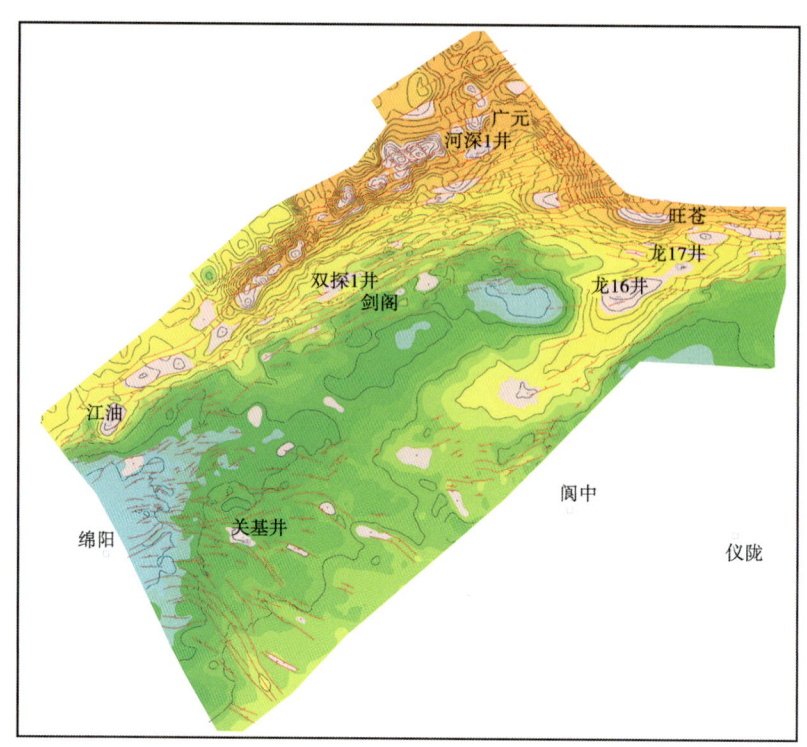

图 5-21　川西北地区二叠系长兴组顶界构造图

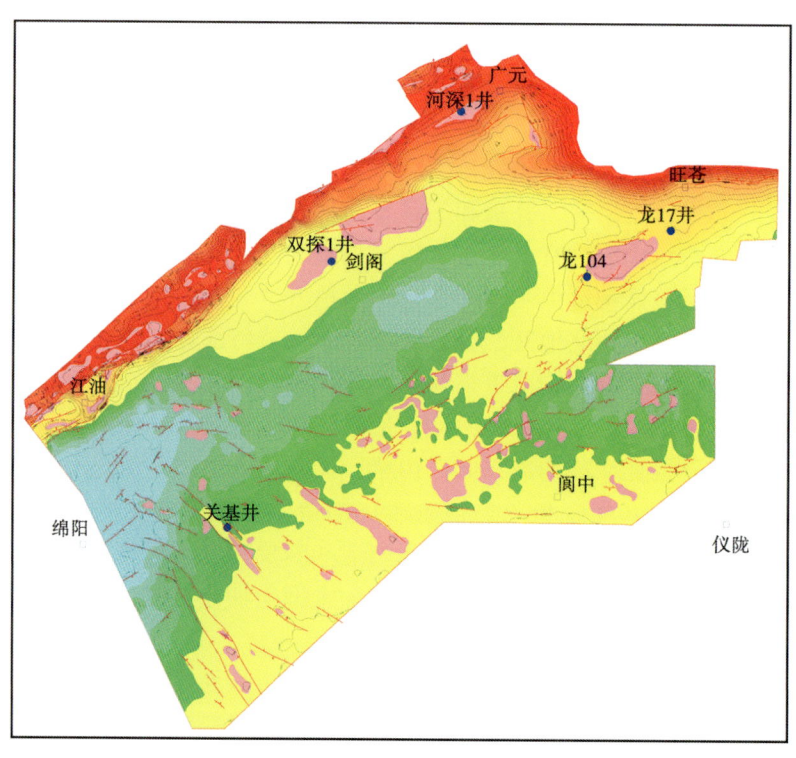

图 5-22　川西北地区三叠系须家河组底界构造图

个，总面积 521.1km²，发现圈闭 35 个，总面积 420.2km²。

（三）局部构造描述

以双鱼石—河湾场地区为例，对主要局部构造进行详细描述。从垂直冲断带的地震剖面看（图 5-23），左侧为龙门山冲断带主体，右侧为龙门山冲断带前缘构造带，共分为 4 排，局部圈闭极为发育。

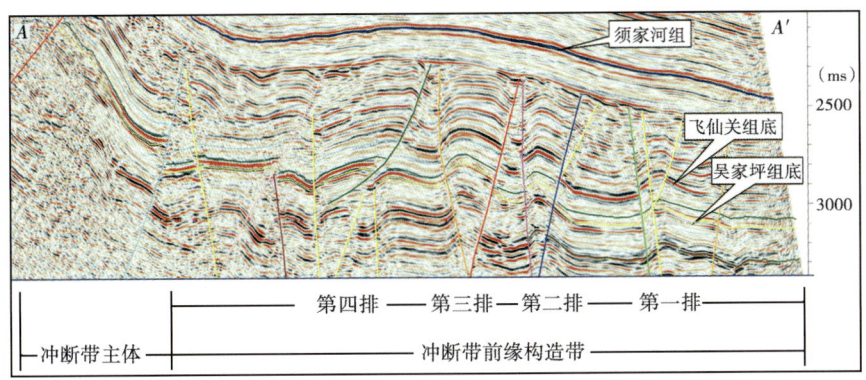

图 5-23 过龙门山冲断带二维地震剖面

2012 年利用新采集的二维地震勘探资料，通过变速成图，完成了双鱼石—河湾场地区龙潭组底界、长兴组底界、须家河组底界构造工业制图。从各主要目的层构造图对比来看，双鱼石构造带在须家河组底界为大型背斜构造带；在长兴组底界受右旋压扭应力场控制，发育一系列北东向背斜、断背斜圈闭，可划分为 5 段 4 排。龙潭组底界共发现和落实构造圈闭 21 个，总面积 211.2km²（图 5-24）。

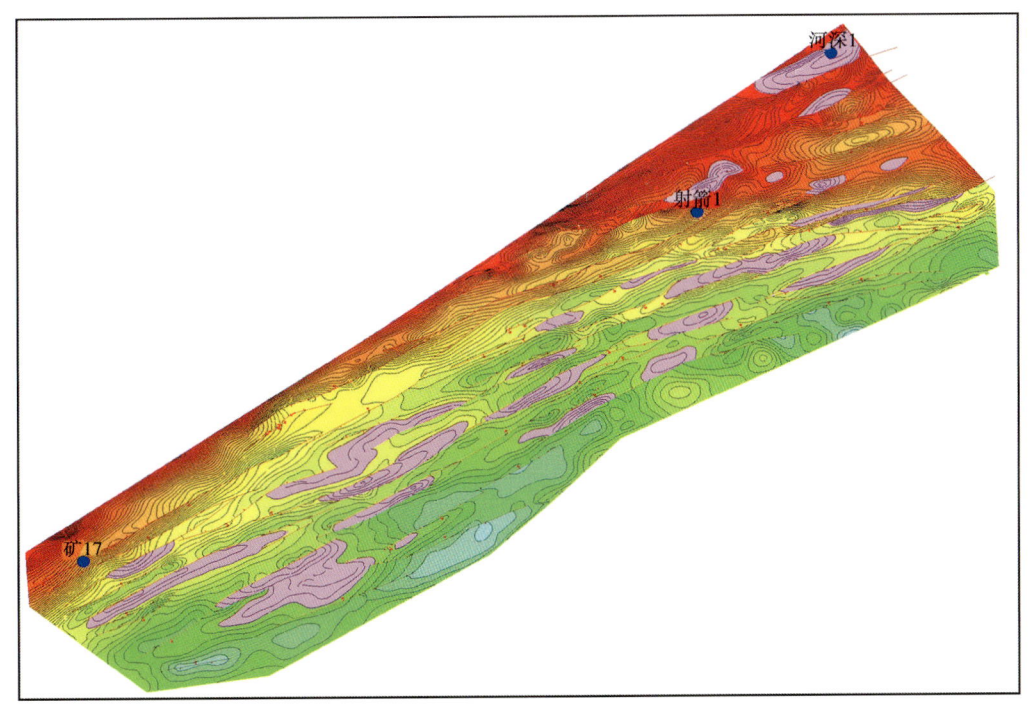

图 5-24 双鱼石—河湾场地区龙潭组底界构造图

双鱼石构造为一北东向断背斜圈闭（图5-25），龙潭组底界圈闭面积17.4km²，幅度300m，高点海拔-5950m。地震剖面波组特征清楚，层位及断层解释合理，构造落实程度高（图5-26）。

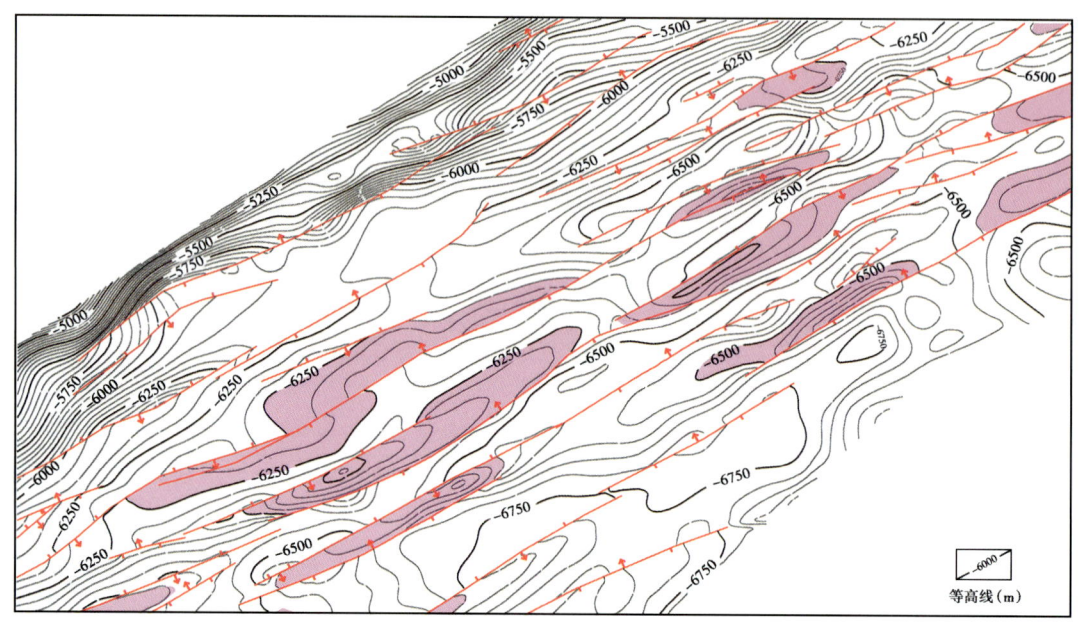

图5-25 双鱼石地区二叠系龙潭组底界构造图

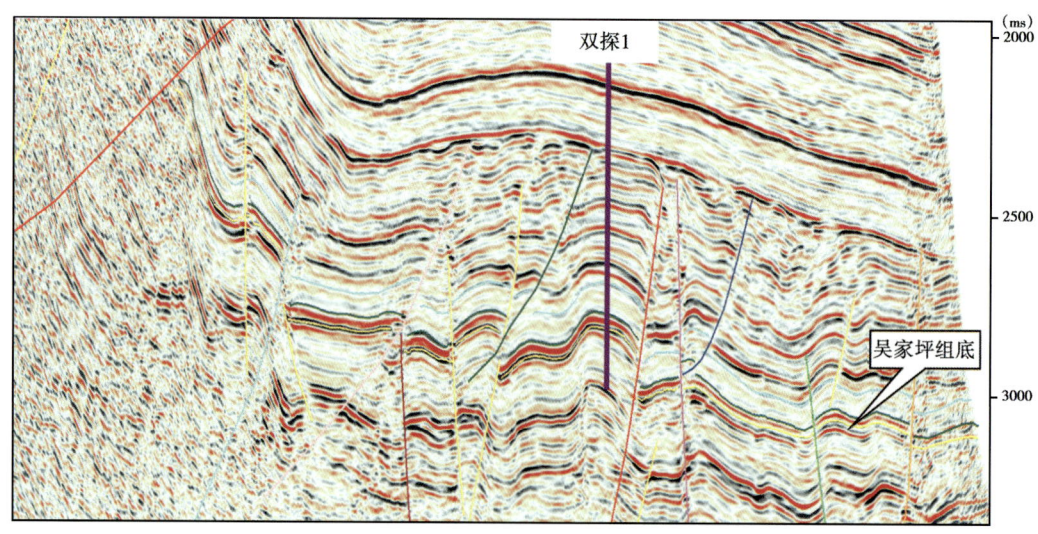

图5-26 过双探1井2011SH-12地震剖面

另外，本区还发育矿山梁构造带、潼梓观—张家扁构造带和九龙山构造带等，为勘探有利区带。潼梓观构造为有利勘探目标，位于米仓山冲断带前缘，为近东西向断鼻构造，长兴组顶界圈闭面积35.9km²，幅度600m，高点海拔-3150m，过该构造的地震勘探资料品质较好，构造较落实（图5-27）。

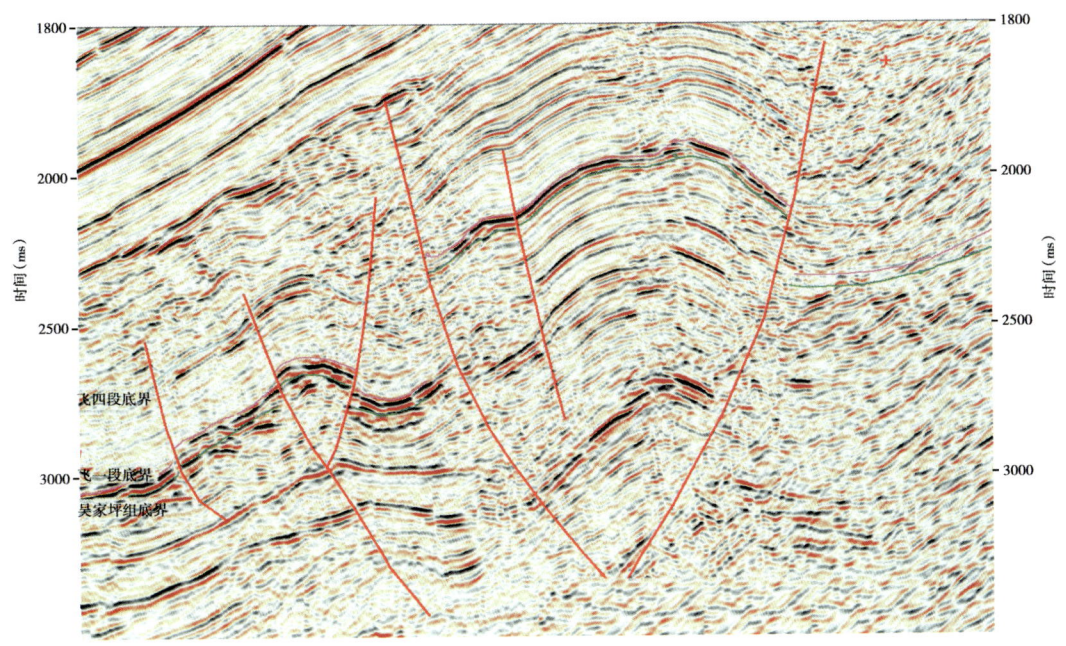

图 5-27 过潼梓观构造 2004GW10 地震剖面

龙门山冲断带前缘已钻多口井测试获得工业气流，须二段、须三段、雷口坡组、飞仙关组、长兴组、龙潭组、茅口组、栖霞组、奥陶系储层发育，具备立体勘探优势；生储盖匹配合理，保存条件好，利于成藏；圈闭成排成带发育，单层圈闭面积 211.2km²，圈闭资源量约 $2000×10^8 m^3$。

三、二叠系沉积环境分析

二叠系接受了多次构造运动和多种成岩环境的成岩改造，从而形成了不同类型的储层。二叠纪至三叠纪飞仙关组沉积期的地层是在一次较大规模海侵到海退大背景下形成的碳酸盐岩到碎屑岩沉积，受西侧康滇古陆和拉张地裂运动的影响，不同时期的沉积环境又存在一定的差异。

梁山组沉积期—吴家坪组沉积期沉积是在加里东运动之后形成的准平原化基础上进行的，总体处于大型碳酸盐缓坡环境；茅四段沉积期和长兴组沉积期受拉张地裂运动的影响，导致区内碳酸盐缓坡快速向远端变陡的碳酸盐台地转化；飞仙关组沉积期，随着龙门山岛链物源的补给，逐渐过渡为碎屑岩—碳酸盐岩混积台地环境。

以地震勘探资料为主，结合钻井、区域地质资料，对二叠系各期沉积环境进行了分析，使用沉积演化模拟、礁滩相地震识别等物探技术，制作了各期的岩相古地理图，识别出台缘滩和台内滩的分布及面积。

（一）栖霞组沉积期沉积环境

栖霞组沉积早期，川西北地区处于碳酸盐深缓坡沉积环境，发育一套富含有机质和泥质的深灰色、黑灰色生屑灰岩夹泥质灰岩和薄层黑色页岩，基本无大型生物滩（礁）存在，储集性能差，但具有良好的生油能力。栖霞组沉积晚期，由于水体变浅，区内演化为缓坡台地的沉积环境，沉积了厚 100m 左右的深灰色生屑泥晶灰岩、泥质灰岩和泥晶灰岩。

碳酸盐岩缓坡可划分为内缓坡、中缓坡和外缓坡（图5-28）。研究区主要为内缓坡相，以生屑泥晶灰岩为主，局部发育厚度稍大的台内滩亚相，主要为亮晶生屑灰岩或泥亮晶生屑灰岩。该时期也发育中缓坡较高能相带（相当于镶边台地边缘相），沉积了厚层块状的细粉晶绿藻灰岩、细粉晶有孔虫灰岩，部分地区见块状砂屑灰岩、亮晶生屑灰岩、亮晶有孔虫灰岩的高能生屑滩沉积，在滩体高部位形成晶粒白云岩、豹斑状云质灰岩，次生孔隙发育，是二叠系最有利储层分布区。而泥晶生物（屑）灰岩分布区，白云岩欠发育，属低能滩体，储集性能较差。外缓坡沉积区以暗色泥晶灰岩含生物（屑）泥晶灰岩为主，储集性能极差。

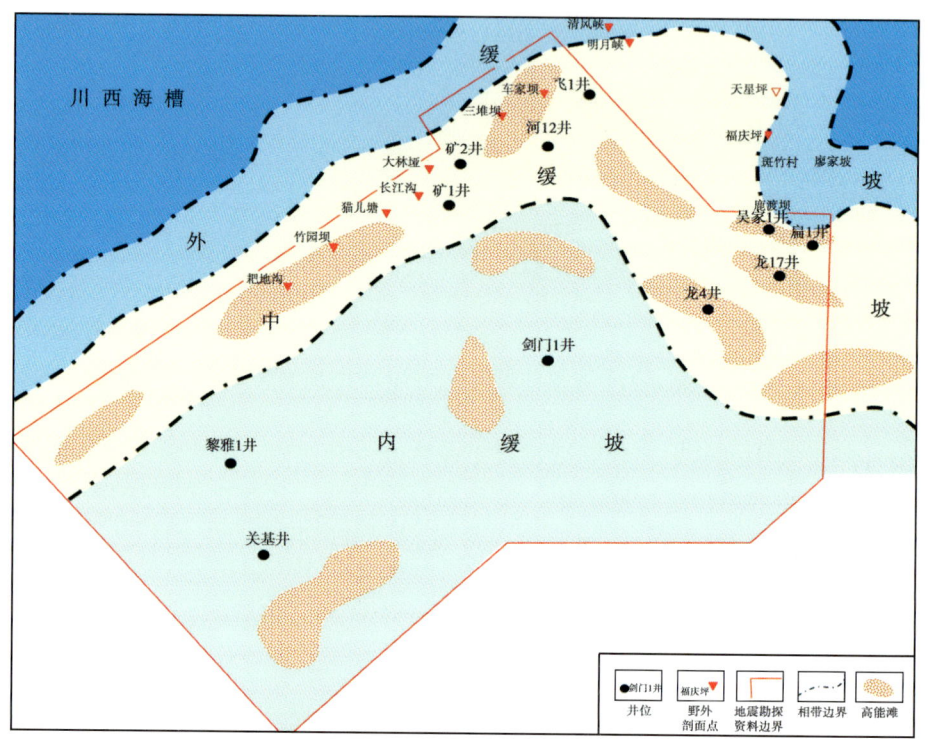

图5-28　川西北栖霞组沉积相预测平面图

通过地震约束动态沉积演化模拟，在栖霞组识别出两大台缘滩、三大台内滩和若干个小的台缘或台内滩，总面积达7534km^2（图5-29）。

（二）茅口期沉积环境

茅口组沉积时期，继承了栖霞组沉积时期的缓坡台地格局，由于张裂构造背景及伸展断裂活动，控制形成新的外缓坡及中缓坡相带。龙门山断裂以西为海槽盆地，以东为斜坡，向东水体变深，由台地边缘逐渐过渡为缓坡环境，由南西向北东方向，水体也逐渐变深，由内缓坡过渡为外缓坡。受构造运动影响，四川海域表现为区域性下沉和持续的海侵，大部分地区处于深水环境，受风暴流作用的影响，沉积了一套中—薄层状深色生屑细粉晶灰岩、细粉晶生屑灰岩，富含有机质。

茅三段沉积期海平面有所下降，汉阳铺—九龙山—东溪以北地区仍为深水缓坡沉积环境，沉积物以深色中—薄层含生物（屑）泥晶灰岩、眼球状—似眼球状石灰岩组成。在汉阳铺、永宁铺、元坝等地，沉积物主要为浅灰色厚层、块状砂屑和生屑灰岩及少量同生白云岩，反映水体浅、能量大的特征，为缓坡较高能生屑滩体发育区（图5-30），元坝地区钻井

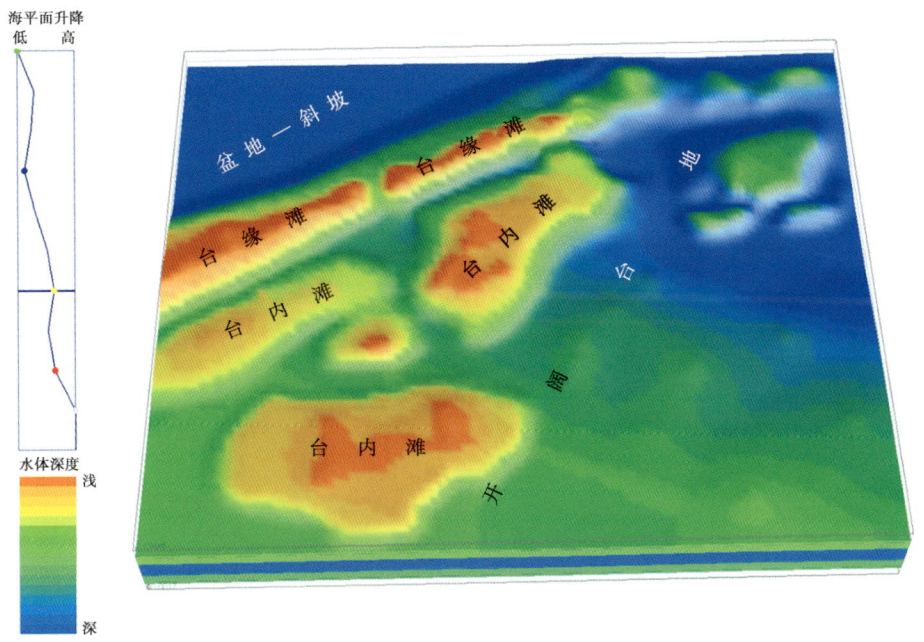

图 5-29 川西北下二叠统栖霞组栖二段沉积时岩相古地理图

揭示茅口组中上段发育以灰质白云岩、白云质灰岩、云质生屑灰岩为主的台缘滩体，平均孔隙度达 4.5%。龙 16 井中粗晶白云岩发育，龙 4 井白云岩具混合水白云化特征，表明生屑滩沉积

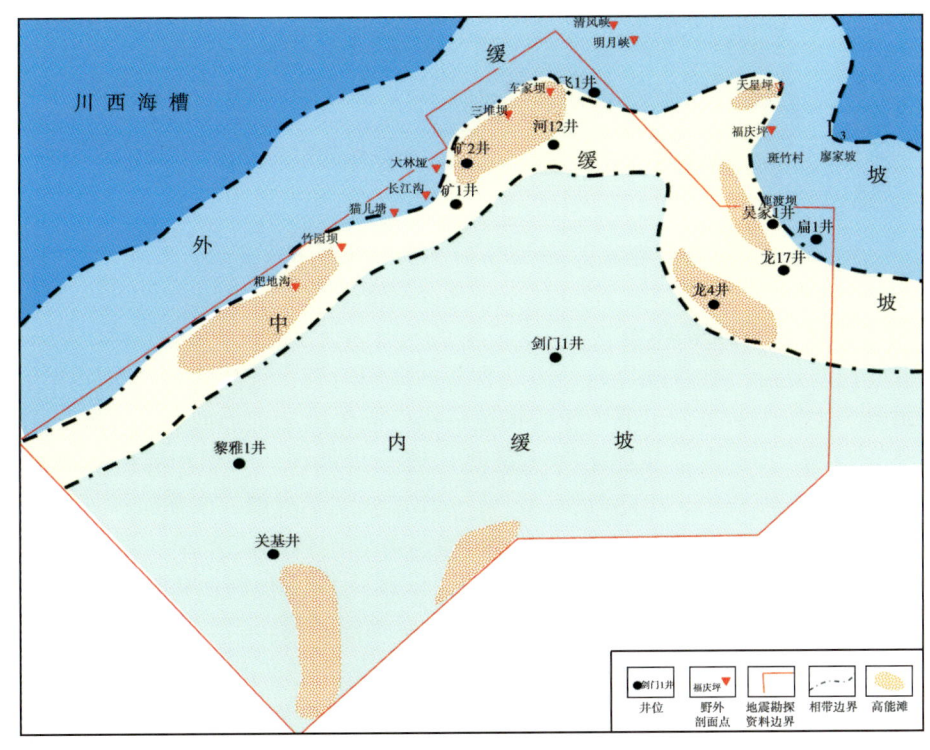

图 5-30 川西北茅口组沉积相预测平面图

213

后曾发生短时期抬升而接受大气淡水的改造，是油气储集的有利相带。龙4井在茅三段滩相地层获高产工业气流，展示了高能生屑滩具有良好的储集能力，是油气勘探的重要目标区。

茅四段沉积时期为下二叠统最大海侵时期，此时东吴运动强烈，"峨眉地裂运动"的拉张作用产生的古断裂使广元、旺苍一带急剧下沉，形成近东西向的拉张断陷—台内盆地，并与东部的开江—梁平海槽沟通，形成广旺—开江—梁平海槽。海槽外的广大地区为远端变陡的碳酸盐岩缓坡。工区以盆地相为主，沉积物多以薄层深色细粉晶绿藻灰岩、生屑灰岩为主，上部为1~25m的放射虫硅质岩、硅质泥岩沉积，有机质丰富。张家扁、大两会一带地层较厚，颗粒岩厚度及含量也相对较高，顶部硅质岩厚度较薄，属于盆隆沉积环境。永宁铺以南推测有生屑滩（礁）分布。

通过地震约束动态沉积演化模拟，在茅口组识别出两大台缘滩、四大台内滩（图5-31）。

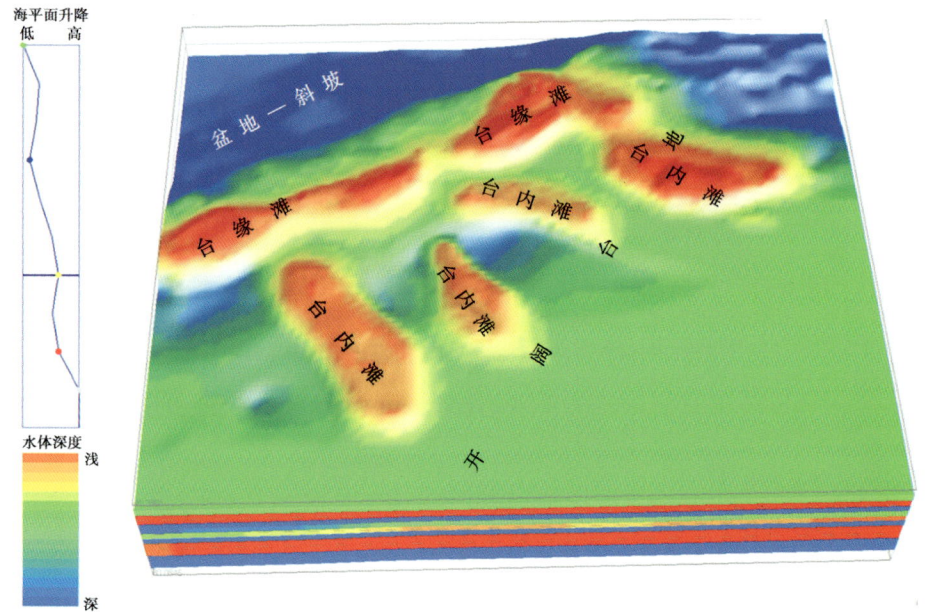

图5-31 川西北下二叠统茅口组沉积时岩相古地理图

（三）长兴组沉积期沉积环境

长兴组沉积期是晚二叠世峨眉地裂运动Ⅲ幕的高潮时期，强烈的拉张作用沿龙门山经菜溪河至九龙山产生拉张断裂，形成了堑垒构造格局，同生断层的形成和基底断层的进一步活跃，使海侵范围进一步扩大。北部洼槽（盆地）进一步加深，沉积环境由早期的碳酸盐岩缓坡快速向碳酸盐台地转化，川西海槽、广旺—开江—梁平海槽、南秦岭洋连为一体，区内古地理格局可明显划分为台地和盆地。川西海槽东南缘的台地边缘滩（礁）相，沿龙门山分布于通口、擂鼓—坪上、水根头、菜溪河、永宁铺一线，有利于生物滩（礁）的形成。颗粒岩、生物灰岩厚80~140m，水根头一带往东厚度迅速减薄，竹园坝及其以东地区厚30~40m，沉积环境变为陆棚、斜坡至盆地环境。南部老关庙地区沉积了一套开阔台地相的长兴组地层。米仓山台缘隆起前缘露头至九龙山构造主要由深灰色、灰黑色富锰的薄层硅质岩、硅质页岩及硅质、泥质灰岩组成，属水体较深、水动力能量微弱、滞流还原闭塞环境下的碳酸盐—硅质盆地沉积。

九龙山构造西南、西北的剑阁地区更靠近盆地，坡度较大，具有生物礁生长的必要条件，可能有生物滩（礁）的分布，是白云化粒屑滩发育的有利部位（图5-32），鱼洞梁可见优于栖二段的白云岩孔隙性储层。

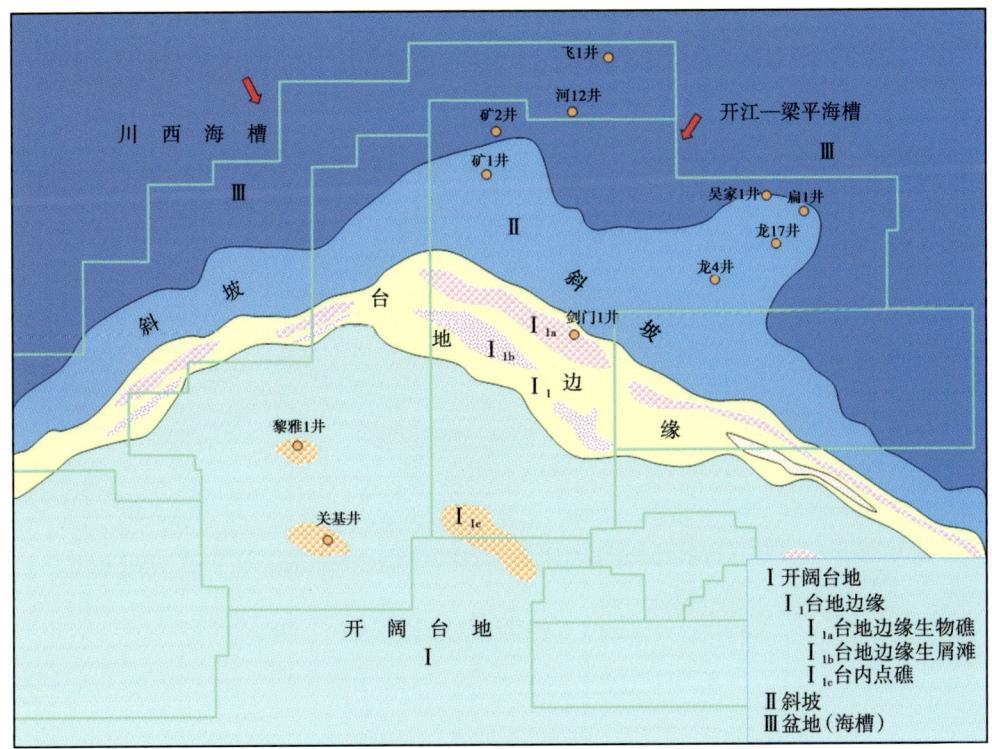

图5-32　川西北地区二叠系长兴组沉积期沉积相概貌图

张家扁以北，沉积物主要由深灰色、灰黑色的薄层硅质岩、硅质页岩及硅质、泥质灰岩组成，厚度小于40m，颗粒岩百分含量小于5%；生物以放射虫、硅质海绵骨针和假提罗菊石为主，富含有机质，属水体较深、水流不畅、水动力能量微弱、滞流还原闭塞环境下的碳酸盐—硅质盆地沉积。张家扁以南与九龙山—柏林沟—红岩场之间的台盆过渡带上，地层厚度40~120m，颗粒岩厚度百分比在40%~80%之间，岩性为深灰色、黑灰色块状细粉晶生物灰岩。长兴期属较典型的陆棚斜坡沉积，江油耙地沟、五花洞以北至广元竹园坝之间见塌积角砾岩。

近几年的研究明确了开江—梁平海槽西侧长兴组生物礁的展布特征，根据2007年以来龙岗、龙岗东、剑阁等地区生物礁勘探的成果，建立了大龙岗地区长兴组生物礁的地震相识别模式，基本能够准确识别台缘生物礁的位置。利用新采集的二维地震勘探资料，以生物礁"十大"地震相特征为核心，开展了长兴组生物礁地震预测。在资料品质相对较好的地震剖面上，典型生物礁体可见丘状外形、内部杂乱或空白反射、海槽强反射终止、两侧上覆地层超覆沉积、下伏吴家坪组厚度有变化等特征。

通过龙岗地区生物礁"十大"地震相特征，结合前面总结的双鱼石三维区生物礁有利地震相特征，进行生物礁地震剖面识别。双鱼石三维地震剖面及拉平龙潭辅助层地震剖面上，长兴组生物礁丘状外形地震反射特征明显，剖面右侧生物礁靠近台缘，所在龙潭组强波谷内部伴生一弱波峰反射，生物礁侧翼上部飞仙关组地层具有上超现象（图5-33）。

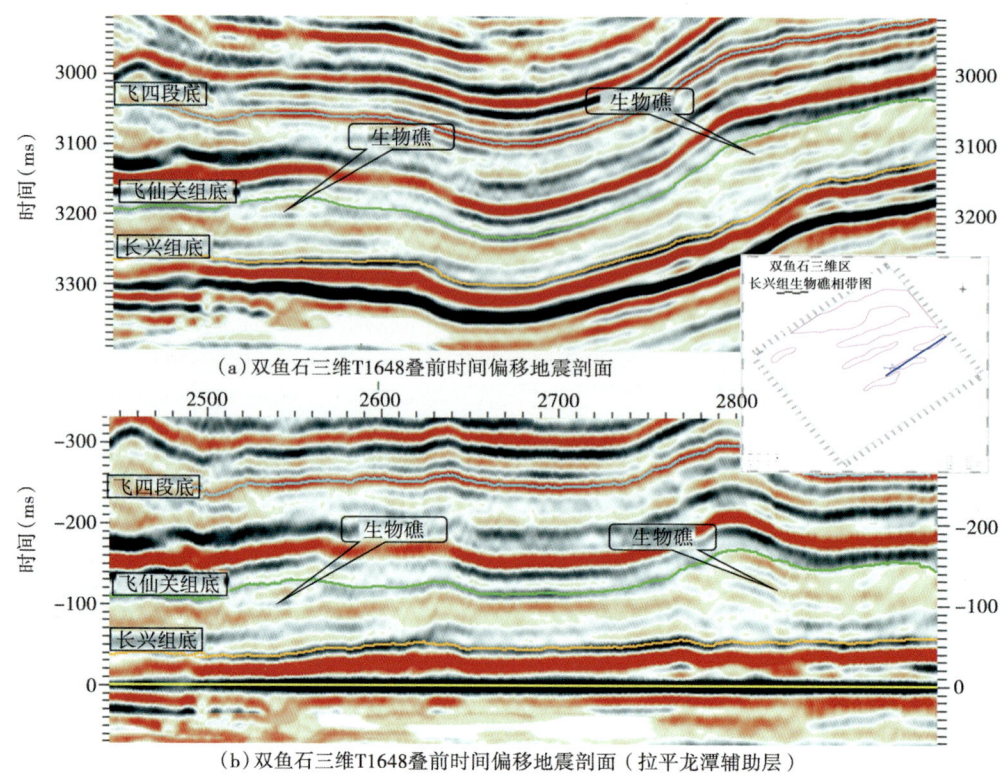

图 5-33 双鱼石三维 T1648 叠前时间偏移剖面

通过与剑阁三维区开展对比研究，总结出双鱼石三维区有利地震相特征；利用地震属性结合地震剖面特征，刻画出双鱼石三维区长兴组生物礁带，总面积 122.9km²，其中台缘生物礁带 63.1km²，台内生物礁 6 排，总面积 59.8km²。从完成的双鱼石三维区长兴组生物礁相带图可以看出，川西海槽与开江—梁平海槽基本连成一体，台地边缘表现为向北东突出的弧形特征。双鱼石地区长兴组生物礁呈多排北东东向展布，台缘生物礁从剑阁地区北西向偏转到双鱼石地区北东东向，从西北延伸出工区（图 5-34）。

通过双鱼石三维和剑阁三维连片解释及礁滩储层预测表明，剑阁台缘带从南东向北西方向延伸，并向西南方向沿双鱼石构造带延伸，大面积分布，与沉积模拟和沉积相研究的结果一致，充分证明了川西北冲断带背冲背斜带的勘探潜力。

四、油气勘探成果

2014 年，在双鱼石构造钻探双探 1 井，在二叠系栖霞组获日产 87.6×10⁴m³ 高产工业气流，茅口组获日产 126.77×10⁴m³ 高产工业气流，龙门山冲断带下二叠统海相碳酸盐岩勘探取得重大突破；2016 年，双探 3 井在栖霞组获日产 41.86×10⁴m³ 高产工业气流，在泥盆系白云岩首次获日产 11.6×10⁴m³ 工业气流，取得新突破；根据双探 1 井、双探 3 井的钻探情况，结合地震储层预测和构造研究成果，2016 年，在双探 1 井区栖霞组提交天然气预测储量 568.63×10⁸m³。

2016 年，龙岗 062-C1 井在长兴组获日产 101.18×10⁴m³ 高产工业气流，龙岗 62 井区二

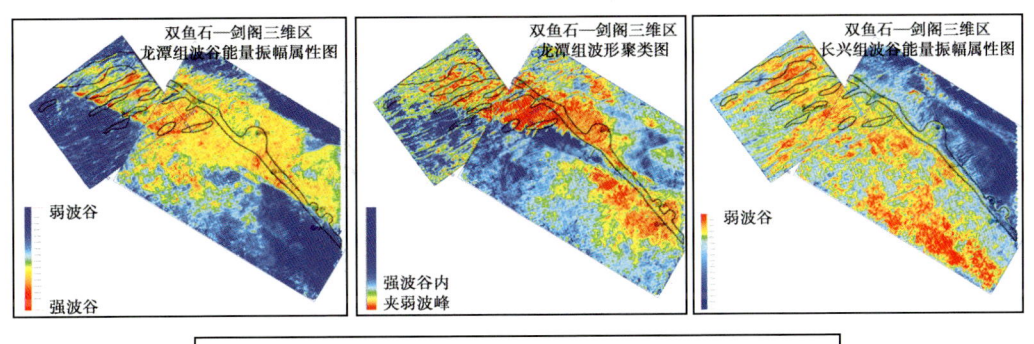

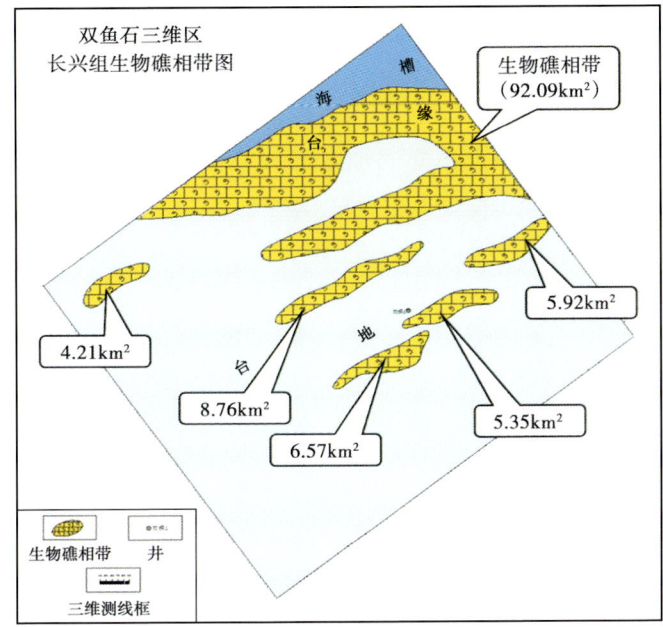

图 5-34 双鱼石三维区长兴组生物礁相带图

叠系长兴组提交天然气控制储量 $71.67×10^8m^3$。

2017 年，在九龙山构造钻探龙探 1 井，在栖霞组缝洞储层获 $105.6×10^4m^3$ 高产工业气流，进一步拓展了下二叠统的勘探领域。

截至 2016 年底，川西地区累计落实天然气三级地质储量 $5058.79×10^8m^3$，其中，探明天然气地质储量 $800.83×10^8m^3$，控制天然气地质储量 $481.15×10^8m^3$，预测天然气地质储量 $3776.81×10^8m^3$。

五、勘探潜力分析

通过连片解释，在下二叠统发现并落实圈闭 86 个，总面积 $1378.7km^2$；利用三维地震对双鱼石及其周边栖霞组白云岩开展储层预测，厚度大于 10m 的有利储层面积 $1850km^2$，具备形成较大勘探场面的基础。综上所述，川西北冲断带下二叠统构造发育、储层面积大，仍具有较大的勘探潜力。

原地系统的构造三角带和冲断带根部的推覆体也是值得探索的领域。构造三角带断裂发育，具备形成构造圈闭的地质条件，由于目的层埋藏较浅，也是勘探的有利条件之一，该区勘探的难点是目前地震勘探资料仍然较差，不能准确落实构造，因此地震技术攻关是该区取得勘探突破的关键。冲断带异地系统的推覆带也具备油气成藏的地质条件，也具有一定的勘探潜力。

第四节　龙门山冲断带南段地球物理技术应用成效

川西南与川西北前陆冲断带虽然同属于龙门山前陆冲断带，但由于所处构造位置的不同，构造沉积演化既有共同点，又存在差异性。以沉积地层为例，川西南地区普遍缺失奥陶系—石炭系，二叠系直接覆盖在寒武系之上，同时川西南地区上白垩统及以上地层沉积厚度极大。

一、地质结构特征

与川西北前陆冲断带相似，川西南前陆冲断带纵向上也分为两个构造层，以雷口坡组膏盐岩为界，深浅构造层构造特征明显不同。浅层构造层受滑脱断层及其反冲伴生断层共同控制，变形更为强烈；深层构造层受基底卷入断层控制，变形相对较弱。

（一）浅层结构特征

1. 主要构造带特征

浅层构造层整体表现为隆凹相间、三面高中间低的构造格局。南部构造带以近南北向为主，形态狭长高陡，断裂发育且延伸远。中部分支逐渐消失，与北侧大兴场构造以鞍部相隔，东部向北以鼻突形态倾伏。

中北部构造带走向为北东向，自西向东发育依次向东抬升的 3 排构造带，中间以洼陷分割。第一排构造带为莲花山—三和场—高家场—雾中山构造带，系龙门山冲断带向南东逆冲推覆所致，南部变形强度大，构造幅度大，向北到雾中山，该带向西北偏移，整体为左行斜列展布的特征，沿雷口坡组滑脱层形成了一系列断层相关褶皱，主要以断层转折褶皱和断层传播褶皱为主。第二排构造带为大兴场构造带，该带平面分布比较宽缓，主要发育大型逆冲构造，由于该区早期存在构造背景，致使熊坡断层在此基础上发生大规模冲断，构造规模向北很快减弱。以熊①号断层为主控断层，控制形成了熊坡、大兴场、马岭镇、永兴场等构造；南侧还发育三苏场，北侧发育白马庙等一系列小型构造。与第一排构造带明显不同的是，断层主要为倾向向东的反冲断层，沿膏岩层逆冲形成断层传播褶皱，褶皱前翼陡窄，后翼宽缓。第三排构造带为龙泉山构造带，规模相对较小，其主要成因是龙门山山前带在推覆过程中，向盆内作用力的逐渐减弱。在工区南部，由于熊坡断层反冲强度大，该带形成与之对应的背冲构造。在工区北部，熊坡断层活动减弱，但由于该带受到东侧川中古隆起的阻挡，形成倾向盆地的反冲构造，主要发育仁寿、谦和场、油罐顶、白云村等一系列小型构造（图 5-35）。

2. 构造单元划分

前人对该区构造单元的划分有多种方案。早期根据构造群的概念划分为三和场、大兴场和龙泉山—熊坡 3 个构造群；后有专家将龙门山前缘划分为前缘断褶带，大兴场—汉王场—周公山一带划为南部坳陷，白马庙—龙泉山划为南部隆起带；另有专家根据构造成因划分为龙门山山前断褶区、滑脱构造区和断隆构造区。

本次研究根据断层、构造特征划分为 3 个次级构造单元：龙门山前缘断褶带、大兴场—

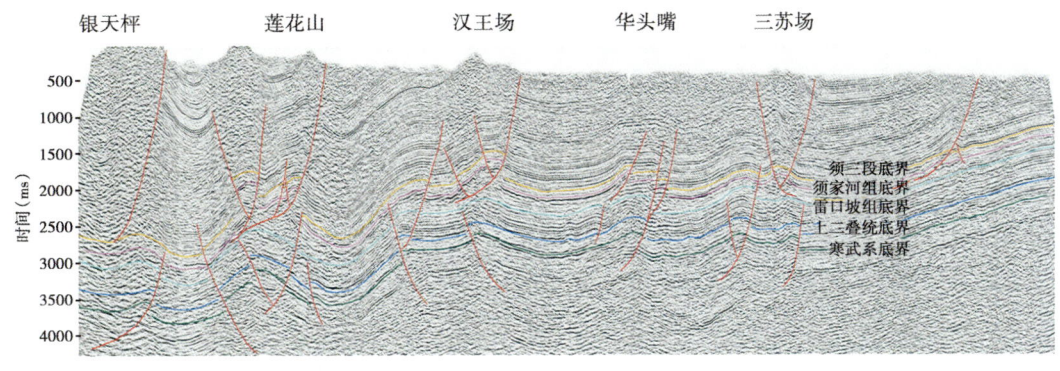

图 5-35 莲花山—三苏场地震大剖面

龙泉山断褶带及峨眉—瓦山断褶带（图 5-36）。

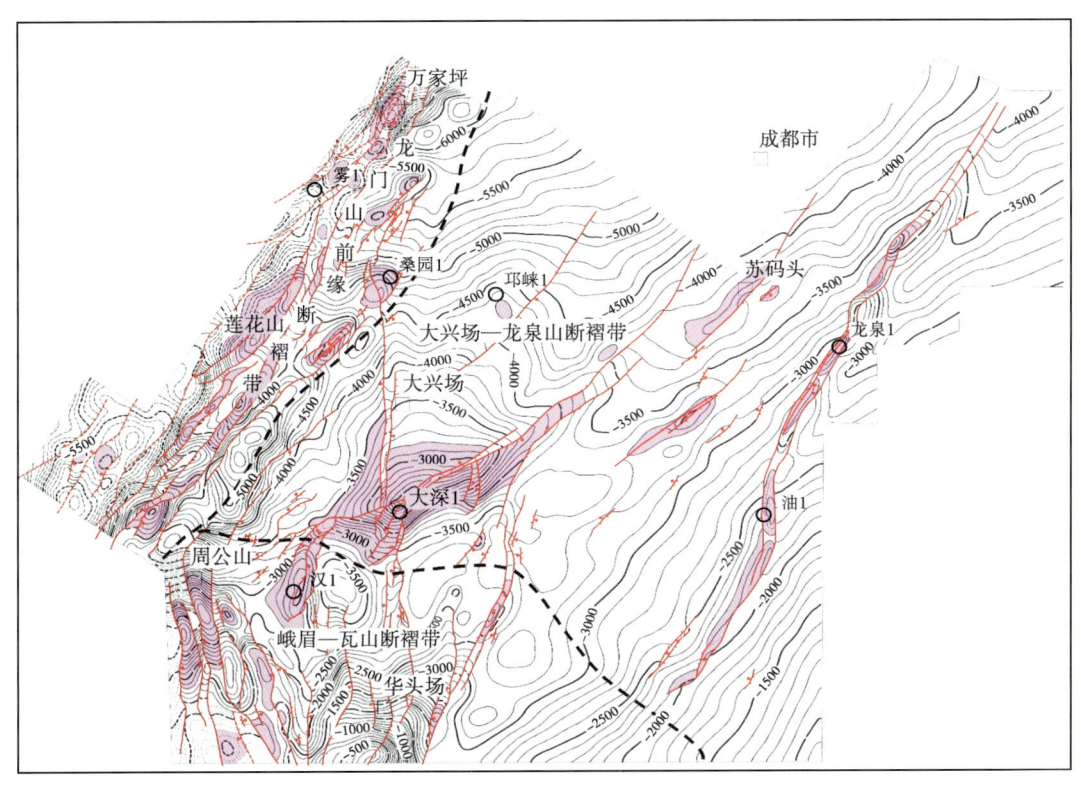

图 5-36 川西南部地区浅层构造层构造单元区划分

龙门山前缘断褶带：主要是指北东走向的第一排构造带，包括莲花山、高家场、雾中山等构造，同时将平落坝、桑园及灌口等向北倾伏的构造也划入该带。由于平落坝、桑园及灌口等构造位于三和①号断层下盘，与早期构造有一定的成因联系，因此将这些构造划为龙门山前缘断褶带更为合理。该带构造发育且变形强烈。

大兴场—龙泉山断褶带：包括北东走向的第二、第三排构造带，主要为反冲构造发育区，包括熊坡、大兴场、马岭镇、永兴场、盐井沟、苏码头以及龙泉山的一系列构造。大兴场反冲构造带主要是熊①号断层所控制形成的一系列局部构造，熊①号断层在断层传播形成过程中，产生一系列膝折断层，将该构造分割（图5-37）。龙泉山反冲构造带特征与大兴场反冲构造带基本相似，只是该带规模较小。

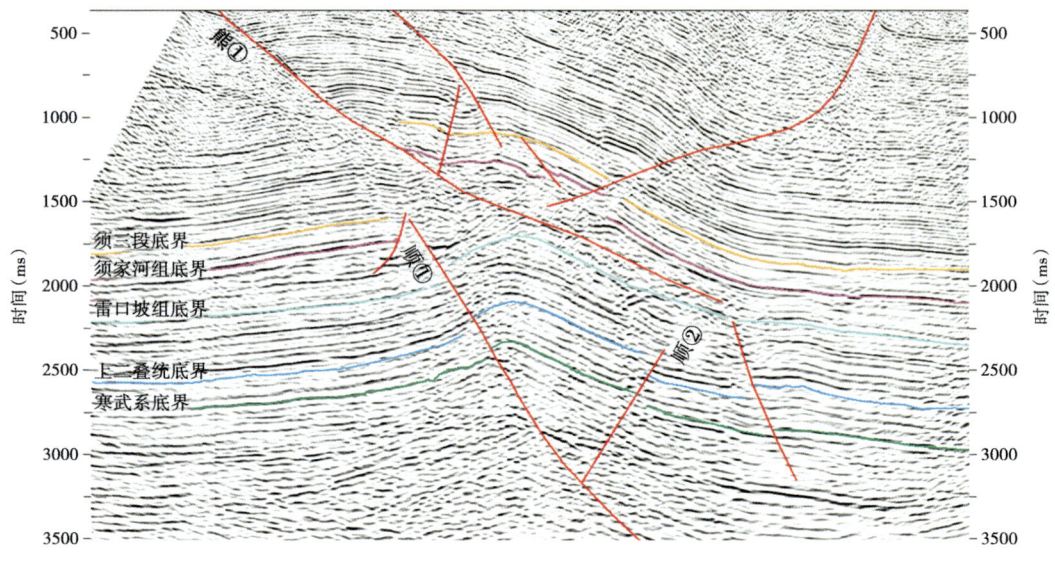

图5-37 大兴场反冲构造带剖面特征

峨眉—瓦山断褶带：指南部的5排近南北向构造，主要是受西部羌塘地块和龙门山冲断带的共同影响所形成的。该构造带在北部倾末段由于受龙门山北西向作用力的影响，构造走向由南北向转为北西向，与大兴场构造相接。该带主要发育沙坪铁厂、周公山、毡帽山、汉王场和华头嘴等构造（图5-38）。这些构造褶皱紧闭，变形较强，表明晚期受来自西部的挤压应力较强。虽然该带构造发育，但由于后期构造活动强烈，成藏条件差。

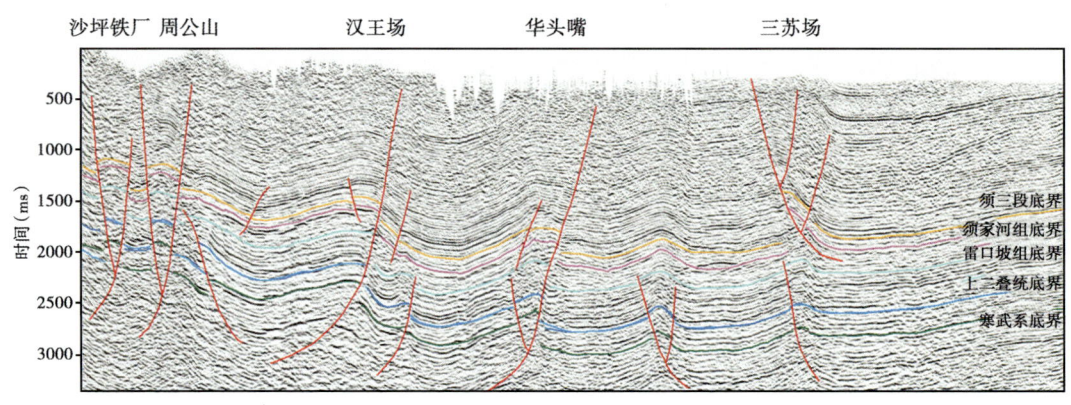

图5-38 沙坪铁厂—三苏场地震大剖面

（二）深层结构特征

1. 主要构造带特征

深层构造层整体为东南高、西北低的构造格局，整体隆凹格局与浅层相似，但构造带的发育程度及构造成因却不尽相同。南部构造形态与构造展布与浅层基本一致，只是变形强弱不同，早期变形较弱、晚期变形强。

中北部构造走向与浅层一致，也可划分为3排构造带。第一排构造带为莲花山—三和场—高家场—雾中山构造带，该带主要是由平落①号断层和银①号断层控制的背斜，后期被断层复杂化，形成老君山、天台山、高家场等深层潜伏构造。第二排构造带为大兴场构造带，与第一排构造带类似，早期为低缓褶皱，后被断层复杂化，对于浅层构造来说，深层构造发育的部位，为浅层滑脱构造发育的位置。该带主要构造为大兴场构造。第三排构造带为白云村构造带，该带是向东南抬起的斜坡背景上发育的小型褶曲，主要发育了白云村构造，规模较小。

2. 构造单元划分

深层构造在成因上与浅层有较大差异，主要是受早期龙门山活动的影响形成了受断层控制的背斜褶皱，根据褶皱的发育位置及特征将深层构造层划分为3个次级构造单元：龙门山前缘断褶带、低缓褶皱带及峨眉—瓦山断褶带（图5-39）。

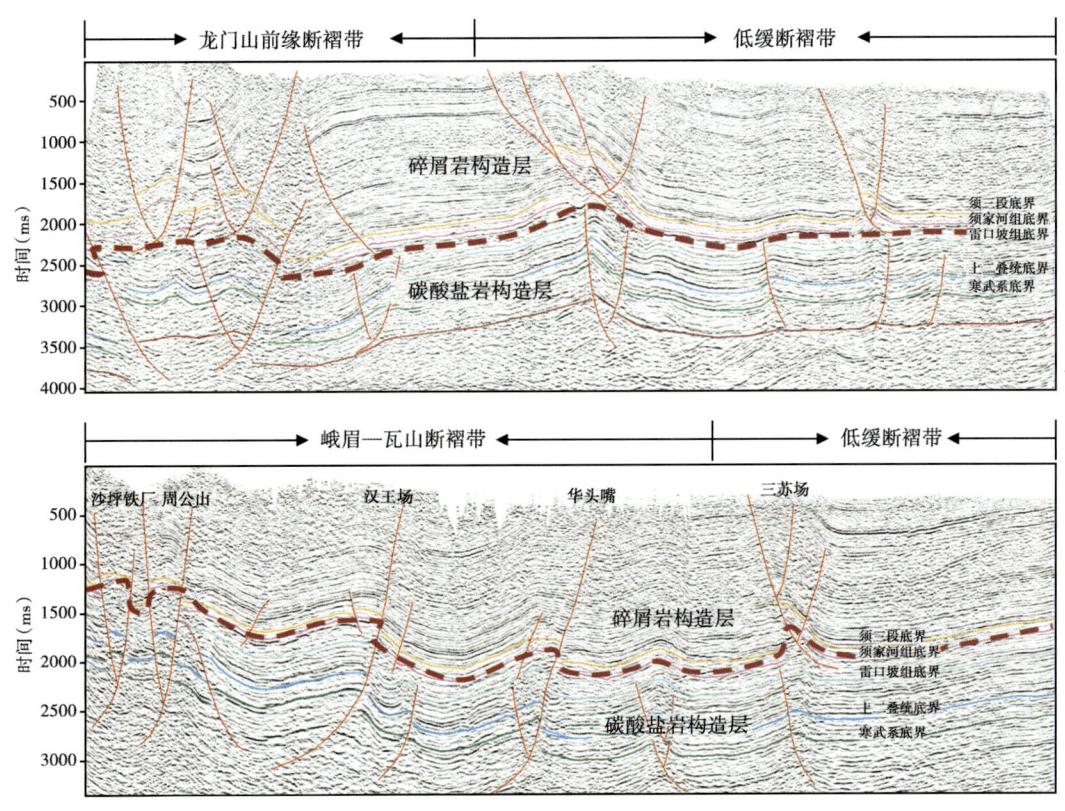

图5-39 川西南地区深层构造层构造单元划分

龙门山前缘断褶带：指北东走向的第一排构造带，局部构造多为断背斜或断块。除平落①号断层和银①号断层外，其余断层向上都终止于雷口坡组膏岩。雷口坡组膏岩是深层圈闭的优质盖层，有利于油气的聚集保存。

低缓褶皱带：指大兴场及其以东和以北的大部分区域，发育大兴场构造及一些小断褶和小褶皱。大兴场构造为一被断层复杂化的背斜，断层消失于雷口坡组膏岩，膏岩层为大兴场深层构造提供了良好的保存条件。

峨眉—瓦山断褶带：为南部的近南北向构造，包括沙坪铁厂、周公山、毡帽山、汉王场和华头嘴等，深层构造成因与浅层一致。周公1井在栖霞组微气、产水，表明此区曾有过油气运移，但由于后期构造运动，气藏被破坏。

二、构造演化分析

在地震、区域地质和地质露头等资料综合分析基础上，编制了过重点构造的平衡剖面。图5-40是一条从龙门山前缘断褶带到峨眉—瓦山断褶带的大剖面，经过莲花山、汉王场、三苏场等主要构造。从该地震剖面可以看到莲花山、三苏场构造明显分为深浅构造层，表明至少经历两期构造运动；汉王场构造虽无明显构造分层，但深浅层构造形态及构造轴线不一致，也表明至少经历两期构造运动。

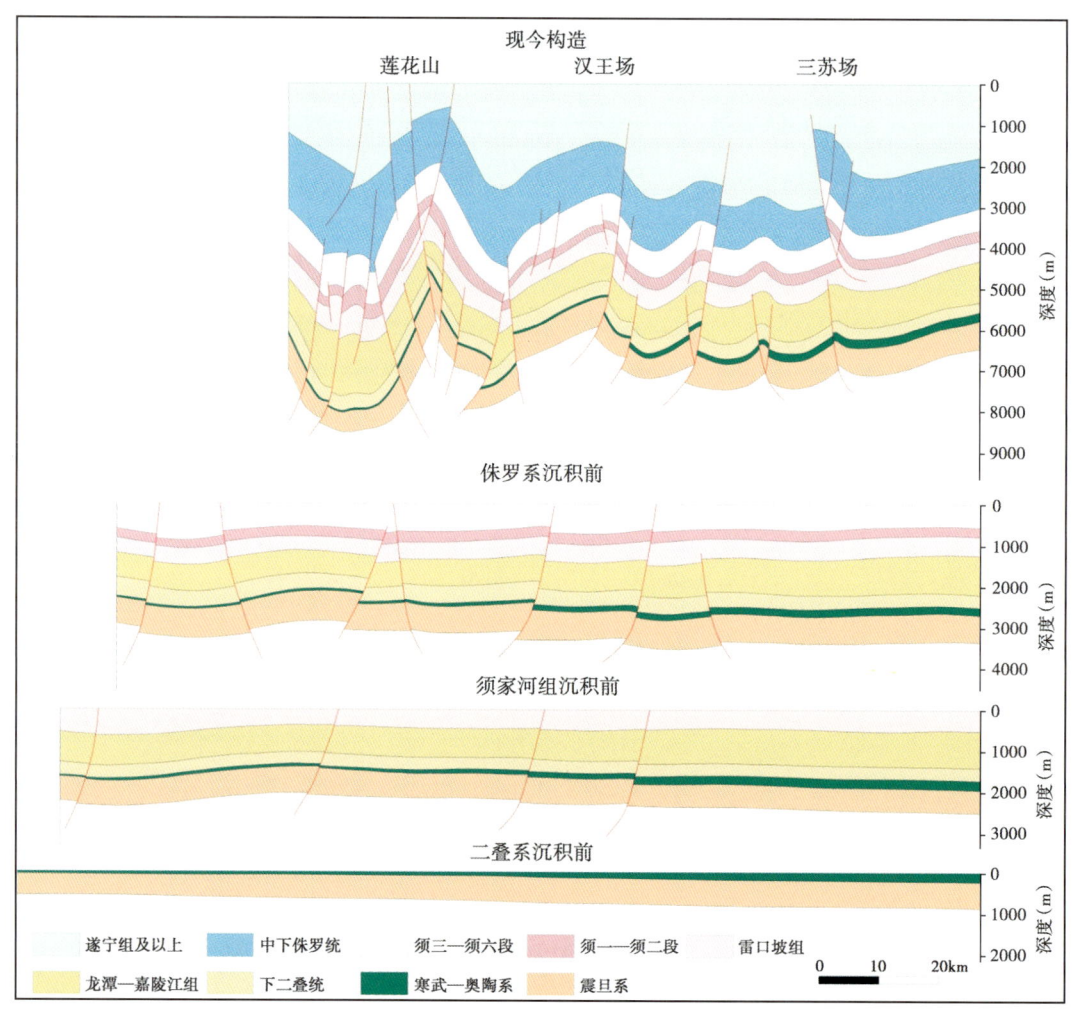

图5-40 莲花山—汉王场—三苏场构造演化剖面

在平衡剖面认识的基础上，结合研究区内地震地质现象、区域构造背景，认为川西南前陆冲断带的形成和演化主要经历了以下几个阶段。

(一) 晚三叠世之前大陆边缘演化阶段

印支期以前，川西南处于四川克拉通西侧的被动大陆边缘位置，为海相碳酸盐岩沉积建造。在寒武纪—石炭纪期间，川西南一直隆升剥蚀，具有南高北低的古地貌特征，仅保留了极薄的寒武系。二叠系沉积前，在加里东末期该区一直处于抬升剥蚀状态。寒武系厚度东厚西薄，即莲花山地区抬升较高，是研究区内隆升最高的地区。从图5-41中可以看到二叠系和下伏地层明显的角度不整合，残留厚度自北向南显著减薄。二叠纪和早中三叠世，本区为地台边缘较稳定的浅海沉积环境，包含多次海退海进过程，其间发生了东吴运动，大量玄武岩喷发，但地层厚度差异不大。

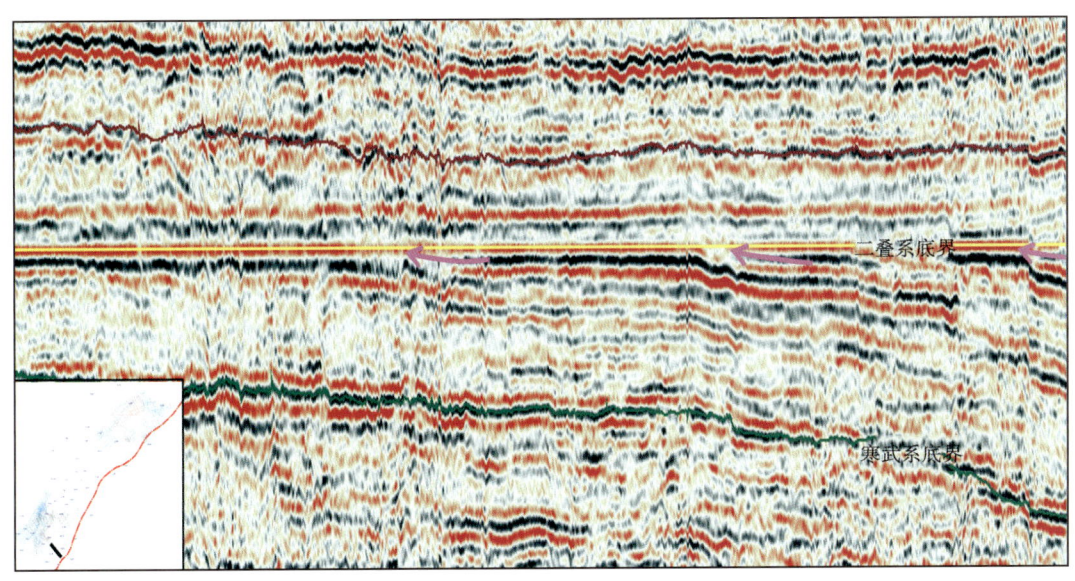

图5-41 川西南地区二叠系与下伏地层不整合剖面

三叠系须家河组沉积前，从二叠纪开始，地壳全面下沉，广泛的海侵使下二叠统覆盖在寒武系之上，发育了一套浅海碳酸盐岩台地沉积物，纵向上形成了栖霞组和茅口组两个不同的海侵旋回。早二叠世末的"峨眉地裂运动"使研究区从晚二叠世至三叠纪飞仙关组沉积期形成峨眉山玄武岩的堆积和火山碎屑物质参与的海相及陆相碎屑岩沉积。中三叠世及其早期，受引张作用，主要为海相沉积，具有升降运动，但是无强烈的构造运动和构造变形。嘉陵江期海盆内部断裂导致一些水下隆起形成层层屏障，使海底地貌受到分割，逐步形成半封闭环境，并一直延续至雷口坡期，纵向上形成多个石灰岩—白云岩—石膏、盐岩组成的旋回组合。

(二) 印支期 (中三叠世末期—晚三叠世末期) 推覆构造演化阶段

中三叠世末期，松潘—甘孜海盆由于褶皱变形反转形成造山带。川西南地区雷口坡组也遭受不同程度的剥蚀 (图5-42)，表明此时局部区域已出露地表，西部的正断层发生反转，并产生部分逆冲断层。伴随着印支运动的发生，又一次出现了大规模的海退，造成了四川盆地海相沉积的全面结束，完成了拉张型被动大陆边缘盆地向挤压型前陆盆地的转换，继而进入中生代前陆盆地沉积阶段。从演化史图上可以看出，雷口坡组沉积之后，地层已经褶皱变形，形成一些褶皱、隆起，但是幅度不大。这种现象在莲花山构造表现得尤为明显，雷口坡组变薄可能是遭受后期剥蚀，也可能是由于抬升较高而没有沉积雷五段地层。

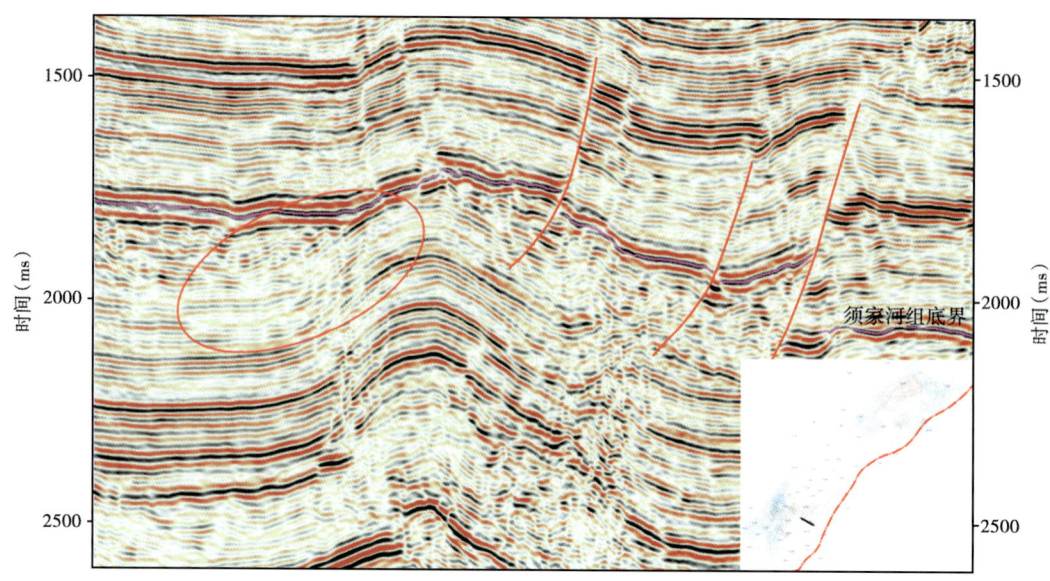

图 5-42　川西南地区须家河组与雷口坡组不整合剖面

侏罗系沉积前，晚三叠世，由于南北两支古特提斯洋分别由西向东和由北向南汇聚，松潘—甘孜地块褶皱上升，扬子板块西缘产生了强大的挤压作用，即安县运动。特提斯海槽逐渐关闭，褶皱成山，秦岭造山带隆升并向南强烈挤压，研究区由早期的伸展完全转化为挤压，龙门山再次强烈抬升，前陆盆地强烈下陷而转化成坳陷沉积，须家河组从西向东沿雷口坡组之下的滑脱层从东向西滑动，地层褶皱变形加强。此时老君山构造、汉王场构造及三苏场深层构造形成。

（三）侏罗纪—白垩纪构造平静期

侏罗纪到白垩纪，松潘—甘孜褶皱带向南东的推挤已大为减弱，龙门山地区没有经历强烈的挤压变形，秦岭造山带和大巴山逆冲推覆带发生强烈的隆升，但对本区影响不大，整体处于一个构造平静时期，川西南地区活动较为微弱。燕山中期南段抬升较高，燕山晚期普遍冲断褶皱和推覆，表现为白垩系在盆地西部和南部呈微角度不整合，中生代陆相沉积盆地在这一时期由前陆盆地发展阶段演变为前陆盆地萎缩阶段。

（四）喜马拉雅期

晚白垩世初，秦岭造山带的构造体制发生了重大转变，进入了北东—南西向伸展主导下的右旋走滑阶段，长期作用于四川盆地的近南北向挤压从此几近消亡。与此同时，龙门山南段开始活跃，川西坳陷从此处于北西—南东向或近东西向的挤压背景下。古近—新近纪受喜马拉雅运动影响，印度板块与欧亚板块的碰撞及此后的持续向北推进，使龙门山再次发生逆冲推覆作用，发生了强烈的隆升和变形，早期的北东向构造强烈复活并向盆地内部扩展，川西坳陷南部大致在渐新世至中新世期间整体发生变形，形成北东向为主的褶皱和相关断裂。此外，在川滇构造带向盆地过渡的部位及盆地内部，稍晚形成的南北向构造叠加于北东向构造之上，表明近东西向挤压作用的存在，苏码头、熊坡和龙泉山背斜的右列展布也显示出近东西向顺扭挤压的特征，在研究区形成了一些断距很大的断层，如三和①号断层、苏①号断层，同时，也形成了川西南地区的莲花山、三苏场等重要构造，汉王场构造变形加速定型，最终形成了现今的构造格局。

三、二叠系、三叠系沉积环境与有利相带

(一) 下二叠统栖霞组有利相带

川西南地区下二叠统为开阔台地沉积，栖霞组沉积期—茅口组沉积期岩性较稳定，以深灰—灰色厚层块状灰岩为主，夹白云岩及白云质灰岩，含硅质结核及条带，与下伏梁山组泥页岩整合接触，与上覆龙潭组平行不整合接触，或与上覆峨眉山玄武岩不整合接触。根据前人研究成果及钻测井资料、野外剖面的地层岩性特征分析，并结合地震勘探资料进行下二叠统有利相带的预测。

根据钻井资料，川西南地区在栖一段早期主要发育灰黑色、灰色和深灰色泥—粉晶灰岩、含生屑泥晶灰岩、含燧石结核灰岩，局部白云岩化形成粉—细晶白云岩，生物碎屑普遍发育，但含量一般较低。大深1井、周公1井等几个区域发育受较强水动力改造的台内浅滩沉积，主要岩性为灰色和灰褐色亮晶生屑、藻屑灰岩。到栖一段沉积晚期，台内浅滩较早期的更为发育，以灰色、褐灰色或灰褐色亮晶藻屑、虫屑和生屑灰岩为主，局部白云岩化。栖一段沉积厚度横向变化不大，在50m左右，表现为较稳定的开阔海亚相沉积。

栖二段沉积早期岩性以灰色、浅灰色泥—粉晶灰岩为主，普遍含藻屑、棘皮和藻团粒等生物碎屑，含少量泥质和硅质。大深1井、油1井钻遇灰色和灰褐色微—亮晶藻屑、生屑等台内滩沉积。栖二段沉积晚期岩性以深灰色、灰色、灰褐色泥—细粉晶灰岩为主，生物含量较高，总体以低能的灰泥支撑为主。该时期是研究区重要的成滩期，台地边缘滩和台内浅滩分布广泛，岩性为浅灰色、灰色、灰褐色亮晶、粉—细晶藻团粒、生屑、藻屑和红藻灰岩，以及（残余）生屑白云岩和（残余）生屑灰质白云岩。大邑大飞水剖面以亮晶生屑灰岩为主，汉1井、周公1井和汉深1井钻遇较厚的白云岩储层，厚度在30~70m。

加里东运动使四川盆地大部分地区遭受剥蚀，从东往西剥蚀程度加大。下二叠统沉积前，川西南地区处于强烈剥蚀区。从寒武系残余厚度图来看，西南部的周公山—莲花山一带为厚度薄值区，表明二叠系沉积前西南部隆升较高，而东北部则隆升较低（图5-43）。

从二叠纪开始，海水侵入四川盆地大部分地区，下二叠统覆盖于寒武系之上。川西南地区栖霞组主要为开阔台地相，厚度变化不大，大部分区域厚度在100~120m。古地貌高的位置沉积较厚的滩相，在大邑—平落坝—大兴场一线以西为台地边缘，发育台地边缘滩，为有利沉积相带发育区（图5-44）。

(二) 下二叠统茅口组有利相带

茅一段沉积期为栖霞—茅口旋回的最大海泛期，主要为相对深水环境的开阔台地沉积，相应的沉积特征亦体现为发育典型的"上—下眼球状"石灰岩，广泛发育泥质条带，生物以绿藻为主，有孔虫、腕足、介形虫次之。茅一段沉积时期，大飞水剖面以泥灰岩为主，汉1井以藻灰岩、生屑灰岩为主，间夹薄层白云岩，周公1井以藻灰岩为主。这一时期沉积相总体表现为开阔海亚相，仅汉1井等部位局部隆起形成小规模台内浅滩。

茅二段沉积时期从相对深水的开阔台地，逐渐发育台内浅滩、生屑滩，且普遍白云石化。大飞水剖面下部为泥灰岩，中上部为细—粉晶生屑灰岩，汉1井下部为藻灰岩、生屑灰岩夹白云岩，上部为白云岩，周公1井以藻灰岩夹生屑灰岩为主。这一时期沉积相表现为早期的开阔海亚相，中期普遍形成台内浅滩亚相，而后又整体变为开阔海亚相。

茅三段在早期沉积的基础上，继续普遍发育台内浅滩沉积，岩性也表现为以浅灰色、灰褐色亮晶红藻灰岩和有孔虫灰岩为主，夹深灰色带褐色石灰岩，局部白云岩化强烈，以生物

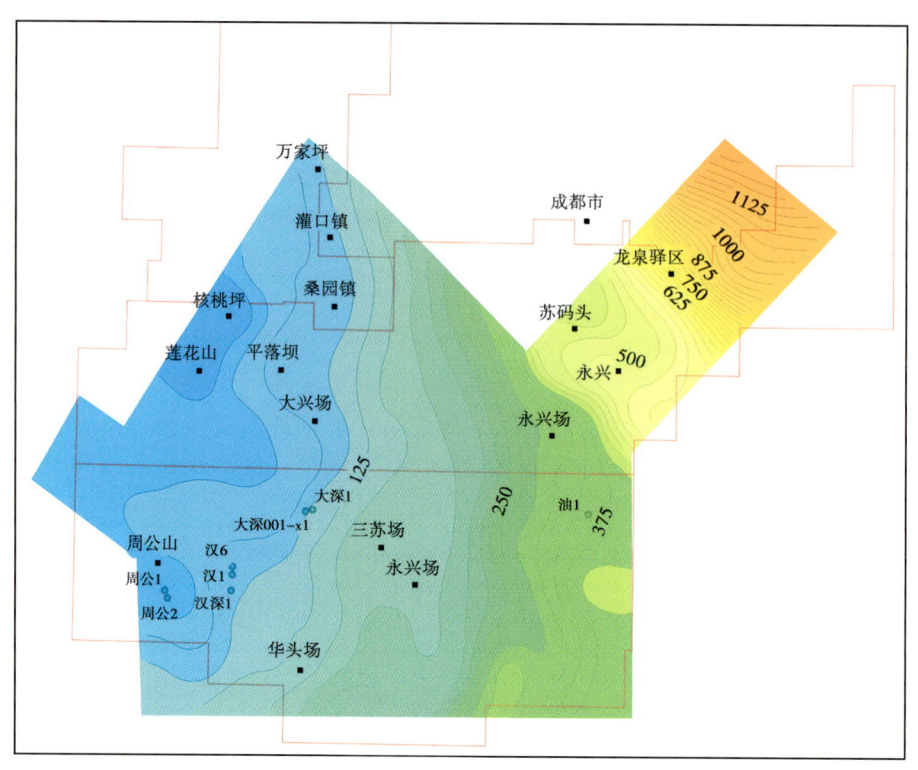

图 5-43 寒武系残余厚度图

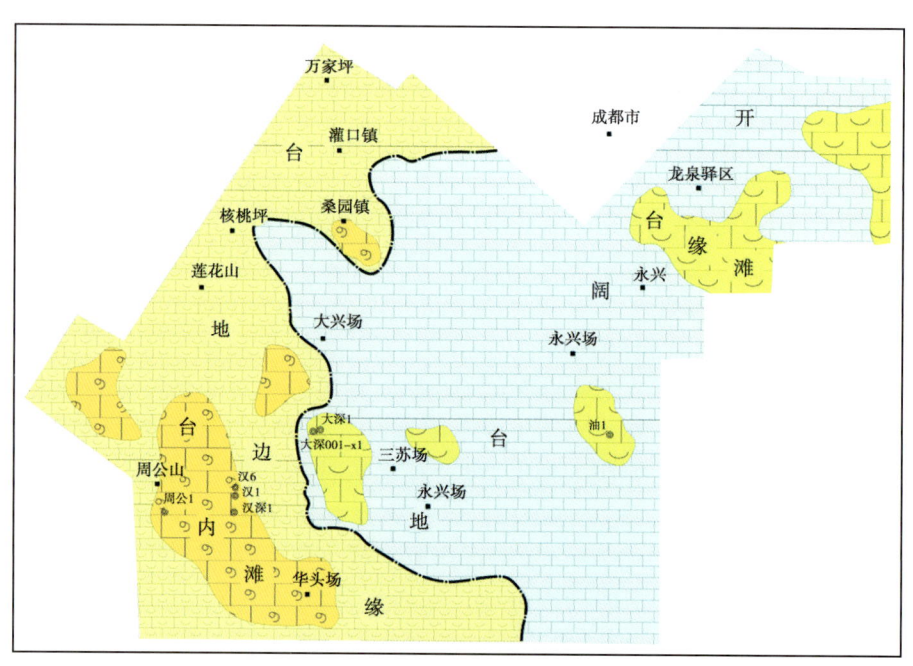

图 5-44 栖霞组沉积相带预测图

碎屑结构为主,部分为团粒、藻屑结构。大飞水剖面以灰色亮晶生屑灰岩为主,汉 1 井以白云岩为主,周公 1 井下部为白云岩,上部为藻灰岩。这一时期普遍发育台内浅滩亚相。

茅四段主要为深灰色、灰黑色泥晶生屑灰岩和绿藻灰岩，中上部见燧石，局部微白云岩化，生物以绿藻为主，其次为介形虫、有孔虫。大飞水剖面中这一时期的沉积物完全被后期剥蚀，汉1井和周公1井沉积物以藻灰岩为主，沉积相平面上表现为开阔海亚相，汉1井处间或可见台内浅滩亚相出现。

从茅口组残余厚度图看（图5-45），地层厚度变化不大，大部分区域厚度在300m左右。结合下二叠统沉积前古地貌，并根据钻井及露头资料编制了茅口组沉积相图（图5-46）。茅口组沉积期在川西南地区主体表现为开阔台地，台地内发育台内浅滩。在大邑—雅安—汉王场一线以西为台地边缘，发育台地边缘滩，为有利沉积相带发育区。

综上所述，川西南地区沉积相带从栖霞组沉积期到茅口组沉积期具有良好的继承性，沉积相变化不大，总体上，经历了几次海进—海退旋回，形成了开阔海台地边缘及开阔台地沉积。

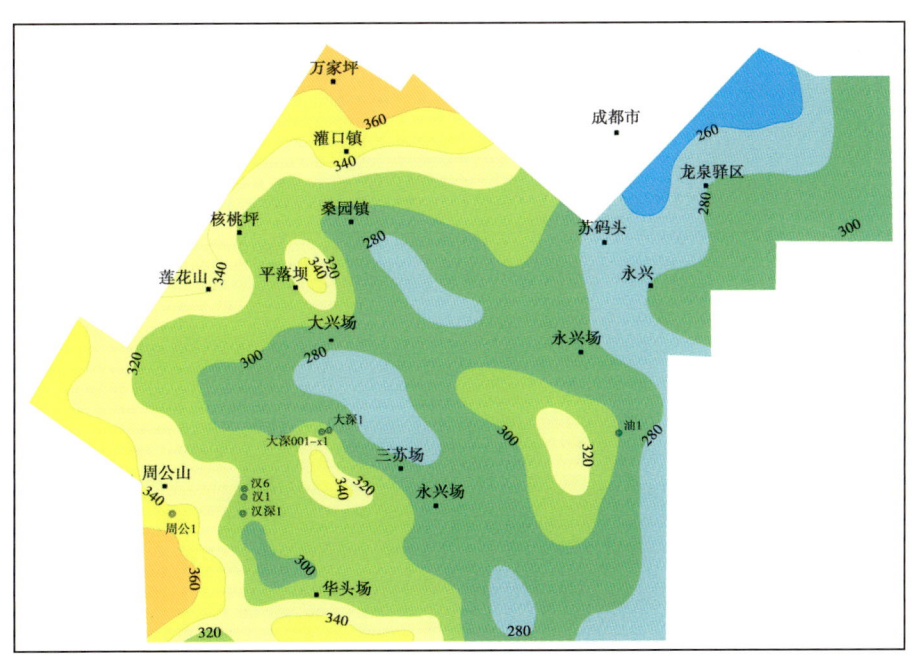

图5-45 茅口组残余厚度图

（三）三叠系雷口坡组有利相带

雷口坡组沉积相以碳酸盐岩局限台地相为主，雷三段为开阔台地相。雷口坡组纵向上发育 T_2l_{1-1}、T_2l_3 和 T_2l_{4-3} 等3套储层，主要包括滩相白云岩储层和风化壳岩溶储层，储集类型主要为裂缝—孔隙型。储层展布特征受滩相和溶蚀作用控制，主要的建设性成岩作用为白云岩化和溶蚀作用。

从区域沉积背景来看，雷口坡组沉积后，印支期运动使四川盆地发生大规模海退，形成北东向的泸州—开江古隆起，雷口坡组广泛遭受剥蚀，在川西和川中大部分地区仅残留雷四段或雷五段。沉积相类型及岩溶发育部位控制了雷口坡组储层的分布，川西南地区处于马鞍塘沉积前岩溶斜坡位置，有利于风化岩溶储层发育。雷口坡组顶部风化壳为主要储层段，岩性以雷五段藻灰岩和雷四段粉晶藻云岩为主，溶孔发育。

钻探揭示雷口坡组顶部气层段单层厚度较薄，厚度在3~22m，主要有两套产层。通过地震合成记录标定，产气层段（灌口003-5井）与产水层段（桑园1井）的地震响应

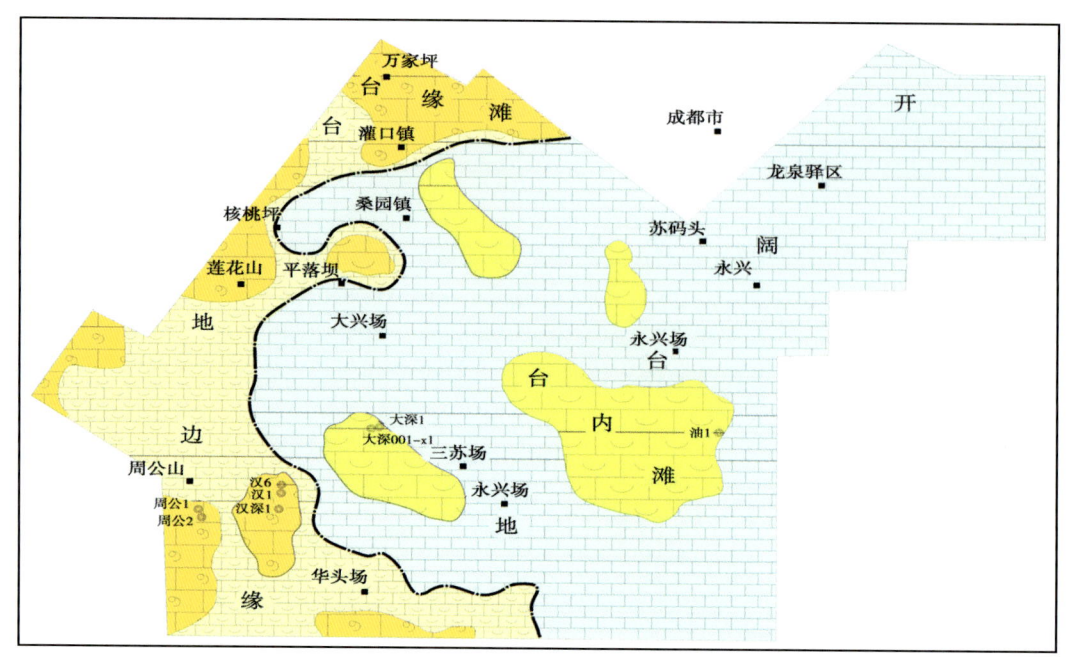

图 5-46 茅口组沉积相带预测图

特征均为弱波谷特征（图 5-47），而未钻遇雷口坡顶部储层的地震响应则为强波谷特征（图 5-48）。

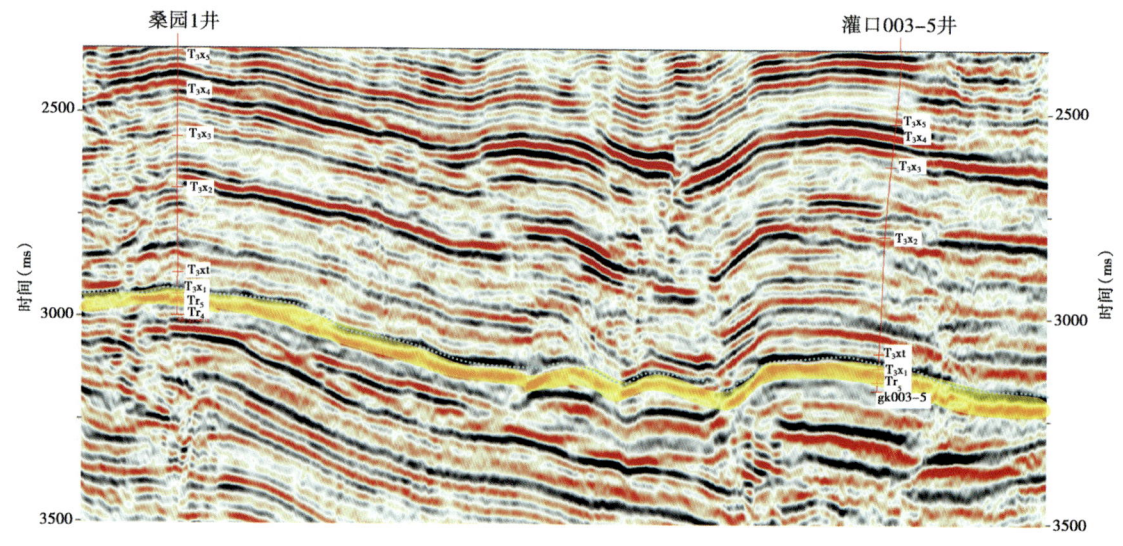

图 5-47 灌口 003-5 井和桑园 1 井储层地震反射特征

根据储层地震响应特征，利用波谷振幅属性预测储层平面展布，有利储层（弱振幅区）主要分布在龙门山前缘带（图 5-49）。

前人分析认为，雷口坡组主要为障壁蒸发潟湖沉积的白云岩和膏盐岩，白云岩分布在膏岩盆的周边。从雷口坡组残余厚度图看（图 5-50），其中厚值区为膏盐岩发育区，在其周围

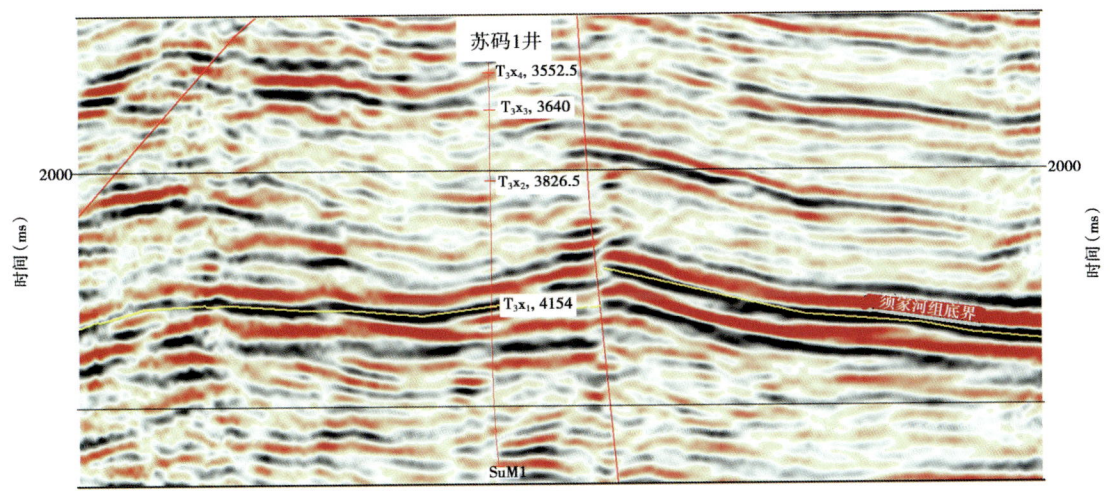

图 5-48　苏码 1 井雷四段非储层地震反射特征

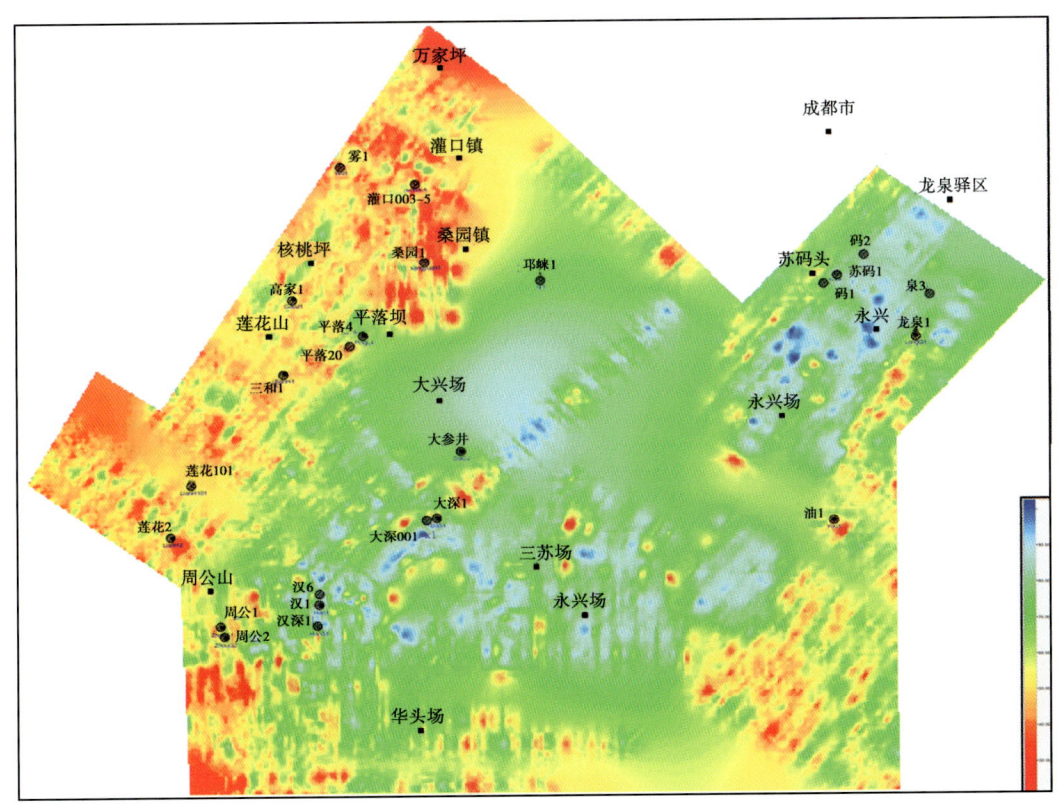

图 5-49　川西南地区雷口坡组顶部均方根振幅属性（暖色调为弱波谷发育区）

则发育白云岩储层。综合钻井岩相、地震属性及残余厚度图，结合区域沉积环境，编制了雷四段沉积岩相古地理图（图 5-51），推测在研究区西部可能发育颗粒滩相。

229

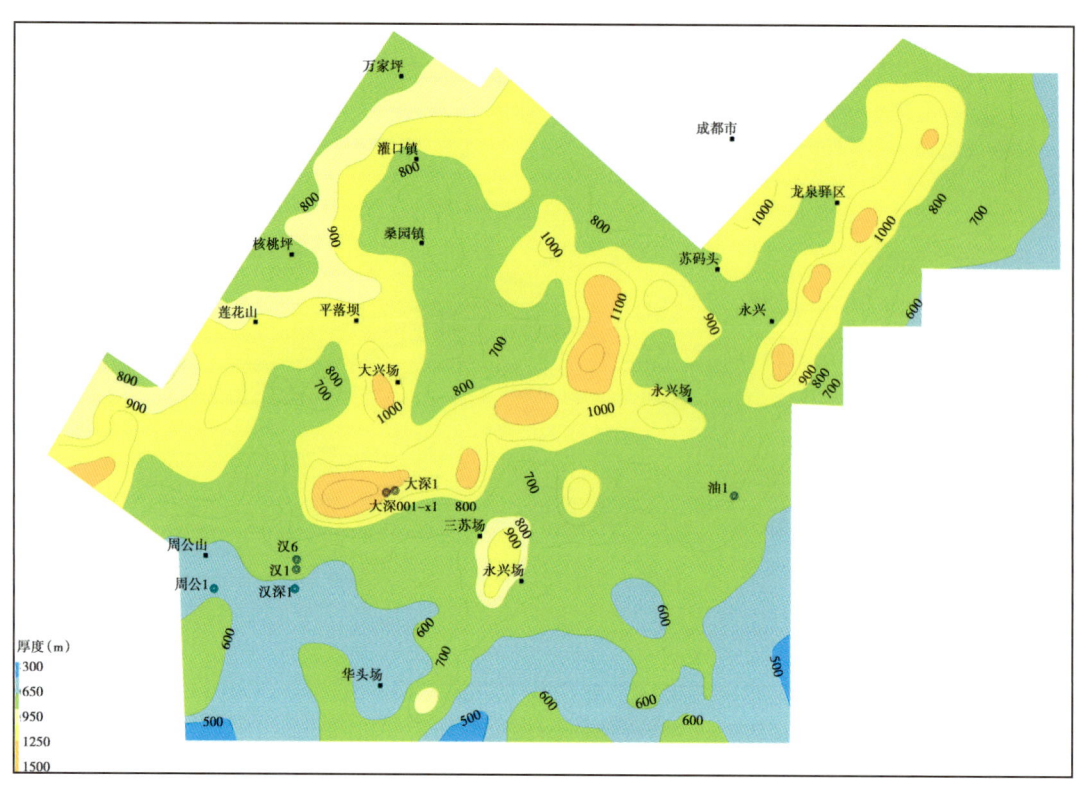

图 5-50 川西南地区雷口坡组残余厚度图

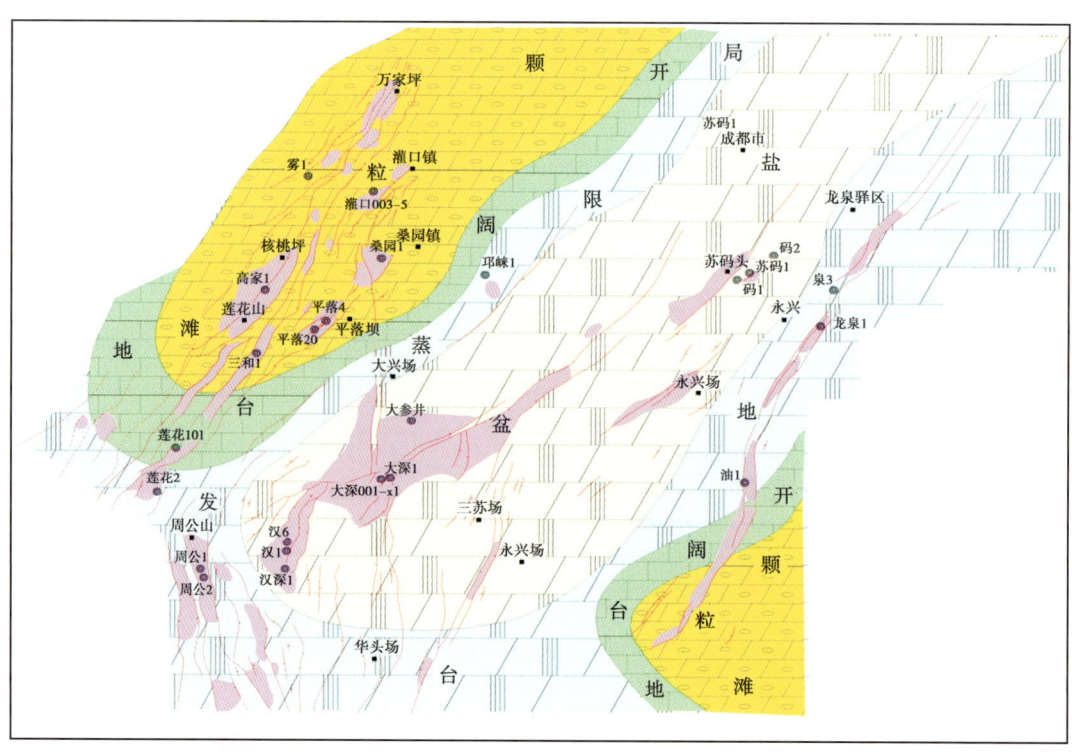

图 5-51 川西南地区雷口坡组有利相带预测图

四、有利勘探区带

川西南地区局部构造非常发育，主要包括老君山、三和场、张家坪、高家场、平落坝、大兴场和汉王场等。局部构造都相对比较完整，圈闭类型主要以断背斜、背斜为主，普遍具有幅度大、面积大的特点（图5-52、图5-53）。

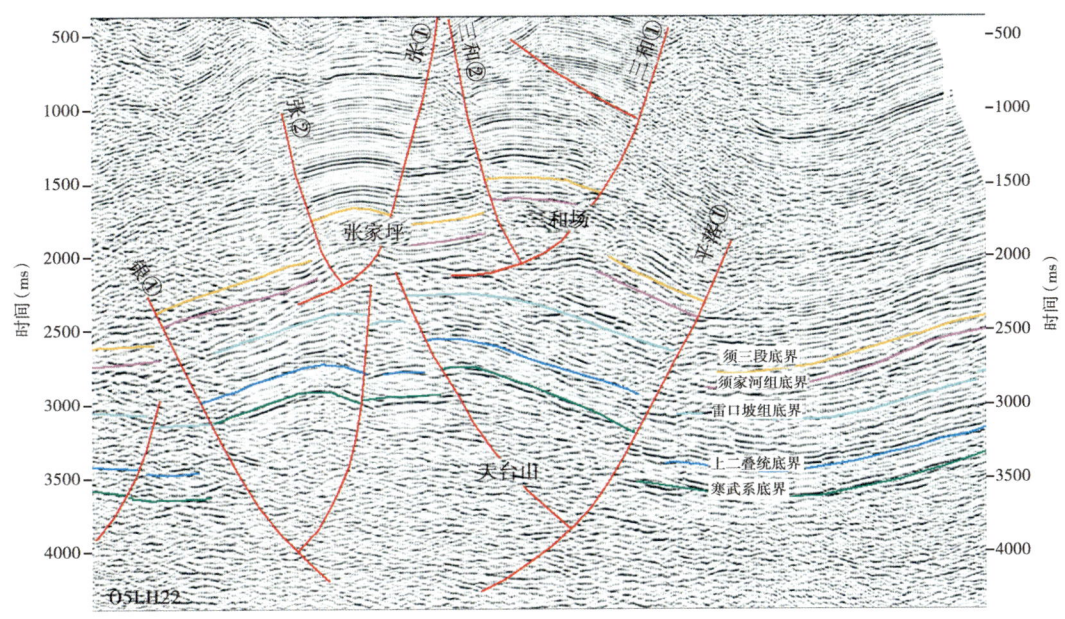

图5-52　三和场构造地震剖面特征

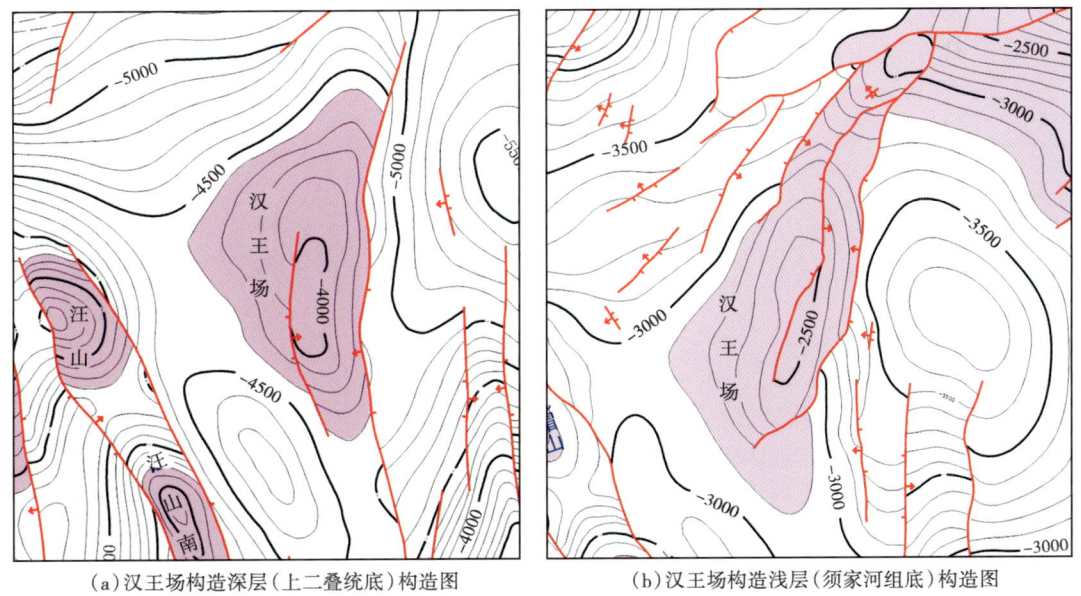

（a）汉王场构造深层（上二叠统底）构造图　　（b）汉王场构造浅层（须家河组底）构造图

图5-53　汉王场构造深层和浅层构造图

下二叠统栖霞组、茅口组局部圈闭发育，油气源充足，储层条件、圈闭形成期与排烃期的匹配关系和保存条件是油气成藏的主要控制因素。对三叠系雷口坡组而言，圈闭、储层都比较发育，而油气源条件、保存条件则是油气成藏的关键要素。下面重点从栖霞组、茅口组及雷口坡组的关键成藏要素对各区带进行综合评价与优选。

（一）龙门山前缘断褶带是最有利的勘探区带

勘探证实下二叠统栖霞组、茅口组为自生自储型油气藏，烃源岩条件极为优越。龙门山前缘断褶带构造圈闭发育，老君山、天台山、张家坪和高家场等构造圈闭面积大。圈闭形成于须家河组沉积末期，早于二叠系及寒武系烃源岩的排烃高峰期（侏罗纪末期），因此构造圈闭与烃源岩匹配程度好。此外，该带位于栖霞组、茅口组碳酸盐岩台地边缘相带上，栖霞组高能滩发育，且白云化现象普遍，是有利储层发育区；茅口组颗粒滩发育，且断裂发育，有利于储层的改善。该带圈闭类型多为断背斜，深部断层向上多消失在雷口坡组膏岩之下，圈闭具有很好的保存条件，为下二叠统最有利的勘探区带。

多口钻井揭示雷口坡组储层比较发育，但多数井以产水为主。分析认为在川西南地区油源断层是雷口坡组成藏的关键要素，具有一定断距且沟通油源的断层主要分布在龙门山前缘断褶带上，平落①号、银①号断层断穿深浅层，可作为油源通道。此外，张①号、三和①号断层虽未断穿深层地层，但断开须家河组一段，且断距较大。因此，只要圈闭保存条件好，邻近油源的这些构造也是非常有利的勘探目标。

（二）低缓褶皱带是有利的勘探区带

在川西南地区，低缓褶皱带的构造圈闭也比较发育，尤其是大兴场构造，圈闭面积大，构造形成期与烃源岩排烃高峰期匹配程度良好。该带可能为栖霞组台内高能滩发育区（向东北滩体发育程度减弱），具有较好的勘探潜力。对于茅口组油气成藏来说，除了有利相带外，裂缝发育与否也是重要的评价条件之一，大兴场构造断层比较发育，钻井揭示茅口组裂缝也比较发育，因此，该带的裂缝发育区也是茅口组勘探的有利区带。

第六章 前陆冲断带地球物理勘探技术发展展望

前陆冲断带油气资源丰富，具有较大的勘探潜力和较好的勘探前景，是近期及未来相当长一段时期油气勘探的重要领域。由于前陆冲断带极其复杂的勘探条件，需要我们不断地加强地球物理勘探技术的攻关与实践，为前陆冲断带的油气勘探提供更好的技术支撑。

前陆冲断带的地震勘探经历了从常规二维到宽线大组合二维、从常规三维到宽方位高密度三维的发展历程；处理技术经历了从叠后到叠前、从时间域到深度域、从各向同性到各向异性的不断进步；解释技术则从断层相关褶皱理论指导下的二维建模到多理论指导下的多信息综合三维空间构造建模。目前已经形成了以宽方位高密度三维采集、叠前深度偏移处理、多信息综合构造建模为核心的山地地震一体化勘探技术系列。

第一节 采集技术发展方向

前陆冲断带普遍具有构造活动强烈、断裂极为发育、构造变形复杂的地质特点，在地震勘探采集方面面临着地震有效信号能量偏弱、各种干扰波发育且能量较强的问题，导致地震勘探资料成像困难、原始地震勘探资料信噪比偏低。所以，改善地震勘探资料成像效果和提高地震勘探资料信噪比是前陆冲断带地震勘探采集的核心任务。根据前陆冲断带的地质特点和技术需求，通过多年的地震勘探实践逐渐认识到"两宽一高"三维采集技术是地震勘探采集技术的必然趋势和发展方向。

"两宽一高"采集技术是"宽方位、宽频带、高密度"采集技术的简称，是近几年东方地球物理公司大力倡导和推广的采集技术。其核心是提高前陆冲断带等复杂地区的有效波能量，提高原始地震勘探资料信噪比，提高地震勘探资料成像品质。与以往的采集技术相比较，"两宽一高"采集技术具有明显的技术优势和应用前景：（1）宽方位采集可以获得更加丰富的信息，有利于介质各向异性的研究，可提高储层裂缝的预测精度；（2）宽频带采集不仅能够提高地震勘探资料的分辨率，还可以加大地震勘探的探测深度和探测范围；（3）高密度采集适合于地震地质条件比较复杂的地区，可以实现对微小构造、薄互层储层和岩性油气藏的精确刻画与描述。

一、高密度采集技术

高密度采集技术是通过增加空间采样密度来实现信号和噪声有效分离的技术，可以有效提高原始地震勘探资料的信噪比，对提高地震勘探资料的品质有较好的效果。高密度采集技术通常使用覆盖次数和覆盖密度这两个参数来衡量和确定。

从三维地震勘探的发展历程来看，常规三维地震（1990—2005年）覆盖次数多为30~48次，二次三维地震（2006—2010年）覆盖次数多为60~128次，高精度三维地震（2010—2012年）覆盖次数增至200次以上，高密度三维地震（2013年以来）覆盖次数大于 200 次，最高可达数千次。对于炸药震源激发，每平方千米的道数大于 50 万道，即为高密度；对于可控震源激发，若每平方千米的道数大于 100 万道，即为高密度。目前，国内高密度三维地震采集密度为每平方千米数百万道，塔里木盆地可控震源采集密度已达到每平方千米 1000 万道以上。

高覆盖次数或高覆盖密度是提高地震勘探资料原始信噪比的有效手段，原则上覆盖次数（覆盖密度）越高，地震勘探资料的原始信噪比越高，反之则地震勘探资料的原始信噪比越低。但在地震勘探过程中还要考虑经济性和可行性，因此选取技术有效、实施可行的覆盖次数（覆盖密度）是地震采集设计中的关键环节。由于各个盆地或地区的差异性，要选取合理的覆盖次数（覆盖密度），需要进行先期的采集试验，以满足速度分析和剩余静校正求取的基本需求，确保地震勘探资料的基本成像信噪比。

二、宽方位采集技术

当横（排列宽度）、纵（排列长度）比大于 0.5 时，为宽方位角采集观测系统；当横纵比等于或接近 1 时，则为全方位角采集观测系统。

宽方位采集技术在多方面都具有明显的技术优势，除了能改善地震勘探资料成像品质，提高原始地震勘探资料信噪比之外，还可研究振幅随炮检距和方位角的变化、地层速度随方位角的变化，增强识别断层、裂隙和地层岩性变化的能力。由于宽方位地震采集的原始数据保留了方位角信息，可以灵活划分方位角，便于在五维道内插和数据规则化，从而改善叠前 CRP 道集的质量，为叠前数据的多维地震解释提供基础数据。通过后期的 OVT 域处理得到的地震勘探资料，可以预测裂缝的发育强度和展布方向，提高裂缝预测的精度，更好地指导勘探生产。

三、宽频带采集技术

一般采用倍频程来定义频带宽度，倍频程说明了在频带宽度范围内的最高频率和最低频率的关系。真正意义的宽频带应该在 5 个倍频程以上，如频率为 2~64Hz 或 3~96Hz 等；若达到 6 个倍频程，频率则为 1.5~96Hz 或者 2~128Hz。低频可控震源在地震采集中的最低使用频率达到 1.5Hz，可以实现 6 个倍频程，使得宽频带勘探的前景更加广阔。

宽频带勘探不等同于低频带勘探，宽频带勘探不仅向低频端扩展，同时也向高频端扩展。高频信息可以提高地震勘探资料的分辨率，提高地震勘探资料识别薄层的能力，低频信息可以提高地震勘探资料的保真度，保证储层或油气层预测的精度，同时，低频信息的强穿透能力，可以大大改善深层的成像效果，使得油气勘探领域可以在纵向上得到进一步扩展。

低频信号对特殊岩性体的成像作用较大，特殊岩性体（火成岩体、膏盐岩体、潜山等）的存在增强了地层非均质性，而非均匀介质对波场的散射作用与所传播信号的波长密切相关，低频信号具有较强的穿透非均匀层的能力；同时，地层对地震波的吸收衰减作用也随着频率的增加呈指数增强，频率越高，吸收和散射作用越强。而低频信号衰减缓慢，具有较强的抗吸收和抗散射能力，更易于穿透具有强散射和强吸收性的特殊岩性体，所以利用低频信号可以改善特殊岩性体成像的质量。中西部前陆冲断带不同程度地发育膏盐岩或膏泥岩，对于盐间或盐下的构造，利用常规采集技术很难获得理想的地震勘探资料，而利用宽频带勘探可以提高盐间或盐下构造的成像精度。

四、低频可控震源高效采集技术

低频可控震源高效采集技术是"两宽一高"采集技术的配套技术，可以为"两宽一高"采集提供技术支撑，可以确保"两宽一高"采集技术的应用和实施，还可以提高采集施工的效率。

对于高密度勘探而言，采用常规井炮进行激发投入大、勘探周期长，导致勘探成本高，野外实施可行性难以保证，采用可控震源高效采集技术才能保证高密度勘探技术的可行性。对于宽频带勘探而言，采用低频可控震源高效采集技术，才可以保证频宽达到 5~6 个倍频程，实现真正意义上的宽频勘探（图 6-1）。

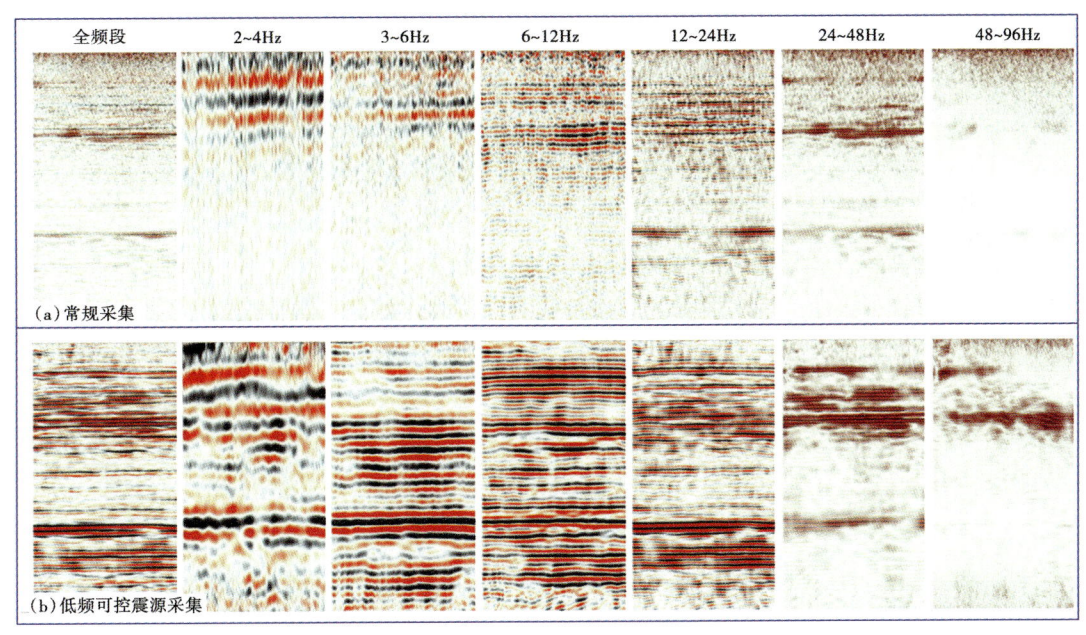

图 6-1　低频可控震源采集资料与老资料局部叠加段频率扫描对比

低频可控震源高效采集技术日效率最高可达 8000~10000 炮以上。总之，相对于常规可控震源采集，高效采集方法能使采集效率迅速提高，在采集成本增幅不大的前提下，"两宽一高"采集新技术的广泛应用更加可行。

五、宽频带高密度束线采集技术

宽频带高密度束线采集技术是在鄂尔多斯盆地发展起来的采集技术，在鄂尔多斯盆地西缘冲断带取得了较好的应用效果，在地表条件复杂、难以实施三维地震的地区具有很好的适用性，适用于构造复杂、目的层深、成像困难、信噪比低的地区。

宽频带高密度束线采集技术的核心是宽频带激发和高密度束线观测系统。宽频带激发可以利用低频可控震源来实现，既可以提高地震勘探资料的成像质量和信噪比，也可以提高地震勘探资料的分辨率和保真度，可以同时满足构造和储层研究的需求。高密度束线观测系统不仅在于覆盖次数的提高，更加注重于高密度采集的均匀性，高密度束线观测系统更有利于多域去噪，可以提高静校正精度、叠前偏移成像精度，提高地震勘探资料的信噪比。覆盖次数可以达到 500~3000 次，炮道密度可以达到 5000~10000 次，接收线数是炮线数的 2 倍左右。

宽频带勘探与高密度地震采集技术相结合，是西缘冲断带资料突破的关键，从原始单炮记录看，低频段信噪比都极低，有效信息掩藏在强能量干扰背景下，必须通过高密度地震采集技术及针对性的处理，才能够突出低频段的信噪比，才能发挥低频有效信息的作用（图6-2）。

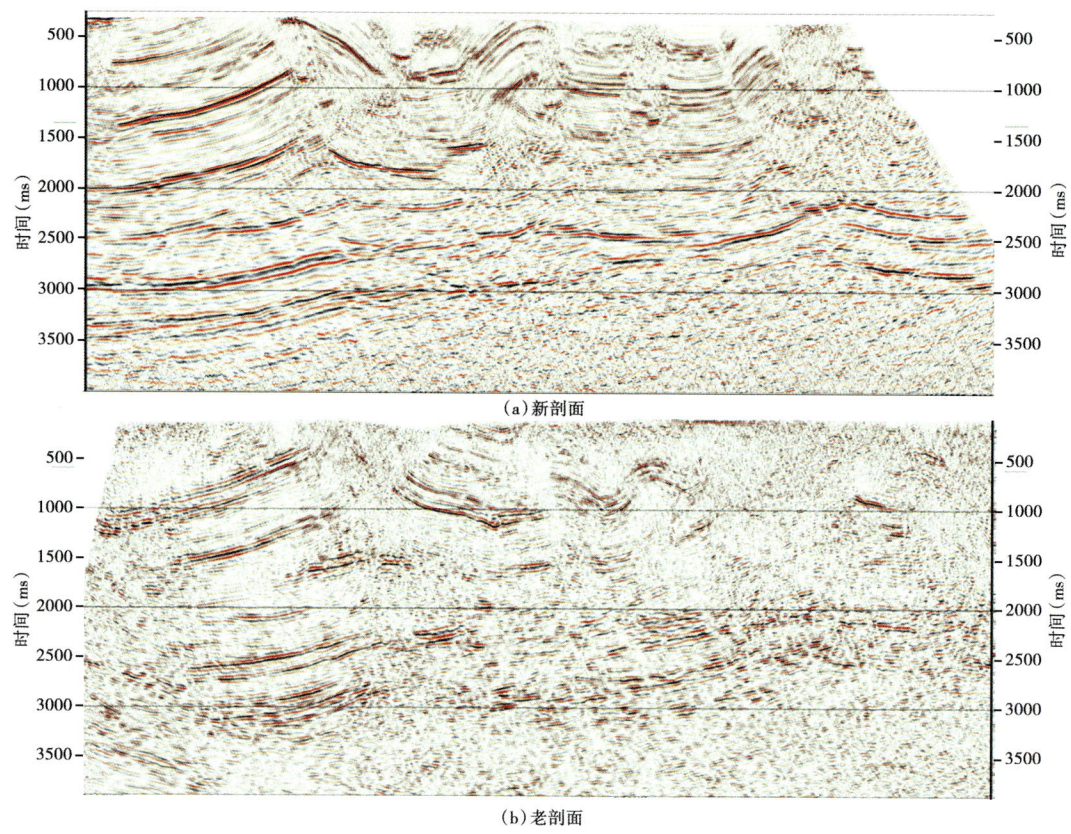

图 6-2 宽频带高密度束线采集剖面与老剖面对比

第二节 处理技术发展方向

"两宽一高"地震采集技术在前陆冲断带等复杂地区的大力推广和广泛应用，也带来了高密度海量数据、高效采集噪声干扰、高保真采集数据分离等问题，对处理技术和计算机的存储及处理能力提出了更高的要求和挑战。成像速度分析、全方位偏移成像、方位各向异性等技术需要进一步发展和完善，同时也要研发适合高密度海量数据处理的方法软件，保证"两宽一高"地震处理成果具有较高的精度，为后续的解释研究提供高品质的地震勘探资料，确保构造解释和裂缝、储层预测的精度，充分发挥"两宽一高"地震勘探资料的优势作用。

一、高密度海量数据处理技术

高密度地震勘探资料的数据量呈倍数增长，目前在塔里木、柴达木和准噶尔等中西部盆地采集的"两宽一高"三维地震数据量已经数个 TB 级甚至数百个 TB 级。同时在宽方位、宽频带的地震数据中也包含各种各样的噪声和波场的多样性，导致地震数据管理和处理难度都很大。

在处理技术方面，急需研发高密度海量数据处理技术，提高地震勘探资料处理的效率，以适应"两宽一高"地震勘探技术的进展。在高密度海量数据处理过程中，对信号保真条件下的噪声衰减、一致性、规则化处理提出了更高标准的要求。还需要开发 TB 级海量数据管理技术，利用并行文件系统，分布式并行存取技术，改善海量数据的存储、存取以及管理机制，以大幅度提升系统的数据管理能力和整体运行效率。

二、宽方位地震勘探资料处理技术

在宽方位地震勘探资料处理过程中，随着方位角的增大，宽方位地震勘探资料的速度随方位角的变化、与倾角和方位相关的旅行时差、与方位相关的各向异性等问题也随之产生。当所采集的宽方位资料不是全方位时，如何根据资料的实际情况形成有利于后续处理和解释的分方位道集尤为重要。宽方位地震勘探资料处理的相关技术包括方位角道集形成技术、宽方位速度分析技术、与倾角方位角相关的旅行时校正技术和分方位各向异性叠前偏移技术等。

方位角道集的形成是宽方位地震勘探资料的处理基础，在进行方位角道集的划分时要充分考虑资料的面元大小、炮检距与方位角的分布、覆盖次数、地下的断裂展布等因素；分方位速度分析方法合理利用了方位角道集，考虑了地层倾斜的影响，能为静校正、DMO 及三维成像提供相对准确的速度场；运用与倾角方位角相关的旅行时校正可求取横纵向的倾角参数，能较好地消除与倾角方位角相关的旅行时差；分方位各向异性叠前偏移技术能够较好地解决宽方位资料的各向异性问题，是宽方位资料成像的有效办法。

三、宽频带地震勘探资料处理技术

传统的高分辨率处理技术侧重于提高地震勘探资料的高频成分，但是随着对勘探精度的要求越来越高，拓展地震勘探资料高频端的处理能力几乎已经到达极限，如果继续拓展高频端，地震数据视主频提高的同时也放大了资料的高频噪声。因此，近几年高分辨率处理技术的研究重点已经转向如何拓展地震数据的低频成分。

低频可控震源高效采集技术已经在国内投入生产，原始地震数据低频端可达 1.5Hz，为宽频带地震数据处理提供了资料基础。在传统高分辨率处理技术的基础上，利用震源扫描信号进行低频拓展及能量加强，已经逐渐形成基于震源信号低频补偿为特色的宽频带处理技术。该技术在保证地震勘探资料信噪比的基础上，拓宽了地震信号的有效频带，提高了分辨率，处理后的地震剖面具有频带宽、信噪比高等优点。

四、高精度速度建模技术

高精度速度建模是复杂地区叠前深度偏移成像处理的核心和关键，直接决定着处理成果的精度。前陆冲断带构造变形复杂、地表起伏剧烈、地层叠置关系复杂、地层的岩性及厚度用基于模型正演的能量梯度储层定量预测技术,预测双鱼石地区滩相白云岩储层分布。

在基于模型正演的能量梯度储层定量预测技术思路指导下,以二维、三维地震勘探资料为基础,通过栖霞组顶、底地震反射层,运用波谷能量振幅属性提取,明确双鱼石—剑阁地区栖霞组顶部的波谷能量分布;根据储层正演波谷能量与储层厚度的对应关系,结合双探1井、双探3井的波谷能量,建立地震相储层波谷振幅能量与储层厚度的对应关系(表5-1),从而计算出双鱼石—剑阁地区栖霞组储层的分布。

表5-1 栖霞组储层厚度与波谷能量对应关系表

储层厚度(m)	0	15	25	50	75	100
正演波谷能量	-0.8	-2.0	-3.0	-4.7	-6.2	-7.5
地震波谷能量	>-2400	-6000	-9000	-14100	-18600	-22500
双探1井			-8700			
双探3井			-9000			

基于模型正演的能量梯度储层定量预测结果表明:双鱼石—剑阁地区栖霞组储层大面积分布,受古地貌控制,广泛发育在双探2井以西地区。其中,储层厚度大于10m的有利区面积1850km^2;储层厚度大于20m的有利区面积480km^2(图5-15),双探1井至双探2井之间及双探3井西部、南部地区是下步勘探有利区。

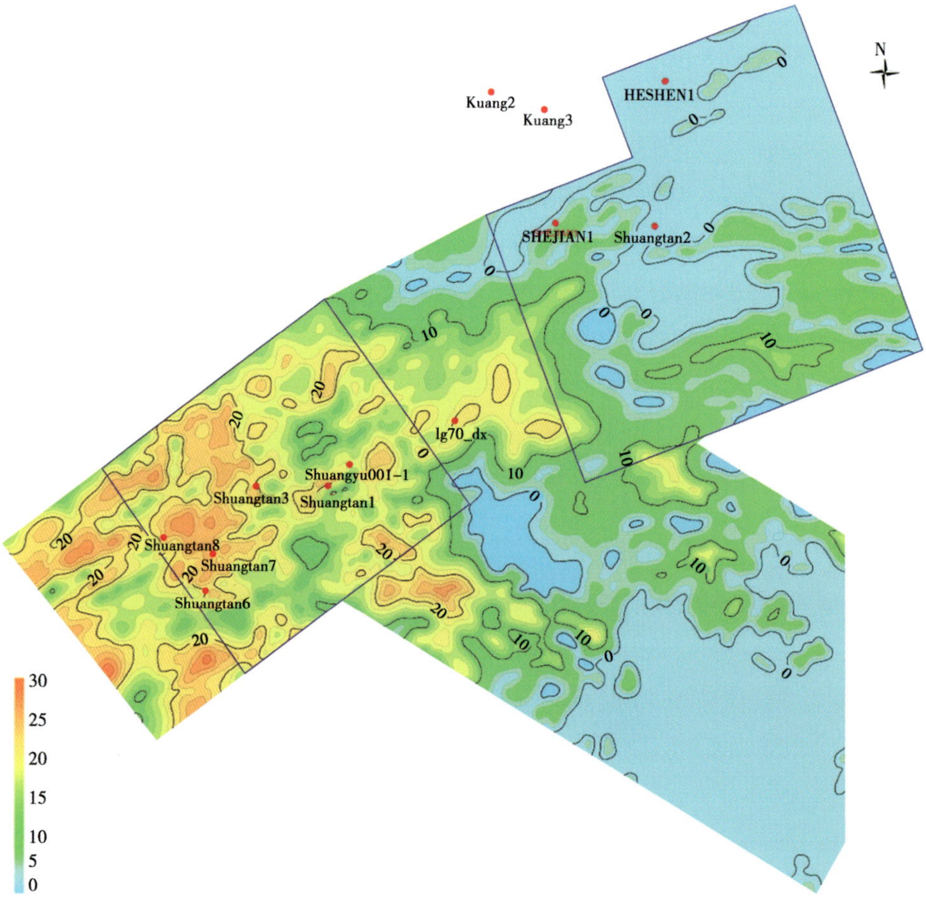

图5-15 双鱼石—剑阁地区栖霞组储层厚度预测平面图

均变化较快,导致前陆冲断带速度纵横向变化都很复杂,速度的复杂变化会引起地震勘探资料成像不准确。

速度建模一般包括浅层速度建模和深层速度建模,浅层速度建模是基础,深层速度建模是关键。浅层速度建模首先是建立近地表速度模型,然后将近地表模型与深度偏移速度模型进行有效拼接,并充分利用测井、微测井、地表露头等表层信息进一步约束浅层横向速度变化,准确刻画近地表速度场,为深度偏移速度场建模打下了良好的基础。深层速度建模首先利用钻井资料对层速度模型进行约束,获得井震吻合程度较高的速度模型,然后通过网格层析速度建模技术进一步修改层速度模型,通过多轮速度迭代,最终得到高精度的速度模型。

无论是浅层速度建模还是深层速度建模,都强调多信息约束,尤其是钻测井信息,既可以约束速度模型的建立,也可以作为检验速度模型合理性的重要依据,验证速度变化规律与区域地层岩性发育特征是否吻合(图6-3)。另外,在速度建模过程中,要重视处理、解释一体化,以便及时发现、调整不合理的速度数据,提高处理工作的效率和精度。

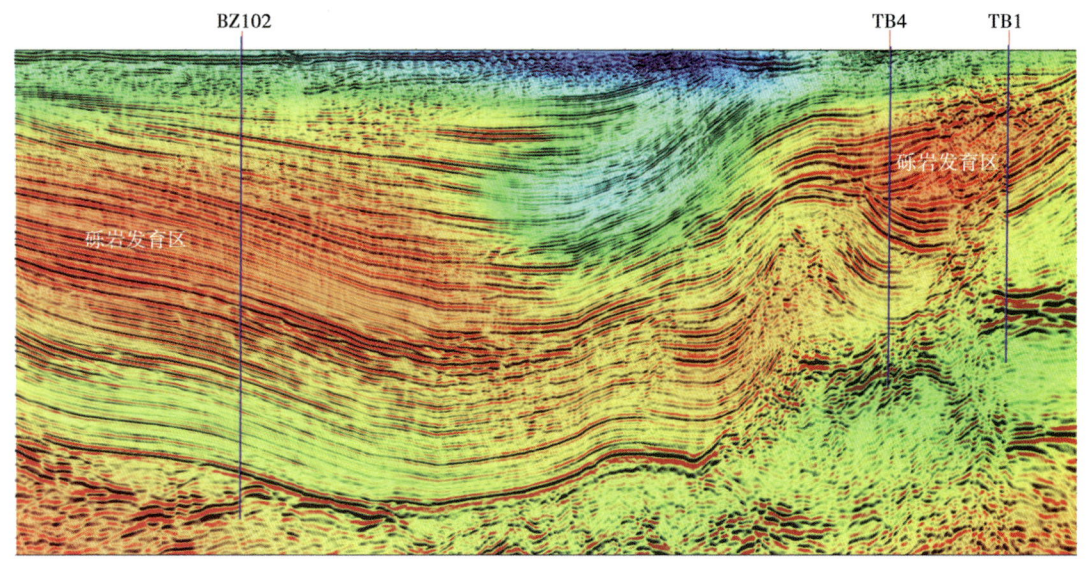

图6-3 塔里木盆地叠前深度资料与偏移速度融合剖面

五、基于各向异性的叠前深度偏移技术

在构造复杂地区,地层速度变化也很复杂,叠前时间偏移处理剖面上会存在很多假象,如断层归位不准、构造高点偏移、地层产状及埋深与真实情况误差较大等,难以满足研究的需求。叠前深度偏移技术在一定程度上突破了水平层状或均匀介质的假设,弥补了时间偏移技术的不足,为正确认识地下复杂地质构造提供了可能。

叠前深度偏移技术包括各向同性叠前深度偏移技术和各向异性叠前深度偏移技术。各向同性积分法叠前深度偏移技术是建立在无限均匀、完全弹性和各向同性三大基本假设的前提下进行求解的,然而前陆冲断带的地下介质是非常复杂的,用各向同性假设来解决复杂地下构造的成像势必会影响成像的精度和效果。各向异性叠前深度偏移技术比较适用于前陆冲断带,目前比较常用的是TTI各向异性叠前深度偏移技术,假设地层为倾斜介质,其对称轴是倾斜的,较各向同性叠前深度偏移技术而言,是对地下介质的进一步接近,能适应陡倾角及速度场的横向剧烈变化，TTI 各向异性叠前深度偏移的空间位置更为准确，因而可以提高复杂前陆冲断带地震勘探资料的成像精度，改善成像效果（图 6-4）。

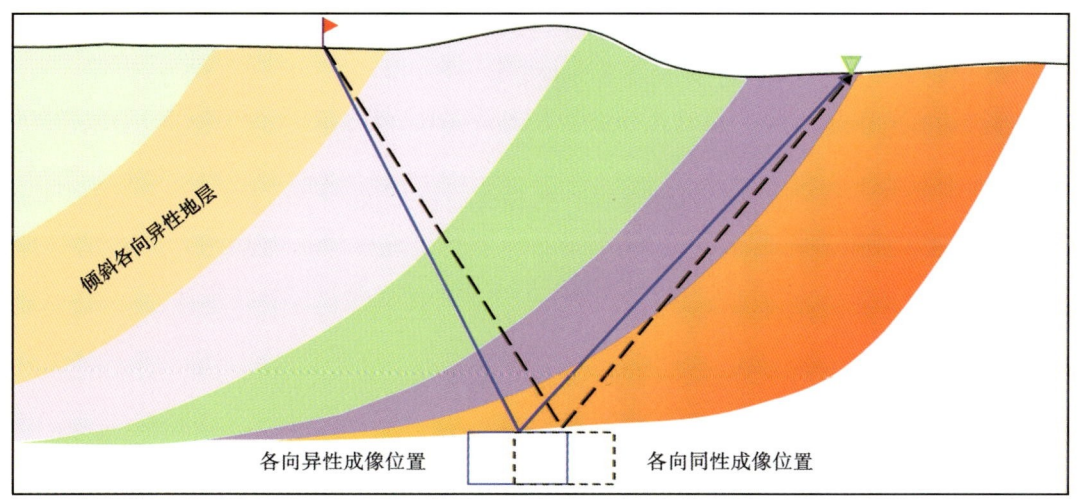

图 6-4　各向异性与各向同性成像位置对比图

第三节　解释技术发展方向

要解释和综合研究前陆冲断带，首先要解决的是构造问题，包括断裂系统、构造样式、构造落实等，目前，多信息综合构造建模技术是前陆冲断带的核心地震解释技术。

随着勘探与研究的深入，前陆冲断带的勘探领域不应局限于构造油气藏领域，应该扩展到岩性、非常规油气藏等勘探领域。在这些领域，构造研究不再是唯一的重点，储层、裂缝研究也很关键，因此针对性的储层预测及裂缝检测技术也是前陆冲带解释技术的一个必然发展方向。

一、多信息综合构造建模技术

多信息综合构造建模技术是前陆冲断带构造解释的核心技术，近几年该技术在塔里木、柴达木等盆地的前陆冲断带得以广泛应用，取得了较好的应用效果，是获得比较合理的构造解释方案、准确落实断层展布和圈闭细节的有效手段。多信息综合构造建模技术以冲断构造理论、断层相关褶皱理论和盐构造理论为指导，以较好品质的地震勘探资料为主，并充分结合非地震、地表露头、钻井和测井资料，以断层建模和层位建模为核心，建立准确的构造模型。

多信息综合构造建模技术未来发展方向是多理论指导下的多信息综合三维空间构造建模技术。所谓多理论既包括传统的冲断构造理论、断层相关褶皱理论和盐构造理论，也包括未来可能形成的新理论、新认识；所谓多信息既包括传统的地表露头信息、非地震信息和钻测井信息，也包括目前正在或未来即将探索的一些新信息；三维空间建模技术可以实现对复杂构造的三维空间精细描述。

二、地震与非地震联合解释技术

重磁电勘探在复杂逆掩带、深层目标、特殊地质体或岩性体等方面，有时比地震勘探更具优势，可作为地震勘探的必要补充。在同一解释平台上开展地震与非地震勘探资料的综合解释已成为发展的必然趋势，是解决前陆冲断带复杂地质问题的有效手段。地震与非地震联合解释可以发挥不同物探技术间的互补优势、去伪存真，提高地震解释成果的可靠性和准确性。

东方地球物理公司在地震与非地震联合解释方面已经进行了探索和应用，研发了基于 GeoEast 解释平台的地震与非地震联合解释软件，实现了地震与非地震的并行解释。对于复杂构造的解释和复杂岩性体的预测都具有较好的应用效果，既可以提高解释的效率，也可以同时提高解释成果的精度。

三、基于多敏感信息的叠前弹性参数反演技术

近几年在柴达木盆地、四川盆地的前陆冲断带相继发现岩性油气藏或非常规油气藏（致密油、致密气、页岩气、煤层气等），证实非构造油气藏在前陆冲断带也具有较大的勘探潜力。在岩性油气藏、非常规油气藏等勘探领域，地震勘探资料解释的核心任务是落实优质储层分布区（储层甜点区），应用的核心技术是储层甜点预测技术。

在优质储层（储层甜点）预测方面，基于多敏感信息的叠前弹性参数反演技术是未来主要技术发展方向。该技术以岩石地球物理分析和地球物理响应研究为基础，优选有利储层的敏感地球物理信息，开展基于多敏感信息的叠前弹性参数反演技术，再结合钻井、测井、测试等信息的标定与约束，综合预测储层甜点区。

叠前弹性参数反演技术能充分挖掘地震叠前道集中的岩性和流体信息，提取纵波横波速度比、泊松比、弹性模量以及拉梅常数等参数，为储层的有效识别提供丰富的信息。可以利用这些弹性参数对储层岩性和含油气性进行定量或半定量解释，但有时利用单一参数会出现预测结果的多解性，而利用两个或两个以上参数会提高储层预测或油气检测的精度，能更加准确地落实储层甜点区。

四、基于各向异性的叠前裂缝检测技术

在致密油、致密气、页岩气、煤层气等非常规油气藏勘探研究中，裂缝研究非常重要，因为裂缝往往是非常规油气藏富集高产的重要因素。在裂缝检测方面，基于多维数据的叠前裂缝检测技术是未来主要技术发展方向，随着"两宽一高"三维地震的大力推广和实施，该项技术将迎来更加广阔的应用空间。基于多维数据的叠前裂缝检测技术以方位各向异性分析为核心，充分利用叠前 OVT 域道集分方位各向异性特征（速度差异、旅行时差异、振幅差异、反射波形、相位差异等），可以获得更多的裂缝信息，可更有效地进行裂缝检测，显著提高裂缝预测的精度和准确性，在以碳酸盐岩、页岩、致密砂岩等为储层的特殊油气藏勘探方面发挥重要作用。

参 考 文 献

J H 肖，C 康纳斯，J 萨普著．夏义平等译．2008．挤压断层相关褶皱地震解释［M］．北京：石油工业出版社．

L. Echavarria，等著，康新荣译．2004．阿根廷西北部 Subandean 冲断—褶皱带：Andean 造山带构造演化的几何形态和时代确定［J］．国外油气地质信息，2004，（3）：1-14.

Price N J，McClay K R．1981．冲断推覆构造（下册）［M］//杨俊杰，张伯荣，甘克文，等译．1986．兰州：甘肃科学技术出版社，1-338.

《石油地质分册》编写组．英汉石油大辞典：石油地质分册（第二版）［Z］．北京：石油工业出版社，1998.

蔡立国，刘和甫．1997．四川前陆褶皱—冲断带构造样式与特征［J］．石油实验地质，19（2）：115-120.

曹守连，陈发景．1994．塔里木板块北缘前陆盆地的构造演化及其与油气的关系［J］．地球科学：中国地质大学学报，19（4）：482-492.

陈发景，汪新义，陈昭年．2007．前陆盆地分析［M］．北京：地质出版社．

陈发景，汪新文，张光亚，等．1992．中国中、新生代含油气盆地构造和动力学背景［J］．现代地质，6（3）：317-327.

陈发景．2003．调节带（或传递带）的基本概念和分类［J］．现代地质，186.

陈书平，汤良杰，贾承造，等．2004．库车坳陷西段盐构造及其与油气的关系［J］．石油学报，25（1）：30-34.

陈书平，汤良杰，张一伟．2001．前陆、前陆盆地和前陆盆地系统［J］．世界地质，20（4）：332-338.

程海艳．2014．库车褶皱冲断带西段盐底辟成因机制［J］．吉林大学学报（地球科学版），44（4）：1134-1141.

程裕淇．1994．中国区域地质概论［J］．北京：地质出版社．

狄恒恕，王松贵．1991．柴达木盆地北缘中新生代构造演化探讨［J］．地球科学，16（5）．

地质辞典（一）普通地质—构造地质分册（下册）．1983．北京：地质出版社，101，105.

窦茂泽，李群堂．1985．盐构造的地震地质特征及含油气性［J］．石油物探，24（3）：18-32.

杜金虎，熊金良，王喜双，等．2011．世界物探技术现状及中国石油物探技术发展的思考［J］．岩性油气藏，23（4）：1-8.

杜小弟，左权，刘万洙．1994．前陆盆地的识别及形成演化［J］．世界地质，13（3）：11-13.

段海岗，周长迁，张庆春，等．2014．中东油气富集区成藏组合特征及其勘探领域［J］．地学前缘，21（3）：118-126.

范晓丽．2011．前陆盆地研究现状［J］．内蒙古石油化工，（7）：218-220.

冯益民，何世平．1996．祁连山大地构造与造山作用［M］．北京：地质出版社．

冯益民．1997．祁连造山带研究概况——历史、现状及展望［J］．地球科学进展，12（4）．

付国民，李永军，石京平．2001．柴达木第三纪转换裂陷盆地形成演化及动力学［J］．沉积与特提斯地质，21（4）．

付锁堂．2010．柴达木盆地西部油气成藏主控因素与有利勘探方向［J］．沉积学报，28（2）．

甘克文．2003．掩冲带油气勘探史剖析［J］．南方油气，16（3）：7-13.

甘克文．2006．论前陆盆地、冲断褶皱与油气聚集的关系［J］．石油科技论坛，21-25.

高长林，叶德燎，钱一雄．2000．前陆盆地的类型及油气远景［J］．石油实验地质，22（2）：99-114.

戈红星，Jackson M P A．1996．盐构造与油气圈闭及其综合利用［J］．南京大学学报（自然科学版），32（4）：640-649.

戈红星，Vendeville B C，Jackson M P A．2004．前陆褶皱冲断带厚皮缩短盐构造运动的物理模拟［J］．高校地质学报，10（1）：39-49.

公亭，王兆磊，顾小弟．2016．宽频地震资料处理配套技术［J］．石油地球物理勘探，51（3）：457-466.

谷永兴.2010.库车坳陷复杂构造处理解释一体化研究[D].中国石油大学（华东）.

管树巍，何登发，雷永良，等.2013.中国中西部前陆冲断带运动学分类、模型与勘探领域[J].石油勘探与开发，40（1）：66-78.

何登发，John Suppe，贾承造.2005.断层相关褶皱理论与应用研究新进展[J].地学前缘，12（4）.

何登发，贾承造.2005.冲断构造与油气聚集[J].石油勘探与开发，32（2）：55-62.

何登发，吕修祥，董大忠，等.1996，前陆盆地分析[M].北京：石油工业出版社.

何登发，杨庚，管数巍，等.2005.前陆盆地构造建模的原理与基本方法[J].石油勘探与开发，32（3）：7-14.

何登发，尹成，杜社宽，等.2004.前陆冲断带构造分段特征——以准噶尔盆地西北缘断裂构造带为例[J].地学前缘，11（3）：91-101.

何登发，周新源，杨海军，等.2009.库车坳陷的地质结构及其对大油气田的控制作用[J].大地构造与成矿学，33（1）：19-32.

胡剑风，刘玉魁，杨明慧，等.2004.塔里木盆地库车坳陷盐构造特征及其与油气的关系[J].地质科学，39（4）：580-588.

黄红冠.2008.地震数据叠前时间偏移处理技术及应用[J].中州煤炭，（5）：37-38.

黄少英，王月然，魏红兴.2009.塔里木盆地库车坳陷盐构造特征及形成演化[J].大地构造与成矿学，33（1）：117-123.

纪学武，徐礼贵，李明杰，等.2005.中国中西部前陆盆地特征及油气勘探前景[J].石油地球物理勘探，40（增刊）：5-10.

贾承造，何登发，雷振宇，等.2000.前陆冲断带油气勘探[M].北京：石油工业出版社.

贾承造，宋岩，魏国齐，等.2005.中国中西部前陆盆地的地质特征及油气聚集[J].地学前缘，12（3）：3-13.

贾承造，魏国齐，李本亮，等.2003.中国中西部两期前陆盆地的形成及其控气作用[J].石油学报，24（2）：13-17.

贾承造，赵文智，魏国齐，等.2003.盐构造与油气勘探[J].石油勘探与开发，30（2）：17-19.

贾承造，周新源，王招明，等.2002.克拉2气田的发现及勘探技术[J].中国石油勘探，7（1）：79-88.

贾承造.2001.特提斯北缘盆地群构造地质与天然气[M].北京：石油工业出版社.

贾承造.2007.中国喜马拉雅构造运动的陆内变形特征与油气矿藏富集[J].地学前缘，14（4）：96-104.

贾承造.中国中西部前陆冲断带构造特征与天然气富集规律[J].石油勘探与开发，2005，32（4）：9-15.

贾东，陈竹新，贾承造，等.2003.龙门山前陆褶皱冲断带构造解析与川西前陆盆地的发育[J].高校地质学报，9（3）：402-410.

贾小乐，何登发，童晓光，等.2011.波斯湾盆地大气田的形成条件与分布规律[J].中国石油勘探，（3）：8-23.

姜春发，杨经绥，冯秉贵，等.1992.昆仑开合构造[M].北京：地质出版社.

解国军，金之钧.1999.前陆盆地演化特征与油气成藏规律[J].地球学报.20（增刊）：566-571.

金强，查明，赵磊.2001.柴达木盆地西部第三系盐湖相有效生油岩的识别[J].沉积学报，19（1）.

金文正，万桂梅，王俊鹏，等.2011.龙门山冲断带滑脱构造变形样式[J].西南石油大学学报：自然科学版，33（5）：9-13.

金之钧，汤良杰，杨明慧，等.2004.陆缘和陆内前陆盆地主要特征及含油气性研究[J].石油学报，25（1）：8-12，18.

靳久强，宋建国.2005.中国板块构造与油气盆地演化和油气分布规律[J].石油与天然气地质，26（1）：2-8.

康玉柱.2013.中国三大类型盆地油气分布规律[J].新疆石油地质，33（6）：635-639.

康玉柱.2014.全球主要盆地油气分布规律[J].中国工程科学.16（8）：14-25.

康竹林, 翟光明. 1995. 中国的前陆盆地与油气聚集 [J]. 石油学报, 16 (4): 1-7.

雷振宇, 杜社宽, 张朝军. 2004. 中亚地区与中国西部盆地类比及其油气勘探潜力 [J]. 地球学报, 25 (1): 67-72.

李本亮, 孙岩, 陈伟. 1998. 川东层滑系统及其油气地质意义 [J]. 石油与天然气地质, 19 (3): 244-247.

李本亮, 魏国齐, 贾承造, 等. 2009. 中国前陆盆地构造地质基本特征及其控制下的油气分布 [J]. 现代地质, 23 (4): 575-586.

李本亮, 魏国齐, 贾承造. 2009. 中国前陆盆地构造地质特征综述与油气勘探 [J]. 地学前缘, 16 (4): 190-202.

李碧宁, 袁剑英, 杨占龙. 等. 2006. 同沉积压扭断层在柴达木盆地西部南区油气成藏中的意义 [J]. 天然气地球科学 (17).

李春昱, 王荃, 刘雪亚等. 1982. 亚洲大地构造图及说明书 (1/800 万) [M]. 北京: 地图出版社.

李怀坤, 陆松年, 王惠初. 2003. 青海柴北缘新元古代超大陆裂解的地质记录——全吉群地质调查与研究, 26 (1): 27-37.

李怀坤, 陆松年, 赵风清, 等. 1999. 柴达木北缘鱼卡河含柯石英榴辉岩的确定及其意义 [J]. 现代地质, 13 (1).

李继亮, 孙枢, 郝杰, 等. 1999. 论碰撞造山带的分类 [J]. 地质科学, 34 (2): 129-138.

李景明, 刘树根, 李本亮, 等. 2006. 中国西部 C-型前陆盆地形成演化与油气聚集 [M]. 北京: 石油工业出版社.

李淑恩, 李冰, 张占江, 等. 2009. 三维连片叠前深度偏移技术在大港某油气田勘探中的应用 [J]. 工程地球物理学报, 6 (6): 759-764.

李智武, 刘树根, 罗玉宏, 等. 2006. 南大巴山前陆冲断带构造样式及变形机制分析 [J]. 大地构造与成矿学, 30 (3): 294-304.

梁慧社, 刘和甫. 1992. 川西龙门山褶皱—冲断带构造研究 [J]. 河北地质学院学报, 15 (4): 407-414.

刘池洋, 赵红格, 杨兴科, 等. 2002. 前陆盆地及其确定和研究 [J]. 石油与天然气地质, 23 (4): 307-313.

刘和甫, 李晓清, 刘立群, 等. 2004. 走滑构造体系盆山耦合与区带分析 [J]. 现代地质, 18 (2): 139-150.

刘和甫, 梁慧社, 蔡立国, 等. 1994. 川西龙门山冲断系构造样式与前陆盆地演化 [J]. 地质学报, 68 (2): 101-118.

刘和甫, 梁慧社, 蔡立国, 等. 1994. 天山两侧前陆冲断系构造样式与前陆盆地演化 [J]. 地球科学, 19 (6): 727-741.

刘和甫, 汪泽成, 熊保贤, 等. 2000. 中国中西部中、新生代前陆盆地与挤压造山带耦合分析 [J]. 地学前缘, 7 (3): 55-71.

刘和甫, 夏义平, 殷进垠, 等. 走滑造山带与盆地耦合机制 [J]. 地学前缘, 1999, 6 (3): 121-132.

刘和甫. 1995. 前陆盆地类型及褶皱—冲断层样式 [J]. 地学前缘, 2 (3-4): 59-68.

刘和甫. 2001. 盆地—山岭耦合体系与地球动力学机制 [J]. 地球科学: 中国地质大学学报, 26 (3): 581-596.

刘少峰. 1993. 前陆盆地的形成机制和充填演化 [J]. 地球科学进展, 8 (4): 30-37.

刘树根, 罗志立, 赵锡奎, 等. 2003. 龙门山造山带—川西前陆盆地系统形成的动力学模式及模拟研究 [J]. 石油实验地质, 25 (2): 432-438.

刘树根, 罗志立, 赵锡奎, 等. 2003. 中国西部盆山系统得耦合关系及其动力学模式——以龙门山造山带—川西前陆盆地系统为例 [J]. 地质学报, 77 (2): 177-186.

刘树根, 罗志立, 赵锡奎, 等. 2005. 试论中国西部陆内俯冲型前陆盆地的基本特征 [J]. 石油与天然气地质, 2 (1): 37-49.

刘树根，赵锡奎，罗志立，等．2001．龙门山造山带—川西前陆盆地系统构造事件研究［J］．成都理工学院学报，28（3）：221-230．

刘树根．1993．龙门山冲断带与川西前陆盆地的形成演化［M］．成都：成都科技大学出版社，17-21．

刘玉萍，尹宏伟，张洁，等．2008．褶皱—冲断体系双层滑脱构造变形物理模拟实验［J］．石油实验地质，30（4）：424-428．

刘振武，撒利明，董世泰，等．2010．中国石油物探技术现状及发展方向［J］．石油勘探与开发，37（1）：1-10．

刘志宏，卢华复，李西建，等．2000．库车再生前陆盆地的构造演化［J］．地质科学，35（4）：482-492．

刘重庆，周建勋，郎建，等．2013．多层滑脱条件下褶皱—冲断带形成制约因素研究：以川东—雪峰构造带为例［J］．地球科学与环境学报，（2）．

卢华复，陈楚铭，刘志宏，等．2000．库车再生前陆逆冲带的构造特征与成因［J］．石油学报，21（3）：18-24．

卢华复，贾承造，贾东，等．2001．库车再生前陆盆地冲断构造楔特征［J］．高校地质学报，7（3）：257-271．

卢华复，贾东，陈楚铭，等．1999．库车新生代构造性质和变形时间［J］．地学前缘，6（4）：215-221．

陆克政，朱筱敏，全家福，等．2001．含油气盆地分析［M］．东营：石油大学出版社．

陆克政．1987．关于盆地分类问题的讨论［J］．华东石油学院学报，11（4）：1-7．

罗志立，李景明，刘树根，等．2005．中国板块构造和含油气盆地分析［M］．北京：石油工业出版社．

罗志立，刘树根，雍自权，等．2003．中国陆内俯冲（C-俯冲）观的形成和发展［J］．新疆石油地质，24（1）：1-7．

罗志立，宋鸿彪，赵锡奎．1995．C-俯冲及对中国中西部造山带形成的作用［J］．石油勘探与开发，22（2）：1-8．

罗志立．1984．试论中国型（C-型）冲断带及其油气勘探等问题［J］．石油与天然气地质，4（4）：315-324．

马杏垣，索书田，游振东，等．1981．嵩山构造变形：重力构造、构造解析［M］．北京：地质出版社．

马杏垣，索书田．1984．论滑覆及岩石圈内多层次滑脱构造［J］．地质学报，（3）：205-213．

宁宏晓，胡杰，章多荣，等．2012．柴达木英雄岭复杂山地三维地震勘探技术［J］．石油科技论坛（2）：2-6．

宁俊瑞，张雅勤，樊佳芳．2002．克希霍夫三维DMO叠加在地震资料处理中的应用［J］．物探与化探，26（1）：46-49．

牛树银，刘晓煌，孙爱群，等．2013．新疆南天山西段中新生代构造变形与盆山耦合机制探讨［J］．地质调查与研究，36（4）：241-248．

彭文绪，王应斌，吴奎，等．2008．盐构造的识别、分类及与油气的关系［J］．石油地球物理勘探，43（6）：689-698．

彭希龄，梁狄刚，王昌桂，等．2006．前陆盆地理论及其在中国的应用［J］．石油学报，27（1）：132-144．

漆家福，雷刚林，李明刚，等．2009．库车坳陷—南天山盆山过渡带的收缩构造变形模式［J］．地学前缘，16（3）：120-128．

漆家福，李勇，吴超，等．2013．塔里木盆地库车坳陷收缩构造变形模型若干问题的讨论［J］．中国地质，40（1）：106-120．

曲国胜，李亦纲，李岩峰，等．2005．塔里木盆地西南前陆构造分段及其原因［J］．地球科学，35（3）：193-202．

曲霞，廖小玲，闫丽，等．2014．宽线组合采集技术在伊犁盆地的应用研究［J］．石油天然气学报，36（12）：78-80．

撒利明，张玮，张少华，等．2016．中国石油"十二·五"物探技术重大进展及"十三·五"展望［J］．石油地球物理勘探，51（2）：404-419．

沈水荣,覃天,彭文绪,等.2015.各向异性叠前深度偏移在K油田的应用[J].地球物理学进展,30(3):1224-1229.

舒良树,王博,朱文斌.2007.南天山蛇绿混杂岩中放射性化石的时代及其构造意义[J].地质学报,81(9):1161-1168.

宋双,吴小羊,杨云坤.2009.国内外前陆盆地油气藏特征分析与初步认识[J].地球物理学进展,24(1):205-211.

宋岩,方世虎,赵孟军,等.2005.前陆盆地冲断带构造分段特征及其对油气成藏的控制作用[J].地学前缘,12(3):31-38.

宋岩,柳少波,赵孟军,等.2008.中国中西部前陆盆地油气分布规律及主控因素[M].北京:石油工业出版社.

宋岩,赵孟军,方世虎,等.2012.中国中西部前陆盆地油气分布控制因素[J].石油勘探与开发,39(3):265-274.

宋岩,赵孟军,李本亮,等.2010.我国中西部前陆盆地油气地质特征及勘探战略[J].中国工程科学,12(5):39-45.

宋岩,赵孟军,柳少波,等.2005.中国3类前陆盆地油气成藏特征[J].石油勘探与开发,32(3):1-6.

宋岩,赵孟军,柳少波,等.2006.中国前陆盆地油气富集规律[J].地质论评,52(1):85-92.

宋岩.2007.中国中西部前陆盆地石油地质特征[M].北京:科学出版社,1-236.

孙家振.1991.前陆盆地逆冲断层类型与形成机制——以鄂尔多斯地块西缘和塔里木西缘为例[J].石油与天然气地质,12(4):406-415.

孙龙德,方朝亮,撒利明,等.2015.地球物理技术在深层油气勘探中的创新与展望[J].石油勘探与开发,42(4):414-424.

孙肇才,张渝昌.1993.中国油气盆地分析:朱夏学术思想研讨文集[M].北京:石油工业出版社,47-54+67-68.

孙肇才.1998.中国中西部中—新生代前陆类盆地及其含油气性——兼论准噶尔盆地内部结构单元划分[J].海相油气地质,3(4):16-30.

孙肇才.2007.前陆类含油气盆地共性与案例分析[M].北京:地质出版社.

孙肇才.碰撞造山带与前陆盆地的演化[J].//赵重远,等.1993.含油气盆地地质学研究进展[M].西安:西北大学出版社,85-95.

谭富文,罗建宁.1999.前陆盆地研究进展综述[J].四川地质学报,19(3):193-199.

汤良杰,郭彤楼,余一欣,等.2007.四川盆地东北部前陆褶皱—冲断带盐相关构造[J].地质学报,81(8):1048-1056.

汤良杰,贾承造,金之钧,等.2003.塔里木盆地库车前陆褶皱带中段盐相关构造特征与油气聚集[J].地质评论,49(5):501-506.

汤良杰,贾承造,皮学军.2003.库车前陆褶皱带盐相关构造样式[J].中国科学(D辑),33(1):38-46.

汤良杰,贾承造,余一欣.2010.库车前陆褶皱—冲断带盐相关构造与油气聚集[M].北京:科学出版社,1-178.

汤良杰,金之钧,贾承造,等.2004.库车前陆褶皱—冲断带前缘大型盐推覆构造[J].地质学报,78(1):17-25.

汤良杰,李京昌,余一欣,等.2006.库车前陆褶皱—冲断带盐构造差异变形和分段性特征探讨[J].地质学报,80(3):313-320.

汤良杰,李萌,杨勇,等.2015.塔里木盆地主要前陆冲断带差异构造变形[J].地球科学与环境学报,37(1):46-56.

汤良杰,杨克明,金文正,等.2008.龙门山冲断带多层次滑脱带与滑脱构造变形[J].中国科学D辑:地球科学,38(增刊I):30-40.

汤良杰，余一欣，陈书平，等.2005.含油气盆地盐构造研究进展[J].地学前缘，12（4）：375-383.

汤良杰，余一欣，杨文静，等.2006.库车前陆褶皱冲断带前缘滑脱层内部变形特征[J].中国地质，33（5）：944-951.

汤良杰.1992.新疆塔里木盆地推覆—滑脱构造及其控油作用[J].新疆地质，10（1）：74-82.

唐鹏程，饶刚，李世琴，等.2015.库车褶皱—冲断带前缘盐层厚度对滑脱褶皱构造特征及演化的影响[J].地学前缘，22（1）：312-327.

万桂梅，汤良杰，金文正，等.2006.库车前陆盆地与波斯湾盆地盐构造对比研究[J].世界地质，25（1）：59-66.

万桂梅，汤良杰，金文正，等.2008.盐岩在库车拗陷中的作用[J].西南石油大学学报（自然科学版），30（1）：14-17.

王步清，谢会文，陈汉林，等.2011.塔里木盆地西南坳陷周缘的滑脱构造[J].地质科学，46（3）：733-742.

王鸿祯，刘本培，李思田，等.1990.中国及邻区构造古地理和生物古地理[M].武汉：中国地质大学出版社.

王鸿祯.1985.中国古地理图集[M].北京：地质出版社.

王华，吴巧生，李绍虎，等.1998.前陆盆地类型及其沉积动力学研究综述[J].地质科技情报，17（3）：12-18.

王亮，肖安成，等.2010.柴达木盆地西部中新统内部的角度不整合及其大地构造意义[J].中国科学：地球科学，40（11）.

王平在，何登发，雷振宇，等.2002.中国中西部前陆冲断带构造特征[J].石油学报，23（3）：11-17.

王强，程绪彬，张玮璧，等.2011.扎格罗斯前陆盆地山前带油气成藏探讨[J].新疆石油地质，32（2）：204-206.

王喜双，梁奇，徐凌，等.2007.叠前深度偏移技术应用与进展[J].石油地球物理勘探，42（6）：727-732.

王喜双，曾忠，易维启，等.2010.中国石油集团地球物理技术的应用现状及前景[J].石油地球物理勘探，45（5）：768-777.

王燮培，费琦，张家骅.1990.石油勘探构造分析[M].武汉：中国地质大学出版社.

王燮培，严俊君.1996.含油气盆地构造样式研究中几个问题的讨论[J].地质科技情报，15（4）：51-56.

王学军，于宝利，赵小辉，等.2015.油气勘探中"两宽一高"技术问题的探讨与应用[J].中国石油勘探，20（5）：41-53.

王招明.2013.试论库车前陆冲断带构造顶蓬效应[J].天然气地球科学，24（4）：671-677.

王兆磊，公亭，李隆梅，等.2015.高密度宽方位地震资料处理技术研究进展[J].物探化探计算技术，37（4）：465-471.

王志勇，程明华，谷永兴，等.2009.库车—喀什北缘山前带构造特征及成因分析[J].大地构造与成矿学，33（1）：136-141.

魏国齐，李本亮，陈汉林，等.2008.中国中西部前陆盆地构造特征研究[M].北京：石油工业出版社.

温声明，王贵重，程明华，等.2006.南天山山前冲断带的构造样式及成因探讨[J].新疆地质，24（1）：24-29.

文竹，何登发，樊春，等.2013.四川盆地北部米仓山冲断带多层滑脱系统构造分析[J].新疆石油地质，34（3）：282-286.

邬光辉，蔡振中，赵宽志，等.2006.塔里木盆地库车坳陷盐构造成因机制探讨[J].新疆地质，24（2）：182-187.

邬光辉，刘玉魁，罗俊成，等.2003.库车坳陷盐构造特征及其对油气成藏的作用[J].地球学报，24（3）：249-254.

邬光辉，王招明，刘玉魁，等．2004．塔里木盆地库车坳陷盐构造运动学特征［J］．地质论评，50（5）：476-483．

吴超，彭更新，雷刚林，等．2008．宽线加大组合地震技术在库车坳陷中部勘探中的应用［J］．勘探地球物理进展，31（4）：290-295．

吴疆．2011．前陆盆地研究现状及主要进展［J］．内蒙古石油化工，（3）：126-129．

吴因业，邹才能，胡素云，等．2011．全球前陆盆地层序沉积学新进展［J］．石油与天然气地质，32（4）：606-613．

伍杨洋，冯军．2003．前陆盆地研究进展［J］．新疆石油地质，24（1）：87-91．

夏义平，刘万辉，徐礼贵，等．2007．走滑断层的识别标志及其石油地质意义［J］．中国石油勘探，（1）：17-23+48．

肖安成，陈志勇，杨树锋，等．2005．柴达木盆地北缘晚白垩世古构造活动的特征研究［J］．地学前缘，14（4）．

肖安成，李启明，董大忠．1997．中国西北含油气盆地前陆冲断带的构造特征［J］．江汉石油学院学报，19（3）：1-7．

谢会文，李勇，郭卫星，等．2011．塔里木盆地库车坳陷中段盐上层构造特征［J］．石油与天然气地质，32（5）：768-776．

谢会文，王春阳，王智斌，等．2012．基底滑脱层分布对褶皱冲断带变形影响的物理模拟研究：以塔西南西昆仑山前褶皱冲断带为例［J］．高校地质学报，18（4）：701-710．

徐礼贵．2014．非常规油气地震勘探技术及应用效果［J］．中国地球科学联合学术年会，1722-1723．

徐振平，李勇，马玉杰，等．2011．库车坳陷中部新生代构造形成机制与演化［J］．新疆地质，29（1）：37-42．

徐振平，谢会文，李勇，等．2012．库车坳陷克拉苏构造带盐下差异构造变形特征及控制因素［J］．天然气地球科学，23（6）：1034-1038．

许靖华，崔可锐，施央申．1994．一种新型的大地构造相模式和弧后碰撞造山［J］．南京大学学报，30（3）：381-389．

许志琴，杨经绥，李海兵，等．2011．印度—亚洲碰撞大地构造［J］．地质学报，85（1）：1-33．

许志琴．1985．陆内俯冲及滑脱构造——以我国几个山链的地壳变形研究为例［J］．地质评论，32（1）：79-88．

薛良清，张光亚，赵孟军，等．2005．中国中西部前陆盆地油气地质与勘探［M］．北京：地质出版社．

闫文华，陈宗翠，马喜梅，等．2012．煤层气地震解释技术应用及效果——以沁水盆地郑庄区块三维为例［J］．石油地球物理勘探，47（增刊1）：66-71．

杨建军，朱红，邓晋福，等．1994．柴达木北缘石榴石橄榄岩的发现及其意义［J］．岩石矿物学杂志，25（2）．

杨经绥，许志琴，李海兵，等．1998．我国西部柴达木北缘地区发现榴辉岩［J］．科学通报，43（14）．

杨经绥，许志琴，宋述光，等．2000．青海都兰榴辉岩的发现及对中国中央造山带内高压—超高压变质带研究的意义［J］．地质学报．74（2）．

杨柳，沈亚，管俊亚，等．2016．多维数据裂缝检测技术探索及应用［J］．石油地球物理勘探，51（增刊）：58-63．

杨明慧，刘池阳．2000．中国中西部类前陆盆地特征及含油气性［J］．石油与天然气地质，21（2）：46-49．

杨平，高国成，侯艳，等．2016．针对陆上深层目标的地震资料采集技术——以塔里木盆地深层勘探为例［J］．中国石油勘探，21（1）：61-75．

姚宗惠，杜中东，王学刚，等．2007．鄂尔多斯西缘前陆盆地巨厚黄土地区地震采集技术［J］．石油勘探与开发，34（4）：406-412．

于福生，李定华，赵进雍，等．2012．双层滑脱构造的物理模拟：对准噶尔盆地南缘褶皱冲断带的启示［J］．地球科学与环境学报，34（2）：15-23．

于福生, 王彦华, 李晓剑, 等.2011.川西坳陷孝泉—丰谷构造带变形特征及成因机制模拟[J].地球科学与环境学报, 33 (1): 45-53.

余一欣, 马宝军, 汤良杰, 等.2008.库车坳陷西段盐构造形成主控因素[J].石油勘探与开发, 35 (1): 23-27.

余一欣, 汤良杰, 杨文静, 等.2007.库车坳陷盐相关构造与有利油气勘探领域[J].大地构造与成矿学, 31 (4): 404-411.

曾允孚, 李勇.1995.龙门山前陆盆地形成与演化[J].矿物岩石, 15 (3): 40-49.

翟光明, 徐凤银, 李建青.1997.重新认识柴达木盆地、力争油气勘探获得新突破[J].石油学报, 18 (2).

詹仕凡, 陈茂山, 李磊, 等.2015.OVT域宽方位叠前地震属性分析方法[J].石油地球物理勘探, 50 (5): 956-966.

张保庆, 周辉, 左黄金, 等.2011.宽方位地震资料处理技术及应用效果[J].石油地球物理勘探, 46 (3): 396-401.

张春贺, 李世臻, 姚根顺, 等.2014.基于宽线+折线采集与拟三维处理配套的碳酸盐岩裸露区地震勘探技术[J].地球物理学报, 57 (1): 229-240.

张开均, 施央申, 黄钟瑾, 等.1996.逆冲推覆构造最新研究进展评述[J].地质与勘探, 32 (2): 23-28.

张恺.1991.论中国大陆板块的裂解漂移碰撞和聚敛活动与含油气盆地的演化[J].新疆石油地质, 12 (2): 91-106.

张明利, 金之钧, 汤良杰, 等.2002.前陆盆地研究的回顾与展望[J].地质评论, 48 (2): 214-220.

张明山, 姚宗惠, 陈发景.2002.塑性岩体与逆冲构造变形关系讨论——库车坳陷西部实例分析[J].地学前缘, 9 (4): 371-376.

张明山.1997.陆内挤压造山带与陆内前陆盆地关系——以塔里木盆地北部和南天山为例[J].现代地质, 11 (4): 461-470.

张少华.2014.构建具有较强国际竞争力的东方物探技术创新体系[J].北京石油管理干部学院学报, (1): 52-55.

张玮, 詹仕凡, 张少华, 等.2010.石油地球物理勘探技术进展与发展方向[J].中国工程科学, 12 (4): 97-101.

张文佑, 等.1977.中国断裂构造体系的发展[J].地质科学, (3): 197-209.

张雪亭, 吕惠庆, 陈正兴, 等.1999.柴北缘造山带沙柳河地区榴辉岩相高压变质岩石的发现及初步研究[J].青海地质, 8 (2).

张逸昆, 杜定全.1989.地壳演化过程中的滑脱构造—运幼学和动力学型[J].南京大学学报, 25 (1): 74-82.

赵澄林.2001.沉积学原理[M].北京: 石油工业出版社.

赵灵芝, 王克斌, 戴晓云.2011.VTI各向异性叠前深度偏移技术应用研究——以JZ工区三维地震资料处理为例[J].石油物探, 50 (2): 201-205.

赵小辉, 王晓辉, 于宝利, 等.2014.GeoEast特色解释技术在玛湖1井区的应用[J].石油地球物理勘探, 49 (增刊1): 179-183.

赵政璋, 杜金虎, 邹才能, 等.2011.大油气区地质勘探理论及意义[J].石油勘探与开发, 38 (5): 513-522.

郑孟林, 李明杰, 曹春潮, 等.2004.柴达木北缘西段侏罗纪盆地构造特征及其演化[J].石油实验地质, 26 (4).

中国大百科全书地质学.1993.北京: 中国大百科全书出版社, 97+440.

中国石油勘探与生产分公司.2002.中国中西部前陆盆地冲断带油气勘探文集[C].北京: 石油工业出版社.

中国石油勘探与生产分公司.2009.复杂山地高陡构造地震勘探关键技术及应用[M].北京: 石油工业出版社.

周赏，王永莉，韩天宝. 2012. 小断层综合解释技术及其应用［J］. 石油地球物理勘探，47（增刊1）.

周新源，苗继军. 2009. 塔里木盆地西北缘前陆冲断带构造分段特征及勘探方向［J］. 大地构造与成矿学，33（1）：10-18.

周新源. 2002. 前陆盆地油气分布规律［M］. 北京：石油工业出版社.

朱志澄. 1991. 逆冲推覆构造（第二版）［M］. 武汉：中国地质大学出版社.

朱志澄. 1995. 逆冲推覆构造研究进展和今后探索趋向［J］. 地学前缘，2（1-2）：51-58.

Allen M B，Windly B F. 1991. Basin evolution within and adjacent to the Tian Shan range，NW China［J］. Journal of the Geological Society of London，148：369-378.

Allen M B，Windly B F，Zhang C. 1992. Paleozoic collisional tectonics and magmatism of the Chinese Tien Shan，central Asia［J］. Tectonophysics，220：89-115.

Allen P A，Allen J R. 1990. Basin analysis：principles and application［M］. Blackwell Scientific Publications，Oxford，London，141-263.

Allen P A，Wood P H，Williams G D. 1986. Foreland basins：An introduction［M］. Blackwell scientific publications，Oxford，London，3-12.

Bally A W，Snelson S. Realms of subsidence［C］// Miall A D. 1980. Facts and principles of world petroleum occurrence. Canadian Society of Petroleum Geologists Memoir 6，9-94.

Bally A W. 1983. Seismic expression of structural style［J］. AAPG，1（15）.

Bates R L and Jackson J A. 1987. Glossary of Geology，Third edition［M］. American Geological Institute，Virginia，254.

Beaumont C. 1996. Foreland basinsp［J］. Geophys. J. R. A str. Soc.，65：291-329.

DeCelles P G，Giles K A. 1996. Foreland basin systems［J］. Basin Research，8：105-123.

Dickinson W R. 1974. Plate tectonics and sedimentation［A］. In：Dickinson. Tectonics and Sedimentation［C］. Oklahoma：Spec. publ，1-27.

Dickinson W R. 1976. Plate tectonic evolution of sedimentarybasins［A］. Dickinson W R. Plate Tectonics and Hydrocarbon Accumulation［M］. Tulsa，Okla：AAPG Dept of Educational Activities，11-8.

Hsu K J. 1993. Relict back-arc basins：principles of recognition and possible new example from China［J］. Acta Petrolei Sinica，14（1）：1-13.

Jackson M P A. 1995. Retrospective salt tectonics［C］. AAPG Memoir，65（65）：1-28.

Jackson M P A，Steven J S. 1984. Atlas of salt Domes in the East Texas Basin［R］. Report of Investigations，Bureau of Economic Geology，The University of Texas at Austin，140.

Leighton M W，Kolata D R，et al. 1991. Interior crotonic basins［J］. AAPG Memoir，51.

Lowell J D. 1985. Structural Styles in Petroleum Exploration［M］. Penncoell Corp，1-43.

Price R A. 1973. Large scal gravitation flow of supracrustal rocks，southern Canadian Rockies［A］. In：Gravity and tectonics［C］. Newyork：Wiley，491-502.

Price R A. 1981. The Cordilleran foreland thrust and fold belt in the southern Canadian Rock Mountains［A］. Thrust and nappe tectonics［C］. Geological Society of London Special Publication，9，427-448.

Rich J L. 1934. Mechanics of low-angle overthrust faulting as illustrated by Cumberland thrust block，Virginia，Kentuckyand Tennessee［J］. American Association of Petroleum Geologists Bulletin，18：1584-1596.

Roberts A. 2001. Curvature attributes and their application to 3D interpreted horizons［J］. FirstBreak，19（2）：85-100.

Seni S J，Jackson M P A. 1983. Evolution of salt structures，East Texas Diapir Province Part 1：Sedimentary record of Halokinesis［J］. AAPG，67（8）.

Suppe J. 1983. Geometry and kinematics of fault-bend folding［J］. Amer. Jour. Sci，283.

周赏，王永莉，韩天宝. 2012. 小断层综合解释技术及其应用［J］. 石油地球物理勘探，47（增刊1）.

周新源，苗继军. 2009. 塔里木盆地西北缘前陆冲断带构造分段特征及勘探方向［J］. 大地构造与成矿学，33（1）：10-18.

周新源. 2002. 前陆盆地油气分布规律［M］. 北京：石油工业出版社.

朱志澄. 1991. 逆冲推覆构造（第二版）［M］. 武汉：中国地质大学出版社.

朱志澄. 1995. 逆冲推覆构造研究进展和今后探索趋向［J］. 地学前缘，2（1-2）：51-58.

Allen M B, Windly B F. 1991. Basin evolution within and adjacent to the Tian Shan range, NW China［J］. Journal of the Geological Society of London, 148: 369-378.

Allen M B, Windly B F, Zhang C. 1992. Paleozoic collisional tectonics and magmatism of the Chinese Tien Shan, central Asia［J］. Tectonophysics, 220: 89-115.

Allen P A, Allen J R. 1990. Basin analysis: principles and application［M］. Blackwell Scientific Publications, Oxford, London, 141-263.

Allen P A, Wood P H, Williams G D. 1986. Foreland basins: An introduction［M］. Blackwell scientific publications, Oxford, London, 3-12.

Bally A W, Snelson S. Realms of subsidence［C］// Miall A D. 1980. Facts and principles of world petroleum occurrence. Canadian Society of Petroleum Geologists Memoir 6, 9-94.

Bally A W. 1983. Seismic expression of structural style［J］. AAPG, 1 (15).

Bates R L and Jackson J A. 1987. Glossary of Geology, Third edition［M］. American Geological Institute, Virginia, 254.

Beaumont C. 1996. Foreland basinsp［J］. Geophys. J. R. A str. Soc., 65: 291-329.

DeCelles P G, Giles K A. 1996. Foreland basin systems［J］. Basin Research, 8: 105-123.

Dickinson W R. 1974. Plate tectonics and sedimentation［A］. In: Dickinson. Tectonics and Sedimentation［C］. Oklahoma: Spec. publ, 1-27.

Dickinson W R. 1976. Plate tectonic evolution of sedimentarybasins［A］. Dickinson W R. Plate Tectonics and Hydrocarbon Accumulation［M］. Tulsa, Okla: AAPG Dept of Educational Activities, 11-8.

Hsu K J. 1993. Relict back-arc basins: principles of recognition and possible new example from China［J］. Acta Petrolei Sinica, 14 (1): 1-13.

Jackson M P A. 1995. Retrospective salt tectonics［C］. AAPG Memoir, 65 (65): 1-28.

Jackson M P A, Steven J S. 1984. Atlas of salt Domes in the East Texas Basin［R］. Report of Investigations, Bureau of Economic Geology, The University of Texas at Austin, 140.

Leighton M W, Kolata D R, et al. 1991. Interior crotonic basins［J］. AAPG Memoir, 51.

Lowell J D. 1985. Structural Styles in Petroleum Exploration［M］. Penncoell Corp, 1-43.

Price R A. 1973. Large scal gravitation flow of supracrustal rocks, southern Canadian Rockies［A］. In: Gravity and tectonics［C］. Newyork: Wiley, 491-502.

Price R A. 1981. The Cordilleran foreland thrust and fold belt in the southern Canadian Rock Mountains［A］. Thrust and nappe tectonics［C］. Geological Society of London Special Publication, 9, 427-448.

Rich J L. 1934. Mechanics of low-angle overthrust faulting as illustrated by Cumberland thrust block, Virginia, Kentuckyand Tennessee［J］. American Association of Petroleum Geologists Bulletin, 18: 1584-1596.

Roberts A. 2001. Curvature attributes and their application to 3D interpreted horizons［J］. FirstBreak, 19 (2): 85-100.

Seni S J, Jackson M P A. 1983. Evolution of salt structures, East Texas Diapir Province Part 1: Sedimentary record of Halokinesis［J］. AAPG, 67 (8).

Suppe J. 1983. Geometry and kinematics of fault-bend folding［J］. Amer. Jour. Sci, 283.